Arturo Gómez Gilaberte
Eva Parramón Ponz
Carmen Sánchez-Seco Peña
María Celeste Utiel Ortega
Miguel Bayo Acero
José Manuel de Pedro Bonilla

4º E.S.O.

TECNOLOGÍA

EDITORIAL DONOSTIARRA
Pokopandegi, nº 4 - Pabellón Igaralde - Barrio Igara
Apartado 671 - Teléfonos 943 215 737 - 943 213 011 - Fax 943 219 521
20018 - SAN SEBASTIÁN
info@editorialdonostiarra.com - www.editorialdonostiarra.com

Arturo Gómez Gilaberte
Eva Parramón Ponz
Carmen Sánchez-Seco Peña
María Celeste Utiel Ortega
Miguel Bayo Acero
José Manuel de Pedro Bonilla

Maquetación: Alberto Arranz

Corrección: David Aguilar España

Edita: Editorial Donostiarra
Pokopandegi, 4, 20018 - San Sebastián (España)

Imprime: Gráficas CEMS, S.L.
Polígono Industrial San Miguel
31132 VILLATUERTA (Navarra)

ISBN: 978-84-7063-542-7

Depósito legal: SS-795-2016

Impreso en España - Printed in Spain

PRESENTACIÓN

El objetivo principal de este libro es que, en todas las unidades, el profesor tenga a su disposición todo tipo de recursos para elegir en cada momento lo que más se adecue a sus necesidades:

- **Contenidos teóricos**, explicados de una forma clara y que incluyen resúmenes, esquemas de contenidos y un glosario para facilitar el estudio individual (apartados "Conoce" y "Repasa").
- Gran cantidad de **ejercicios**, para comprender mejor la teoría y practicar lo aprendido ("Actividades de refuerzo" y "Actividades de ampliación").
- **Prácticas** que se plantean en el taller y **proyectos** propuestos ("Diseña y construye").
- **Prácticas guiadas** con el ordenador ("Practica en el aula de informática").

Todo ello, con el hilo conductor de las tecnologías de la información y la comunicación (TIC) como herramienta para el aprend zaje de todos los tipos de conocimientos de la asignatura de Tecnología.

Portada y "Observa y experimenta"

Portada. Incluye una foto representativa de la unidad, un breve texto introductorio y un pequeño índice de la parte teórica (apartado "Conoce").

Observa y experimenta. En la segunda hoja de cada unidad se proponen actividades introductorias a la unidad para que el alumno descubra sus conocimientos previos sobre el tema. Cada color se identifica con un tipo de actividad:

- **En el aula:** actividades teóricas para realizar en el aula o en casa.
- **En el taller:** pequeñas prácticas o experimentos para hacer en el taller.
- **En el ordenador:** pequeñas prácticas multimedia incluidas en el CD virtual y de investigación en Internet.

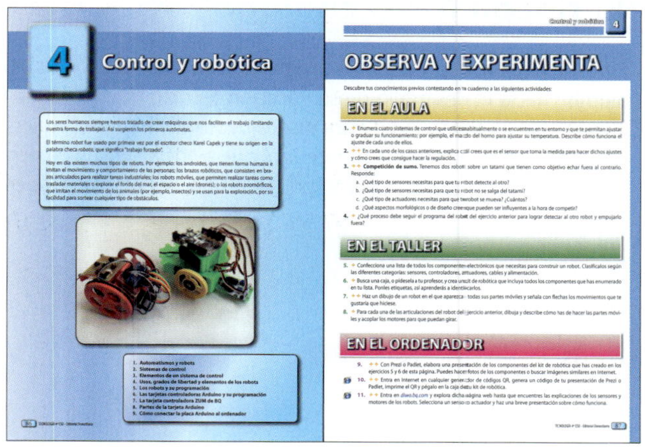

"Conoce"

En esta sección, marcada con el color azul, se recogen los distintos aspectos teóricos del tema, siempre de una manera clara y concisa.

Los conceptos y definiciones más importantes se muestran en un recuadro rosa para que sean fácilmente identificables por el alumno.

Al final de cada página, o cada doble página, se incluye un recuadro de ejercicios para reforzar los conocimientos aprendidos en el apartado. Dichos ejercicios están clasificados, según el grado de dificultad, con una, dos o tres estrellas.

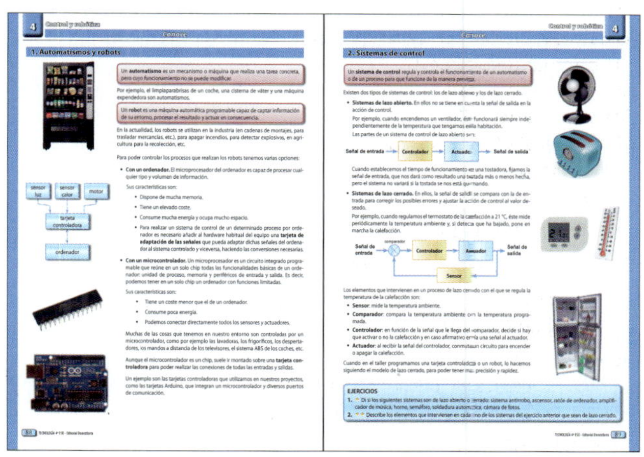

"Repasa"

En este apartado, identificado con el color morado, se incluyen:

- **Resumen de la unidad**, con los conceptos fundamentales del tema.
- **Glosario** de los términos fundamentales de la unidad.

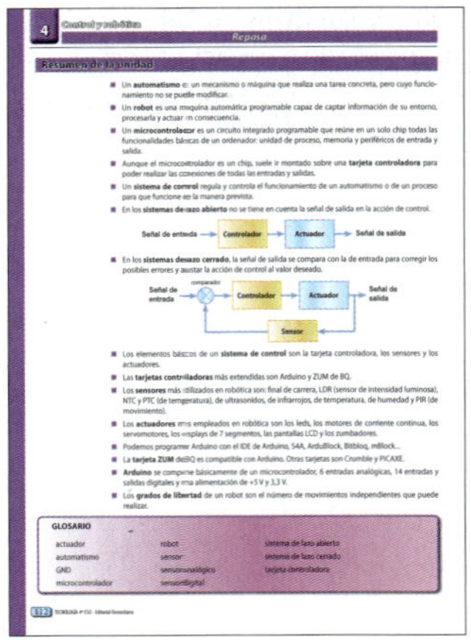

"El rincón del tecnólogo"

En esta sección se presentan actividades relacionadas con la tecnología actual, diseñadas para motivar al alumno hacia el desarrollo de su vocación tecnológica. Pretende dar un paso más y conectar el tema con algunas de las aplicaciones para dispositivos móviles (apps) que se usan para el control de instalaciones o robots, así como descubrir el potencial que estos dispositivos tienen, abriendo una nueva puerta para que el alumno investigue en este campo. Asimismo, se potencian las comunidades de aprendizaje colaborativo.

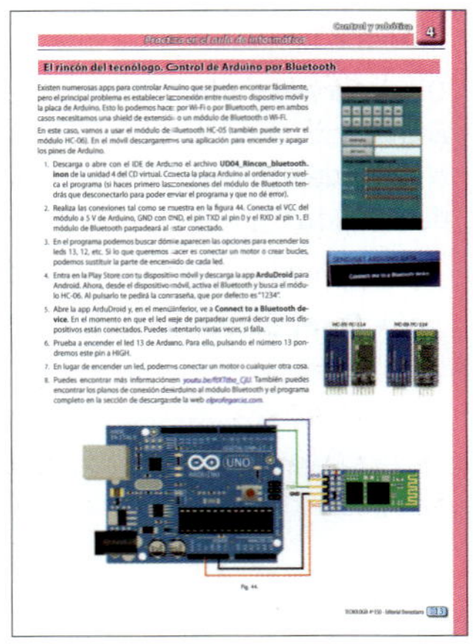

Actividades

Las actividades del libro han sido diseñadas para facilitar al alumno el razonamiento y la memorización de los conceptos principales. También estas actividades están clasificadas, según el grado de dificultad, con una, dos o tres estrellas.

Se incluyen dos tipos:

- **Actividades de refuerzo**, para asimilar y asentar los conocimientos básicos y recalcar las ideas principales.
- **Actividades de ampliación**, para los alumnos más avanzados o con los que se desee profundizar en el nivel de conocimientos.

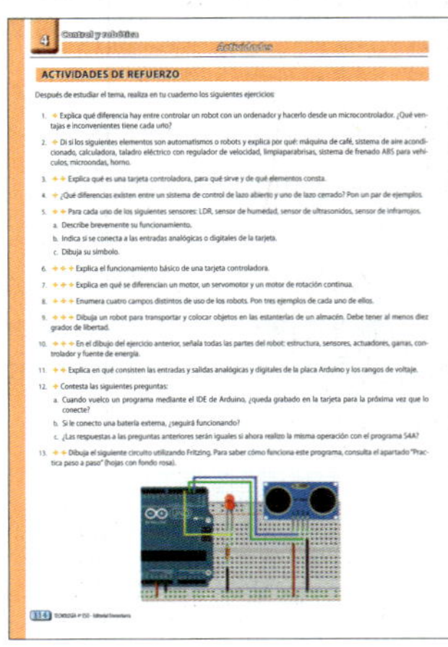

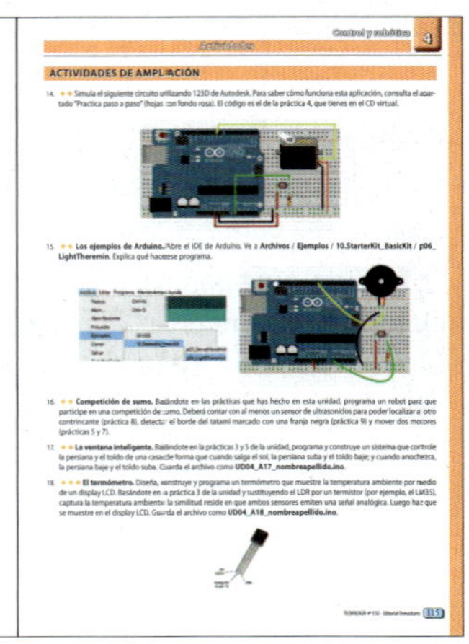

"Diseña y construye"

Partiendo de la opinión de que sólo se aprende aquello que se practica, se proponen en esta sección, marcada con el color verde, diversas ideas para realizar prácticas en el taller y pequeños proyectos.

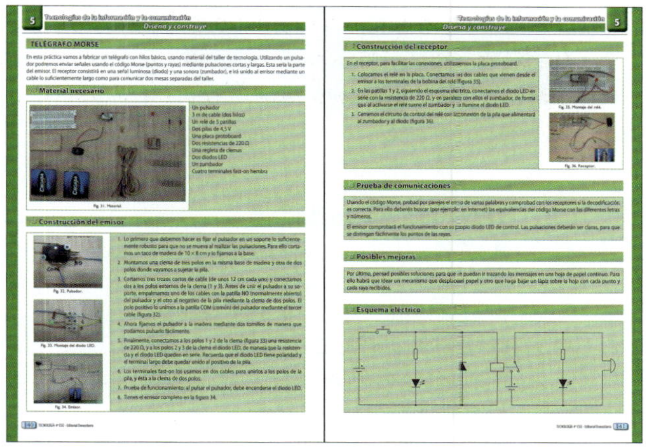

"Practica en el aula de informática"

En esta sección, identificada con el color rosa, se ofrecen prácticas que ayudarán al alumno a asimilar conocimientos al tiempo que se familiariza con las herramientas informáticas. Facilitan la labor del profesor, ya que se trata de prácticas guiadas que los alumnos pueden hacer de forma autónoma.

- **Practica paso a paso.** Prácticas guiadas de programas de simulación y aplicaciones informáticas.
- **Actividades multimedia.** Ejercicios, animaciones y tests.
- **Actividades en Internet.** Actividades de búsqueda, investigación o ampliación en relación con los contenidos de la unidad.
- **Direcciones de interés.** Páginas web recomendadas, con explicación de sus características, como material complementario de la unidad.

Algunas prácticas incluyen desafíos para los alumnos más avanzados o más inquietos, en las que se les plantean nuevos retos.

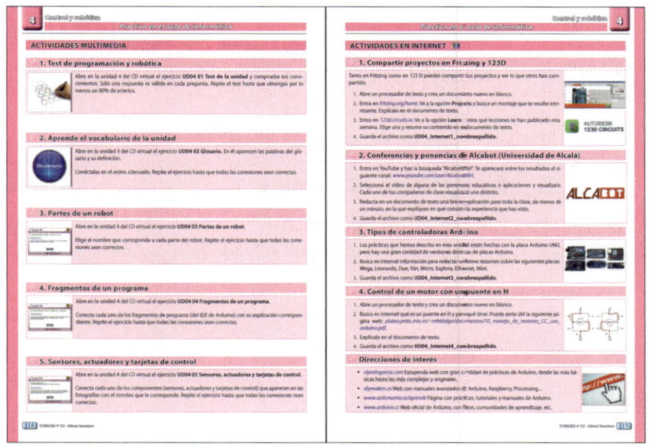

CD virtual

El proyecto se completa con un CD virtual que contiene todos los archivos necesarios para realizar las prácticas del libro y los ejercicios multimedia.

Para acceder al espacio del alumno, hay que seguir los pasos siguientes:

1. Entrar en *www.editorialdonostiarra.com*.
2. Acceder a la pestaña **Zona privada**.
3. Introducir en el espacio **Acceso directo a recursos online** el código que se muestra a continuación:

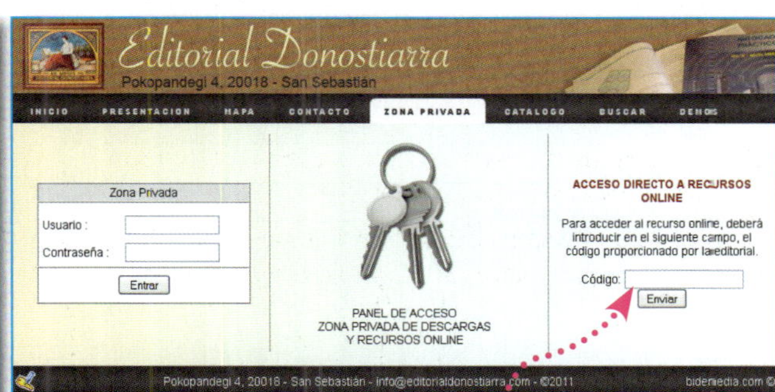

264178

Índice

AUTORIZACIÓN PARA MENORES

MODELO PARA FOTOCOPIAR, RELLENAR Y ENTREGAR AL PROFESOR

(También se puede utilizar el modelo de autorización incluido en el cuaderno del alumno, que se puede rellenar directamente, sin fotocopiarlo)

Incluimos la siguiente autorización para que los alumnos menores de edad puedan crear cuentas en Internet.

D./Dña. ____ (padre, madre o tutor/a),

1. **AUTORIZO** al alumno/a ____,
   del centro ____,
   clase/grupo ____________, a **crear las cuentas de usuario** necesarias para que pueda realizar las prácticas de la asignatura Tecnología 4º ESO, recogidas en el libro, **bajo la supervisión del profesor**. Los sitios web donde es necesario crear dichas cuentas de usuario pueden consultarse en el libro.

2. **CONOZCO** que es responsabilidad del alumno la utilización de las distintas cuentas con fines educativos y la custodia de las contraseñas.

En ____________________________, a ____ de ___________ del 20___

Firma: ____________________________

El alumno puede consultar sus derechos en la **Ley Orgánica 15/1999, de 13 de diciembre, de protección de datos de carácter personal**, en la cual se recoge el derecho a la protección de datos personales, al honor, a la intimidad personal y familiar y a la propia imagen.

1 Tecnología y sociedad

La búsqueda constante de mejoras en la forma de vida del ser humano ha propiciado un continuo desarrollo tecnológico que, en muchas ocasiones, ha sido el motor de grandes cambios sociales. Así, las primeras piedras talladas por el hombre de la prehistoria para procurarse la comida y su evolución hacia utensilios como buriles, sierra, cuchillos, etc., facilitaron el reparto de tareas entre miembros de la misma tribu; del mismo modo, la aparición de la agricultura y el desarrollo de herramientas de labranza promovió una forma de vida sedentaria, articulada alrededor de viviendas y pequeños núcleos de población.

En la actualidad, el desarrollo tecnológico está experimentando un crecimiento exponencial, debido en su mayor parte al auge de las comunicaciones y el desarrollo de Internet.

Los conceptos de tecnología y desarrollo están estrechamente ligados. El ser humano desarrolla un objeto tecnológico que produce cambios en su sociedad y comporta un mayor desarrollo de ésta.

En esta unidad, podrás repasar los grandes hitos tecnológicos asociados a cambios en la sociedad, sin olvidar la necesidad de establecer un equilibrio entre desarrollo y sostenibilidad que garantice el crecimiento de sociedades futuras.

1. **Prehistoria**
2. **Edad Antigua**
3. **Edad Media**
4. **Edad Moderna**
5. **Edad Contemporánea**

OBSERVA Y EXPERIMENTA

Descubre tus conocimientos previos contestando en tu cuaderno a las siguientes actividades:

EN EL AULA

1. ✦ ¿Cuáles son las etapas en que se divide la historia?

2. ✦ Copia y completa en tu cuaderno la siguiente tabla sobre inventos españoles:

Invento	Inventor	Época
El submarino		
El autogiro		
El Talgo		
El teleférico		

3. ✦ Mira a tu alrededor y busca cuatro objetos tecnológicos que hayan evolucionado a lo largo del tiempo. Anota sus nombres en tu cuaderno y explica brevemente en qué ha cambiado cada uno de ellos.

4. ✦✦ ¿Sabrías decir por qué todos los lapiceros tienen el mismo diámetro y encajan en diferentes sacapuntas? ¿Sabrías decir por qué tenemos una escala de tallas para comprar zapatos o ropa? ¿Sabes en qué consiste la normalización?

EN EL TALLER

5. ✦ Confecciona junto con tus compañeros tres contenedores para reciclar los diferentes residuos generados en una casa. Un contenedor será azul, para recoger papel y cartón; otro, amarillo, para recoger envases ligeros; y el último, verde, para recoger vidrio. La única condición que deben cumplir los contenedores es que estén fabricados en su totalidad con material reciclado.

6. ✦✦ Elabora para cada uno de los contenedores un cartel en el que indiques qué residuos no se deben echar en ellos.

7. ✦✦ Localiza en el taller un motor, una bombilla y un destornillador. Piensa y anota en tu cuaderno cómo sería la vida sin estos elementos. ¿Alguno de ellos podría ser sustituido por otro objeto que cumpliese la misma función?

EN EL ORDENADOR

8. ✦ Accede a la página *www.ecosiglos.com* y busca la entrada "40 ilustraciones que te harán reflexionar". Selecciona cinco ilustraciones que hagan referencia al impacto del desarrollo tecnológico en la naturaleza. Explica en tu cuaderno qué representan cada una de ellas.

9. ✦ Accede a la página *www.ecosiglos.com* y selecciona la pestaña "Tecnología". Anota en tu cuaderno cinco nuevos desarrollos tecnológicos relacionados con el cuidado del medio ambiente.

1. Prehistoria

3000000 a. C. - 10000 a. C.

SUPERVIVENCIA	
PALEOLÍTICO	• Armas de piedra • Abrigo con pieles • Dominio del fuego

10.000 a. C. - 3.000 a. C.

OBTENCIÓN DE ALIMENTOS	
NEOLÍTICO	• Piedra pulida • Agricultura • Ganadería • Cerámica

La **prehistoria** es la etapa de la historia de la humanidad que comprende desde la aparición del *Homo sapiens* hasta el nacimiento de la escritura (3000 a. C.).

Es un período muy largo de tiempo, en torno a los 3 millones de años, y se divide en dos etapas: el Paleolítico y el Neolítico.

- **Paleolítico**: desde hace unos tres millones de años hasta el año 10000 a. C.

  En esta época, el ser humano tiene que luchar por su supervivencia. Necesita comida y abrigo, y debe defenderse de los animales que le rodean.

  Los objetos tecnológicos desarrollados son en su mayor parte de piedra, generalmente cuarzo y pedernal. El hombre talla la piedra golpeando unas con otras y obtiene así cuchillos y mazos con los que poder cazar y descuartizar las presas. Crea también pequeños utensilios de hueso y de cuerno de animal.

  Consigue abrigarse con pieles de animal y es capaz de encender fuegos. Habita en las entradas de las cuevas.

- **Neolítico**: entre el 10000 a. C. y el 3000 a. C., aproximadamente, ya que no todos los pueblos entraron a la vez en esta etapa.

  El ser humano necesita controlar la producción de alimento para no estar a merced de los cambios que tienen lugar en la naturaleza.

  Aprende a pulir la piedra, lo que le permite conseguir instrumentos más eficaces. Desarrolla la agricultura y la ganadería, aprende a sembrar y cultivar su propio alimento y domestica animales. Aprende a utilizar el barro para crear vasijas y utensilios con los que cocinar y almacenar alimento, y a elaborar los primeros ladrillos.

  Todos estos avances mejoran la alimentación de la población, que aumenta rápidamente. Se establecen los primeros asentamientos poblacionales y se construyen las primeras viviendas fuera de las cuevas.

- **Impacto medioambiental**

  El Paleolítico es una época en la que la acción humana tiene una escasa incidencia en el medio ambiente. El ser humano recolecta los frutos y caza los animales que necesita para su supervivencia diaria. En el Neolítico, la vida sedentaria y la necesidad de alimentos llevan a un empobrecimiento de las zonas de cultivo próximas a los asentamientos.

EJERCICIOS

1. ✦ Uno de los inventos más importantes de la prehistoria fue la rueda. Busca información sobre este invento y responde en tu cuaderno a las siguientes preguntas:

a. ¿Cuándo se inventó la rueda?

b. ¿Qué ventajas supuso para el hombre de la prehistoria?

c. ¿Cómo ha sido su evolución hasta el día de hoy?

d. ¿De qué manera influyó su descubrimiento en la sociedad?

Conoce

2. Edad Antigua

La **Edad Antigua** comprende desde la aparición de la escritura, hacia el año 3000 a. C., hasta la caída del Imperio romano de Occidente, en el 476 d. C.

Dominadas la agricultura y la ganadería, las pequeñas agrupaciones humanas comienzan a crecer y dan lugar a ciudades. Surgen las civilizaciones orientales de Mesopotamia y Egipto y las civilizaciones occidentales de Grecia y Roma.

La sociedad se hace más compleja, se establecen jerarquías y gobiernos, y se desarrollan leyes y códigos sociales. Nacen los ejércitos. El desarrollo de los metales facilita la creación de unas herramientas más eficaces y armas.

Para satisfacer la necesidad creciente de alimentos se desarrolla el comercio, surge la moneda y se impulsan los transportes. También aparecen las máquinas simples (poleas y palancas) y se desarrollan soluciones arquitectónicas como acueductos y puentes. Se inicia la medicina.

- **Mesopotamia.** Los sumerios desarrollan la mayor innovación tecnológica de la época: la escritura cuneiforme. La escritura se realizaba marcando en placas de arcilla unas señales en forma de cuña, que representaban sonidos, y luego se dejaban secar. A esta región se atribuye también la invención del arado.
- **Egipto.** Las aportaciones tecnológicas de la civilización egipcia son múltiples. Entre ellas destaca la incorporación de la vela a las embarcaciones para poder navegar por el Nilo, lo que impulsó el transporte del lino, el tejido que los egipcios utilizaban para embalsamar momias, y del papiro, útil para producir textos escritos.
- **Grecia.** El pueblo griego es el pueblo del pensamiento, ya que desarrolla la filosofía e investiga soluciones tecnológicas, como el tornillo de Arquímedes, la polea o la catapulta.
- **Roma.** Los romanos fueron los tecnólogos por excelencia. Aprovecharon los conocimientos griegos para dar solución a muchos problemas planteados en las grandes ciudades del imperio. En esta época desarrollaron el cemento, que permitía hacer grandes construcciones, el alcantarillado, con que se eliminaban las aguas residuales en las ciudades, y las calzadas, que mejoraron el transporte. Ante la necesidad de abastecer a un ejército cada vez más necesario, perfeccionaron la industria metalúrgica y diseñaron armas eficaces como el pilo (*pilum*) y el gladio (*gladium*).
- **Impacto medioambiental**

  A raíz de la concentración de población en las grandes ciudades y su crecimiento, se sobreexplotan los recursos naturales y se desforestan las zonas aledañas a la ciudad.

EJERCICIOS

2. La aparición de la escritura marca un hito de especial relevancia en la Edad Antigua, pero ¿qué sabes de los soportes para escribir? Busca información sobre el papiro, el pergamino y el papel, y contesta en tu cuaderno a las siguientes preguntas:
   a. ¿Cuándo fueron inventados el papel, el papiro y el pergamino? ¿Quién los inventó? ¿En qué época?
   b. ¿De qué manera influyó su descubrimiento en la sociedad?

Para saber más

La aparición de la **escritura** es un hito fundamental en la historia de la humanidad: posibilita no sólo la comunicación entre los humanos, sino también la difusión del pensamiento y las distintas técnicas desarrolladas por los pueblos de las culturas antiguas. Por tanto, es esencial para la difusión de los diversos desarrollos tecnológicos y el avance de la sociedad.

3000 a. C. - 476 d. C.

	GRANDES CIUDADES
EDAD ANTIGUA	• Escritura • Arado • Moneda • Vela • Tejido • Papiro • Máquinas simples • Cemento • Alcantarillado • Metalurgia • Calzada • Acueductos • Leyes sociales y gobiernos • Ejércitos

3. Edad Media

¿Sabías que...?

La labor de los monjes en los monasterios de la Edad Media ha permitido salvaguardar documentos de excepcional interés. Un ejemplo son las ***Glosas emilianenses***, el primer registro escrito en idioma español. En la Edad Media, en España, la lengua de los ámbitos más cultos y de los textos escritos era el latín. Sin embargo, entre la población se hablaba el español arcaico. Las *Glosas emilianenses* son anotaciones escritas en un códice realizadas por uno de los monjes copistas del monasterio de San Millán de la Cogolla (La Rioja). Las anotaciones están hechas en varios idiomas: español medieval, vasco y latín.

476-1492

SOCIEDAD FEUDAL	
EDAD MEDIA	**EUROPA** Desarrollo rural: molinos de viento, mejoras en el arado, herramientas agrícolas. Desarrollo eclesiástico: conventos y catedrales. Nuevas formas arquitectónicas. Aparición de la imprenta.
	ASIA Desarrollo tecnológico: • Brújula • Pólvora • Papel

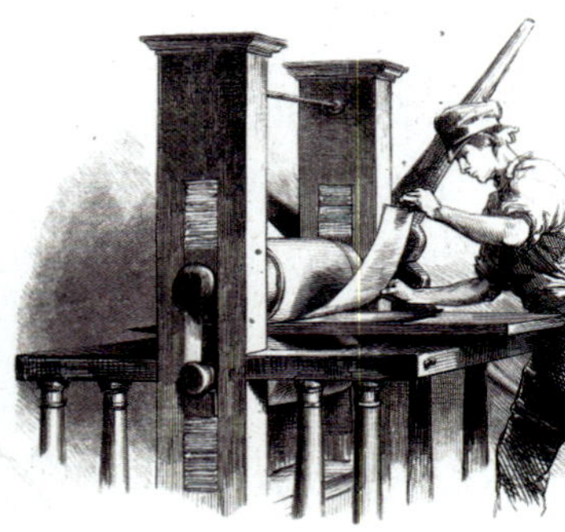

La **Edad Media** comprende desde la caída del Imperio romano de Occidente (476 d. C.) hasta el descubrimiento de América (1492).

La caída del Imperio romano y la invasión de sus territorios por los pueblos bárbaros interrumpen el floreciente desarrollo tecnológico de la sociedad romana y detienen el crecimiento de las ciudades.

- En **Europa** se impone un nuevo sistema de gobierno, el feudalismo, en el que el señor feudal concentra mucho poder. La vida se vuelve más rural y religiosa. La Iglesia se configura como otro poder político y el pueblo se concentra en el culto religioso.

  La innovación tecnológica, el desarrollo del transporte y el comercio se ven frenados ante esta nueva forma de vida. El desarrollo tecnológico se dirige hacia los trabajos del campo: se utiliza el molino de viento, se mejora el arado tradicional y se usa el hierro para crear herramientas agrícolas como hoces, guadañas, azadas, etc.

  El ser humano dedica su tiempo al trabajo en el campo y la oración; por ello necesita espacios de culto, y empiezan a proliferar los conventos y catedrales. Es en los monasterios donde se concentra el conocimiento de la época y donde los monjes dedican su tiempo a copiar todos los escritos clásicos.

  Se construyen grandes catedrales, en las que parte de los muros se sustituyen por vidrieras. Nacen los gremios, que eran asociaciones profesionales de artesanos y comerciantes.

- En **Asia**, sin embargo, las culturas árabe y china continúan su crecimiento tecnológico, y se realizan avances en matemática, química y física. Se inventa la brújula, que, junto con el antiguo astrolabio, posibilitará los viajes de Cristóbal Colón. Asimismo, se descubre la pólvora, que será utilizada para mejorar el armamento y crear las primeras armas de fuego, los arcabuces y cañones, y se exporta a Europa el uso del papel, que sustituirá a los pergaminos.

A finales de la Edad Media, se produce un resurgimiento intelectual con la creación de las universidades, que dará lugar a cambios políticos y sociales con el Renacimiento. Es en la Baja Edad Media (siglo XV) cuando aparece uno de los inventos más importantes de esta época: la imprenta.

- **Impacto medioambiental**

  En esta etapa de la historia, el impacto de la actividad tecnológica del ser humano sobre las zonas en las que habita no aumenta respecto de épocas anteriores, ya que su actividad principal es la agrícola, con escaso desarrollo tecnológico.

EJERCICIOS

3. ✦ La imprenta es el invento más importante de la Edad Media porque facilita la divulgación de la información. Investiga sobre este invento y contesta en tu cuaderno a las siguientes preguntas:

a. ¿Quién inventó la imprenta? ¿En qué año?

b. ¿Cómo era la primera imprenta que se utilizó?

c. ¿De qué manera influyó su descubrimiento en la sociedad?

Conoce

4. Edad Moderna

La **Edad Moderna** comprende desde el descubrimiento de América (1492) hasta la Revolución francesa (1789).

Esta época se caracteriza por la revolución intelectual iniciada en el Renacimiento. El ser humano se erige en el centro del universo y la religión pierde el poder que tenía en la Edad Media.

A partir de la invención de la brújula y los avances en navegación, la época se inicia con el descubrimiento de América, que proporciona nuevas tierras de las que extraer materias primas y con las que comerciar. Se abandona el mundo rural, crecen las ciudades y surgen los imperios; España destaca como potencia mundial. El feudalismo da paso a un incipiente capitalismo.

El conocimiento sale de los conventos y es divulgado con facilidad: los libros se copian en la imprenta y la difusión de los adelantos técnicos alcanza todos los rincones. Es la época de la revolución científica.

Los gremios de artesanos desaparecen y comienzan a surgir las primeras fábricas y los trabajos mecanizados. Los aparatos y herramientas son más eficaces y precisos. Se inventan los primeros telares mecánicos y los tornos para roscar.

Se perfecciona el mecanizado del vidrio y se fabrican lentes para gafas, muy demandadas ante la aparición de la imprenta. Se inventa también la lente cóncava, que corrige la miopía. A partir de las lentes, se inventan el microscopio y el telescopio.

El desarrollo intelectual culmina con la Ilustración, movimiento cultural europeo caracterizado por aplicar la razón a todas las formas de conocimiento. El ser humano desarrolla el espíritu crítico y propicia un cambio político y social que comienza con la Revolución francesa.

Impacto medioambiental

El aumento de población en las ciudades ocasionó problemas higiénicos como la peste, que a mediados del siglo XIV diezmó un tercio de la población de Europa. El descubrimiento de América motivó, además, el intercambio de especies y cultivos desconocidos entre los dos continentes, con el consiguiente impacto ambiental.

¿Sabías que...?

Leonardo da Vinci (1452-1519) es considerado el máximo exponente del hombre del Renacimiento. Fue a la vez pintor, arquitecto, científico, escultor, ingeniero e inventor. Como ingeniero desarrolló ideas muy adelantadas a su tiempo, como el helicóptero, el carro de combate, el submarino o el automóvil. Sin embargo, muy pocos de sus proyectos llegaron a construirse porque no podían ser realizados en aquella época.

1492-1789

REVOLUCIÓN INTELECTUAL	
EDAD MODERNA	• Cartografía • Transporte marítimo • Fábricas • Telares mecánicos • Tornos • Mecanizado del vidrio • Lentes correctoras • Microscopio • Telescopio • Armas de fuego • Pararrayos • Paracaídas

EJERCICIOS

4. ✦✦ Los avances en navegación facilitaron el desarrollo de barcos capaces de cruzar los océanos. Uno de ellos fue la carabela, barco en el que Colón llegó a América. Busca información sobre este invento y contesta a las siguientes preguntas:

a. ¿Quiénes fueron sus primeros constructores?

b. Escribe una pequeña descripción de una carabela, en la que incluyas sus medidas aproximadas y su capacidad.

c. ¿Qué características la hicieron especial para acometer la travesía hasta el Nuevo Mundo?

d. Para poder navegar, los marinos usaban la brújula y la rosa de los vientos. Anota en tu cuaderno para qué servía cada uno de estos inventos.

5. Edad Contemporánea

La Edad Contemporánea abarca desde la Revolución francesa (1789) hasta la actualidad.

1789 - actualidad

Aunque es la edad más corta de todas en las que se divide la historia, la Edad Contemporánea comienza con una gran revolución industrial y en ella se suceden multitud de avances tecnológicos.

	SOCIEDAD DE CONSUMO
EDAD CONTEMPORÁNEA	• Mejoras en el transporte con la máquina de vapor • Dinamización del transporte • Nuevos materiales (acero) • Explotación de recursos (carbón)
	• Avance de la electricidad
	• Automóviles y aviones • Satélites • Electrónica • Televisión y teléfono • Internet • Petróleo • Plásticos

- **Revolución Industrial.** Se inicia con la invención de la máquina de vapor a mediados del siglo XVIII por Thomas Newcomen. La incorporación de la máquina de vapor a los procesos productivos aumenta la productividad, ya que se prescinde del esfuerzo de animales o de personas para realizar las diversas tareas.

  En las ciudades se crean industrias manufactureras que necesitan mano de obra especializada. Aparecen el empresario, que aporta los medios de producción, y el obrero, que proporciona una mano de obra más especializada. La población abandona las zonas rurales y se aglutina en torno a las ciudades.

  Se fabrican tantos productos y con tanta rapidez que es necesario vender. Surgen así los excedentes y, por tanto, la sociedad de consumo.

  Mejoran los transportes, que utilizan la máquina de vapor para adquirir velocidades desconocidas hasta entonces y que permiten distribuir los productos para su comercialización en otras zonas. El comercio se dinamiza.

  Se descubre el acero, aleación de hierro y carbono, que permite fabricar unos objetos más resistentes. Tanto para la producción de acero como para el funcionamiento de las nuevas máquinas, se necesita carbón, que comienza a explotarse, lo que contamina el medio ambiente y genera residuos.

- **Siglo XIX.** En este siglo, continuando con la Revolución Industrial, se produce un avance de especial incidencia en la organización de la sociedad: el aprovechamiento de la corriente eléctrica. Aunque la electricidad se conocía desde la Antigüedad, no se disponía de los conocimientos necesarios para poder aprovecharla. A principios del siglo XIX, Alessandro Volta inventa la pila eléctrica. Llegarán después el motor eléctrico de Faraday y la bombilla patentada por Edison.

- **Siglo XX.** La sociedad es urbana. Los transportes han mejorado de forma notable gracias a la máquina de vapor y a la electricidad. Nacen los automóviles y los aviones, que cambian radicalmente la vida de las personas. El ser humano es además capaz de viajar fuera de su planeta y llega a la luna.

  Las máquinas requieren cada vez técnicos más cualificados y administrativos para realizar tareas burocráticas.

  La electricidad ilumina las ciudades y permite mantener la actividad nocturna. La electrónica y la aparición del transistor impulsan el avance de las comunicaciones y se desarrollan el teléfono, la radio y la televisión. Nace Internet.

  El petróleo sustituye al carbón como fuente de energía. A partir de él se obtienen los plásticos, que son ampliamente utilizados.

Conoce

- **Siglo XXI.** En los comienzos del siglo XXI, los desarrollos tecnológicos no paran de crecer; entre ellos destacan los avances en los transportes (trenes de alta velocidad, aviones y satélites) y en la comunicación (comunicación por satélites, teléfonos móviles, Internet), la aparición de nuevos materiales y la nanotecnología, el uso de energías limpias, los progresos en medicina a partir del desciframiento del genoma humano, y el nacimiento de la robótica y la realidad virtual. De este modo, un creciente número de tecnologías están interactuando con la forma de vida de nuestra sociedad.

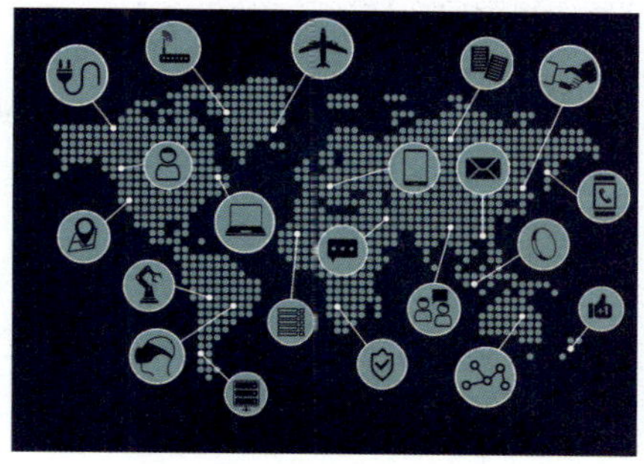

- **Impacto medioambiental**

El desarrollo tecnológico ha facilitado y mejorado de forma considerable las condiciones de vida del ser humano desde su aparición sobre la Tierra. Sin embargo, para mantener el nivel de desarrollo actual utilizamos una gran cantidad de energía que extraemos de la naturaleza y cuyo consumo desmedido puede producir efectos en el medio ambiente difíciles de prever.

Es por ello por lo que el ser humano debe ser consciente de la necesidad de mantener un nivel de **desarrollo sostenible**, esto es, debe encontrar la forma de hacer compatible su estilo de vida con el respeto al medio ambiente.

Entre los problemas derivados de un desarrollo desequilibrado se encuentran:

- La **contaminación**, que es el efecto más apreciable. El aumento del consumo energético ha favorecido la producción de gases de efecto invernadero, lo que ha provocado un calentamiento global del planeta y la disminución de la capa de ozono.
- La **generación de residuos** difíciles de eliminar, como los plásticos o los desechos nucleares.
- La **desertificación**, ya que cada año aumenta la superficie de desierto en el planeta; ello origina un empobrecimiento de los suelos y perjudica las actividades agrícolas y ganaderas.
- La **deforestación**, o disminución de los bosques del planeta.
- La **disminución** de la **biodiversidad biológica**.
- La **reducción** de la cantidad de **agua potable**.

MOMENTO ACTUAL	
EDAD CONTEMPORÁNEA	• Mejoras en los transportes • Nanotecnología • Robótica • Realidad virtual • Medicina avanzada • Comunicación por satélites • Búsqueda de fuentes de energía limpias

EJERCICIOS

5. ✦✦ La Edad Contemporánea es también conocida como la Edad de la Revolución Científico-Tecnológica, porque los desarrollos e innovaciones tecnológicas en este período son incontables. Entre ellos destacan, por su incidencia en la vida de las sociedades, la máquina de vapor y el desarrollo de Internet. Busca información sobre éstos y contesta a las siguientes preguntas en tu cuaderno:

   a. ¿Quién fue el inventor de cada uno de ellos? ¿En qué año se dieron a conocer estos inventos?

   b. Realiza una pequeña descripción cada uno de ellos, en la que expliques su función, su funcionamiento y su evolución a lo largo del tiempo.

   c. ¿Qué impacto tuvieron en la sociedad?

Para saber más

La **nanotecnología** es una tecnología de fabricación que permite agrupar átomos y moléculas minimizando su tamaño pero mejorando sus cualidades. Así, se espera conseguir ordenadores minúsculos con un alto potencial de procesamiento, o nanorrobots capaces de entrar en el flujo sanguíneo del cuerpo humano y destruir células cancerosas.

Práctica 1. Evolución del papel. Infografía con Piktochart

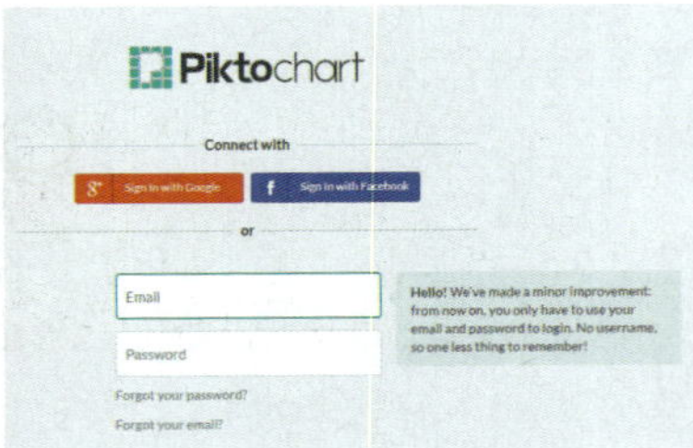

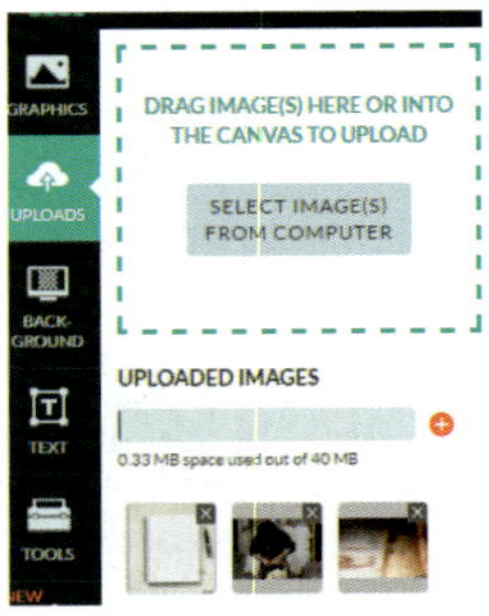

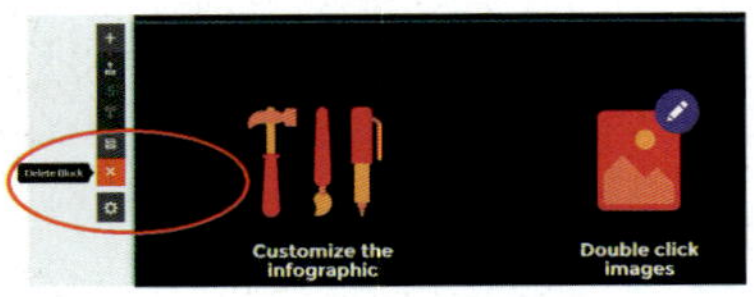

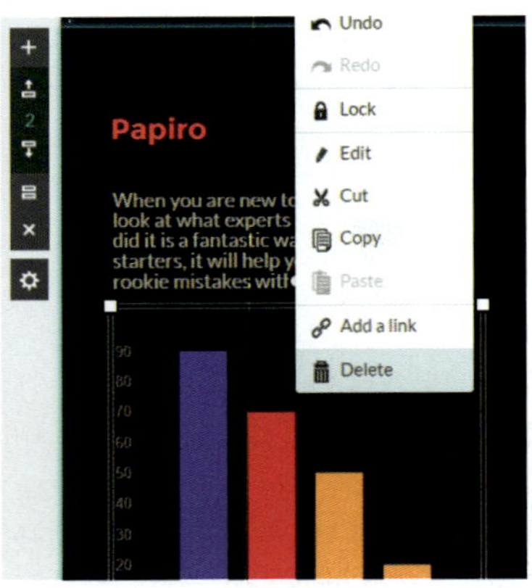

Para hacer esta práctica deberás tener el consentimiento de tus padres o tutores legales. Asimismo, recuerda leer detenidamente todas las condiciones de prestación de servicios.

En esta actividad vamos a hacer una infografía con **Piktochart** para contar la evolución del papel. Para ello vas a utilizar la información recopilada en el ejercicio 2 de esta unidad y las imágenes de la carpeta **UD01 Infografía** del CD virtual.

Para acceder a Piktochart necesitas registrarte. También puedes acceder con tu cuenta de correo de Gmail o de Facebook. En el caso de que no dispongas de cuenta de Gmail, puedes crearte una accediendo a *www.gmail.com* y siguiendo las instrucciones que se indican. Piktochart dispone de una versión que puedes utilizar gratuitamente. La versión de pago cuenta con opciones más completas.

1. Una vez que hayas accedido a Piktochart, tienes que seleccionar el formato que desees para tu infografía. Escoge **Infographic**.
2. Se muestran a continuación las plantillas disponibles para la versión gratuita. Elige la plantilla **Dark 2** y haz clic en el botón **Create**.
3. Accede ahora al menú de la izquierda y selecciona **Uploads**. Haz clic en el cuadro que aparece y sube las cinco imágenes que encontrarás en el CD virtual para realizar esta práctica.
4. La plantilla **Dark 2** tiene cinco bloques diferentes. Sólo vas a necesitar tres bloques. Para eliminar los dos últimos, sitúa el cursor en el borde izquierdo de cada bloque y haz clic en el icono **Delete block**. Observa la figura del margen y comprueba que sólo tienes tres bloques.
5. En el primer bloque, selecciona el texto "How to Start" y cámbialo por "El papel". Selecciona después el texto que aparece debajo, "How to start and design an infographic", y escribe en su lugar "Historia de su evolución en el tiempo".
6. En el siguiente bloque, encontrarás texto en dos columnas diferentes y un gráfico en cada columna.
7. Para empezar, modifica la primera columna. Escribe como título "Papiro". A continuación, selecciona el gráfico que aparece en esta columna y bórralo, haciendo doble clic sobre el gráfico y seleccionando **Delete** en el menú que aparece al hacer clic con el botón derecho del ratón.
8. Arrastra la imagen de la planta de papiro (**UD01_1**) a la columna que lleva como título **Papiro**. Redimensiona la imagen para adaptarla al espacio disponible, arrastrando desde las esquinas.
9. Modifica el texto que aparece para incluir la información referente al papiro que recopilaste en el ejercicio 1 de esta unidad. Incluye también la imagen del rollo de papiro que encontrarás en el CD virtual (**UD01_2**). Elige tú mismo la forma de colocar la información y las imágenes. Recuerda que una infografía sirve para comunicar información de forma muy visual. Por tanto, no es necesario incluir descripciones con exceso de texto escrito.
10. Una vez completada la primera columna con la información sobre el papiro, sigue el mismo proceso con la otra columna. Escribe allí la información sobre el pergamino e incluye las dos imágenes correspondientes (**UD01_3** y **UD01_4**).

Practica paso a paso

11. En el tercer bloque, elimina las imágenes que sobren como has hecho en los apartados anteriores. Incluye la información que creas necesaria sobre el papel vegetal. Coloca también la imagen que muestra el cuaderno de papel del CD virtual (**UD01_5**).

12. Puedes ver cómo va quedando la infografía haciendo clic en el icono **Preview**. Deberá quedar algo parecido a la imagen del margen.

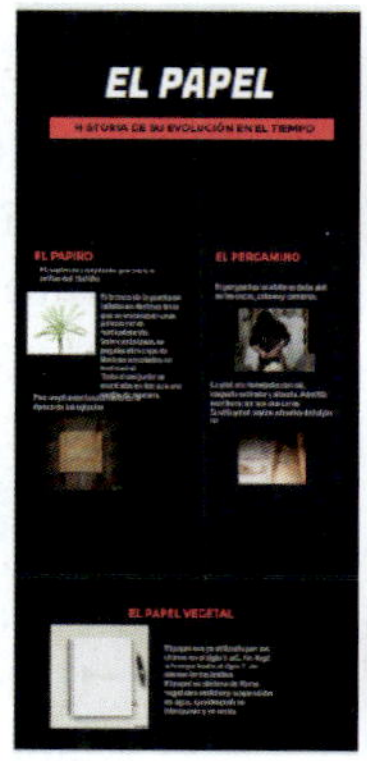

13. Sitúa el ratón sobre el primer bloque de los tres de la infografía. Haz clic en el menú de la izquierda y selecciona **Background**. Elige uno de los fondos que aparecen y observa el resultado.

14. Ahora vas a redimensionar el primer bloque. Es demasiado grande para título de la infografía. Sitúa el ratón en el primer bloque y selecciona el icono **Settings**. Selecciona **Block Height** y escribe "300 px". Observa cómo el tamaño de este bloque ha disminuido.

15. Redimensiona también el último bloque para hacerlo un poco más pequeño. Selecciona también en este caso "250 px". Modifica el tamaño de la imagen y del texto para que quepan en ese espacio.

16. Observa el punto de corte que marca el espacio que ocupa un documento de medida DIN A4. Para poder imprimir la infografía, es mejor que ocupe sólo la medida de un DIN A4. Trata de conseguirlo redimensionando el bloque del medio. Prueba con 600 px.

17. Accede a la barra superior de la pantalla de Piktochart y pon nombre a la infografía. Llámala **Historiadelpapel_nombreapellido** y haz clic en **Save** para guardar los cambios.

18. En una infografía también puedes incluir gráficos, vídeos y mapas. En este caso, vas a insertar un vídeo sobre la producción del papel. Para ello accede al menú de la izquierda de la aplicación, selecciona **Tools** y elige **Videos**. Observa que aparece un cuadro en el que tienes que introducir la dirección del vídeo que quieres incluir.

19. Abre una pestaña nueva en tu navegador y busca en YouTube un vídeo de producción del papel. Copia la dirección del vídeo y pégala en el espacio destinado a ella. Selecciona el tercer bloque de la infografía y haz clic en **Insert**. Observa que se coloca un cuadro con el vídeo. Redimensiona el cuadro para que quepa en el tercer bloque y colócalo a la derecha.

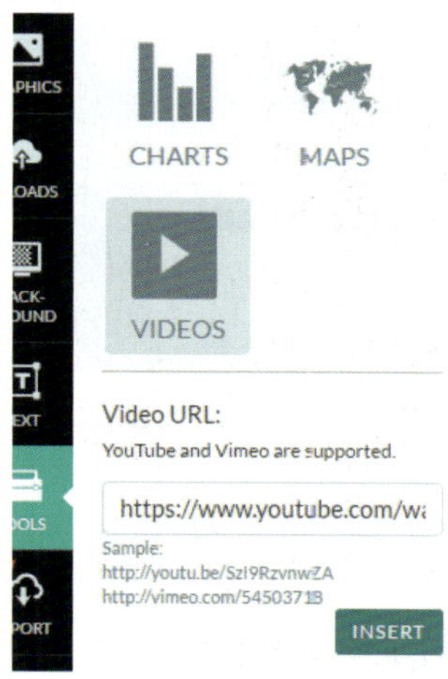

20. Puedes descargar las infografías a tu ordenador en formato **.png** para después imprimirlas, compartirlas por correo electrónico y también publicarlas. Los vídeos no se podrán ver si la infografía está impresa.

21. Haz clic en el icono **Download** de la barra superior de herramientas para descargar la infografía en tu ordenador. Guarda la infografía como **UD01_P1_nombreapellido.png**.

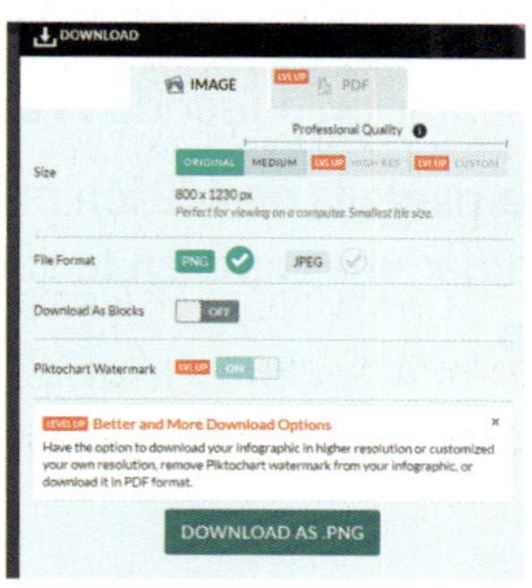

Práctica 2. Impacto del desarrollo tecnológico. Usamos Prezi

Prezi

Para hacer esta práctica deberás tener el consentimiento de tus padres o tutores legales.

Vamos a elaborar con **Prezi** una presentación titulada "Desarrollo tecnológico: impacto medioambiental". Prezi es una herramienta online para crear presentaciones. El único requisito es que te registres.

1. Entra en *prezi.com* y pulsa el botón **Comienza**. Date de alta en Prezi Public (opción gratuita) y, una vez que te encuentres en la pantalla principal, selecciona **Crea tu primer Prezi**.
2. Elige una plantilla similar a la de la figura (que se llama "Explicar un tema") y pulsa **Usar plantilla**. Se abrirá el escritorio de trabajo con la plantilla que te mostrará algunas indicaciones de cómo usar Prezi.
3. En el escritorio de trabajo, haz clic para agregar un título en el sitio indicado y escribe "Desarrollo tecnológico: impacto medioambiental". Verás que marca el título con un 1.
4. Cada diapositiva se corresponde con uno de los puntos del escritorio de trabajo. Haz clic en la primera diapositiva después del título, marcada con un 2, y escribe lo siguiente: "La actividad tecnológica del ser humano mejora sus condiciones de vida pero provoca un impacto en el medio que lo rodea."
5. Pon las palabras *tecnológica* e *impacto* en negrita pulsando el botón marcado con una B en la barra de formato.
6. Vamos a insertar una imagen. Para ello, despliega **Insertar** y elige **Imagen**. Selecciona una imagen que encuentres en Internet y que represente el desarrollo tecnológico.
7. Ve insertando imágenes o texto en cada una de las diapositivas, hasta completar las que vengan en la plantilla por defecto. Tu presentación debe contener información sobre los efectos que el desarrollo tecnológico ha producido sobre el medio ambiente en cada una de las etapas de la historia. Puedes utilizar la información que aparece en la parte de teoría de esta unidad o buscar información más exhaustiva en Internet.
8. Entra en YouTube y busca el vídeo sobre obsolescencia programada titulado "Comprar, tirar, comprar". Copia su enlace e insértalo en una diapositiva yendo a **Insertar / Vídeo de YouTube**.
9. La última diapositiva debe contener el siguiente texto: "Los tecnólogos debemos encontrar un desarrollo sostenible, capaz de satisfacer las necesidades actuales sin comprometer los recursos y posibilidades de las generaciones futuras."
10. Por último, vamos a definir la ruta u orden en que se van a mostrar los objetos o diapositivas del escritorio de trabajo. Pulsa **Editar ruta** (abajo a la izquierda) y ve moviendo las rutas numeradas para ponerlas en el orden deseado.
11. Comprueba cómo queda tu presentación pulsando **Presentar**.
12. Guarda tu presentación, sal de la pantalla de edición pulsando **Salir** y, sin salir de Prezi, pulsa **Descargar** para guardar una copia en tu carpeta local con el nombre **UD01_P2_nombreapellido.zip**.

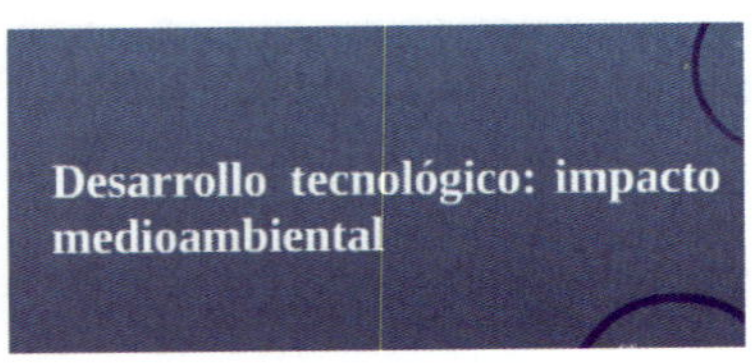

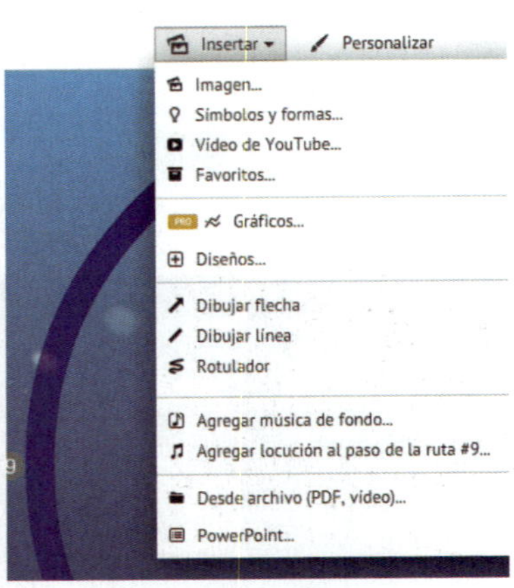

Práctica 3. Sociedades de la historia. Usamos Padlet

Para hacer esta práctica deberás tener el consentimiento de tus padres o tutores legales.

En esta práctica vas a utilizar **Padlet** para hacer un breve recorrido por la forma de vida en cada una de las etapas de la historia.

1. Abre el navegador y accede a Padlet en la dirección *es.padlet.com*. Haz clic en **Registrarse** y regístrate con tu cuenta de Gmail. Si no tienes cuenta de Gmail, puedes crearte una cuenta de Padlet.
2. Una vez registrado, aparece una pantalla en blanco con una barra de herramientas a la derecha.
3. Haz clic en el icono **Configuración** y, en la pestaña **Información básica**, elige una imagen para el retrato. Escribe como título "Sociedades de la historia" y como descripción teclea "Recorrido por la forma de vida en cada etapa de la historia".
4. A continuación ve a la pestaña **Papel tapiz** y elige **Map**.
5. En la pestaña **Diseño**, selecciona **Forma libre**.
6. Ahora haz doble clic en el papel tapiz de la pantalla, para empezar a publicar entradas. Como título de la primera entrada escribe "Prehistoria" y redacta una pequeña descripción de la vida en la prehistoria. Haz clic en el icono de la **cámara de fotos** y sube una imagen de Internet que haga referencia a esta etapa.
7. Repite el proceso con las demás etapas de la historia.
8. Crea ahora otra entrada para incluir un vídeo sobre la posible evolución futura de nuestra sociedad. Busca en YouTube el vídeo "Microsoft sustainability" y copia su dirección. Teclea como título de esta entrada "La sociedad del futuro". Selecciona el icono del **vídeo** en **Adjuntos** y pega la dirección del vídeo.
9. Haz clic en la pestaña **Dirección** y modifica la dirección de tu padlet. Teclea como dirección "evoluciondelasociedad". Abre una nueva pestaña en el navegador y teclea la dirección completa para ver el resultado.
10. En la barra de herramientas selecciona **Compartir / Exportar**. Observa que puedes enviar tu padlet por correo, insertarlo en un sitio web o exportarlo a un archivo PDF, entre otras opciones.
11. Elige la opción **Trasladar** y copia el código QR generado. Escanea el código con un lector de códigos para ver el resultado. Pégalo en un procesador de texto y guarda el documento como **UD01_P3_nombreapellido**.

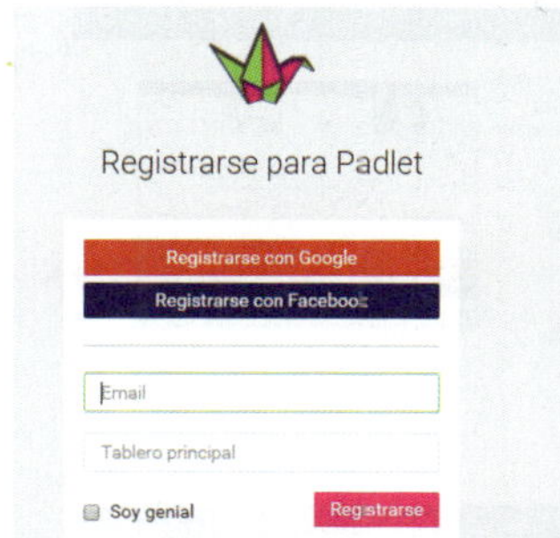

Práctica 4. Líneas de tiempo. Usamos Timeglider

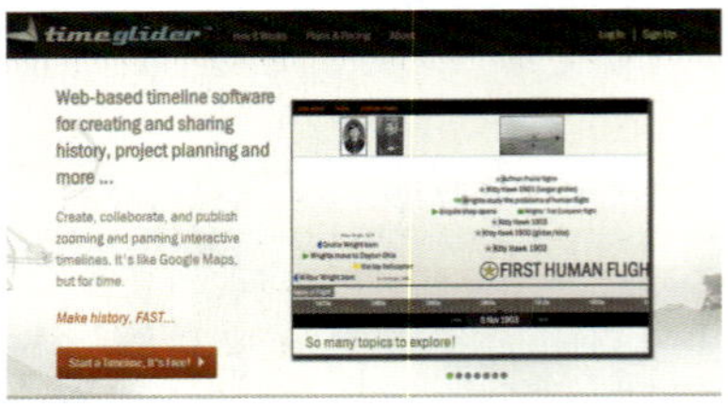

Para hacer esta práctica deberás tener el consentimiento de tus padres o tutores legales.

Vamos a realizar una línea de tiempo para mostrar los inventos más representativos que has estudiado en esta unidad utilizando **Timeglider**, una aplicación que permite desarrollar líneas de tiempo e incluir fotografías y vídeos. Es gratuita para estudiantes.

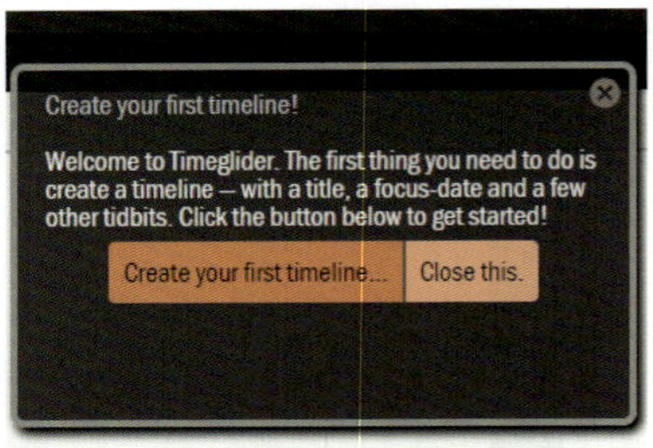

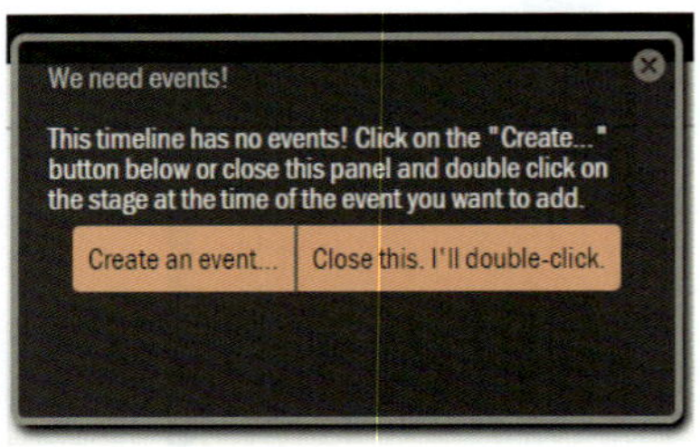

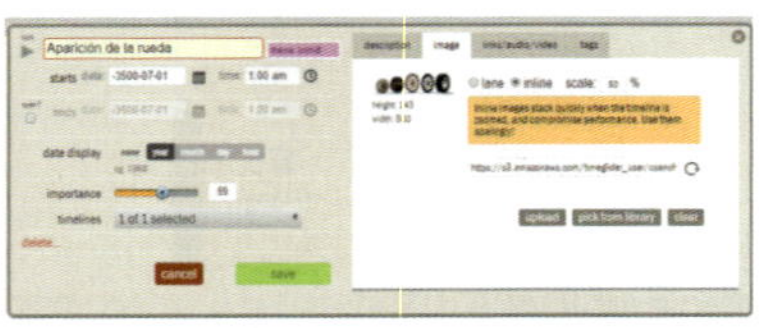

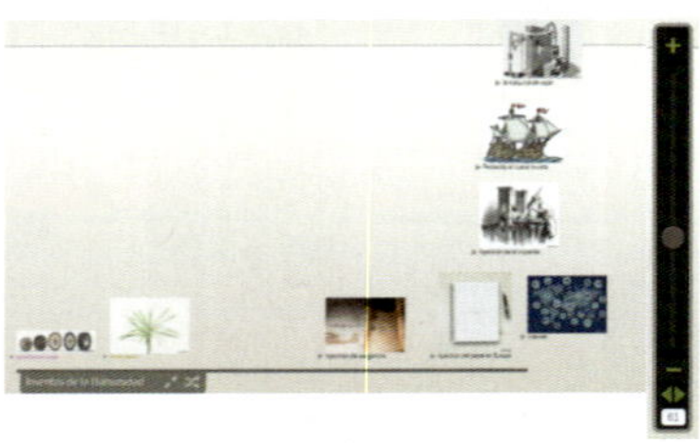

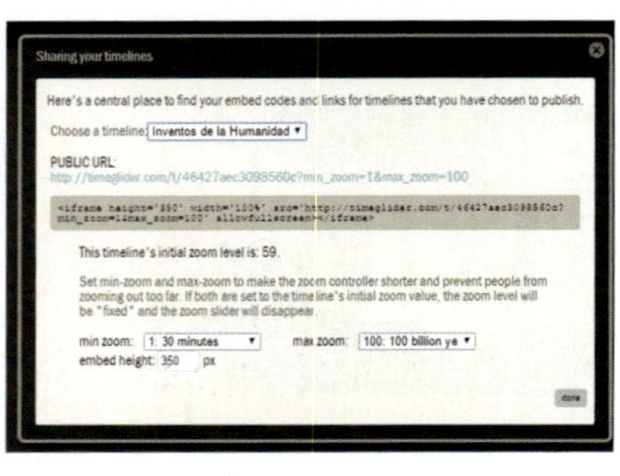

1. Los inventos que vas a incluir en la línea del tiempo son los tratados en los ejercicios de la unidad: rueda, papel, papiro, pergamino, imprenta, carabela, máquina de vapor, Internet. Para realizar la línea del tiempo, necesitas tener en tu ordenador una imagen de cada uno de estos inventos; puedes buscarlas en Internet o crearlas tú mismo.

2. Entra en *www.timeglider.com* y haz clic en **Sign up** para registrarte. Elige el plan gratuito y sigue las instrucciones para darte de alta en la aplicación.

3. Cuando te encuentres en la pantalla principal, haz clic en **Create your first timeline**. Como título teclea "Inventos de la humanidad", en **Zoom level** selecciona el nivel 59 (10.000 años) y haz clic en **Save**.

4. Ahora tienes que rellenar los momentos históricos en los que surgieron los inventos. Haz clic en **Create an event**.

5. Rellena **Icon** con "Aparición de la rueda". En **Starts date** teclea "3500 bce" (para indicar que fue inventada 3.500 años a. C.). En **Date display** selecciona sólo **Year**. En **Description** indica que en esa época se inventó la rueda. En **Image** selecciona la imagen de la rueda que hayas guardado previamente, y selecciona **Inline** para que aparezca sobre la línea de tiempo. Haz clic en **Save**.

6. Haz las mismas operaciones con el resto de los inventos hasta incorporarlos todos sobre la línea.

7. Comprueba cómo ha quedado tu línea del tiempo.

8. Prueba a deslizar el cursor en la barra lateral que aparece a la derecha de tu pantalla. Verás cómo puedes modificar la forma de ver la línea de tiempo para visualizar todos los inventos en la pantalla.

9. Observa que, si tratas de ver el invento de la rueda y el invento de Internet en el mismo plano, parece que los inventos de la Edad Media, la Edad Moderna y la Edad Contemporánea se hayan producido a la vez.

10. Una vez realizada tu línea del tiempo, puedes compartirla. Para ello, selecciona la opción **Sharing** de la barra superior de la aplicación y selecciona tu línea del tiempo. Copia y pega la dirección de tu línea de tiempo en un documento nuevo de un procesador de texto. Guarda el documento con el nombre **UD01_P4_nombreapellido**.

Práctica 5. Normalización

Los procesos de producción se han ido complicando con el paso del tiempo. Así, por ejemplo, hay empresas que se dedican a la fabricación de zapatos, y no es necesario que un zapatero haga los zapatos a medida a cada uno de los habitantes de una ciudad. Para ello existen las tallas de los zapatos, y de este modo podemos comprar un par de nuestra talla que seguramente nos quedarán bien. Esto es así porque las tallas se ajustan a una norma.

Para poder fabricar cualquier producto que se use en todo el mundo, es necesario que todos los países acuerden una serie de normas comunes. Esto es lo que se conoce como *normalización*.

La **normalización** es el conjunto de normas que regulan todos los elementos que intervienen en la producción de un objeto. Estas normas han sido acordadas por organismos competentes; en España, las normas llevan el distintivo UNE ("una norma española") y entre ellas se encuentran las elaboradas por IRANOR (ya extinguido), el Ministerio de Industria, AENOR y otras asociaciones habilitadas al efecto. El organismo que controla y unifica la producción industrial normalizada en el ámbito internacional es la Organización Internacional de Normalización (ISO). La normativa ISO incluye todos los campos excepto el eléctrico y el electrónico.

AENOR
Asociación Española de Normalización y Certificación

La normalización presenta ventajas tanto para el fabricante como para el consumidor: el primero puede realizar muchos productos iguales, con lo que reduce los costes de fabricación, mientras que el segundo tiene la garantía de que los productos son seguros y compatibles entre sí, independientemente del país donde los adquiera.

CENELEC

Ejercicio 1. Organismos

1. Busca en Internet la función en normalización de cada uno de los siguientes organismos y asociaciones: AENOR, CENELEC, ETSI, CEN y CEI.
2. Crea una tabla en un procesador de texto y rellénala con la información solicitada.
3. Guarda el documento como **UD01_P5_1_nombreapellido**.

ETSI
World Class Standards

Ejercicio 2. Normas

1. Abre un documento nuevo en un procesador de texto y contesta a cada una de las siguientes preguntas:
   a. ¿Qué norma se ocupa de establecer los tamaños de los distintos formatos de papel?¿Qué son las normas DIN? ¿A qué medidas corresponden los formatos A0 y A1?
   b. ¿Para qué elementos es de aplicación la norma NBE EA-95? ¿Qué organismo establece esta norma?
   c. ¿Para qué elementos es de aplicación la norma ISO/TC 31? ¿Y la norma UNE 69044:2007?
   d. ¿A qué elementos hacen referencia las normas UNE-EN 1176 y UNE 41501?
2. Guarda el documento como **UD01_P5_2 _nombreapellido**.

cen
European Committee for Standardization
Comité Européen de Normalisation
Europäisches Kommitee für Normung

Comité Español de Iluminación

Resumen de la unidad

- La **prehistoria** es la etapa de la historia de la humanidad que comprende desde la aparición del *Homo sapiens* hasta el nacimiento de la escritura (3000 a. C.).
  - En el Paleolítico, el ser humano lucha por su supervivencia. En el Neolítico, descubre la agricultura y la ganadería. Descubrimientos de esta época son el fuego, la rueda y la cerámica.
- La **Edad Antigua** comprende desde la aparición de la escritura, hacia el año 3000 a. C., hasta la caída del Imperio romano de Occidente, en el 476 d. C.
  - En la Edad Antigua, el ser humano comienza a vivir en grandes núcleos de población y desarrolla estructuras jerarquizadas. Descubrimientos de esta época son la escritura, el arado, la metalurgia, el tejido y el papiro, entre otros.
- La **Edad Media** comprende desde el año 476 d. C. hasta el descubrimiento de América.
  - En Europa se impone el feudalismo, y el desarrollo tecnológico es escaso. En Asia se descubren la pólvora, la brújula y el papel.
- La **Edad Moderna** comprende desde el descubrimiento de América (1492) hasta la Revolución francesa (1789).
  - El ser humano inicia la revolución intelectual del Renacimiento y el pensamiento lógico de la Ilustración. Descubrimientos de esta época son las lentes, el microscopio, el telescopio, las armas de fuego y las mejoras en el transporte.
- La **Edad Contemporánea** comprende desde la Revolución francesa (1789) hasta nuestros días.
  - El ser humano abandona el mundo rural y se concentra en las ciudades. Los avances tecnológicos se suceden con mucha rapidez. Descubrimientos de esta época son la máquina de vapor, las mejoras en el transporte, el uso de la electricidad e Internet, entre otros.
- El **desarrollo sostenible** consiste en buscar el equilibrio entre la mejora de las condiciones de vida de los humanos y el respeto al medio ambiente que lo rodea.
- Un desarrollo tecnológico descontrolado provoca **efectos irreversibles** en el entorno: contaminación, desertificación, deforestación y daños en la capa de ozono.
- El desarrollo tecnológico actual requiere unas estructuras de producción cada vez más complejas. Para facilitar el funcionamiento de todas las fases de la cadena de producción, es necesario seguir una serie de normas. La **normalización** es el proceso por el que se establecen estas normas para mejorar los procesos productivos en los campos de la ciencia y la tecnología.
- Los organismos encargados de mantener estas normas pueden ser nacionales (AENOR) o internacionales (ISO).

GLOSARIO

copista	feudalismo	normalización
deforestación	gremio	Renacimiento
desarrollo sostenible	Ilustración	Revolución Científico-Tecnológica
desertificación	nanotecnología	Revolución Industrial

El rincón del tecnólogo. Diseño e invento. Uso de repositorios 3D

En esta unidad has repasado la historia del desarrollo tecnológico de la humanidad. En la actualidad, las impresoras 3D y el uso de ordenadores nos permiten diseñar utensilios adaptados a nuestras necesidades específicas. Gracias a los repositorios de piezas disponemos de muchas piezas en formato STL que podemos descargar y utilizar. Las piezas son de descarga libre y, en algunos casos, podemos retocarlas y adaptarlas a nuestras necesidades en el propio repositorio. El más utilizado es Thingiverse.

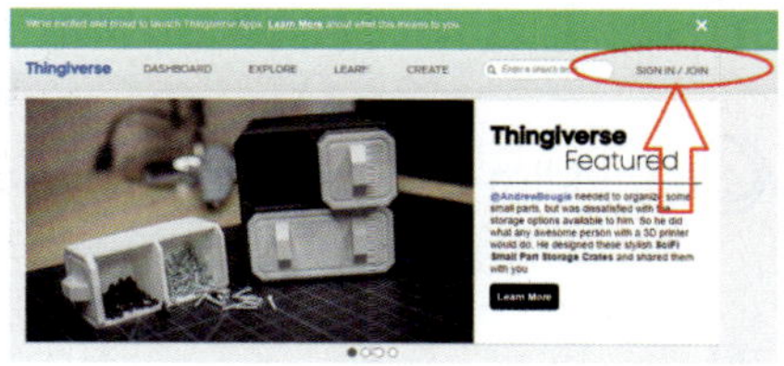

Fg. I

Ejercicio 1. Descarga de archivos

1. Entra en *www.thingiverse.com*. Accede a **Sign In/Join** y haz clic en **Create an account**. Sigue los pasos que te indica para crearte una cuenta.
2. Una vez creada la cuenta, accede con tu nombre de usuario y contraseña y selecciona el menú **Explore**. Haz clic en **Collections** y selecciona la categoría **Desk**. De todos los diseños que aparecen, puedes guardar en tu cuenta aquellos que te gusten aunque no los vayas a imprimir ahora.
3. Selecciona uno de estos diseños y haz clic en el icono que aparece debajo de él. Observa la figura 2. Se abre un cuadro de diálogo en el que te pide que crees una colección o selecciones una existente. Elige **Create new collection** y en **Name** incluye tu nombre y apellido. Haz clic en **Save**.
4. Selecciona el icono **You** y haz clic en **My collections**. Ahí debe aparecer la pieza guardada antes. Haz clic en ella y selecciona **Download this thing**. Así tendrás en tu ordenador los archivos necesarios de la pieza que tú has seleccionado en formato STL. Para imprimirlos sólo necesitas tratarlos con un laminador para generar el archivo GCODE.

Fig. 2

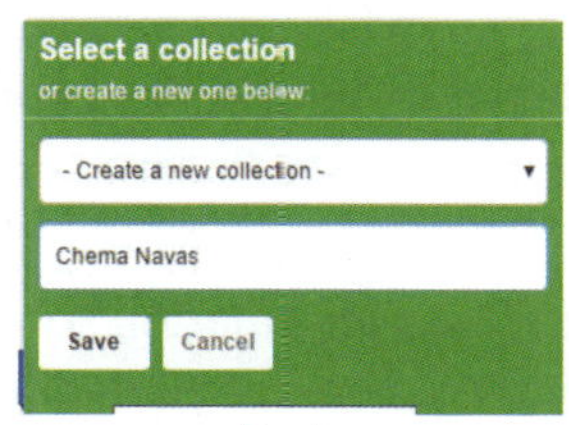

Fig. 3

Ejercicio 2. Adaptación de piezas

1. Selecciona el menú **Explore** y haz clic en **Customizable things** para seleccionar una pieza ya diseñada y modificarla a tu gusto (figura 4).
2. Puedes modificar cualquier pieza de las que ves en esta sección. A continuación te indicamos cómo modificar una de ellas. En el buscador escribe "customiseable wall sign". Verás que aparece la imagen de un cartel para la pared. Haz clic en ella y selecciona **Customize** y después, **Launch app** en **Customizer**. Accede a **Content**, borra el texto que aparece y escribe tu nombre. Modifica las opciones que consideres; puedes cambiar los bordes del cartel, el tipo de letra, el lugar donde aparecen los agujeros para colocarlo, etc. (figura 6).
3. Cuando termines de modificarlo, pulsa en **Create thing**. En el cuadro de texto que aparece, modifica el nombre de la pieza y guárdala con **nombreapellido**. No selecciones **Publish thing**, sino **Email me when it's done**, y haz clic en **Create thing**. El programa te indica que tu pieza se está generando. Una vez que se haya generado, recibirás un correo en el que se indica que ha terminado. También puedes ver la pieza generada haciendo clic en **Go to my queue**.
4. Haz clic en **View thing** y selecciona **Download this thing**. Para imprimir el diseño sólo necesitas tratar los archivos con el laminador para generar el archivo GCODE y utilizar tu impresora 3D.

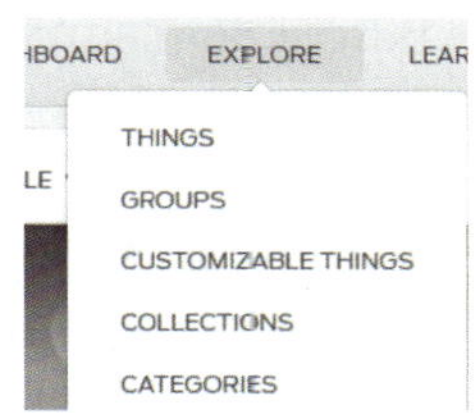

Fig 4

Fig. 5

Fig. 6

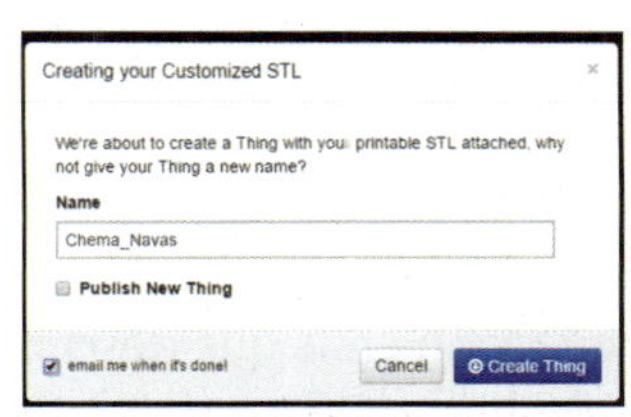

Fig. 7

> **Desafíos**
>
> **Desafío 1.** Accede al repositorio de Thingiverse y selecciona una pieza que puedas personalizar. Modifícala a tu gusto, realizando un mínimo de tres cambios. Finalmente, guarda la pieza en tu ordenador como **UD01_nombreapellido_desafio1**.

ACTIVIDADES DE REFUERZO

Después de estudiar el tema, realiza en tu cuaderno los siguientes ejercicios:

1. ✦ Indica en qué etapas se divide la prehistoria. ¿Cuánto dura cada etapa? ¿Qué hechos diferencian una etapa de otra?

2. ✦ Indica tres inventos del Paleolítico y tres del Neolítico.

3. ✦ Busca un objeto inventado en el Paleolítico y describe las diferencias que piensas que podrían existir entre ese objeto y su equivalente en la actualidad.

4. ✦ Describe las características fundamentales de las diferentes civilizaciones que se desarrollaron en la Edad Antigua. ¿Qué civilización te parece más interesante? ¿Por qué?

5. ✦ Indica tres inventos de la Edad Antigua que consideres relevantes en el desarrollo de la humanidad y explica por qué crees que son importantes.

6. ✦ Busca un objeto inventado en la Edad Antigua y describe las diferencias que piensas que podrían existir entre ese objeto y su equivalente en la actualidad.

7. ✦ Busca información sobre las tres catedrales más grandes construidas durante la Edad Media en España. Anota en tu cuaderno en qué ciudad se localizan y en qué fecha se construyeron.

8. ✦✦ Busca información sobre la construcción de vidrieras de las catedrales en la Edad Media. ¿Qué materiales se utilizaban para construirlas?

9. ✦ Busca un objeto inventado en la Edad Media y describe las diferencias que piensas que podrían existir entre ese objeto y su equivalente en la actualidad.

10. ✦ Describe tres cambios sociales producidos tras la Revolución industrial.

11. ✦✦ Indica cuatro objetos de uso cotidiano realizados en acero. ¿Qué relación tiene el carbón con la producción de objetos de acero? ¿Qué problemas medioambientales pueden derivarse de una sobreexplotación de este mineral?

12. ✦ Aunque la corriente eléctrica se conocía desde la Antigüedad, su aprovechamiento marca un antes y un después en la vida de las sociedades de la Edad Contemporánea. Nikola Tesla fue una pieza esencial en el aprovechamiento de la corriente eléctrica. Busca información sobre este inventor y anota en tu cuaderno dónde y en qué fecha nació, y qué inventos relacionados con la electricidad creó.

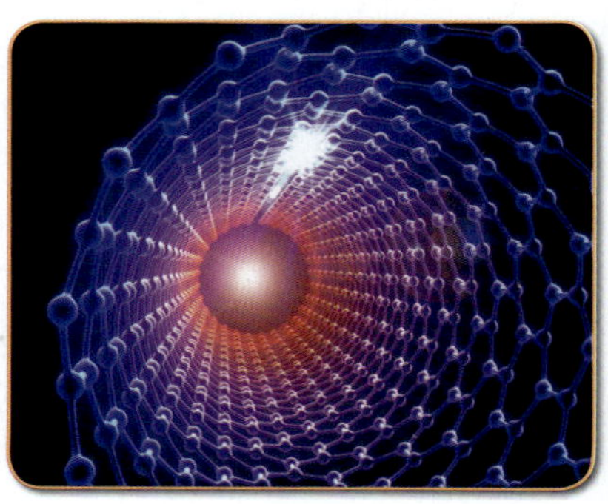

13. ✦ La "guerra de las corrientes" es como se conoce a la pelea que enfrentó a Nikola Tesla con Thomas Alva Edison. ¿A qué se refiere este enfrentamiento?

14. ✦ ¿Qué es la nanotecnología? ¿A qué campos científicos se refiere?

15. ✦ La evolución de los transportes ha posibilitado la evolución de las sociedades, al permitir la comunicación entre distintos puntos del planeta. Escribe una pequeña redacción en la que describas la evolución que han experimentado los medios de transporte a lo largo de la historia de la humanidad.

ACTIVIDADES DE AMPLIACIÓN

Para realizar algunos de estos ejercicios, deberás el tener consentimiento de tus padres o tutores legales. Recuerda, además, que debes leer con atención todas las condiciones de prestación de servicios.

16. ✦ Basándote en la práctica 3, elabora un padlet para explicar el impacto medioambiental derivado de los cambios sociales a lo largo de la historia.

17. ✦✦ Basándote en la práctica 2, elabora una presentación de Prezi sobre la biografía de un inventor de la Edad Contemporánea.

18. ✦✦ Basándote en la práctica 1, elabora una infografía sobre la evolución hasta nuestros días de algún objeto tecnológico inventado en la prehistoria.

19. ✦✦ Basándote en la práctica 4, elabora una línea del tiempo sobre la evolución del teléfono móvil, desde su aparición hasta nuestros días, señalando las mejoras que se han ido sucediendo a lo largo de su evolución.

20. ✦ ¿Qué es la normalización? Busca a tu alrededor cinco objetos que pienses que están normalizados y anota en tu cuaderno el nombre de cada objeto y el motivo por el que crees que están normalizados.

21. ✦ ¿En qué consiste el desarrollo sostenible? ¿Qué problemas causa un desarrollo tecnológico descontrolado?

22. ✦✦ ¿Qué es la obsolescencia programada? Busca información sobre la obsolescencia por modas e indica tres objetos que hayas adquirido debido a este tipo de obsolescencia.

23. ✦✦ ¿Qué es la sociedad de consumo? ¿Cómo influye el desarrollo tecnológico en el aumento del consumo? Escribe una pequeña redacción en la que valores con actitud crítica las ventajas y desventajas de la sociedad de consumo.

24. ✦✦ Busca en Internet el vídeo "Microsoft sustainability" y visualízalo. Valora, desde el punto de vista tecnológico, los avances que se muestran en él y redacta una pequeña descripción en tu cuaderno. ¿Qué solución relacionada con el desarrollo sostenible se muestra en el vídeo para buscar un equilibrio con la naturaleza?

25. ✦ Busca información sobre la evolución de las bañeras a lo largo de la historia y copia en tu cuaderno los avances más significativos que hayan experimentado con el paso de los años.

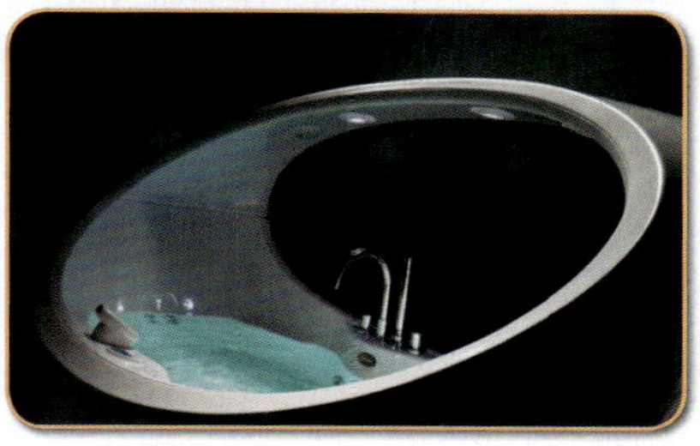

26. ✦✦ En la época de los romanos ya se utilizaban retretes; sin embargo, eran diferentes de los utilizados en la actualidad. Anota en tu cuaderno las diferencias más importantes entre los retretes que se usaban en la Edad Antigua y los que tenemos hoy en día.

27. ✦✦ El desarrollo tecnológico produce avances sociales que mejoran de forma notable la vida de las personas. Sin embargo, en ocasiones los efectos sobre el medio ambiente resultan especialmente perjudiciales. Busca información sobre los basureros tecnológicos repartidos por el mundo y anota en tu cuaderno dónde se encuentra el más grande, qué tipo de basura recoge y cómo afecta a las personas y seres vivos de la zona.

ACTIVIDADES MULTIMEDIA

1. Test de tecnología y sociedad

Abre en la unidad 1 del CD virtual el ejercicio **UD01 01 Test de la unidad** y comprueba tus conocimientos. Sólo una respuesta es válida en cada pregunta. Repite el test hasta que obtengas por lo menos un 80% de aciertos.

2. Aprende el vocabulario de la unidad

Abre en la unidad 1 del CD virtual el ejercicio **UD01 02 Glosario**. En él aparecen las palabras del glosario y su definición.

Conéctalas en el orden adecuado. Repite el ejercicio hasta que todas las conexiones sean correctas.

3. Coloca

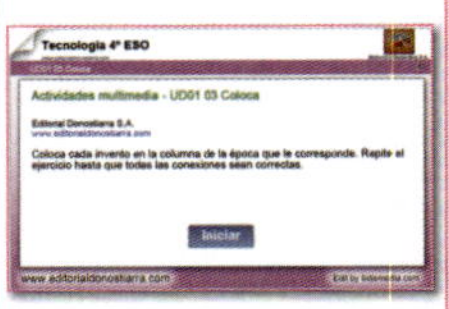

Abre en la unidad 1 del CD virtual el ejercicio **UD01 03 Coloca**.

Coloca cada invento en la columna de la época que le corresponde. Repite el ejercicio hasta que todas las conexiones sean correctas.

4. ¿Verdadero o falso?

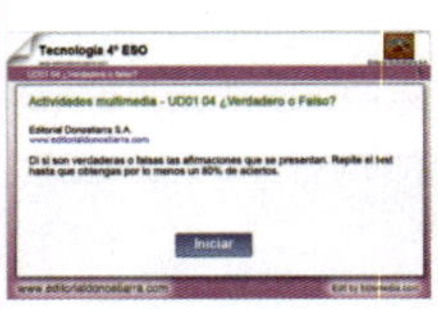

Abre en la unidad 1 del CD virtual el ejercicio **UD01 04 ¿Verdadero o falso?**

Di si son verdaderas o falsas las afirmaciones que se presentan. Repite el test hasta que obtengas por lo menos un 80% de aciertos.

5. Historia y sociedad

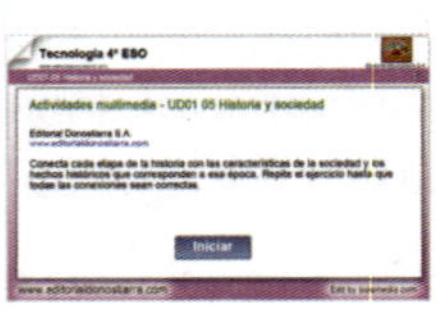

Abre en la unidad 1 del CD virtual el ejercicio **UD01 05 Historia y sociedad**.

Conecta cada etapa de la historia con las características de la sociedad y los hechos históricos que corresponden a esa época. Repite el ejercicio hasta que todas las conexiones sean correctas.

ACTIVIDADES EN INTERNET

1. Héroes ocultos

1. Entra en *www.hidden-heroes.net* y selecciona como idioma el español.
2. Selecciona los cuatro inventos que más te interesen y haz clic en **Acceder a la exposición**. Lee la información de cada invento.
3. Abre un procesador de texto y crea un documento nuevo en blanco en el que recojas la información más importante relativa a cada uno de los inventos.
4. Guarda el archivo como **UD01_Internet1_nombreapellido**.

2. Evolución del teléfono

1. Entra en *www.fundaciontelefonica.com/arte_cultura/patrimonio* y selecciona **Colección histórico-tecnológica**.
2. Como puedes ver, hay toda una serie de páginas con diferentes tipos de teléfonos.
3. Abre un procesador de texto y crea un documento en blanco nuevo. Pega en él la imagen de los tres teléfonos que más te hayan gustado y su descripción técnica.
4. Guarda el archivo como **UD01_Internet2_nombreapellido**.

3. Agencia Espacial Europea

1. Accede a la página *www.esa.int/esaKIDSes* y selecciona **Tecnología**. Busca información sobre el telescopio espacial Hubble, el detector XMM-Newton y el sistema de navegación Galileo.
2. Abre un procesador de texto y crea un documento nuevo en blanco.
3. Recoge en una tabla la información más importante sobre cada una de estos elementos tecnológicos. Incluye también algunas imágenes ilustrativas.
4. Guarda el archivo como **UD01_Internet3_nombreapellido**.

Direcciones de interés

- *www.ikkaro.com* Blog sobre inventos y experimentos caseros.
- *www.youtube.com/watch?v=a9pQ9ZwVl1A* Vídeo que explica qué es la impresión 3D.
- *www.mcu.es/visitavirtualmuseos/museo-del-traje* Visita virtual por el Museo del Traje, que muestra la evolución en el vestido.
- *www.inventoseinventores.com* Web del Club de Inventores Españoles.
- *recursostic.educacion.es/secundaria/edad/4esotecnologia/quincena1/imagenes1/invetores_espanoles.swf* Presentación sobre inventores españoles.
- *www.sopasletras.com/inventores.htm* Página con pasatiempos sobre inventores.
- *www.aenor.es* Web de la entidad española encargada de la certificación en normalización.
- *www.youtube.com/watch?v=1Ue5drHgw-Y* Vídeo sobre la central hidroeólica de Gorona del Viento, en la isla de El Hierro.

2 Electrónica analógica

En nuestra sociedad, usamos productos que funcionan con sistemas electrónicos en una gran parte de nuestras actividades cotidianas: el despertador, el ascensor, el reproductor de música, el televisor, el ordenador, el coche...

Actualmente, las aplicaciones de la electrónica se centran fundamentalmente en tres áreas: el control automático; la generación, procesado y comunicación de información; y la conversión y distribución de la energía eléctrica.

En esta unidad conoceremos las principales aplicaciones de los componentes electrónicos analógicos más importantes para comprender el funcionamiento de los sistemas electrónicos con los que interactuamos en nuestro día a día.

OBSERVA Y EXPERIMENTA

Descubre tus conocimientos previos contestando en tu cuaderno a las siguientes actividades:

EN EL AULA

1. ✦ En la imagen de la portada, que corresponde al interior de un reproductor de CD, ¿qué componentes electrónicos puedes reconocer?
2. ✦ ¿Sabes qué diferencia hay entre la corriente continua y la corriente alterna?
3. ✦✦ ¿Qué es un material semiconductor?
4. ✦✦✦ A partir del código de colores para resistencias que puedes encontrar en la figura 1 de esta unidad, calcula el valor medio de las siguientes resistencias. Indica, además, cuál es la función de una resistencia en un circuito.

5. ✦✦✦ Dibuja el símbolo de los siguientes componentes electrónicos: potenciómetro, fotorresistencia (LDR), condensador, led, transistor. ¿Puedes describir cómo funcionan?

EN EL TALLER

6. ✦✦ Dibuja en tu cuaderno una placa protoboard y, sobre el dibujo, señala con otro color cómo están unidos internamente los puntos de conexión.
7. ✦✦✦ Monta el circuito de la figura en una placa protoboard y, con un polímetro, mide la corriente que circula por cada resistencia y la tensión en sus extremos. En una tabla como la que te mostramos, anota en tu cuaderno los valores medidos e indica si se cumple o no la ley de Ohm.

	$R = 220\ \Omega$	$R = 470\ \Omega$	$R = 1\ k\Omega$
$I =$			
$V =$			
$I \times R =$			
¿Cumple la ley de Ohm?			

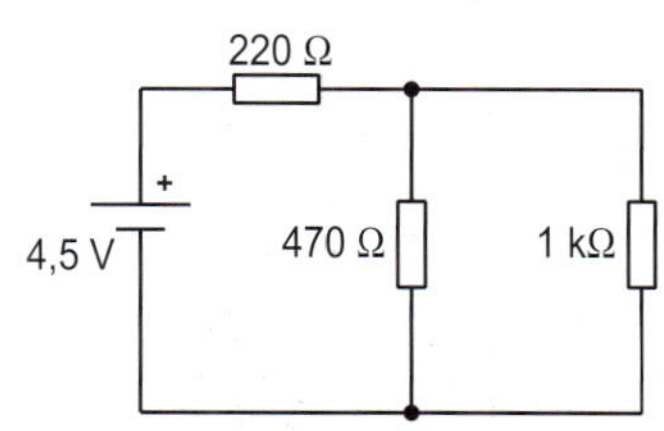

EN EL ORDENADOR

8. ✦✦ Abre la aplicación Crocodile Clips 3.2 (edición profesional) o la versión Yenka y crea el circuito de la figura. En tu cuaderno, responde a las siguientes preguntas:
   a. ¿El condensador está cargado o descargado antes de pulsar el pulsador?
   b. ¿Qué le ocurre al condensador en el mismo instante en que pulsas el pulsador? ¿Y al diodo?
   c. Según transcurre el tiempo, después de pulsar el pulsador, ¿qué les ocurre al condensador y al diodo?
   d. ¿Dónde usarías este sistema?

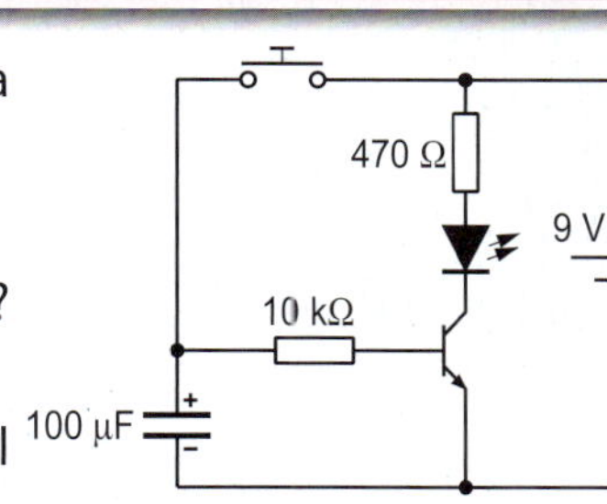

1. Conceptos fundamentales previos

1.1. Las magnitudes eléctricas básicas y la ley de Ohm

Magnitud	**Voltaje, tensión o d.d.p. (*V*)**
Unidad de medida (SI)	**Voltio (V)**
Instrumento de medida	**Voltímetro** (conexión en paralelo)

Magnitud	**Intensidad de corriente (*I*)**
Unidad de medida (SI)	**Amperio (A)**
Instrumento de medida	**Amperímetro** (conexión en serie)

Magnitud	**Resistencia (*R*)**
Unidad de medida (SI)	**Ohmio (Ω)**
Instrumento de medida	**Óhmetro** (se desconecta el circuito para medir)

Magnitud	**Potencia eléctrica (*P*)**
Unidad de medida (SI)	**Vatio (W)**
Instrumento de medida	**Vatímetro**

Las **magnitudes eléctricas básicas** son el voltaje, la intensidad de corriente y la resistencia eléctrica.

- El **voltaje**, **tensión** o **diferencia de potencial (*V*)** es la magnitud eléctrica que indica la diferencia energética entre dos puntos de un circuito.
- La **intensidad de corriente (*I*)** es la magnitud eléctrica que indica la cantidad de carga eléctrica que atraviesa una sección del cable por unidad de tiempo.
- La **resistencia (*R*)** es la magnitud eléctrica que indica la oposición que presenta un conductor al paso de la corriente eléctrica.

La **potencia eléctrica (*P*)** es la energía eléctrica por unidad de tiempo.

$$P\ (\mathrm{W}) = E\ (\mathrm{J}) / t\ (\mathrm{s})$$

$$P\ (\mathrm{kW}) = E\ (\mathrm{kW{\cdot}h}) / t\ (\mathrm{h})$$

$$P\ (\mathrm{W}) = V\ (\mathrm{V}) \times I\ (\mathrm{A})$$

La ley de Ohm

El físico alemán **Georg Ohm** enunció la ley que lleva su nombre, la **ley de Ohm**, según la cual la intensidad de corriente que circula por un conductor eléctrico es directamente proporcional al valor de la tensión que hay entre sus extremos e inversamente proporcional al valor de su resistencia eléctrica:

$$I = V / R$$

donde:

I: intensidad de corriente (A)

V: voltaje, tensión o diferencia de potencial (V)

R: resistencia (Ω)

CÓDIGO DE COLORES PARA RESISTENCIAS				
Orden	A	B	C	D
Significado	1ª cifra	2ª cifra	Multiplicador	Tolerancia
Negro	0	0	x 1	
Marrón	1	1	x 10	± 1%
Rojo	2	2	x 100	± 2%
Naranja	3	3	x 1.000	
Amarillo	4	4	x 10.000	
Verde	5	5	x 100.000	
Azul	6	6	x 1.000.000	
Violeta	7	7		
Gris	8	8		
Blanco	9	9		
Oro			x 0,1	± 5%
Plata			x 0,01	± 10%
Sin color				± 20%

Fig. 1. Código de colores para resistencias.

EJERCICIOS

1. ✦ Calcula la resistencia de un conductor sabiendo que tiene una tensión entre sus extremos de 20 V y que la intensidad de corriente que lo atraviesa es de 5 A. ¿Qué potencia consume este conductor?
2. ✦✦ Calcula la tensión a la que está sometido un conductor cuyo valor resistivo es de 10 Ω y que es atravesado por una intensidad de corriente de 2 A. ¿Cuál es el valor de la potencia que consume?
3. ✦✦ Calcula la resistencia media, la tolerancia y el rango de valores de las siguientes resistencias:

1ª franja	2ª franja	3ª franja	4ª franja
Rojo	Rojo	Marrón	Dorado
Marrón	Negro	Rojo	Dorado
Amarillo	Violeta	Naranja	Dorado
Marrón	Negro	Marrón	Rojo

1.2. Circuitos serie, paralelo y mixto

Un **circuito en serie** es aquel cuyos componentes se conectan uno a continuación del otro formando una cadena. Es decir, el borne final de un componente se conecta con el borne inicial del siguiente componente.

Características de un circuito en serie	
La **resistencia equivalente** es igual a la suma de todas las resistencias.	$R_t = R_1 + R_2 + ... + R_n$
La **intensidad de corriente** de todos los elementos es la misma y es igual a la intensidad de corriente total del circuito equivalente.	$I_{g1} = ... = I_{gm} = I_1 = ... = I_n = I_t$
Es un **divisor de tensión**. La tensión total proporcionada por los generadores se reparte entre todos sus receptores.	$V_t = V_1 + V_2 + ... + V_n$
La **potencia generada** es igual a la **potencia consumida**.	$P_{g1} \pm ... \pm P_{gm} = P_1 + ... + P_n$

Fíjate

Un **circuito equivalente** es un circuito, formado por una única pila (V_t) y una única resistencia (R_t), que energéticamente equivale al circuito inicial.

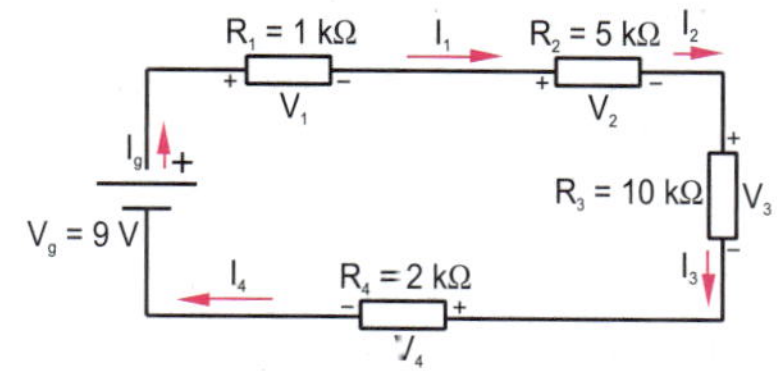

Fig. 2. Circuito en serie con todas las magnitudes eléctricas representadas.

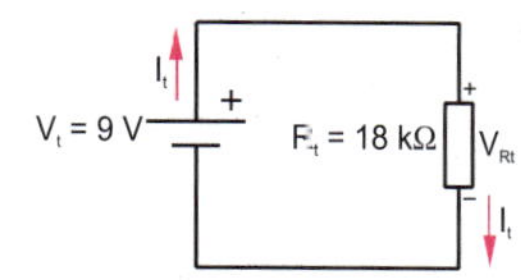

Fig. 3. Circuito equivalente del circuito en serie anterior.

Un **circuito en paralelo** es aquel cuyos componentes se conectan entre dos puntos. Es decir, todos los bornes iniciales se conectan juntos y todos los bornes finales se conectan juntos en otro punto de conexión.

Características de un circuito en paralelo	
La **resistencia equivalente** es igual a la inversa de la suma de las inversas de las resistencias.	$R_t = 1 / (1/R_1 + 1/R_2 + ... + 1/R_n)$
La **tensión** de todos los elementos es la misma.	$V_g = V_1 = V_2 = ... = V_n$
Es un **divisor de intensidad**. La intensidad de corriente proporcionada por los generadores se reparte entre todos sus elementos.	$I_{g1} + I_{g2} + ... + I_{gm} = I_t = I_1 + I_2 + ... + I_n$
La **potencia generada** es igual a la **potencia consumida**.	$P_{g1} \pm ... \pm P_{gm} = P_1 + ... + P_n$

Fíjate

Un **nodo eléctrico** es un punto de un circuito donde confluyen tres o más conductores distintos.

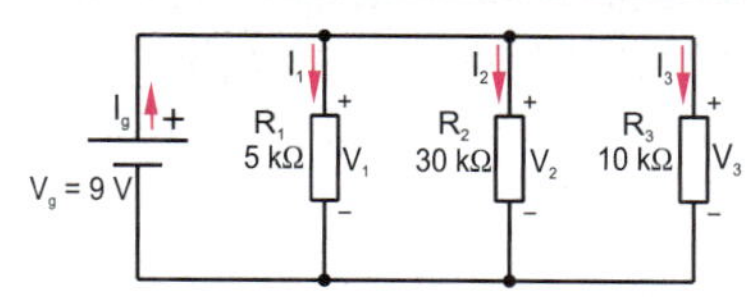

Fig. 4. Circuito en paralelo con todas las magnitudes eléctricas representadas.

Un **circuito mixto** es aquel cuyos componentes se conectan unos en serie y otros en paralelo.

Características de un circuito mixto	
La **resistencia equivalente** es igual a la suma de todas las resistencias para los tramos en serie y a la inversa de la suma de las inversas de las resistencias para los tramos en paralelo.	R_t (mezcla entre serie y paralelo)
La **intensidad de corriente** de todos los elementos que están en serie en una misma rama es la misma.	$I_{s1} = I_{s2} = ... = I_{sn}$
La **tensión** de los elementos que están en paralelo es la misma.	$V_{p1} = V_{p2} = ... = V_{pn}$
La **potencia generada** es igual a la **potencia consumida**.	$P_g = P_1 + P_2 + ... + P_n$

Fíjate

Una **rama** es un tramo de circuito eléctrico comprendido entre dos nodos eléctricos consecutivos.

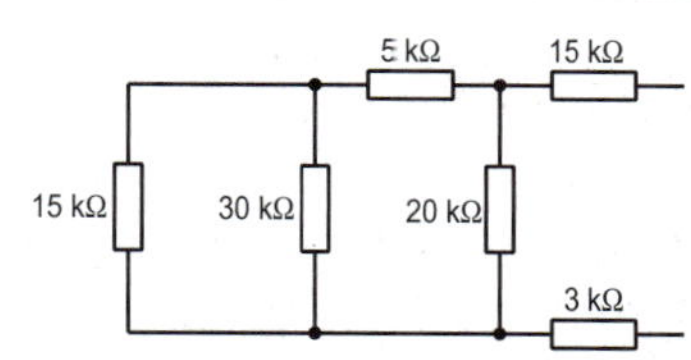

Fig. 5. Agrupaciones mixtas de resistencias.

2. Aplicaciones de los componentes electrónicos básicos

2.1. Resistencias

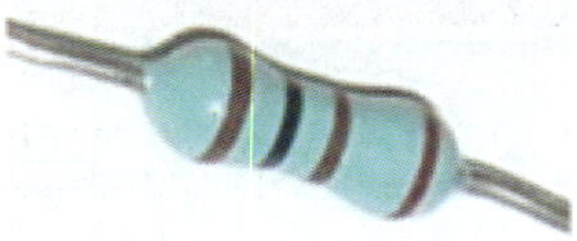

Fig. 6. Resistencia.

Las **resistencias** tienen como función obstaculizar el paso de la corriente eléctrica. En los circuitos electrónicos, tienen dos aplicaciones fundamentales: como divisor de tensión y como limitador de corriente.

El **divisor de tensión** es un circuito formado por dos o más resistencias conectadas en serie con una fuente de alimentación.

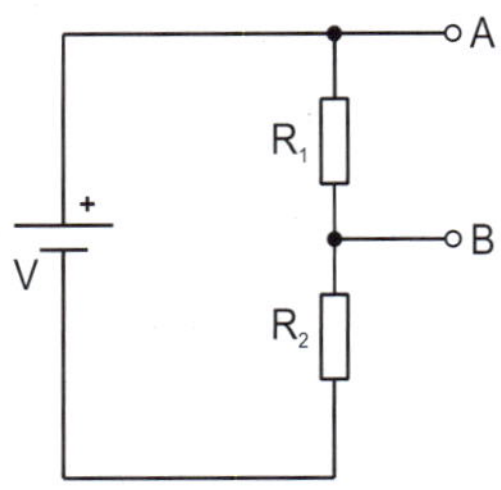

Fig. 7. Divisor de tensión.

La tensión en los extremos de cada una de las resistencias es una fracción de la tensión de la fuente de alimentación (figura 7).

$$V_{AB} = V \cdot \frac{R_1}{R_1 + R_2}$$

Este circuito sirve para alimentar cualquier componente con la tensión que necesite para trabajar correctamente.

Un **limitador de corriente** es una resistencia conectada en serie con otro componente y su función es reducir la intensidad de corriente que circula por ese componente para que pueda funcionar correctamente.

Un ejemplo de uso de los limitadores de corriente son los circuitos con **leds**. Los leds siempre deben conectarse en **serie** con una **resistencia limitadora** para evitar que se estropeen.

Fíjate

La función de una **resistencia** es obstaculizar el paso de la corriente eléctrica en un circuito.

Podemos calcular el valor de la resistencia necesaria en un circuito como el de la figura 8, teniendo en cuenta que la caída de tensión en el led suele valer 2 V y que la intensidad adecuada para su funcionamiento puede ser de 20 mA, mediante la siguiente expresión:

$$R = \frac{V - V_{led}}{I}$$

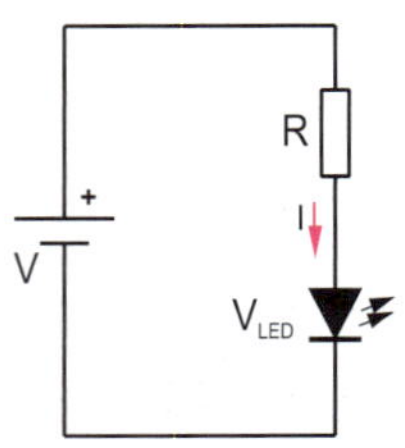

Fig. 8. Limitador de corriente para led.

Para saber más

Las resistencias comercializadas tienen unos valores normalizados y se clasifican en series.

En pequeñas potencias existen las series E6, E12, E24 y E48.

La serie E6 tiene seis valores:

1,0	1,5	2,2	3,3	4,7	6,8

Cada uno de estos seis valores comerciales de las resistencias puede encontrarse en ohmios (Ω), kiloohmios (kΩ) y megaohmios (MΩ).

EJERCICIOS

4. Calcula las tensiones V_{AB} y V_{BC} en los extremos de las resistencias del siguiente circuito:

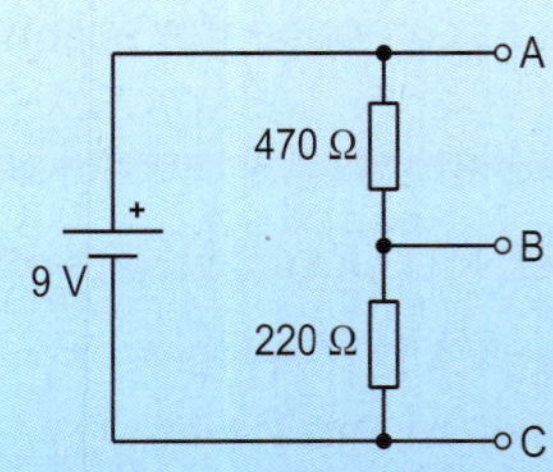

5. Calcula el valor de la resistencia necesaria para que el led funcione correctamente en el siguiente circuito:

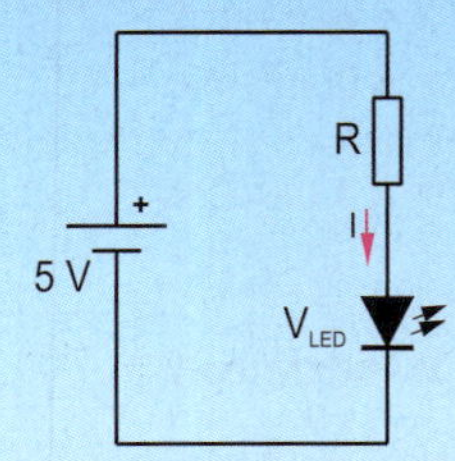

2.2. Condensadores

La función de un **condensador** en un circuito eléctrico es almacenar energía eléctrica cuando se carga y cederla al circuito cuando se descarga.

Las aplicaciones fundamentales de los condensadores en corriente continua son los **circuitos temporizadores** y el **filtrado en fuentes de alimentación**.

El funcionamiento del condensador como filtro se estudiará en el apartado dedicado a las fuentes de alimentación.

En un circuito de corriente continua, la **carga y descarga** del **condensador** se produce de forma casi **inmediata**, pero si conectamos una **resistencia en serie** con el condensador conseguiremos **retardar** el tiempo de carga y descarga. Habremos creado un circuito temporizador.

Los **circuitos temporizadores con condensadores** están formados por un condensador conectado en serie con una o más resistencias a través de las cuales el condensador se carga o se descarga. Se utilizan para activar o desactivar otros componentes de forma retardada.

Un ejemplo de temporizador es el circuito de encendido con desconexión retardada de la iluminación del portal de una vivienda o de la iluminación interior de un automóvil (figura 10).

En el circuito de la figura 11, si pulsamos el interruptor, el condensador se carga inmediatamente al estar conectado directamente a la batería de 4,5 V. En la figura 12, podemos ver cómo se ha pulsado el conmutador y el condensador se descarga durante un tiempo a través de la resistencia de 470 Ω y del led. Al pulsar el conmutador, el led se ilumina y continúa iluminando hasta que el condensador se descarga totalmente.

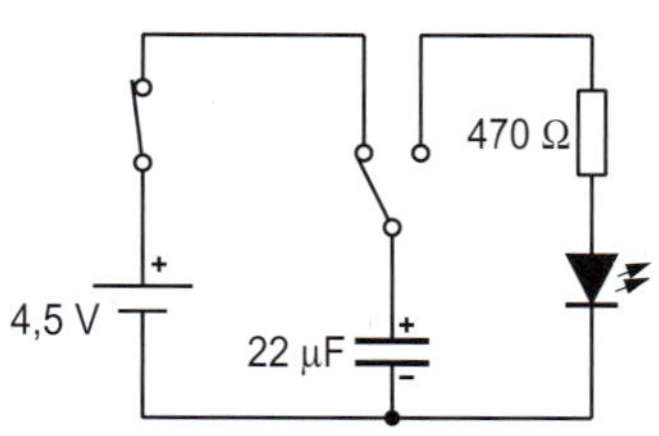

Fig. 11. Circuito de carga de un condensador.

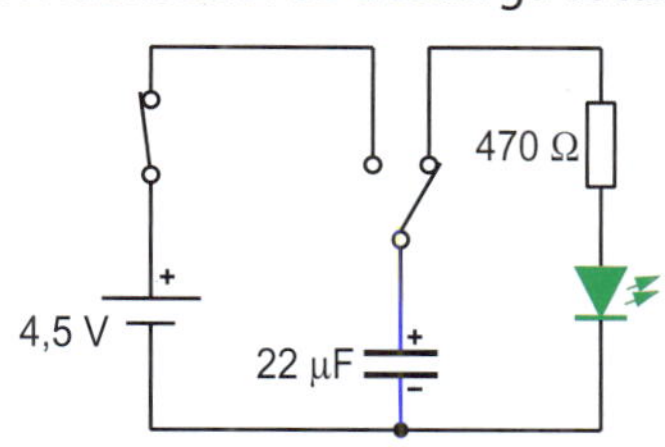

Fig. 12. Circuito de descarga de un condensador a través de resistencia y led.

Nosotros podemos diseñar un circuito temporizador como el de la figura 11 y decidir el tiempo que permanecerá encendido el led, modificando los valores de la resistencia de descarga y la capacidad del condensador.

Para ello utilizaremos la siguiente ecuación:

$$t_c = t_d = 5 \times R \times C$$

donde t_c y t_d son los tiempos de carga y descarga del condensador en segundos (s), R es la resistencia en ohmios (Ω) y C es la capacidad en faradios (F).

El número 5 indica que se considera completamente cargado o descargado el condensador en un tiempo igual a cinco veces el producto $R \times C$.

EJERCICIOS

6. ✦ Calcula el tiempo que tarda en cargarse el condensador del circuito de la figura 13.

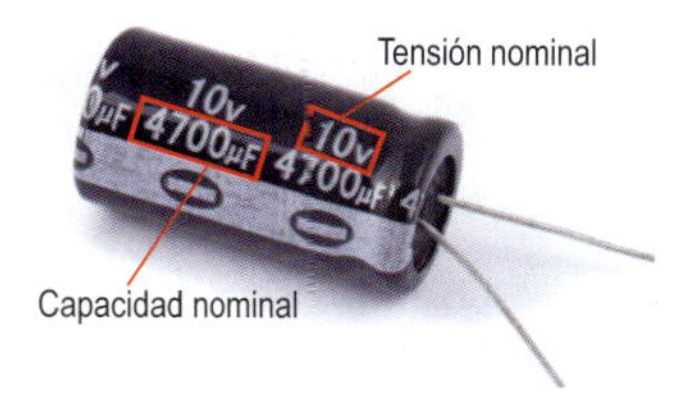

Fig. 9. Inscripciones en el encapsulado de un condensador electrolítico.

Fíjate

El encapsulado de los condensadores electrolíticos lleva unas inscripciones que especifican su tensión nominal y su capacidad nominal, así como una indicación de la patilla que se ha de conectar al negativo de la batería.

La tensión nominal es la tensión a la que se puede conectar el condensador sin sufrir daños.

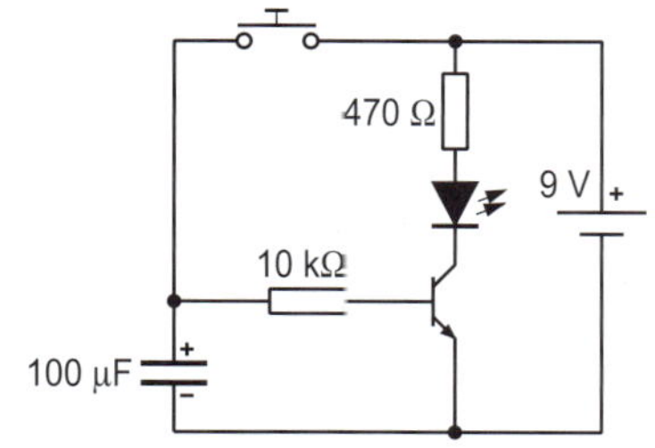

Fig. 10. Circuito de apagado retardado de led con condensador electrolítico.

Fíjate

Después de utilizar los condensadores, y antes de guardarlos, debes descargarlos, a través de una resistencia y no a través de un cortocircuito.

Para saber más

Los condensadores de los electrodomésticos tienen capacidades muy grandes. Cuando se manipulan, se debe evitar tocar al mismo tiempo sus dos patillas, ya que, si están cargados, se descargarán a través del propio cuerpo y podrían provocar lesiones.

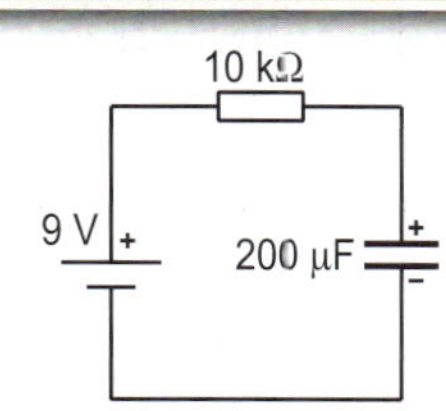

Fig. 13. Circuito de carga de condensador con resistencia.

Fíjate

El **faradio** (F) es una una unidad muy grande, por lo que, para indicar la capacidad, se utilizan submúltiplos:

- Microfaradio (µF): 1 µF = 10^{-6} F
- Nanofaradio (nF): 1 nF = 10^{-9} F
- Picofaradio (pF): 1pF = 10^{-12} F

2.3. Diodos

Fig. 14. Diodos.

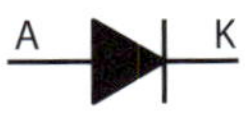

Fig. 15. Símbolo y terminales del diodo

Un **diodo** es un semiconductor que permite el paso de corriente en sentido ánodo-cátodo (polarización directa) y lo impide en sentido cátodo-ánodo (polarización inversa).

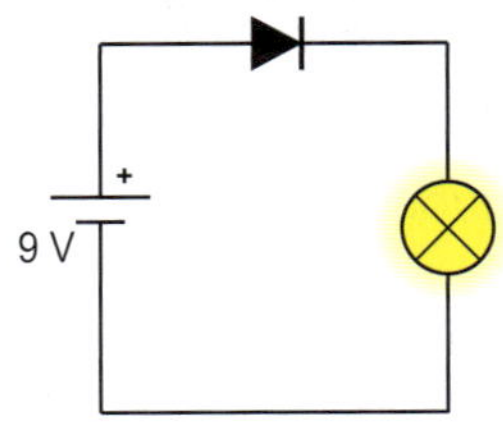

Fig. 16. Polarización directa de diodo.

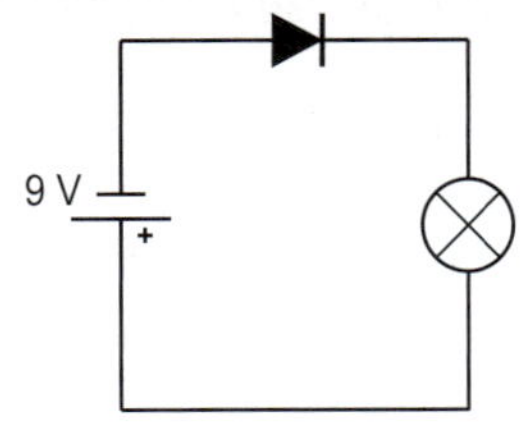

Fig. 17. Polarización inversa de diodo.

Esta cualidad de los diodos hace que su principal aplicación sea la **rectificación de la corriente alterna** y se utilicen en las fuentes de alimentación (rectificar consiste en convertir una corriente alterna en continua, eliminando o transformando la parte negativa de la onda de corriente alterna).

En la figura 18 podemos ver un circuito rectificador de media onda con un diodo, en el que R_c representa un receptor, que puede ser un altavoz, un relé...

El generador de corriente alterna genera una tensión cuyo valor va cambiando en el tiempo y cuya forma puede verse en la primera gráfica.

El diodo sólo conduce cuando la tensión es positiva; en la segunda gráfica podemos ver la tensión que llega al receptor. Esta nueva tensión sólo mantiene la parte positiva de la señal generada por el generador.

De esta manera, el diodo convierte una corriente alterna en corriente continua pulsatoria.

Para saber más

La gráfica de la figura 19 representa el comportamiento real de un diodo y relaciona la tensión en sus extremos con la corriente que lo puede atravesar.

Cuando un diodo se polariza directamente, comienza a conducir a partir de una tensión llamada **tensión umbral** $V_\gamma = 0{,}7$ V.

En polarización inversa, el diodo puede trabajar hasta un valor de **tensión de ruptura** (V_r) y a partir de esa tensión el diodo se estropea.

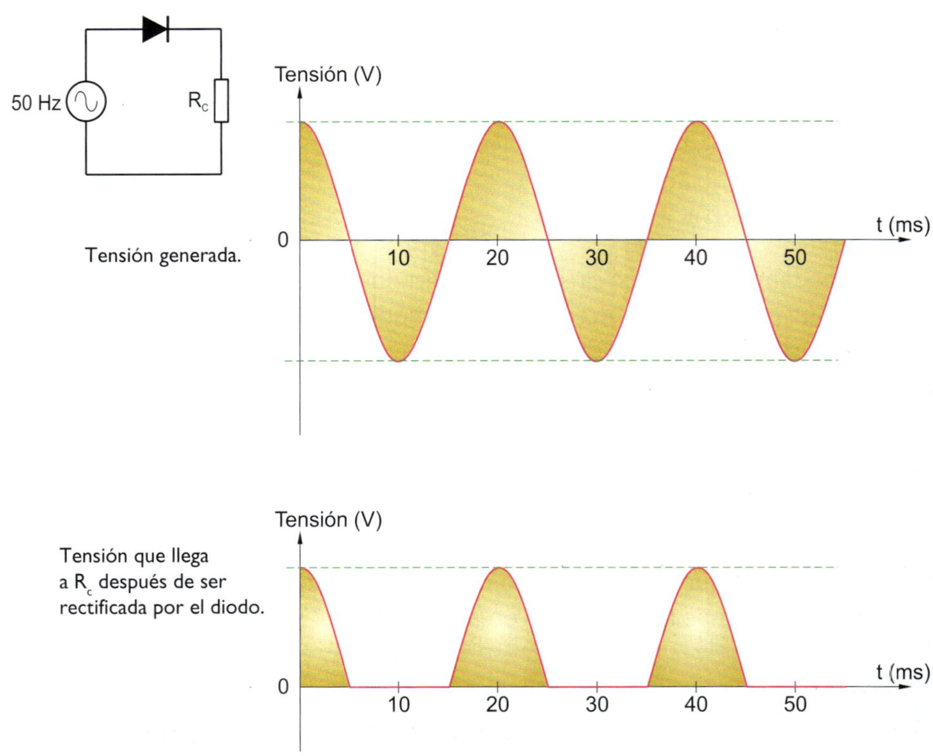

Fig. 18. Rectificador de media onda con diodo.

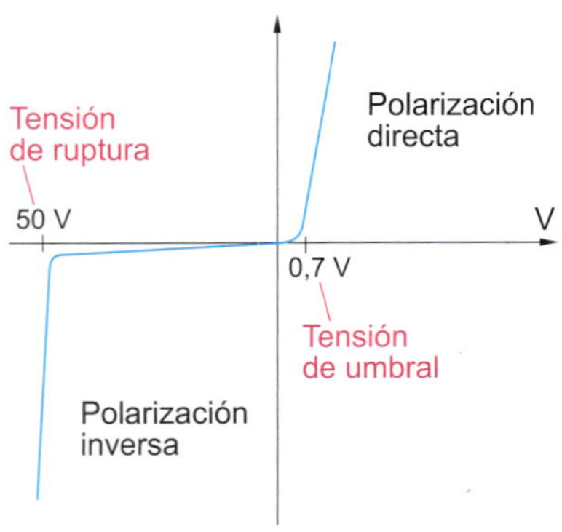

Fig. 19. Gráfica de funcionamiento del diodo.

El diodo Zener

Un **diodo Zener** es un diodo especial que, además de conducir cuando se polariza directamente, conduce también cuando se polariza inversamente con una tensión de valor igual o superior a su tensión inversa nominal, llamada **tensión Zener (V_Z).**

En la gráfica de la figura 21 podemos ver que, cuando se polariza el diodo Zener inversamente, al llegar a la tensión Zener (V_Z), permite el paso de corriente en sentido cátodo-ánodo y la tensión entre sus extremos (V_Z) se mantiene constante, independientemente del valor de la corriente inversa que lo atraviesa.

Esta propiedad hace que una de las aplicaciones fundamentales de los diodos Zener sea como **estabilizadores de tensión** en fuentes de alimentación.

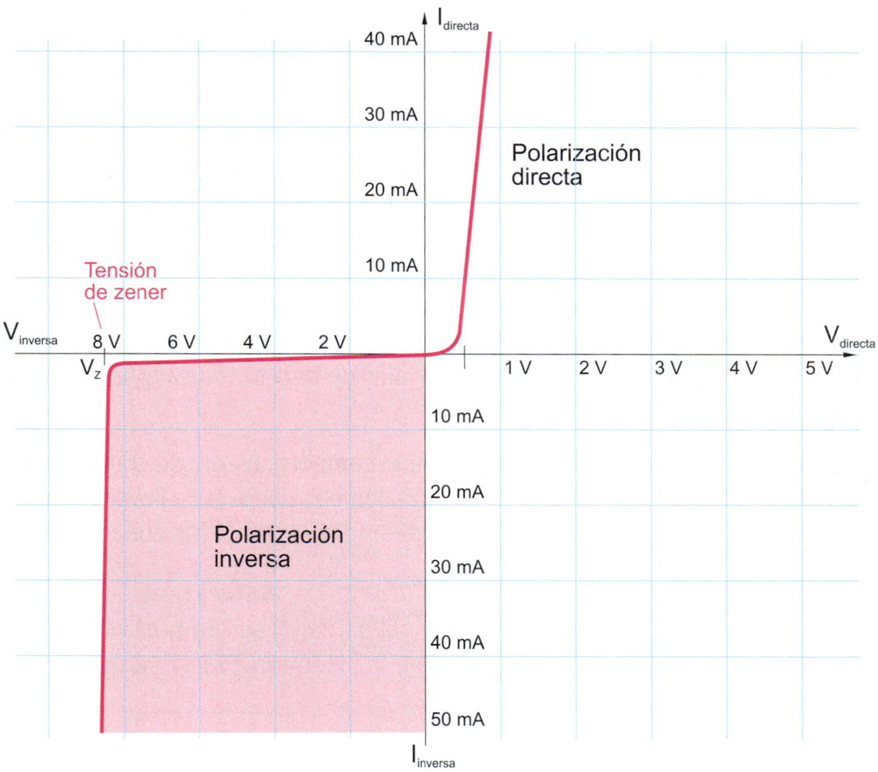

Fig. 21. Gráfica de funcionamiento del diodo Zener.

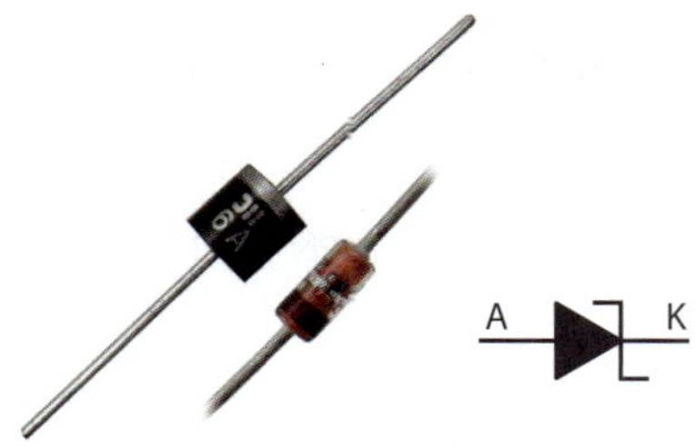

Fig. 20. Diodos Zener y su símbolo.

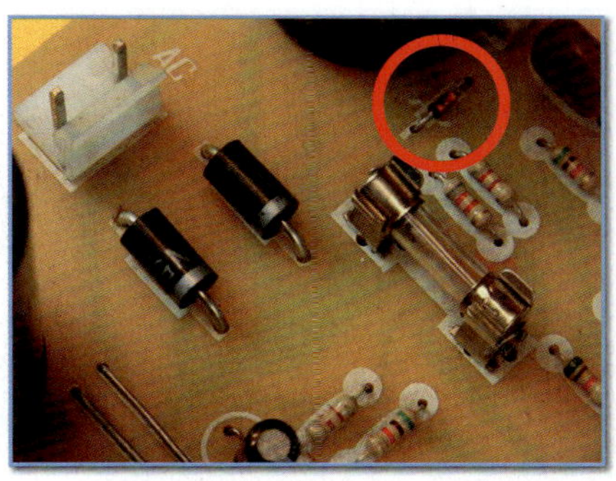

Diodo Zener en una fuente de alimentación.

EJERCICIOS

7. ✦ ¿En qué consiste rectificar una corriente alterna?
8. ✦ ¿Cuál es la función de un diodo en un circuito rectificador de media onda?
9. ✦✦ ¿Puede un diodo Zener conducir cuando se polariza directamente? ¿En qué condiciones puede conducir un diodo Zener cuando se polariza inversamente?
10. ✦✦ Observa la gráfica de la figura 19 e indica el valor de la tensión de ruptura (V_r) del diodo y el valor de la tensión umbral (V_γ).

2.4. Transistores

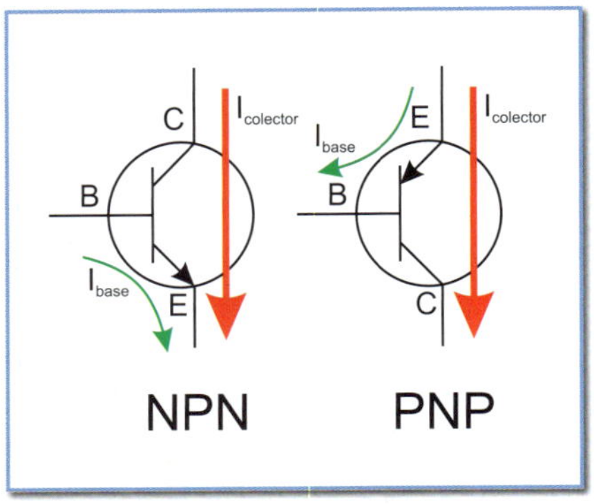

Fig. 22. Símbolo y sentido de corrientes de transistores NPN y PNP.

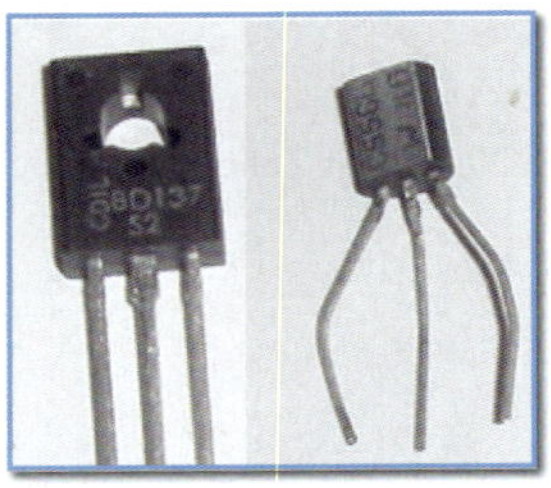

Fig. 23. Transistores.

Fíjate

Cada transistor, por la forma en que está construido, tiene una ganancia β diferente.

Los valores de β de los transistores comerciales suelen oscilar entre 50 y 300.

Un **transistor** es un semiconductor con tres terminales: **emisor**, **base** y **colector**.

Un transistor tiene dos usos principales: como **interruptor** y como **amplificador de corriente**.

Un transistor funciona como un **interruptor** controlado por la corriente del terminal base I_b. Esta pequeña corriente I_b se puede modificar, y así variar las corrientes que circulan por los terminales colector I_c y emisor I_e, que tendrán un valor mucho mayor.

Así, se puede conseguir que el transistor funcione de tres formas diferentes: **en corte**, **en activa** y **en saturación**.

Cuando el transistor trabaja **en activa**, **amplifica la corriente** que entra por la base, de modo que la corriente del colector es exactamente igual a la corriente de base multiplicada por un número β, que es la **ganancia** del transistor.

Cuando el transistor trabaja **en corte** no deja pasar corriente por sus terminales (**interruptor abierto**) y cuando trabaja **en saturación** se comporta como un **interruptor cerrado**.

Los transistores se utilizan trabajando en **conmutación** (paso de corte a saturación) en los circuitos de **control automático** y **electrónica digital**, principalmente (por ejemplo, en el encendido automático de un sistema de iluminación, ventilación o riego); y en **activa**, en **amplificación** de señales de baja potencia (por ejemplo, en receptores de radio y televisión).

La tabla siguiente muestra, de forma resumida, el comportamiento del transistor en activa, corte y saturación, los circuitos de polarización necesarios para llevar al transistor a esas zonas de trabajo y las características fundamentales de dichas zonas de trabajo.

Corte El transistor se comporta como un interruptor abierto.	**Activa** El transistor amplifica la corriente que entra por la base.	**Saturación** El transistor se comporta como un interruptor cerrado.
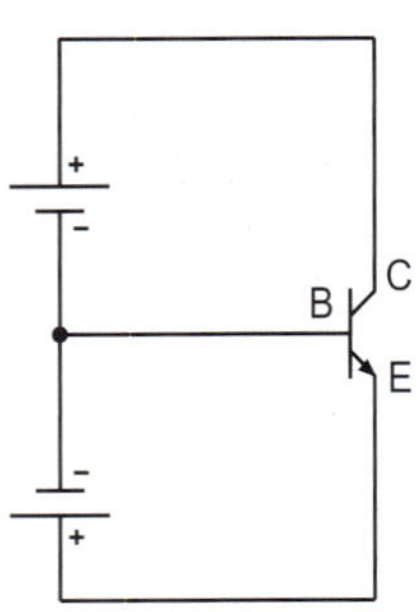 Polarización B-C inversa y B-E inversa en un transistor NPN. $V_{be} < 0,7\ V$ $I_b = I_c = 0\ V$	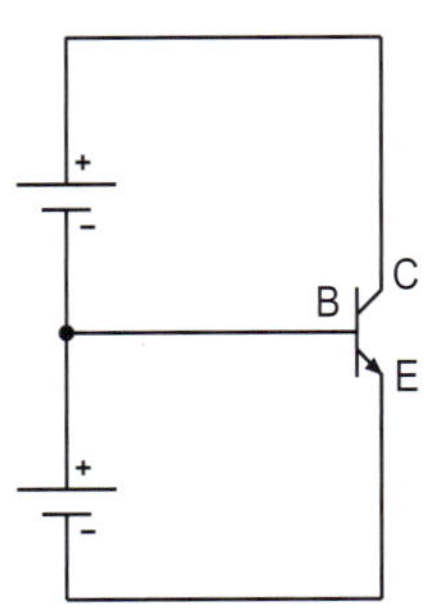 Polarización B-C inversa y B-E directa en un transistor NPN. $V_{be} \geq 0,7\ V$ $I_c = I_b \times \beta$ $I_e = I_b + I_c$	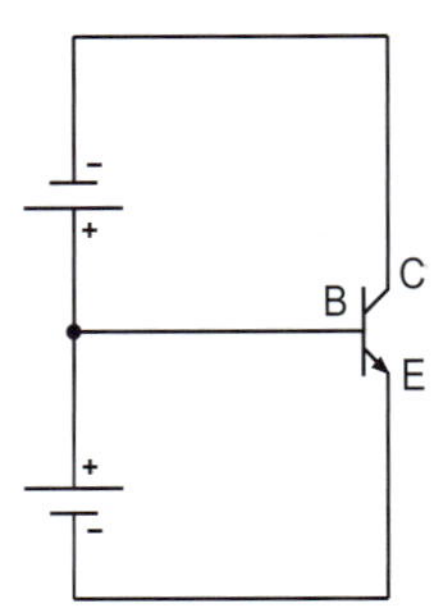 Polarización B-C directa y B-E directa en un transistor NPN. $V_{be} \geq 0,7\ V$ $0\ V < V_{ce} < 0,2\ V$ $I_c \leq I_b \times \beta$
El valor $V_{be} = 0,7\ V$ es el valor de la tensión umbral de la unión base-emisor.		

Análisis del funcionamiento de un transistor

Analizar el funcionamiento de los circuitos de las figuras 24, 25 y 26 puede ayudarte a entender el **funcionamiento de un transistor**. En los tres circuitos únicamente cambia el valor de la resistencia del potenciómetro.

En el circuito de la figura 24, la resistencia del potenciómetro vale 400 kΩ. Es tan alta que hace que la tensión en la unión base-emisor valga 0,5 V. Con esa tensión en la unión base-emisor, el transistor trabaja en **corte** y el led está apagado.

En el circuito de la figura 25, se ha reducido el valor de la resistencia del potenciómetro a 100 kΩ. Ahora la tensión en la unión base-emisor vale 0,7 V y el transistor está en **activa**, amplificando la corriente que entra por la base. El led está encendido.

En el circuito de la figura 26, la resistencia del potenciómetro se ha reducido a 1 kΩ. Se ha conseguido que la tensión entre base y emisor sea superior a 0,7 V. La tensión entre colector y emisor ahora es igual a 0,017 V. El transistor se ha **saturado** y ahora I_c ya no es proporcional a I_b, sino que I_c alcanza un valor máximo a partir del cual, aunque I_b aumente, I_c no aumentará.

Para saber más

Si en el circuito de la figura 24 sustituimos el potenciómetro por un sensor (como una fotorresistencia, un termistor o una sonda de humedad) y el led por un motor o una lámpara, habremos creado un circuito de control automático, que conecta o desconecta el motor o la lámpara cuando el sensor detecta un cambio de intensidad luminosa, de temperatura, de humedad...

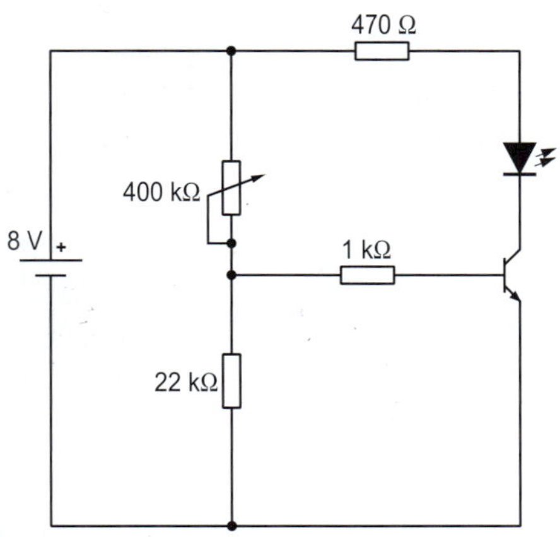

Fig. 24. Transistor en corte.

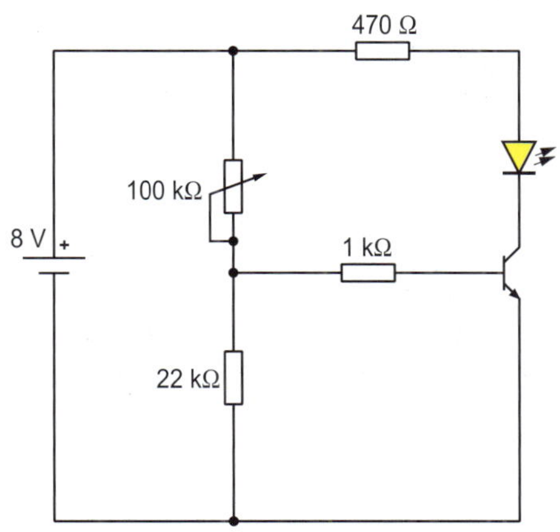

Fig. 25. Transistor en activa.

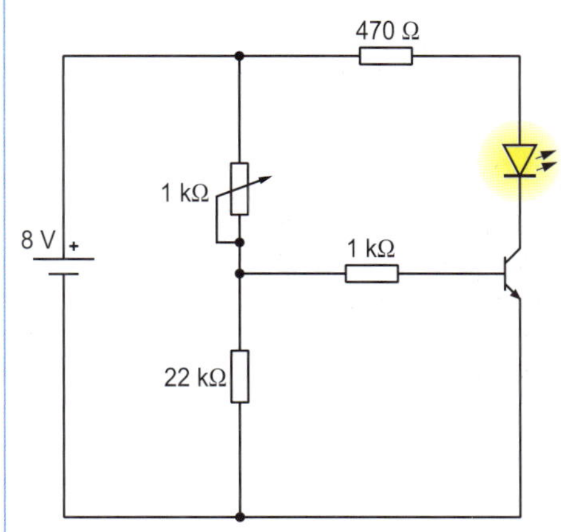

Fig. 26. Transistor en saturación.

$V_{be} = 0{,}5\ \text{V}$	$V_{be} = 0{,}7\ \text{V}$	$V_{be} = 0{,}712\ \text{V}$
$I_b = I_c = 0\ \text{V}$	$\beta = 100$	$I_b = 3{,}55\ \text{mA}$
	$I_b = 41{,}2\ \mu\text{A}$	$I_c = 12{,}7\ \text{mA}\ (< 3{,}55 \times 100)$
	$I_c = I_b \times \beta = 41{,}2\ \mu\text{A} \times 100 = 4{,}12\ \text{mA}$	$(I_c \leq I_b \times \beta)$
		$V_{ce} = 0{,}017\ \text{V}$

El par Darlington

Fíjate

El **par Darlington** se utiliza cuando se necesita amplificar una señal muy pequeña; por ejemplo, en los circuitos de control de temperatura con termistores.

Una **conexión Darlington** está formada por dos transistores conectados en cascada, de manera que la corriente que pasa por la base del segundo procede del emisor del primero.

La ganancia del par Darlington es el producto de las ganancias de los dos transistores:

$$\beta = \beta_1 \times \beta_2$$

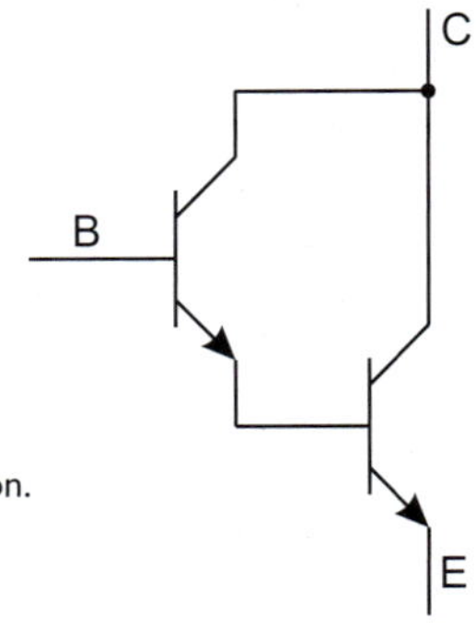

Fig. 27. Par Darlington.

EJERCICIOS

11. ✦ Dibuja el símbolo de un transistor NPN e indica, sobre él, los sentidos de las corrientes por sus tres terminales.

12. ✦ En un transistor, ¿qué magnitud hemos de controlar para modificar su funcionamiento?

13. ✦ ¿Cuáles son las tres formas de funcionamiento de un transistor?

14. ✦ Indica el valor de la corriente de colector cuando el transistor trabaja en activa.

15. ✦✦ Dibuja en tu cuaderno el circuito de polarización necesario para llevar al transistor a trabajar a la zona de saturación. ¿Qué tensión debemos aplicar a la unión base-emisor?

16. ✦ ¿Qué valor de tensión debemos aplicar a la unión base-emisor de un transistor para conseguir que trabaje en corte?

17. ✦✦ Describe cómo sería el funcionamiento del circuito de la figura 24 si sustituyésemos el potenciómetro por una fotorresistencia.

18. ✦ La corriente de base de un transistor vale $I_b = 21$ µA y tiene una ganancia $\beta = 150$. Cuando trabaje en activa, ¿cuánto valdrá la corriente del colector I_c?

19. ✦✦ Dibuja el símbolo del par Darlington. Si las ganancias de los dos transistores que lo forman valen $\beta_1 = 100$ y $\beta_2 = 50$, ¿cuánto valdrá la ganancia del par Darlington?

20. ✦✦ Si la corriente de colector de un transistor es $I_c < I_b \times \beta$, ¿en qué zona está trabajando?

3. Fuentes de alimentación

Fig. 28. Fuente de alimentación.

Muchos de los aparatos electrónicos que usamos funcionan con corriente continua, con tensiones de valores del orden de 12 V o menos, como es el caso de los teléfonos móviles o los ordenadores. Sin embargo, para usarlos o cargar sus baterías, los conectamos a la instalación eléctrica de nuestra vivienda, que proporciona una tensión de 230 V en corriente alterna, y podemos hacerlo gracias a que llevan un dispositivo llamado **convertidor** o **fuente de alimentación**.

Las **fuentes de alimentación** están formadas por una serie de componentes conectados de tal manera que pueden transformar la corriente alterna de un valor de tensión en corriente continua del valor adecuado.

Para saber cómo funciona una fuente de alimentación, vamos a analizar una fuente de alimentación sencilla, cuyo esquema se muestra en la figura 29. Como se puede observar, está formada por los siguientes elementos: **transformador**, **rectificador** en puente de diodos, **condensador** y **circuito estabilizador** (formado por un diodo Zener y una resistencia). En el esquema de la figura 29, R_c representa a cualquier aparato conectado a la fuente de alimentación.

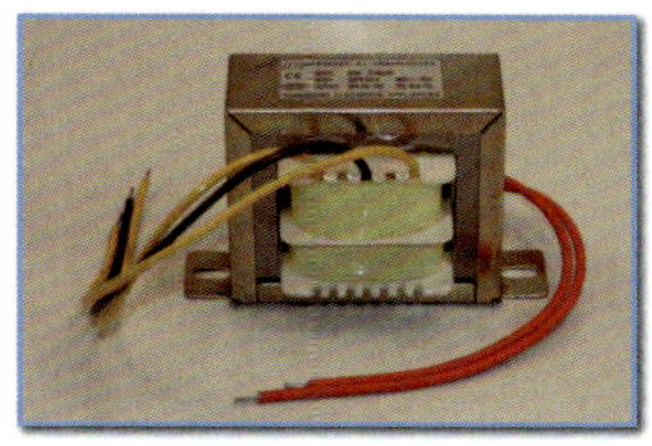

Fig. 30. Transformador.

En la parte superior de la figura se muestra la forma de la corriente según va atravesando los distintos componentes: la onda que sale del transformador es una corriente alterna del valor de tensión adecuado al aparato a conectar; la que sale del puente de diodos es corriente continua pulsante; la onda que sale del condensador es una corriente continua con un rizado, es decir, una pequeña variación de la tensión; y, por último, en los extremos del diodo Zener la tensión es continua y de valor constante.

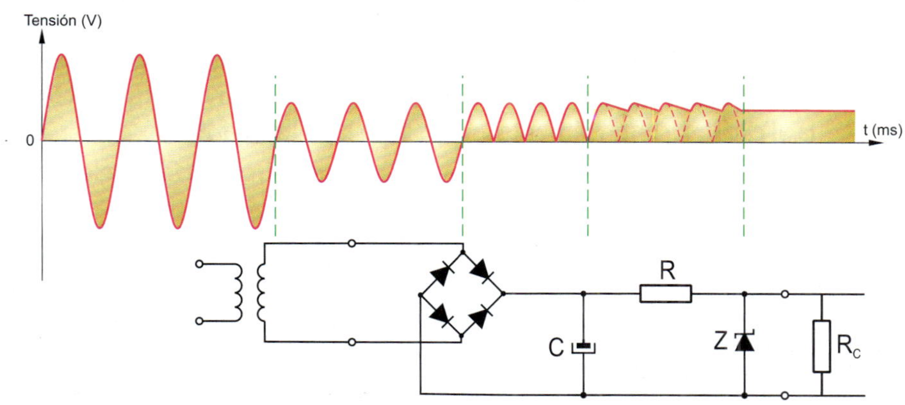

Fig. 29. Esquema de fuente de alimentación y forma de la corriente eléctrica según pasa por cada etapa de la fuente.

El transformador

El **transformador** (figura 30) es un componente electromagnético que transforma la corriente alterna proporcionada por la red eléctrica, de tensión igual a 230 V, en corriente alterna de tensión igual al valor de funcionamiento del aparato que va a ser alimentado por la fuente, como se puede ver en la figura 31.

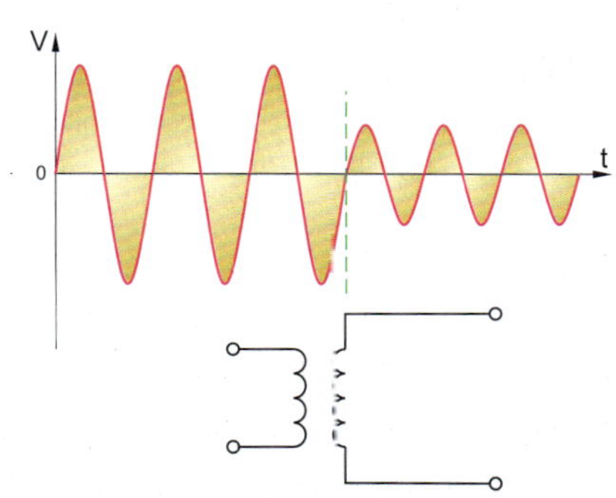

Fig. 31. Esquema de transformador y gráfica de la corriente eléctrica a la entrada y a la salida del transformador.

EJERCICIOS

21. ✦✦ Dibuja el esquema del rectificador en puente de diodos.

22. ✦ ¿Qué elementos componen una fuente de alimentación?

23. ✦ ¿Cómo llamamos a la onda que sale del rectificador?

24. ✦ ¿Qué función tiene el transformador en la fuente de alimentación?

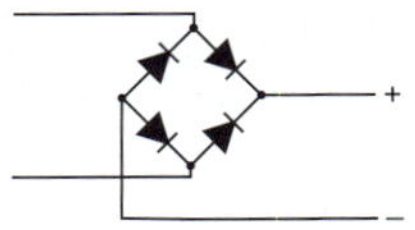

Fig. 32. Esquema de rectificador en puente de diodos.

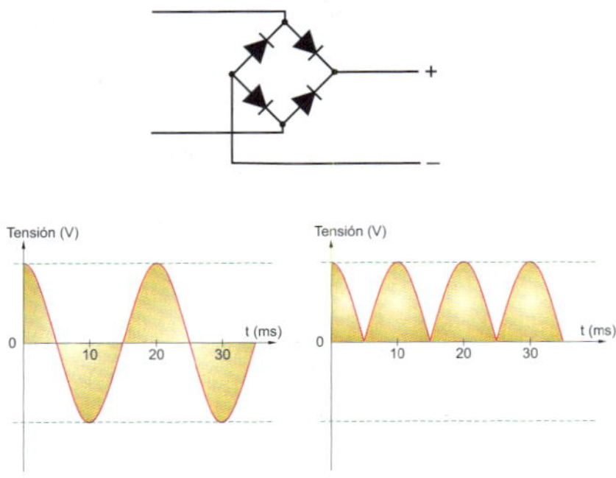

Fig. 33. Rectificador en puente de diodos y gráfica de transformación de la corriente eléctrica que lo atraviesa.

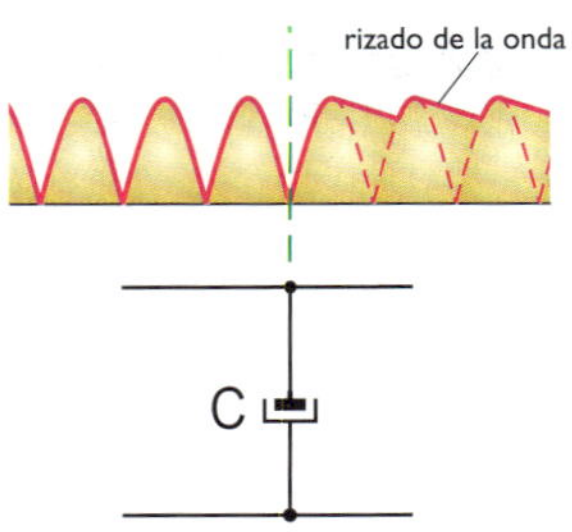

Fig. 36. Condensador y gráfica de transformación de la corriente eléctrica que lo atraviesa.

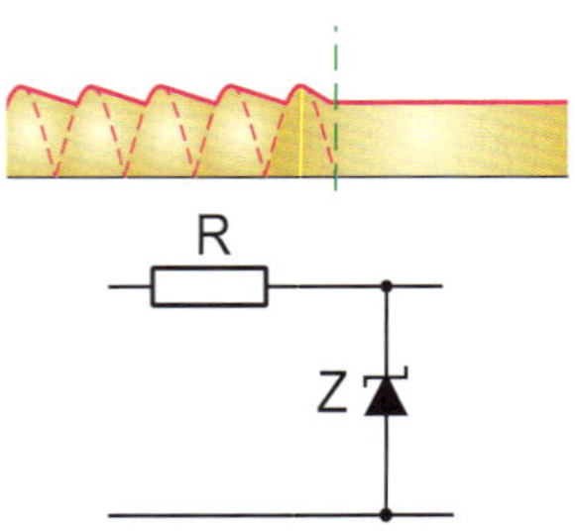

Fig. 37. Circuito estabilizador y gráfica de transformación de la corriente eléctrica que lo atraviesa.

El rectificador

El **rectificador en puente de diodos** (figura 32) transforma la corriente alterna en corriente continua pulsante (figura 33), puesto que en cada ciclo de la onda solamente conducen dos de los diodos.

En el esquema de la figura 34, los diodos D_2 y D_3 se polarizan directamente y conducen, mientras que D_1 y D_4 se polarizan inversamente y no conducen. En el esquema de la figura 35 ocurre lo contrario: se polarizan directamente D_1 y D_4 e inversamente D_2 y D_3. Por lo tanto, en cada ciclo de la onda conducen dos diodos.

La dirección de la corriente que pasa por R_L (que representa a cualquier dispositivo conectado a la salida del puente de diodos) es siempre la misma, por lo que la tensión a la salida del puente de diodos será siempre positiva aunque de valor variable; por eso la llamamos "tensión continua pulsante" (figura 33).

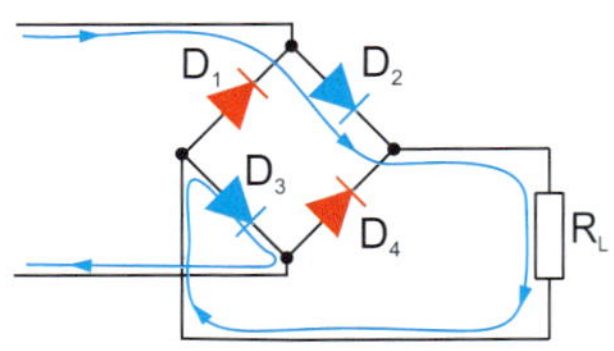

Fig. 34. Esquema de conducción de diodos en semiciclo positivo de la señal de entrada.

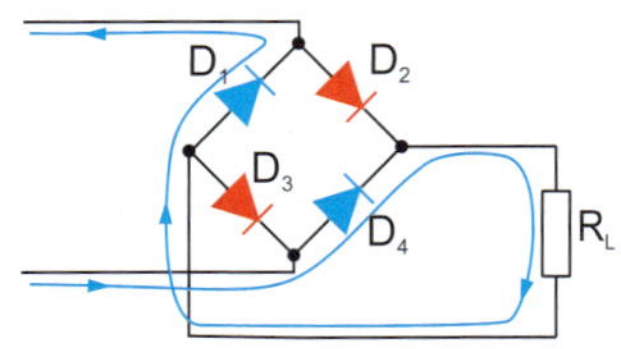

Fig. 35. Esquema de conducción de diodos en semiciclo negativo de la señal de entrada.

El condensador

El **condensador** electrolítico conectado a la salida del puente de diodos transforma la corriente continua pulsante en corriente continua con menores variaciones de la amplitud de la corriente, es decir, reduce el rizado de la onda (figura 36).

Esto lo hace porque el condensador trabaja almacenando carga eléctrica y cediéndola al circuito, continuamente. A este paso se le llama **filtrado**.

Los condensadores utilizados en las fuentes de alimentación suelen ser electrolíticos y de gran capacidad.

Podemos reducir aún más el rizado de la onda eligiendo un condensador de más capacidad.

El estabilizador

La misión del **estabilizador** es eliminar el rizado de la tensión de salida del condensador y proporcionar una tensión constante.

El circuito estabilizador más sencillo está formado por una resistencia conectada en serie y un diodo Zener en paralelo.

Cuando se aplica al diodo Zener una tensión inversa superior a la tensión Zener (V_Z), es capaz de modificar la corriente inversa que lo atraviesa y así mantener en sus extremos una tensión constante igual a V_Z.

EJERCICIOS

25. ✦ ¿Qué función realiza el rectificador en una fuente de alimentación?

26. ✦✦ ¿Por qué consigue el condensador reducir el rizado de la onda continua pulsante procedente del rectificador?

27. ✦ ¿Qué tipo de condensador se suele usar en las fuentes de alimentación?

28. ✦ Dibuja el esquema de un estabilizador.

4. Circuitos integrados

4.1. El circuito integrado 555

El **circuito integrado 555** (CI 555) se utiliza para controlar el tiempo durante el cual se suministra tensión a otro circuito conectado a él y, de este modo, controlar su tiempo de funcionamiento.

Está formado por un conjunto de **componentes** integrados en una carcasa de color negro que tiene **ocho patillas**. Las más importantes son:

- **Terminal de disparo** (pin 2). Cuando la tensión en este terminal sea **inferior a 1/3 de V_{cc}** (tensión de alimentación del 555), la tensión en el terminal de salida será **$+V_{cc}$**.
- **Terminal de salida** (pin 3). Suministra tensión en dos valores (**V_{cc}** o **0 V**) a un circuito exterior cuyo funcionamiento se controla con el 555.
- **Terminal umbral** (pin 6). Cuando la tensión en este terminal sea **superior a 2/3 de V_{cc}**, la tensión de salida (en el pin 3) valdrá **0 V**.

Fig. 38. Imagen del CI 555.

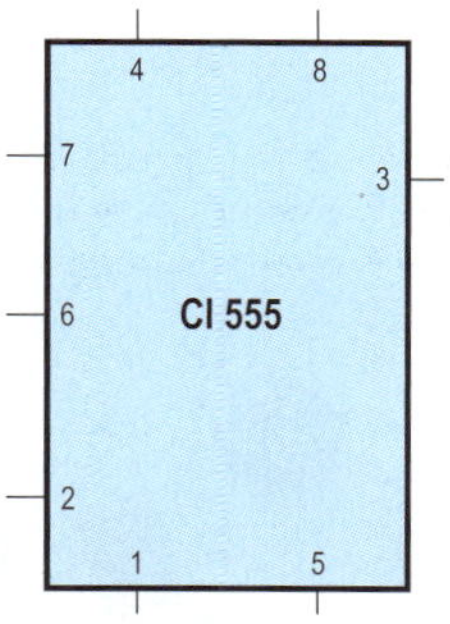

Fig. 39. Símbolo del CI 555.

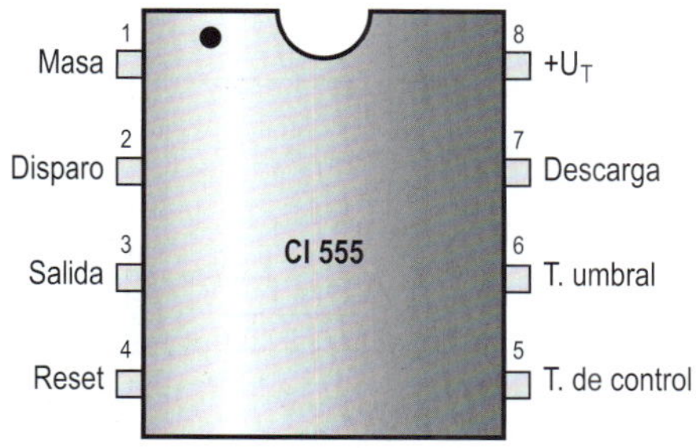

Fig. 40. Dibujo del CI 555 con indicación del patillaje.

De las **aplicaciones** del CI 555 vamos a conocer dos: funcionamiento en modo monoestable o **temporizador** y funcionamiento en modo astable u **oscilador**.

El circuito integrado 555 como monoestable

El modo de funcionamiento **monoestable** consiste en que el terminal de salida (pin 3) tiene un valor bajo de tensión (0 V) hasta que se provoca el disparo del pin 2. En ese momento, la tensión de salida del pin 3 cambia a valor alto (V_{cc}) y, pasado un tiempo, vuelve al valor que tenía inicialmente.

El CI 555 tiene un único estado: **estable o monoestable**.

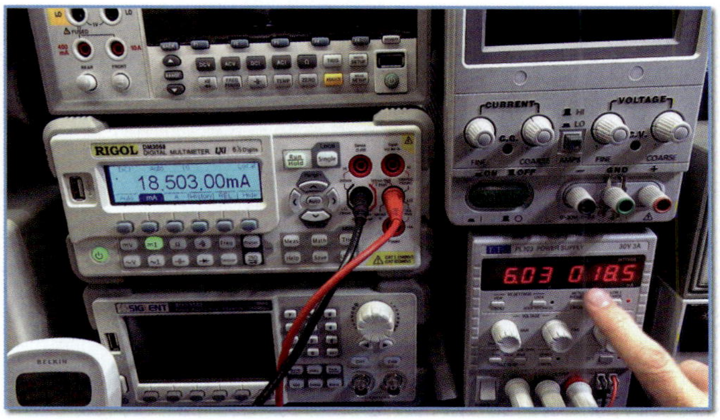

Fíjate

Puedes utilizar el CI 555 funcionando como monoestable o temporizador en sistemas en los que se necesite la conexión de un dispositivo sólo durante un tiempo y que después se desconecten automáticamente, como es el caso de la iluminación del portal de un edificio, la luz interior de un automóvil, un secador de manos, un semáforo...

Para conseguir que el CI 555 funcione como monoestable debemos conectarlo a un **circuito exterior** similar al de la figuras 41 y 42. Este circuito es un temporizador con retardo a la desconexión.

En este circuito, **antes de pulsar el pulsador** (figura 41), el terminal de disparo está a una tensión igual a V_{cc} y el terminal de salida suministra una tensión que se mantiene a nivel bajo, es decir, 0 V. El led está apagado.

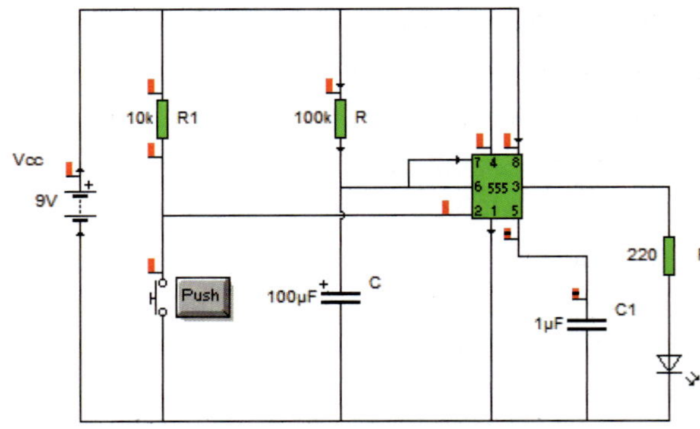

Fig. 41. Funcionamiento del CI 555 como monoestable, antes de pulsar el pulsador.

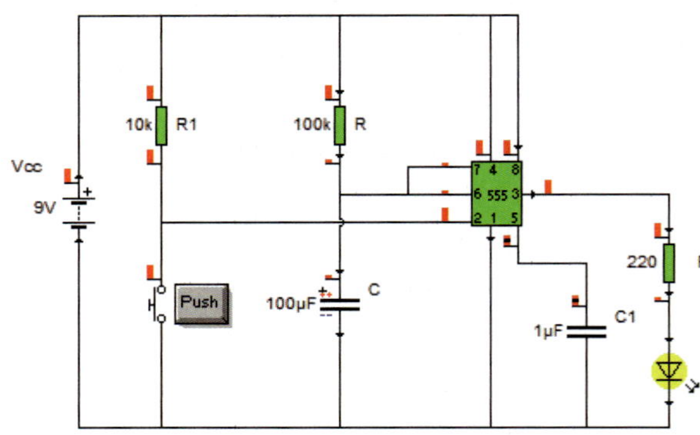

Fig. 42. Funcionamiento del 555 como monoestable, después de pulsar el pulsador.

Si **pulsamos el pulsador** (figura 42), conectamos el pin 2 a 0 V (< 1/3 de V_{cc}), entonces el terminal de salida pasa a tener la tensión de alimentación V_{cc} y el led se ilumina.

En ese mismo instante, el condensador C empieza a cargarse a través de R.

El condensador C está conectado al terminal umbral, por lo que cuando alcanza un nivel de carga superior a 2/3 de V_{cc} la tensión en el terminal de salida vuelve a ponerse a 0 V y el led se apaga. En ese mismo instante, el condensador C comienza a descargarse a través del terminal 7.

Este estado del circuito se mantiene hasta volver a pulsar el pulsador.

El **tiempo de encendido** del led o de activación de cualquier sistema conectado al circuito temporizador se puede controlar modificando el valor de C o de R, ya que se cumple la siguiente expresión:

$$T = 1,1 \times R \times C$$

EJERCICIOS

29. ✦ ¿Para qué sirve el circuito integrado 555?

30. ✦ Nombra los dos modos de funcionamiento del circuito integrado 555.

Conoce

El circuito integrado 555 como astable

El funcionamiento del circuito integrado 555 como **astable** consiste en que, a la salida del circuito, la tensión cambia periódicamente de 0 a V_{cc}, es decir, no tiene ningún estado estable.

Veamos el funcionamiento del circuito integrado 555 como astable analizando los circuitos de las figuras 43 y 44.

Antes de conectar la alimentación, el condensador C está descargado. Cuando conectamos la alimentación, la tensión en el terminal de disparo es de 0 V (< 1/3 de V_{cc}); entonces la tensión en el terminal 3 de salida es igual a V_{cc} y el led está iluminado (figura 43).

Justo en el instante en que se conecta la **alimentación**, el condensador C comienza a cargarse a través de R_1 y R_2. Cuando su tensión supera los 2/3 de V_{cc}, como el terminal umbral está conectado al condensador C y está a su misma tensión, la tensión en el terminal de salida pasa a valer 0 V y el led se apaga (figura 44).

En ese instante, el condensador C comienza a descargarse a través de la resistencia R_2 y del terminal 7, hasta que su carga sea inferior a 1/3 de V_{cc}. En ese momento, el terminal de disparo, que está conectado al condensador C, quedará a una tensión de 1/3 de V_{cc} y en el terminal de salida la tensión será igual a V_{cc} (figura 43). Así **se repite el ciclo**.

Los tiempos de encendido y apagado del led se pueden controlar modificando los valores de C, R_1 y R_2:

- El **tiempo de tensión de salida a V_{cc}** es:

$$T_1 = 0{,}693 \times (R_1 + R_2) \times C$$

- El **tiempo de tensión de salida a 0 V** es:

$$T_2 = 0{,}693 \times R_2 \times C$$

donde R_1 y R_2 son las resistencias en ohmios y C es la capacidad del condensador en faradios.

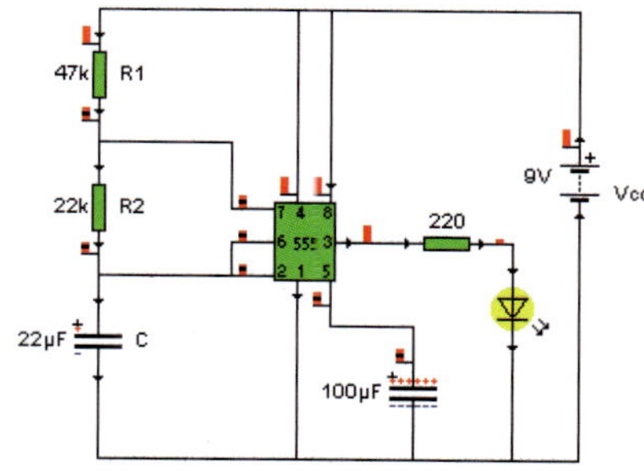

Fig. 43. Intermitente mediante CI 555 funcionando como astable. Salida a V_{cc}.

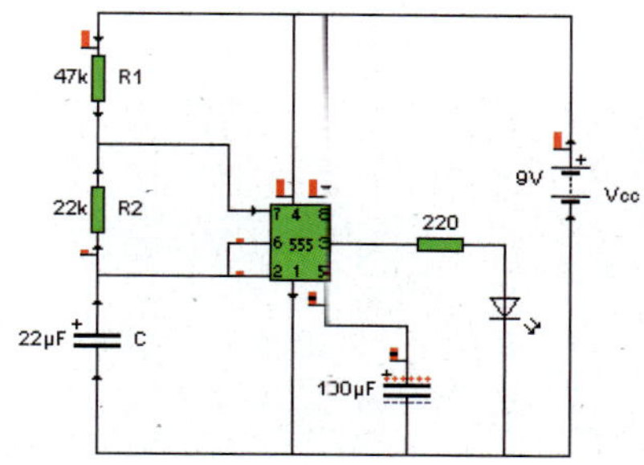

Fig. 44. Intermitente mediante CI 555 funcionando como astable. Salida a 0 V.

Para saber más

La tensión de alimentación del CI 555 puede tomar valores desde 4,5 hasta 16 V, y la corriente de salida puede valer, como máximo, 200 mA.

EJERCICIOS

31. ✦ ¿Puedes explicar en qué consiste el funcionamiento del circuito integrado 555 como astable?

32. ✦✦ ¿Cuál es la tensión en el pin 2 cuando la salida del CI 555 suministra una tensión igual a V_{cc}?

33. ✦✦ Cuando la tensión de salida del CI 555 vale 0 V, ¿cuánto vale la tensión en el terminal 6?

34. ✦✦ Dibuja en tu cuaderno el circuito de la figura 43 y señala sobre él el circuito de descarga del condensador.

35. ✦✦ Observa los valores de las resistencias y de los condensadores del circuito de la figura 43 y calcula T_1 y T_2 (tiempos de duración de tensión de salida a V_{cc} y a 0 V, respectivamente).

Fíjate

Puedes utilizar un circuito integrado 555 funcionando como astable en circuitos donde se necesite que un dispositivo funcione de forma intermitente, como una alarma acústica o luminosa, los zumbadores de los pasos de peatones...

4.2. El amplificador operacional 741

Fig. 45. Amplificador operacional 741.

El **amplificador operacional 741** (AO 741) es un circuito integrado que tiene muchas aplicaciones en electrónica analógica, ya que es capaz de amplificar señales muy débiles.

Está formado por **decenas de transistores** encapsulados en una carcasa rectangular con ocho **patillas**, de las cuales emplearemos sólo las cinco indicadas en las figuras 46 y 47:

- **Entrada inversora V_-** (pin 2)
- **Entrada no inversora V_+** (pin 3)
- **Terminal de alimentación negativa $-V_{cc}$** (pin 4)
- **Terminal de salida V_s** (pin 6)
- **Terminal de alimentación positiva $+V_{cc}$** (pin 7)

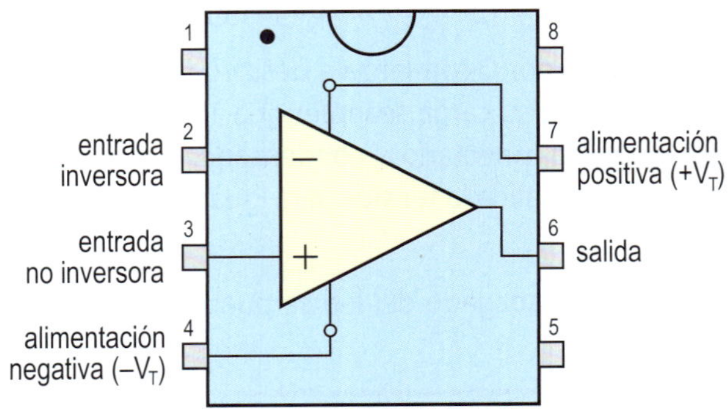

Fig. 46. Dibujo del amplificador operacional 741, con indicación del patillaje.

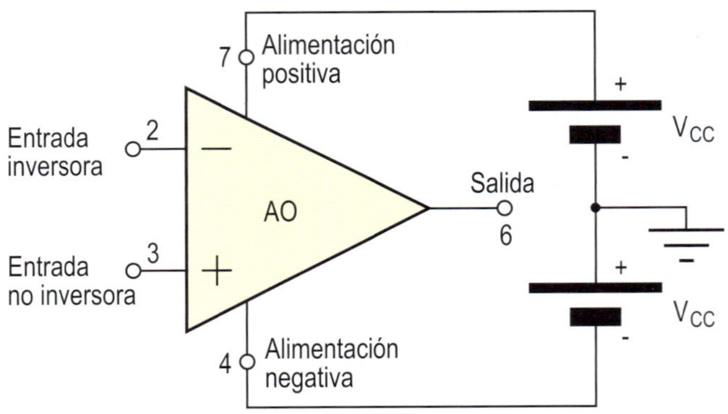

Fig. 47. Símbolo del amplificador operacional 741, con indicación del patillaje.

El amplificador operacional 741 amplifica la diferencia entre las dos tensiones aplicadas en sus entradas, de manera que la tensión a la salida será:

$$V_s = A_V (V_+ - V_-)$$

donde V_s es la tensión de salida, V_+ es la tensión en la entrada no inversora, V_- es la tensión en la entrada inversora y A_V es la ganancia del amplificador.

El amplificador operacional 741 tiene ganancias de valores muy elevados, del orden de 100.000, pero tiene una limitación, que es que la máxima tensión que da a la salida es la de alimentación, V_{cc}, positiva o negativa.

El amplificador operacional 741 como comparador

Uno de los usos más comunes del amplificador operacional 741 es como **comparador** de las tensiones aplicadas en sus entradas, ya que puede servir para controlar una magnitud física, como la temperatura o la iluminación de un local.

Cuando la diferencia entre V_+ y V_- es positiva, $V_s = +V_{cc}$; cuando es negativa, $V_s = -V_{cc}$. De este modo se pueden crear sistemas de control que activen un dispositivo; por ejemplo, un ventilador, cuando la temperatura en una habitación sea superior a la fijada como referencia.

El circuito de la figura 48 es un ejemplo de circuito de control de un sistema de iluminación con un amplificador operacional 741.

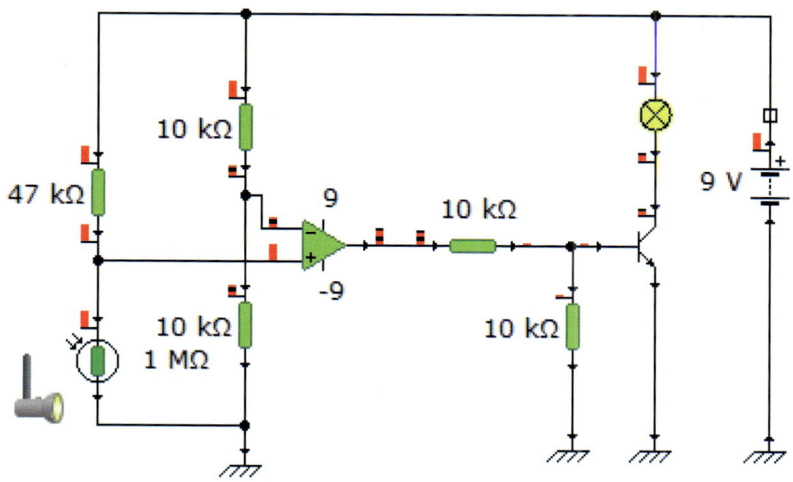

Fig. 48. Circuito de control de iluminación con amplificador operacional 741.

El LDR (la fotorresistencia) está conectado a la entrada no inversora del amplificador operacional. En ausencia de luz, el valor de la resistencia del LDR es alto y, por lo tanto, la caída de tensión en ella es alta.

Cuando la caída de tensión en el LDR es superior a la caída de tensión en la resistencia de 10 kΩ, conectada a la entrada inversora del amplificador, la tensión a la salida del amplificador es $V_s = 9$ V ($+V_{cc}$). Entonces el transistor comienza a conducir y la lámpara se enciende.

Cuando aumente el nivel de iluminación del LDR, su resistencia bajará y también la tensión en él, hasta que V_- llegue a ser superior a V_+. Entonces la tensión a la salida del amplificador valdrá $V_s = -9$ V ($-V_{cc}$), el transistor dejará de conducir y la lámpara se apagará.

Fíjate

La máxima tensión de alimentación que se puede aplicar al amplificador operacional 741 es $V_{cc} = \pm 18$ V, y la máxima corriente de salida es de 25 mA.

Para saber más

El amplificador operacional se suele utilizar para realizar operaciones matemáticas con las señales de entrada, como sumarlas o restarlas.

Por ejemplo, se utiliza como sumador para construir un mezclador de audio. Las señales procedentes de distintos micrófonos se suman y se obtienen mezcladas a su salida.

EJERCICIOS

36. ✦ Un amplificador operacional 741 tiene una ganancia $A_V = 100$. Si se aplica a las entradas unas tensiones $V_- = 6$ V y $V_+ = 6{,}1$ V, ¿cuánto vale la tensión a la salida, V_s?

37. ✦✦ Si un amplificador operacional 741 tiene una ganancia $A_V = 50.000$ y $V_{cc} = \pm 9$ V, ¿qué valor alcanzará como máximo la tensión de salida V_s?

Resumen de la unidad

- Las **magnitudes eléctricas básicas** son el voltaje, la intensidad de corriente y la resistencia eléctrica.
  - El **voltaje**, **tensión** o **diferencia de potencial (*V*)** indica la diferencia energética entre dos puntos de un circuito.
  - La **intensidad de corriente (*I*)** indica la cantidad de carga eléctrica que atraviesa una sección del cable por unidad de tiempo.
  - La **resistencia (*R*)** indica la oposición que presenta un conductor al paso de la corriente eléctrica.
- La **potencia eléctrica (*P*)** es la energía eléctrica por unidad de tiempo.
- Según la **ley de Ohm**, la intensidad de corriente que circula por un conductor eléctrico es directamente proporcional al valor de la tensión que hay entre sus extremos e inversamente proporcional al valor de su resistencia eléctrica:

$$I = V / R$$

- Un **circuito en serie** es aquel cuyos componentes se conectan uno a continuación del otro formando una cadena. Un **circuito en paralelo** es aquel cuyos componentes se conectan entre dos puntos. Un **circuito mixto** es aquel cuyos componentes se conectan unos en serie y otros en paralelo.
- Las **resistencias** tienen como función obstaculizar el paso de la corriente eléctrica y se suelen utilizar como divisor de tensión o limitador de corriente.
- Los **condensadores** almacenan energía eléctrica y vuelven a cederla al circuito al que están conectados. Se usan como temporizadores o como filtros.
- Los **diodos** sólo permiten el paso de corriente en sentido ánodo-cátodo, por lo cual son capaces de convertir la corriente alterna en continua, es decir, rectificar la corriente alterna.
- El **diodo Zener** conduce la corriente en sentido ánodo-cátodo, pero también en sentido cátodo-ánodo cuando se polariza inversamente a una tensión superior a la tensión Zener (V_Z); en este caso, mantiene entre sus extremos un valor de tensión V_z constante.
- Un **transistor** funciona como interruptor o como amplificador. En ambos casos su funcionamiento está controlado por la corriente de la base I_b, que, según sea su valor, modifica las corrientes por el colector I_c y por el emisor I_e.
- Una **conexión Darlington** está formada por dos transistores conectados en cascada; su ganancia es el producto de las ganancias de los dos transistores.
- Una **fuente de alimentación** transforma la corriente alterna en corriente continua de valor constante.
- El **circuito integrado 555** controla el tiempo de funcionamiento de otro dispositivo conectado a él y trabaja de dos modos: en modo monoestable o temporizador y en modo astable u oscilador.
- El **amplificador operacional 741** es un circuito integrado capaz de amplificar diferencias de tensión entre dos señales aplicadas a sus entradas. Se usa como comparador de tensiones para controlar el valor de una magnitud física.

GLOSARIO

amplificador operacional 741
astable
circuito integrado 555
diodo Zener
divisor de tensión
estabilizador
filtrado
fuente de alimentación
ganancia
limitador de corriente
monoestable
par Darlington
rectificar
temporizador
tensión Zener

El rincón del tecnólogo. Apps para circuitos de electrónica analógica

Te presentamos tres apps útiles de electrónica que existen actualmente en el mercado: EveryCircuit, DroidCircuit y ElectroDroid. Son apps gratuitas, aunque algunas disponen de más funcionalidades en la versión de pago y suelen incluir algún tipo de publicidad.

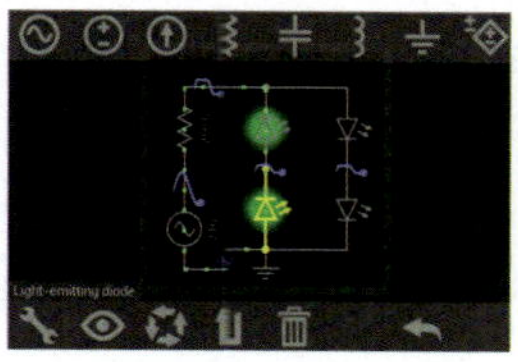

Pantalla de creación de un circuito creado con EveryCircuit.

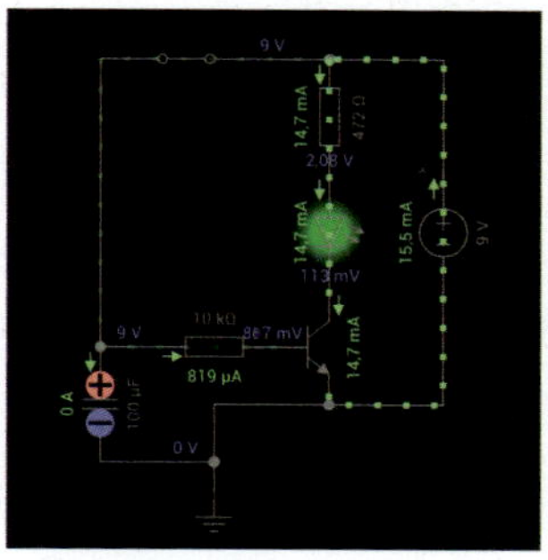

Pantalla de simulación de un circuito con EveryCircuit.

EveryCircuit

Es una aplicación muy básica que permite **diseñar circuitos** de electrónica analógica o digital y **simular** interactivamente su funcionamiento.

Al iniciar la aplicación podemos **crear un circuito** nuevo o trabajar con uno ya creado. Al crear un circuito, encontramos el área de trabajo de color negro; en la línea superior están los componentes que podemos agregar; y, en la línea inferior, la barra de herramientas para modificar los valores y posición de cada componente y las opciones para simular y archivar el circuito.

Una vez creado el circuito podemos **iniciar la simulación** y **visualizar** el modo de **funcionamiento de cada componente**, la circulación de la corriente por cada rama y los **valores** de tensión y corriente en cada componente. Además, la aplicación ofrece ejemplos y una comunidad de ayuda para resolver dudas o publicar circuitos.

DroidCircuit

Una funcionalidad muy interesante es la **colección de circuitos electrónicos** (**Circuits**), una serie de esquemas de circuitos prácticos de diferente complejidad (alarmas, amplificadores de audio, etc.) en los que se ofrecen los valores de sus componentes. Ello facilita la construcción de una gran variedad de circuitos.

Utilidad "Circuits" de la aplicación DroidCircuit.

ElectroDroid

Ofrece múltiples utilidades interesantes, como la calculadora NE 555 y la de amplificadores operacionales.

La **calculadora NE 555** permite elegir el modo de trabajo del CI 555 (monoestable o astable). En esta unidad nos centraremos en el modo monoestable. Así, una vez elegido el valor de la capacidad del condensador, podemos decidir el tiempo de pulso (*T*) o la resistencia y la aplicación calculará el valor del parámetro restante.

Con la **calculadora de amplificadores operacionales** podemos hacer cálculos en los siguientes modos de trabajo del AO 741: no inversor, inversor y diferencial. Por ejemplo, en modo amplificador no inversor, podemos calcular la ganancia a partir de los valores de las resistencias R_1 (conectada entre masa y la entrada inversora) y R_2 (conectada entre la entrada inversora y la salida), o calcular R_1 y R_2 a partir de los valores elegidos de tensión en la entrada no inversora y de ganancia.

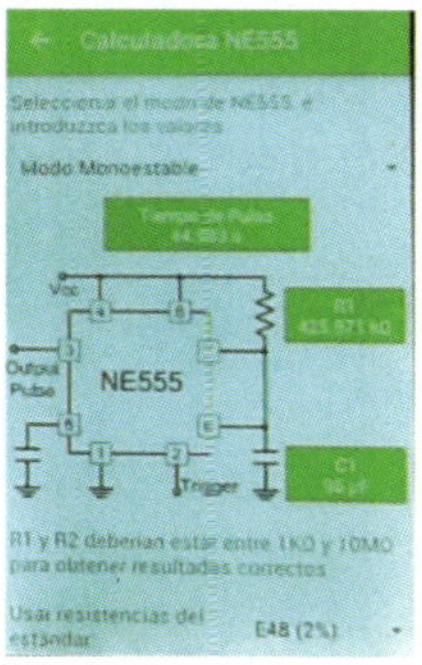

Calculadora ElectroDroid para CI 555.

Desafíos

Desafío 1. Con EveryCircuit, crea y simula el circuito de la figura 10 de esta unidad (circuito de apagado retardado de led con condensador electrolítico). Actúa sobre el interruptor para observar los dos modos de funcionamiento del circuito.

a. Con el interruptor cerrado, observa los valores de tensión en los extremos del led y haz los cálculos necesarios para justificar por qué conduce la corriente.

b. Explica el efecto del condensador sobre el apagado retardado del led.

Desafío 2. Utiliza la calculadora NE 555 de ElectroDroid y elige el modo de trabajo monoestable. Escoge una capacidad de condensador de 68 µF y un tiempo de pulso de 60 s.

a. ¿Qué valor de resistencia debemos conectar al circuito externo del NE 555?

b. Comprueba si el valor de resistencia obtenido en la calculadora NE 555 es un valor estándar, utilizando la tabla estándar de resistencias de ElectroDroid. Si no es así, elige el valor estándar de resistencia que más se aproxime al calculado y comprueba en la calculadora NE 555 cuánto varía el tiempo de pulso respecto al elegido inicialmente. ¿Cómo influyen los valores de los componentes físicos existentes en el mercado en la programación de funcionamiento de un sistema?

ACTIVIDADES DE REFUERZO

Después de estudiar el tema, realiza en tu cuaderno los siguientes ejercicios:

1. ✦✦ Dibuja un circuito de un divisor de tensión formado por dos resistencias (R_1 y R_2) y una batería.
2. ✦✦ Dibuja un circuito de alimentación de un led, que incluya un limitador de corriente.
3. ✦ Dibuja un condensador electrolítico de 150 µF y 50 V e indica sobre el dibujo sus valores nominales de capacidad y tensión.
4. ✦✦ Dibuja un circuito temporizador con condensador electrolítico que sirva para la desconexión retardada de un led.
5. ✦ ¿Para qué se utiliza un circuito temporizador con condensador?
6. ✦ Dibuja los siguientes circuitos de polarización de un diodo e indica, al lado de cada dibujo, si el diodo está polarizado directamente o inversamente.

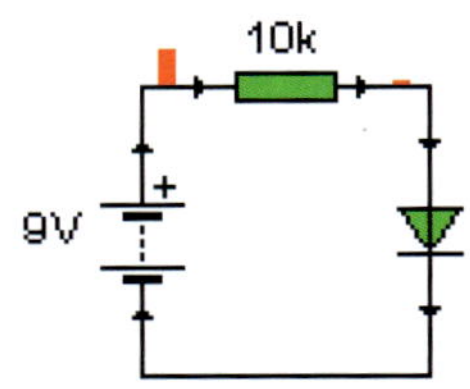

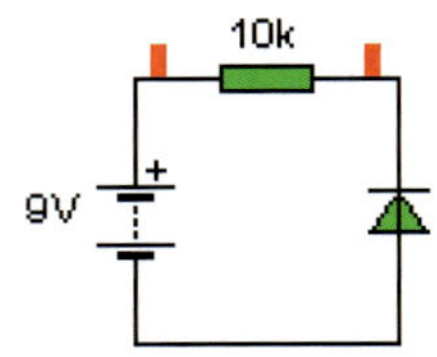

7. ✦ ¿Debido a qué cualidad un diodo es capaz de rectificar la corriente alterna?
8. ✦✦ Dibuja una señal de corriente alterna y la señal en la que se convierte cuando es rectificada por un diodo.
9. ✦ ¿Cómo se llama la tensión a partir de la cual se estropea un diodo polarizado inversamente?
10. ✦ ¿Qué es un diodo Zener? Dibuja su símbolo.
11. ✦✦ Copia los símbolos de los transistores que ves a continuación. Nombra sus terminales, dibuja el sentido de las corrientes que circulan por ellos e indica de qué tipo es cada transistor.

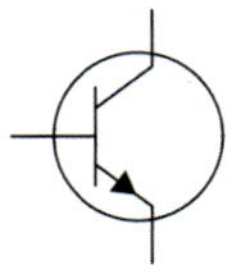

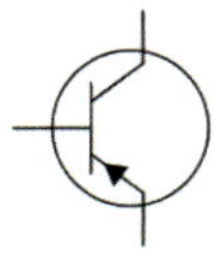

12. ✦ ¿Qué función realiza el transistor cuando trabaja en activa?
13. ✦ Nombra tres ejemplos de sistemas en los que se utilice un circuito de control con un transistor trabajando en conmutación.
14. ✦✦ ¿Qué es un par Darlington? ¿Qué ventaja presenta frente a un transistor?
15. ✦✦ ¿Para qué sirve una fuente de alimentación?
16. ✦✦ Dibuja el esquema eléctrico de un rectificador en puente de diodos.
17. ✦ ¿Qué función tiene un condensador en una fuente de alimentación?
18. ✦ ¿Para qué se puede utilizar un circuito integrado 555 como monoestable?
19. ✦✦ ¿Qué tensión habrá en el pin de salida del circuito integrado 555 cuando en el pin 2 la tensión sea menor de 1/3 V_{cc}?
20. ✦✦ ¿En qué consiste el funcionamiento del circuito integrado 555 como astable?
21. ✦ Dibuja el símbolo del amplificador operacional 741 e indica, sobre él, el nombre de cada una de sus patillas.
22. ✦✦ ¿Cómo funciona un amplificador operacional 741?

ACTIVIDADES DE AMPLIACIÓN

23. ✦✦ En el siguiente circuito, calcula V_{R1} y V_{R2}.

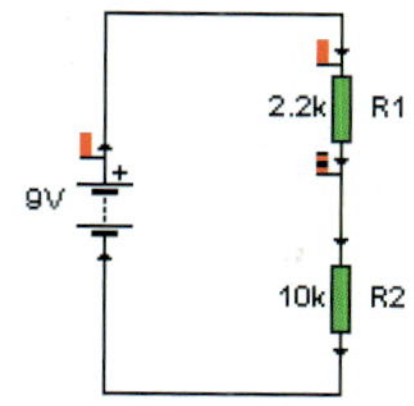

24. ✦✦ En el siguiente circuito, calcula el valor de R para que la corriente que circula por el led sea $I = 18$ mA, teniendo en cuenta que $V_{led} = 2$ V.

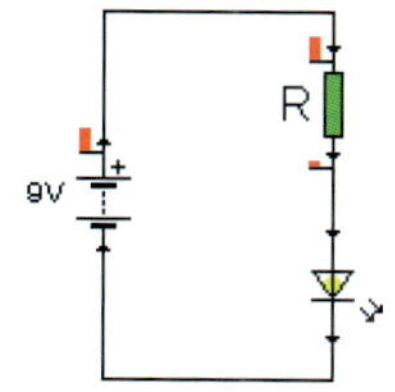

25. ✦✦ Calcula el valor de la resistencia R del siguiente circuito para que el condensador tarde en cargarse 10 s.

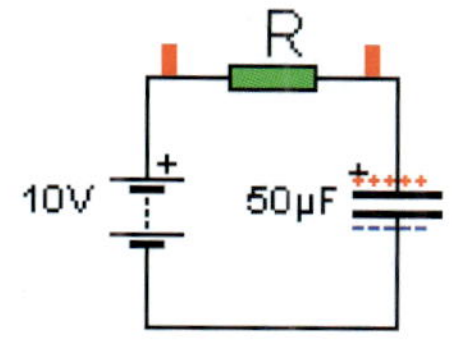

26. ✦✦✦ Describe qué sucederá en el siguiente circuito si pulsamos el conmutador.

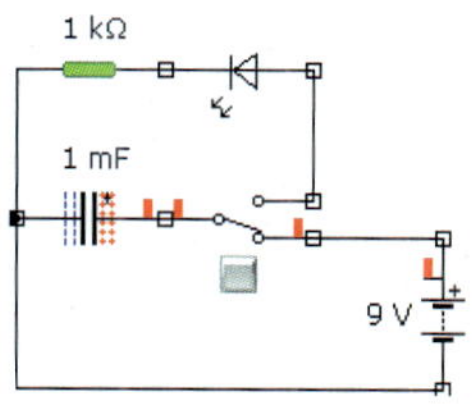

27. ✦✦✦ Un transistor está trabajando en activa y por su colector circula una corriente $I_c = 2$ mA. Si la ganancia del transistor es $\beta = 50$, ¿cuál es el valor de las corrientes del terminal base I_b y el terminal emisor I_e?

28. ✦✦ ¿Cuál es la ganancia de un par Darlington si las ganancias de los dos transistores que lo forman valen $\beta_1 = 200$ y $\beta_2 = 80$?

29. ✦✦✦ Calcula el tiempo en que el diodo permanecerá encendido una vez se haya pulsado el pulsador (555).

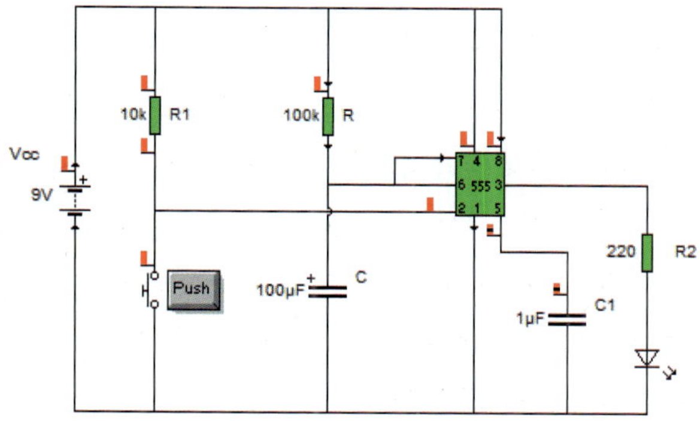

Practica en el taller

En estas páginas te sugerimos una serie de prácticas para reforzar los contenidos vistos en la unidad.

Alimentación de un reloj con una pila de 4,5 V y un divisor de tensión

Fig. 49. Reloj a pila de 1,5 V.

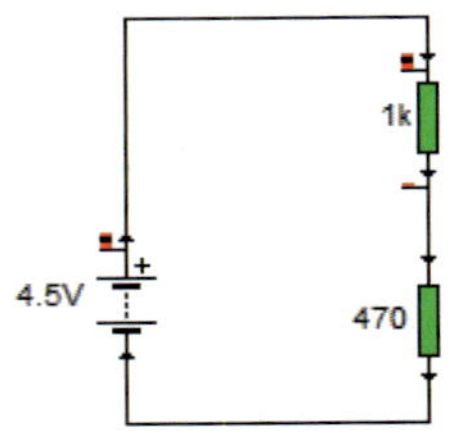

Fig. 50. Esquema de divisor de tensión.

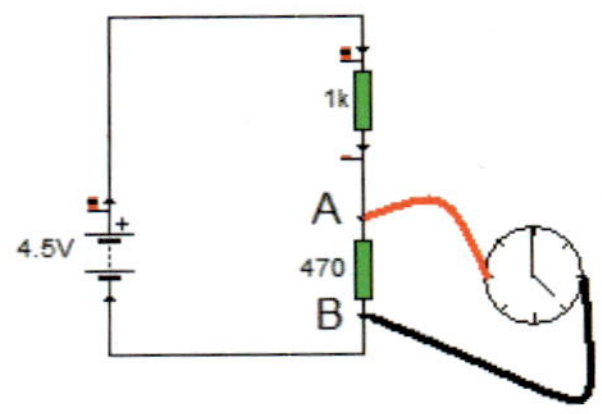

Fig. 51. Esquema de divisor de tensión conectado a reloj.

Los relojes como el de la figura 49 funcionan con pilas de 1,5 V. Si se agota la pila del reloj y no disponemos de otra igual, pero sí de una pila de petaca de 4,5 V y de varias resistencias, podemos construir un divisor de tensión para alimentar el reloj con la tensión adecuada.

1. Monta el circuito de la figura 50 en una placa protoboard y mide con un voltímetro la caída de tensión en la resistencia de 470 Ω. Comprueba que la caída de tensión es aproximadamente de 1,44 V.
2. Toma un cable rojo y conéctalo entre el punto A del circuito (figura 51) y el terminal positivo de conexión de la pila al reloj.
3. Luego toma un cable negro y conéctalo entre el punto B del circuito y el terminal negativo de conexión de la pila al reloj.
4. Comprueba que el reloj funciona correctamente.
5. Realiza en tu cuaderno una memoria de la práctica realizada, que conste de los siguientes apartados: título, descripción del montaje, esquema eléctrico del divisor de tensión y esquema eléctrico del divisor conectado al reloj, definición de *divisor de tensión*, explicación sobre por qué el divisor de tensión alimenta correctamente al reloj.

Comprobación del funcionamiento de un transistor como amplificador

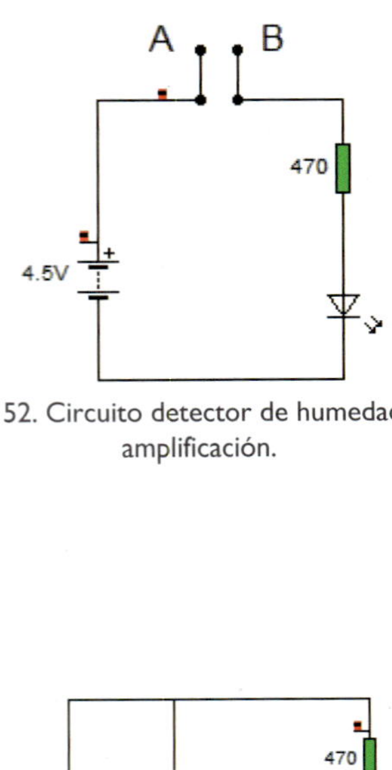

Fig. 52. Circuito detector de humedad sin amplificación.

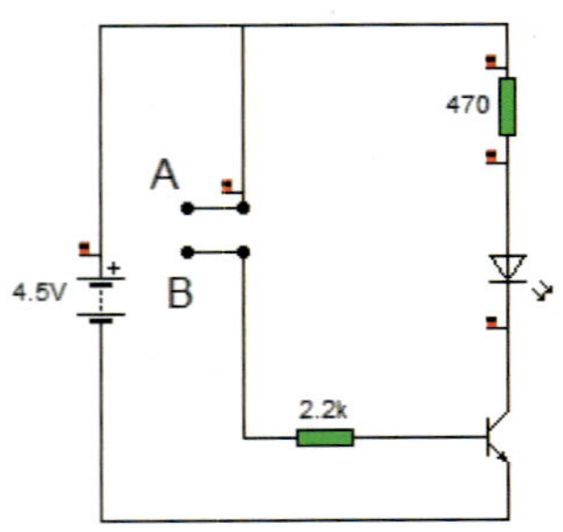

Fig. 53. Circuito detector de humedad con amplificación.

Los circuitos de las figuras 52 y 53 sirven para activar un led cuando detectan humedad entre los puntos A y B. La diferencia entre ellos es que el primero no dispone de transistor y el segundo sí. Mediante esta práctica vas a comprobar la función amplificadora del transistor, analizando el funcionamiento de ambos circuitos.

1. Toma una placa protoboard y monta sobre ella el circuito de la figura 52. Debes conectar en serie una batería de 4,5 V, una resistencia de 470 Ω y un led.
2. Ahora conecta dos cables, el primero al polo positivo de la batería y el segundo al terminal libre de la resistencia.
3. Introduce los dos extremos libres de los cables A y B en un vaso con agua.
4. Comprueba si se ilumina el led.
5. A continuación monta el circuito de la figura 53. Para ello debes utilizar un transistor, por ejemplo un BC548 o un BC127, e identificar sus terminales (B, C, E).
6. Conecta un cable al extremo libre de la resistencia de 2,2 kΩ (o bien puedes colocar una resistencia variable para hacer un ajuste fino) y otro cable al punto de conexión entre el polo positivo de la batería y la resistencia de 470 Ω.
7. Introduce ahora los dos extremos libres de los cables A y B en un vaso con agua.
8. Comprueba si se ilumina el led.
9. Dibuja en tu cuaderno el esquema eléctrico de ambos circuitos.
10. Después de dibujar los esquemas eléctricos, responde en tu cuaderno las siguientes preguntas:
    a. ¿Se ilumina el led en el primer circuito? ¿Por qué?
    b. ¿Se ilumina el led en el segundo circuito? ¿Por qué?
    c. ¿Qué función realiza el transistor en el segundo circuito?
    d. Describe el funcionamiento del segundo circuito.

Intermitente con condensador

El circuito de la figura 55 puede representar el circuito de activación de un intermitente de automóvil. Mediante este circuito podemos comprobar cómo la acción del condensador provoca la intermitencia de la lámpara.

1. Monta el circuito de la figura 54 en una placa protoboard y comprueba cómo los contactos del relé cambian de posición continuamente.
2. Añade al circuito anterior una lámpara y una batería de 9 V, conectadas en serie al contacto del relé que queda libre, siguiendo el esquema de la figura 55.
3. Comprueba que, al pulsar el interruptor, la lámpara se enciende de forma intermitente.
4. Dibuja en tu cuaderno el esquema de la figura 54 y realiza las siguientes actividades:
   a. Inicialmente el condensador está descargado. Dibuja el circuito a través del cual se carga el condensador.
   b. Mientras el condensador se carga, pasa corriente por la bobina del relé. Dibuja la posición de los contactos del relé cuando está pasando corriente por su bobina.
   c. Cuando el condensador está totalmente cargado, deja de pasar corriente por la bobina del relé. Dibuja la posición de los contactos del relé cuando no pasa corriente por la bobina.
   d. Dibuja el circuito a través del cual se descarga el condensador.
   e. ¿Qué efecto tienen los ciclos de carga y descarga del condensador sobre el relé?
5. A partir de las respuestas dadas a estas actividades, describe el funcionamiento del circuito "Intermitente con condensador" que acabas de montar.

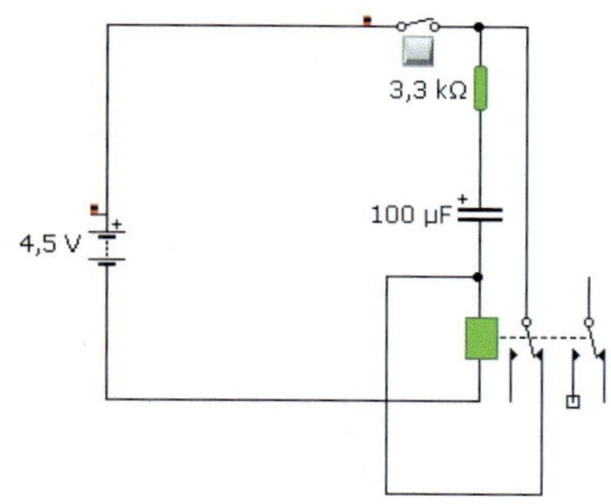

Fig. 54. Circuito de carga y descarga de condensador a través de relé.

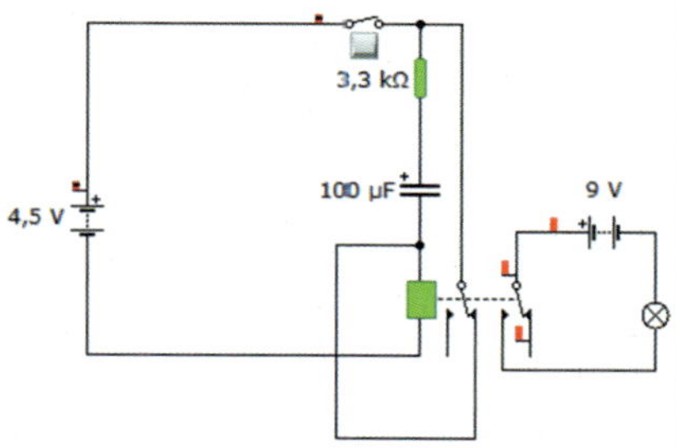

Fig. 55. Intermitente con condensador.

Circuito de activación de un motor por ausencia de luz y parada mediante final de carrera

El circuito de la figura 56 activa un motor cuando detecta ausencia de luz. Este circuito puede utilizarse, por ejemplo, para bajar las persianas de una casa al anochecer.

1. En una placa protoboard, monta el circuito de la figura 56.
2. Aplica luz sobre el LDR y observa qué sucede con el motor.
3. Ahora tapa el LDR (figura 57) y observa qué le sucede al motor.
4. Dibuja en tu cuaderno el circuito de la figura 56 y explica cómo funciona. Describe lo que sucede cuando aplicas luz sobre el LDR y cuando lo tapas.
5. Pon dos ejemplos más de aplicación de este circuito.

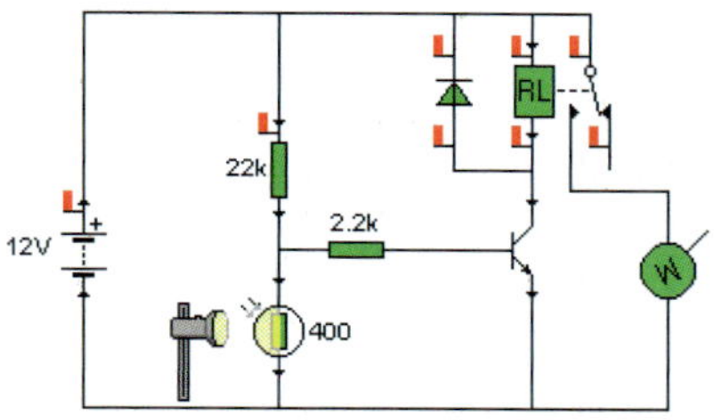

Fig. 56. Circuito de activación de motor por ausencia de luz. Estado: presencia de luz.

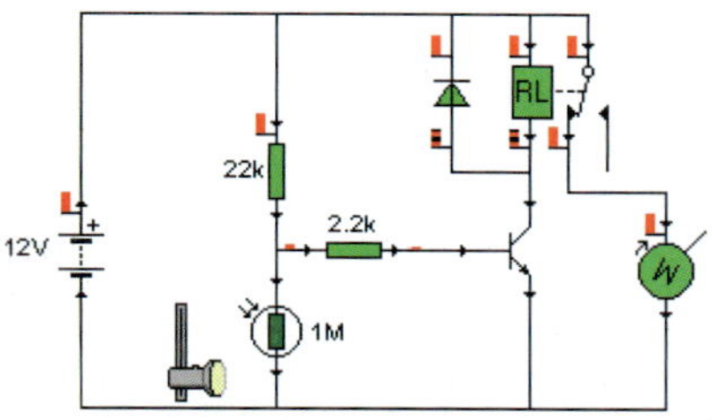

Fig. 57. Circuito de activación de motor por ausencia de luz. Estado: ausencia de luz.

Sensor de temperatura con par Darlington

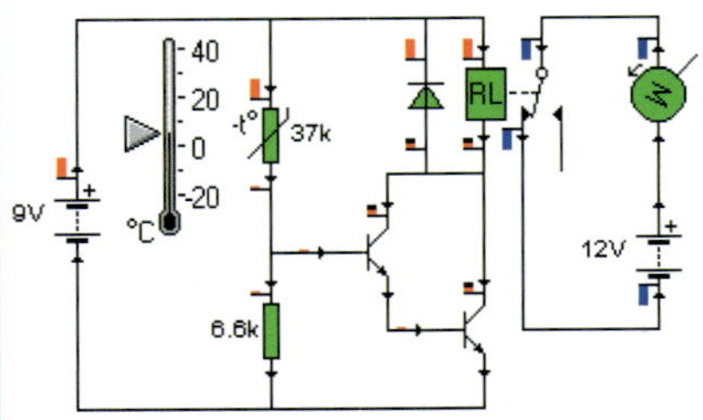

Fig. 58. Circuito de control de temperatura mediante par Darlington. Temperatura baja.

El circuito de la figura 58 representa un sistema de control de la temperatura de un recinto. Los sensores de temperatura necesitan una gran amplificación de señal para conseguir la activación del motor del ventilador. Por este motivo se ha utilizado un par Darlington.

1. Monta el circuito de la figura 58 en una placa protoboard y observa si el motor está en movimiento o parado cuando el termistor se encuentra a temperatura ambiente.
2. Conecta a la red eléctrica un soldador y, cuando esté caliente, acércalo al termistor, con cuidado de no quemarte ni quemar ningún componente del circuito. Observa si el motor se pone en marcha al aumentar la temperatura del circuito.
3. Dibuja el circuito en tu cuaderno.
4. Describe qué ocurre cuando el termistor está a temperatura ambiente y qué sucede cuando acercas el soldador caliente al termistor.
5. Explica detalladamente el funcionamiento del circuito.
6. Pon dos ejemplos más de aplicación de este circuito.

Desconexión retardada de una lámpara, con circuito integrado 555

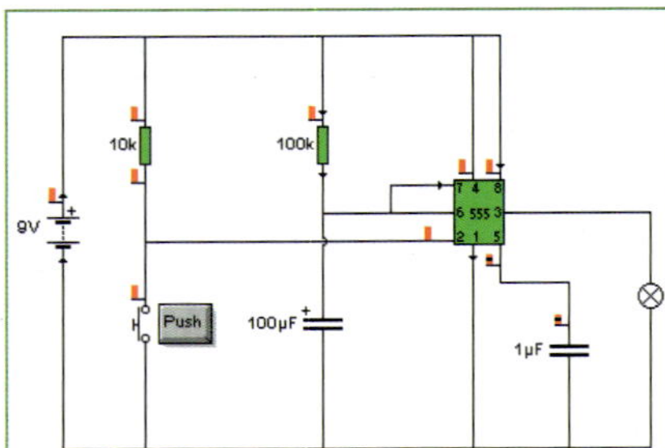

Fig. 59. Circuito temporizador a la desconexión con circuito integrado 555.

El circuito de la figura 59 sirve para conectar una lámpara y hacer que se apague automáticamente al cabo de un tiempo. Para ello se utiliza el circuito integrado 555 conectado al circuito exterior adecuado para que funcione como monoestable.

1. Monta el circuito de la figura 59 en una placa protoboard.
2. Pulsa el pulsador y comprueba que se enciende la lámpara, que permanece encendida durante un tiempo y que se desconecta automáticamente.
3. Dibuja el circuito en tu cuaderno.
4. Describe el funcionamiento del circuito.
5. Realiza una lista de los componentes necesarios para montar el circuito.
6. Calcula el tiempo que debe estar encendida la lámpara, según los valores de la resistencia y el condensador conectados a los terminales 6 y 7 del 555.
7. Comprueba que tus cálculos son correctos.

Alarma con circuito integrado 555 como oscilador

El circuito de la figura 60 puede utilizarse como alarma, ya que activa un zumbador de forma discontinua. Cuando se pulsa el interruptor, el zumbador comienza a emitir sonido de forma intermitente.

1. Realiza una lista de los componentes necesarios para montar el circuito de la figura 60.
2. Monta el circuito en una placa protoboard y comprueba que funciona correctamente.
3. Varía la posición del potenciómetro y observa lo que ocurre.
4. Dibuja el circuito en tu cuaderno.
5. Describe el funcionamiento del circuito.
6. Calcula el tiempo en que el zumbador emite sonido y el tiempo en que no emite sonido, teniendo en cuenta los valores de las resistencias y condensador conectados a los terminales 2, 6 y 7 del 555. Utiliza como valor de la resistencia del potenciómetro el que aparece en la figura.
7. Comprueba que se cumplen los tiempos calculados.

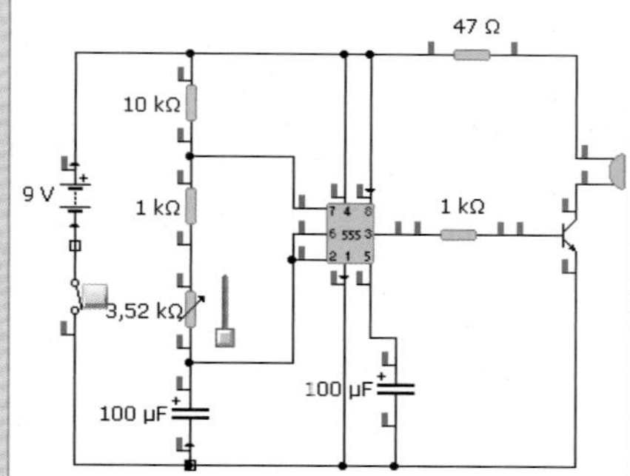

Fig. 60. Circuito oscilador con 555.

Alarma por elevación de temperatura con amplificador operacional 741

En la figura 61 puedes ver un circuito de una alarma detectora de elevación de temperatura con un amplificador operacional 741. Cuando el termistor detecta un aumento de temperatura, el zumbador avisa emitiendo un sonido.

1. Realiza una lista de los componentes necesarios para montar el circuito de la figura 61.
2. Monta el circuito en una placa protoboard y comprueba que funciona correctamente.
3. Comprueba el estado del zumbador a temperatura ambiente.
4. Acerca al termistor la punta de un soldador caliente y comprueba el estado del zumbador.
5. Dibuja el circuito en tu cuaderno.
6. Describe el funcionamiento del circuito.
7. Explica para qué sirve el potenciómetro del circuito.
8. Pon dos ejemplos de aplicación de esta alarma.

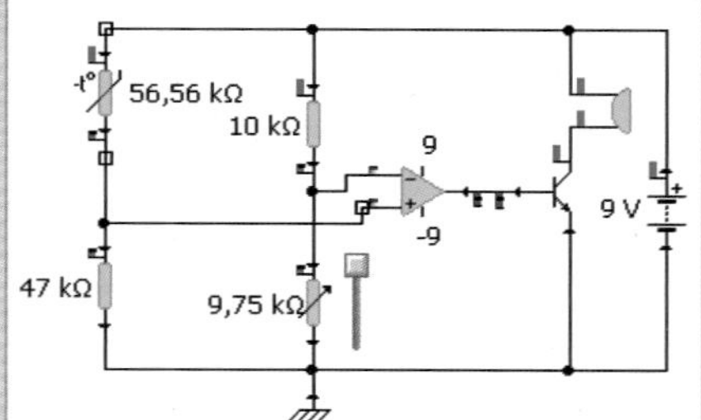

Fig. 61. Alarma de temperatura con amplificador operacional 741.

PRACTICA PASO A PASO: EJERCICIOS DE ELECTRÓNICA CON CROCODILE CLIPS

Las actividades que te presentamos a continuación están pensadas para que practiques con la aplicación **Crocodile Clips 3.2 (edición profesional)**. También puedes descargarte la versión **Yenka** (*www.yenka.com*) con cualquiera de las tres licencias posibles: escolar (de pago), de prueba (15 días) o de uso en casa (gratuita).

Práctica 1. Circuito de carga y descarga de un condensador

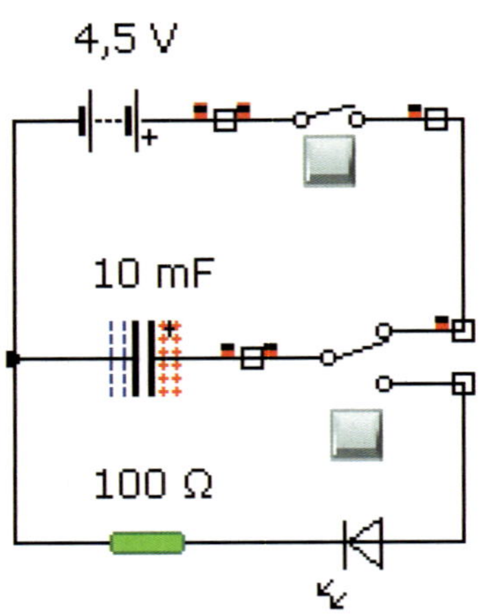

Fig. 62. Circuito de carga y descarga de un condensador.

La experimentación con este circuito sirve para comprender cómo trabaja un condensador en un circuito de corriente continua.

1. Abre un procesador de texto y crea un documento nuevo en blanco.
2. Abre la aplicación Crocodile Clips y crea el circuito de la figura 62.
3. Haz una captura de pantalla del circuito y cópiala en el documento de texto.
4. Pulsa el interruptor. Explica en tu documento qué sucede en el circuito.
5. Pulsa el conmutador. Explica en tu documento qué sucede en el circuito.
6. En el mismo documento, calcula el tiempo que tardará en descargarse el condensador a través del led y la resistencia. Comprueba si el tiempo calculado es correcto comparándolo con el tiempo de encendido del led.
7. Finalmente, calcula cuánto tiempo tardará en cargarse el condensador.
8. Guarda el archivo de texto como **UD02_P1_nombreapellido**.

Práctica 2. Circuito temporizador con retardo a la conexión con el circuito integrado 555

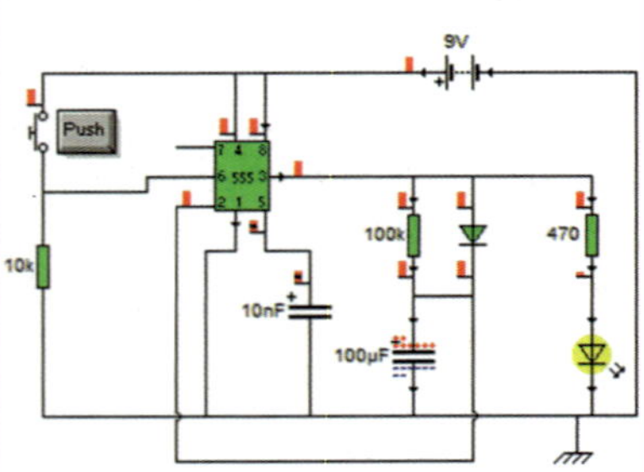

Fig. 63. Circuito temporizador con retardo a la conexión.

El circuito de la figura 63 se encuentra funcionando normalmente y sólo cuando pulsamos el pulsador deja de funcionar y vuelve a hacerlo, de forma automática, después de un período de tiempo.

1. Abre un procesador de texto y crea un documento nuevo en blanco.
2. Abre la aplicación Crocodile Clips y crea el circuito de la figura 63. Comprueba su funcionamiento.
3. Haz una captura de pantalla del circuito y cópiala en el documento de texto.
4. En el mismo documento de texto, contesta a las siguientes preguntas:
   a. Normalmente, ¿cuál es el valor de tensión en el terminal de salida (pin 3)?
   b. Cuando se pulsa el pulsador, ¿sobre qué terminal del circuito integrado 555 se modifica el valor de tensión aplicada?
   c. Cuando se pulsa el pulsador, ¿cuánto vale la tensión de entrada en el terminal 6? ¿Cuánto vale la tensión de salida en el terminal 3? ¿Cómo se encuentra el led?
   d. ¿Qué cambia en el circuito al cabo de unos segundos? ¿A qué se debe?
5. Explica en el mismo documento el funcionamiento del circuito y propón una aplicación práctica de dicho circuito.
6. Guarda el archivo de texto como **UD02_P2_nombreapellido**.

Práctica 3. Circuito rectificador de corriente alterna con filtro

1. Abre un procesador de texto y crea un documento nuevo en blanco.
2. Abre la aplicación Crocodile Clips y crea el circuito de la figura 64, formado por un transformador y un rectificador en puente de diodos. Este circuito permite transformar una corriente alterna en corriente continua pulsante.
3. Configura el generador de señal de manera que trabaje a una frecuencia de 50 Hz y una amplitud de señal de 325 V.

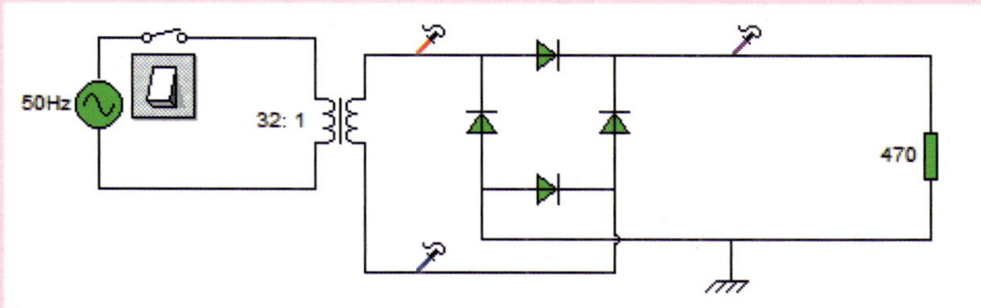

Fig. 64. Circuito de transformación y rectificación de corriente alterna.

4. Una vez creado el circuito, selecciona el osciloscopio para visualizar las ondas a la salida del transformador y del rectificador.
5. Configura el osciloscopio de la siguiente manera:
   - Tensión máxima: 12 V
   - Tensión mínima: –12 V
   - Duración por división: 10
   - Unidad de tiempo: ms
   - Medición de la tensión diferencial: marca la casilla **Traza roja = sonda roja-azul**
6. Coloca las sondas del osciloscopio en los puntos indicados en el circuito y observa la imagen de las ondas visualizadas en el osciloscopio.
7. Haz una captura de pantalla del circuito y de las imágenes visualizadas en el osciloscopio y cópialas en el documento de texto.
8. Explica en el mismo documento qué transformación se ha producido en la onda.
9. Ahora añade al circuito un condensador electrolítico tal y como se ve en el circuito de la figura 65 y observa la transformación que ha experimentado la onda.

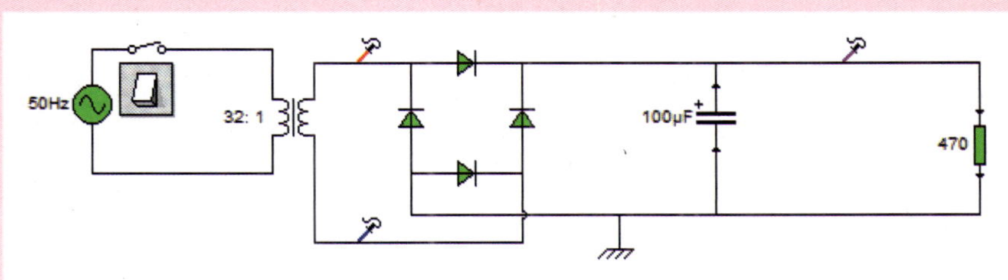

Fig. 65. Circuito rectificador en puente de diodos con filtro.

10. Captura la pantalla con la onda visualizada en el osciloscopio, correspondiente a la salida del filtro y cópiala en el documento de texto. ¿Cómo se ha modificado ahora la onda?
11. ¿Para qué sirve el circuito rectificador en puente de diodos con filtro?
12. Guarda el archivo de texto como **UD02_P3_nombreapellido**.

ACTIVIDADES MULTIMEDIA

1. Test de electrónica analógica

Abre en la unidad 2 del CD virtual el ejercicio **UD02 01 Test de la unidad** y comprueba tus conocimientos. Sólo una respuesta es válida en cada pregunta. Repite el test hasta que obtengas por lo menos un 80% de aciertos.

2. Aprende el vocabulario de la unidad

Abre en la unidad 2 del CD virtual el ejercicio **UD02 02 Glosario**. En él aparecen las palabras del glosario y su definición.

Conéctalas en el orden adecuado. Repite el ejercicio hasta que todas las conexiones sean correctas.

3. Fuente de alimentación

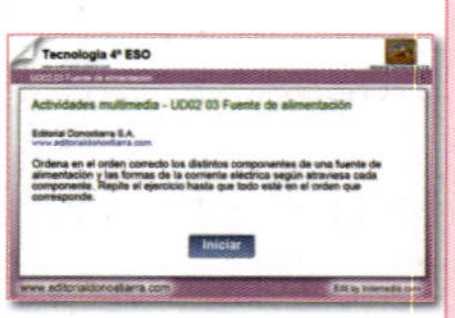

Abre en la unidad 2 del CD virtual el ejercicio **UD02 03 Fuente de alimentación**.

Ordena en el orden correcto los distintos componentes de una fuente de alimentación y las formas de la corriente eléctrica según atraviesa cada componente. Repite el ejercicio hasta que todo esté en el orden que corresponde.

4. Reconocimiento de circuitos electrónicos analógicos

Abre en la unidad 2 del CD virtual el ejercicio **UD02 04 Reconocimiento de circuitos electrónicos analógicos**.

Relaciona cada uno de los circuitos electrónicos analógicos con el nombre que lo describe.

5. Funcionamiento de los circuitos

Abre en la unidad 2 del CD virtual el ejercicio **UD02 05 Funcionamiento de los circuitos**.

Ordena los pasos para el análisis del funcionamiento de cada uno de los circuitos. Repite el ejercicio hasta que todos los pasos estén en el orden que les corresponde.

ACTIVIDADES EN INTERNET

1. Historia de la electrónica

1. Abre un procesador de texto y crea un documento nuevo en blanco.
2. Busca información en Internet sobre la historia de la electrónica y responde:
   a. ¿Cuál fue el invento con el que se considera que se inició la electrónica? ¿En qué año se inventó?
   b. ¿En qué año fue inventado el transistor bipolar? ¿Cuál fue la primera aplicación del transistor en un objeto de uso cotidiano? ¿Cuál fue el objeto que popularizó el uso del transistor?
   c. ¿Cuánto medía el primer transistor? ¿Cuántos transistores de los actuales caben en la cabeza de un alfiler?
   d. ¿Qué ventaja supuso la invención del circuito integrado?
3. Guarda el archivo como **UD02_Internet1_nombreapellido**.

2. Simulación de circuitos electrónicos

1. Visita la página *falstad.com/circuit/e-index.html*. Es un simulador de circuitos electrónicos.
2. En el índice que se muestra, selecciona los siguientes elementos: diodo, diodo Zener, transistor NPN y amplificador operacional.
3. Abre un procesador de texto y crea un documento nuevo en blanco. Para cada componente electrónico, haz una captura de pantalla de la simulación, cópiala en el documento y realiza las tareas correspondientes:
   a. En el diodo, desplaza el control deslizante de tensión, explica cómo se modifica el funcionamiento del circuito e indica cuál es la tensión umbral del diodo.
   b. En el transistor, modifica el control deslizante de la tensión de base y describe cómo cambia el funcionamiento del circuito.
   c. En el diodo Zener, observa las señales de entrada y salida y explica en qué se diferencian y qué efecto produce el Zener.
   d. En el amplificador operacional, explica qué ocurre al deslizar los controles de las tensiones V_- y V_+.
4. Guarda el archivo como **UD02_Internet2_nombreapellido**.

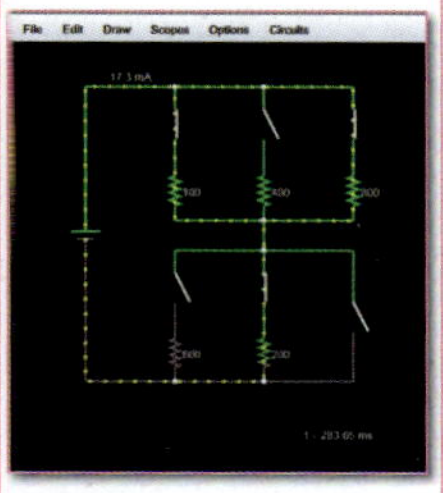

3. La tinta electrónica

Probablemente habrás tenido alguna vez en tus manos un libro electrónico o e-book. Y quizá sepas que estos aparatos utilizan tinta electrónica. Pero, ¿sabes qué es la tinta electrónica?

1. Abre un procesador de texto y crea un documento nuevo en blanco.
2. Busca información en Internet sobre la tinta electrónica y responde:
   a. ¿Cuáles son los componentes de la tinta electrónica?
   b. ¿Cómo se dispone la tinta en la pantalla del libro electrónico?
   c. Explica con un símil cómo se consigue cambiar el color de cada punto de la pantalla.
3. Guarda el archivo como **UD02_Internet3_nombreapellido**

Direcciones de interés

- *www.xatakaciencia.com* Blog sobre ciencia y tecnología. Contiene artículos sobre temas curiosos y de actualidad.
- *www.agenciasinc.es* Portal del Servicio de Información y Noticias Científicas (SINC), agencia de noticias científicas en español. Ofrece noticias, entrevistas y elementos multimedia relacionados con la ciencia y la tecnología.
- *tecnotic.wordpress.com* Blog del profesor Nino González-Haba Gil, con interesantes enlaces a otras webs, apuntes y vídeos sobre multitud de contenidos tecnológicos.

3 Electrónica digital

La electrónica digital agrupa un conjunto de técnicas y dispositivos utilizados para la construcción de circuitos de control en campos tan amplios como la industria, los equipos informáticos, las comunicaciones, la medicina o la investigación científica, y también en muchos objetos de uso habitual.

En esta unidad vas a conocer los operadores básicos de electrónica digital, llamados *puertas lógicas*, y aprenderás a diseñar circuitos de control con puertas lógicas. Para ello deberás trabajar previamente con funciones y leyes matemáticas que constituyen una rama de las matemáticas llamada *álgebra de Boole*.

OBSERVA Y EXPERIMENTA

Descubre tus conocimientos previos contestando en tu cuaderno a las siguientes actividades:

EN EL AULA

1. ✦✦ Indica cuáles de los siguientes componentes electrónicos son analógicos y cuáles son digitales: resistencia, puerta lógica OR, diodo, condensador, puerta lógica AND, transistor.

2. ✦✦ ¿Cuál de las dos gráficas que se muestran a continuación corresponde a una señal analógica y cuál a una señal digital?

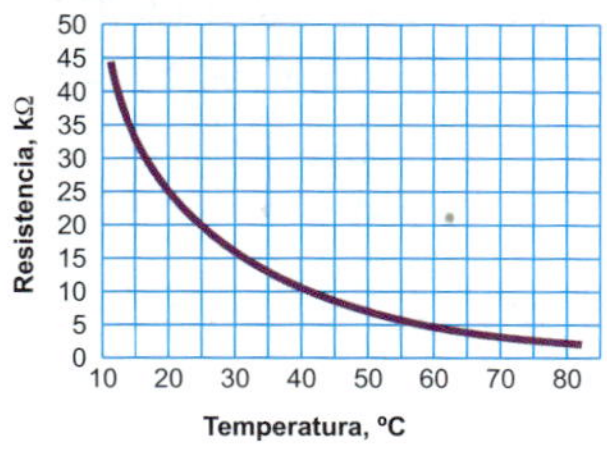

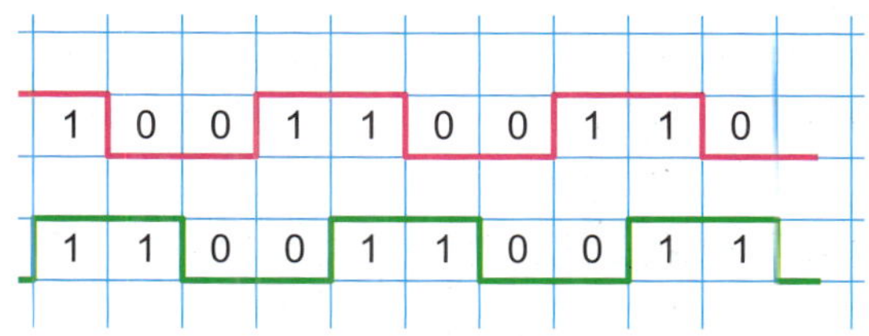

3. ✦ Calcula las siguientes potencias: 2^1, 2^0, 2^4, 10^0, 10^1, 10^2.

4. ✦✦ Calcula el valor de la siguiente expresión: $2^5 + 2^3 + 2^0 + 2^1$.

5. ✦ Indica cuáles de los siguientes elementos de un circuito eléctrico son elementos de control y cuáles son receptores o actuadores: interruptor, bombilla, motor, pulsador, zumbador, conmutador.

EN EL TALLER

6. ✦✦ En la imagen puedes ver el esquema de un circuito eléctrico formado por una pila, dos interruptores (*a* y *b*) y una bombilla. Copia en tu cuaderno el esquema eléctrico y la tabla que está a su lado. Monta el circuito y pon los interruptores en las posiciones que se indican en cada fila de la tabla. Observa el estado de la bombilla (encendida o apagada) para cada combinación de posiciones de los interruptores y completa la tabla.

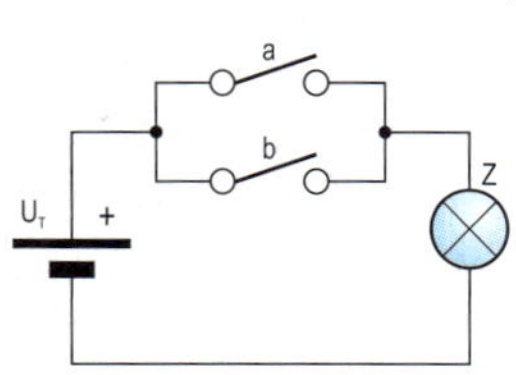

Interruptor *a*	**Interruptor *b***	**Bombilla** (encendida/apagada)
Abierto	Abierto	
Abierto	Cerrado	
Cerrado	Abierto	
Cerrado	Cerrado	

EN EL ORDENADOR

7. ✦✦ Abre en la unidad 3 del CD virtual el archivo **UD03_0A_Puertaslogicas**. En él puedes ver varios dibujos de circuitos integrados que contienen puertas lógicas. En el CD también tienes, en formato PDF, las hojas de datos de las puertas lógicas básicas. Consúltalas y compara los dibujos. Indica en un documento de texto el tipo de puerta lógica que contiene cada circuito integrado y guárdalo como **UD03_0A_nombreapellido**.

8. ✦✦ Dibuja en tu cuaderno el circuito de la figura e indica en qué posiciones de los interruptores se encenderá la bombilla. A continuación, abre la aplicación Crocodile Clips 3.2 (edición profesional) o la versión Yenka y crea el circuito. Comprueba tu respuesta modificando las posiciones de los interruptores.

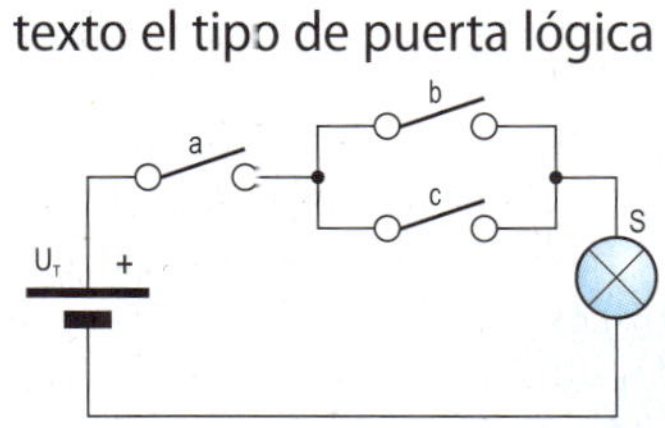

1. Electrónica analógica y electrónica digital

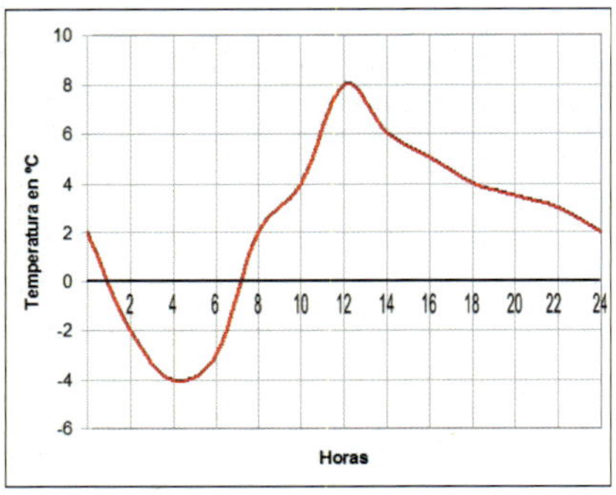

Fig. 1. Variación de la temperatura ambiente a lo largo de un día.

La **electrónica analógica** trabaja con magnitudes o señales analógicas. Las **señales** o **magnitudes analógicas** son aquellas cuyos valores cambian de forma continua a lo largo del tiempo.

La gráfica de la figura 1 representa una señal analógica: la variación de la temperatura ambiente a lo largo de un día. En ella se puede ver que entre un valor de la señal y el contiguo no se producen ni saltos ni discontinuidades.

Las diferentes magnitudes de la naturaleza, como la temperatura, la iluminación, la humedad, la presión, el tiempo, etc., son señales de tipo analógico.

La **electrónica digital**, en cambio, trabaja con señales digitales. Las **señales digitales** son señales cuyos valores se representan con variables discretas en vez de continuas, es decir, variables que no varían de forma continua y pueden tomar un número finito de valores.

Son ejemplos de señales digitales el código Morse y el código de barras de un producto (figuras 2 y 3).

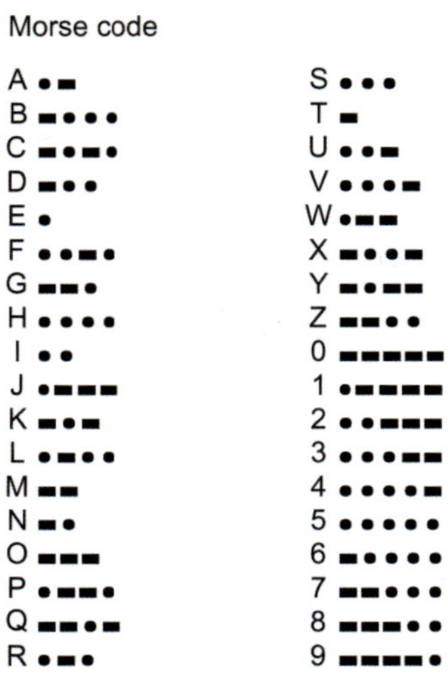

Fig. 2. Código Morse.

9 788470 635083

Fig. 3. Código de barras de un producto.

Las señales digitales con las que trabajan los **circuitos de electrónica digital** son **señales digitales binarias**, puesto que solamente alcanzan dos valores de tensión o de corriente eléctrica: un valor alto (representado por un 1) y un valor bajo (representado por un 0).

Digitalización de señales analógicas

Podemos transformar las señales analógicas en digitales y viceversa mediante unos dispositivos llamados *convertidor analógico-digital* y *convertidor digital-analógico*.

Un **convertidor analógico-digital** funciona de la siguiente manera: cada cierto tiempo se miden los valores de la señal analógica (figura 4) y a cada valor se le asigna una cifra digital. Entonces la señal analógica se convierte en una sucesión de ceros y unos, es decir, en una señal digital.

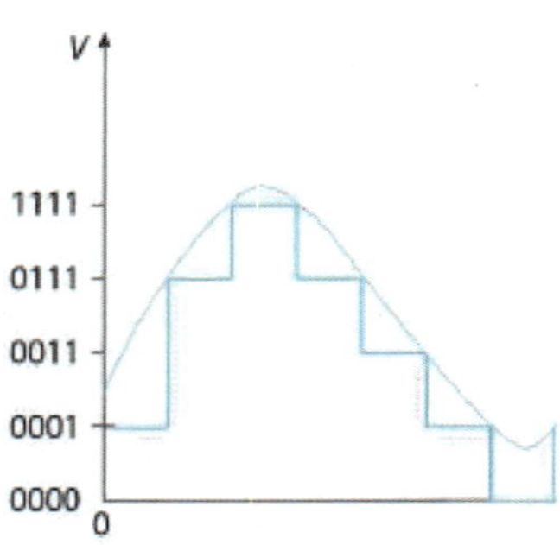

Fig. 4. Señal analógica digitalizada.

Esta **señal digitalizada** (por ejemplo, una señal de televisión) puede almacenarse y transmitirse a través de diferentes medios, con la ventaja de que **no va a verse perturbada o modificada** por posibles interferencias (como las que podría producir, por ejemplo, una tormenta).

Una vez recibida la señal digital, se puede volver a transformar en señal analógica mediante un **convertidor digital-analógico**; en el caso de la señal de televisión, podrá así visualizarse en un receptor de televisión.

Fíjate

Digitalizar una señal analógica consiste en medir su valor en distintos momentos y convertir esos valores en los números equivalentes expresados en el sistema de numeración binario.

EJERCICIOS

1. ✦ ¿Qué es una magnitud analógica? Pon dos ejemplos de magnitudes analógicas.
2. ✦ ¿Qué es una señal digital? Pon dos ejemplos de señales digitales.
3. ✦✦ ¿Cómo son las señales con las que trabajan los circuitos de electrónica digital? ¿Por qué?

2. Los sistemas de numeración decimal y binario

Sistema de numeración decimal

El **sistema de numeración decimal** es un sistema de numeración de **base 10**. Con diez dígitos (0, 1, 2, 3, 4, 5, 6, 7, 8 y 9) se puede representar cualquier número

- **Representación de un número en el sistema de numeración decimal**

Un **número representado en sistema decimal** está formado por una sucesión de dígitos cuyo valor depende de la posición que ocupen.

Por ejemplo, si hacemos el **desarrollo polinómico** del número 358, obtenemos:

$$358 = 3{\cdot}100 + 5{\cdot}10 + 8{\cdot}1 = 3{\cdot}10^2 + 5{\cdot}10^1 + 8{\cdot}10^0$$

Cada cifra, según la posición que ocupa, está multiplicada por la base (10) elevada a un exponente; los valores del exponente disminuyen de uno en uno, de izquierda a derecha, hasta acabar en 0.

Sistema de numeración binario

El **sistema de numeración binario** es un sistema de numeración de **base 2**. Cuenta con dos dígitos (0 y 1), llamados **bits**, para representar cualquier número.

- **Representación de un número en el sistema de numeración binario**

En un número binario, el **término más significativo** es el situado más a la **izquierda** y el menos significativo es el situado más a la derecha.

Un ejemplo de número representado en binario es 1111000101.

Conversión de un número binario en su equivalente decimal

En la figura 5 se muestra la conversión del número binario $1001101_{(2)}$ en su equivalente decimal.

Para ello, se **descompone** el número binario en su **polinomio equivalente**: se **multiplica** cada **dígito** por la **base** del sistema binario (2) elevada a un **exponente**. El **valor del exponente** viene indicado por la **posición** que ocupa cada dígito (figura 6), teniendo en cuenta que el exponente del dígito situado más a la derecha es 0 y que el valor de los exponentes aumenta, de derecha a izquierda, de uno en uno.

El número binario **1001101** es equivalente al número **77** en decimal.

Conversión de un número decimal en su equivalente binario

Debemos seguir estos pasos:

1. Se **divide** el número decimal **por 2**. El **resto** obtenido es el **bit menos significativo**, es decir, se coloca a la derecha.
2. El cociente obtenido **se vuelve a dividir por 2**, y el **nuevo resto** se sitúa a la izquierda del anterior, es decir, es el **siguiente bit menos significativo**.
3. Se continúa dividiendo los cocientes por 2 hasta obtener un **cociente menor que 2**, que será el **bit más significativo**.

En la figura 7 se muestra el proceso de obtención del número binario equivalente al número decimal **29**. Como se ve, realizando divisiones por 2, ordenando de derecha a izquierda los restos obtenidos y tomando el cociente menor que 2 como bit más significativo, obtenemos el número binario **11101**.

Fíjate

Cualquier número o cantidad se puede representar de diferentes formas según el **sistema de numeración** que usemos. Por ejemplo, la cantidad "diez" se expresa como 10 en el sistema de numeración decimal y como X en el sistema de numeración romano.

Fíjate

Los circuitos digitales trabajan con dos niveles de tensión: nivel alto (1) y nivel bajo (0). Para poder diseñar y analizar este tipo de circuitos es necesario utilizar el sistema de numeración binario.

Fíjate

El término **bit** procede del inglés ***binary digit*** ("dígito binario").

$\mathbf{1001101_{(2)}} = 1{\cdot}2^6 + 0{\cdot}2^5 + 0{\cdot}2^4 + 1{\cdot}2^3 + 1{\cdot}2^2 + 0{\cdot}2^1 + 1{\cdot}2^0 = 64 + 0 + 0 + 8 + 4 + 0 + 1 = \mathbf{77_{(10)}}$

Fig. 5. Conversión de un número binario en decimal.

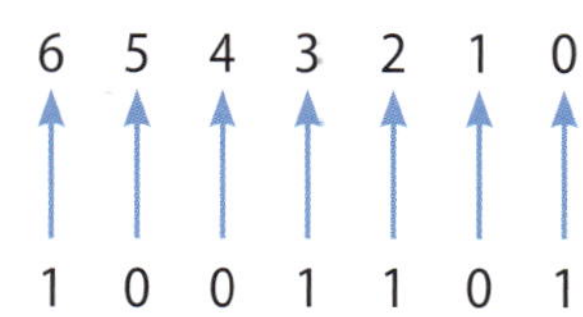

Fig. 6. Exponentes de un número binario.

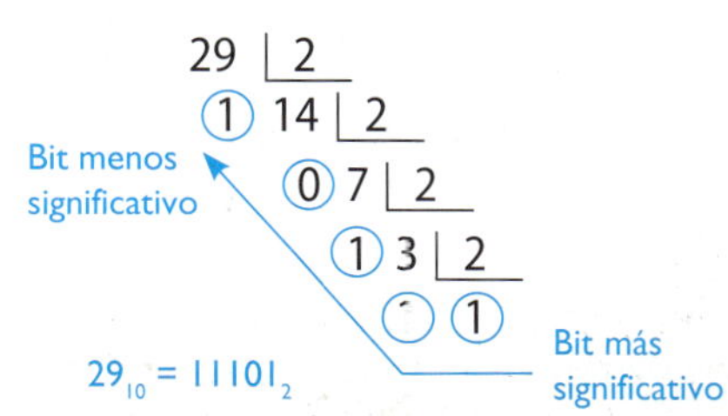

Fig. 7. Procedimiento de conversión de decimal a binario.

3. Álgebra de Boole. Funciones y operaciones lógicas

Fíjate

El estudio de las funciones lógicas requiere de la utilización del sistema binario de numeración.

Fíjate

Los valores 1 y 0 que pueden tomar las variables lógicas representan estados diferentes de un dispositivo. Por ejemplo, un interruptor puede estar abierto o cerrado; una lámpara puede estar encendida o apagada; una entrada a un circuito puede tener o no tensión...

a	b	Z = a + a · b
0	0	0
0	1	0
1	0	**1**
1	1	**1**

Fig. 8. Tabla de verdad de la función $Z = a + a \cdot b$.

El **álgebra de Boole** o **álgebra binaria** es la rama de las matemáticas cuyo conocimiento es necesario para abordar la electrónica digital, puesto que los circuitos digitales trabajan únicamente con dos niveles de tensión o de corriente eléctrica (alto y bajo) o estados estables (1 y 0).

Funciones lógicas

El comportamiento de un sistema electrónico digital puede representarse matemáticamente por una **función lógica**.

Las funciones lógicas son funciones formadas por **variables binarias**, que sólo pueden tomar dos valores (1 y 0) y que están relacionadas por **operaciones lógicas**.

Una función lógica puede representarse de dos maneras: mediante una expresión algebraica y mediante su tabla de verdad.

La **expresión algebraica** de la función está formada por las variables binarias, relacionadas por diferentes operaciones lógicas, por ejemplo:

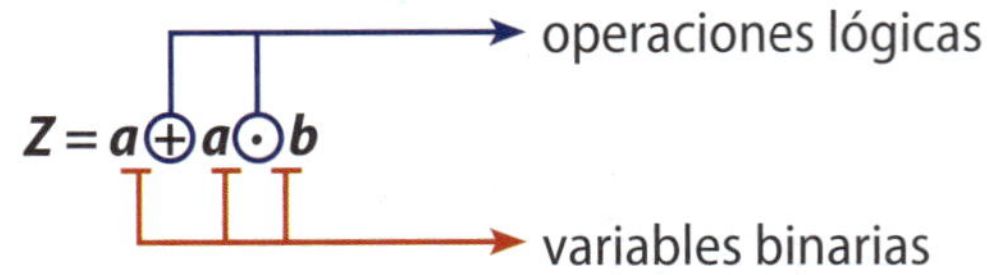

En la figura 8 se puede ver la **tabla de verdad** de la función lógica cuya expresión algebraica es $Z = a + a \cdot b$.

Operaciones lógicas

Las **operaciones lógicas** básicas son: suma lógica, producto lógico y complemento o negación.

- La **suma lógica**, o función **OR**, se representa por el símbolo **+**. La función vale 1 cuando una o más de las variables valen 1.
- El **producto lógico**, o función **AND**, se representa por el símbolo **·**. La función vale 1 solamente cuando todas las variables valen 1.
- La operación **complemento o negación**, o función **NOT**, se representa por el símbolo ¯. La función toma el valor contrario a la variable.

Operación lógica	**Suma (OR)**	**Producto (AND)**	**Complemento o negación (NOT)**
Expresión algebraica	$Z = a + b$	$Z = a \cdot b$	$Z = \overline{a}$
Tabla de verdad	a b Z 0 0 0 0 1 **1** 1 0 **1** 1 1 **1**	a b Z 0 0 0 0 1 0 1 0 0 1 1 **1**	a Z 0 **1** 1 0

Fíjate

Una **tabla de verdad** consta de una columna por cada variable independiente y otra columna para la función.

Las filas están formadas por todas las posibles combinaciones de los valores que pueden tener las variables independientes y el valor que toma la función para cada una de dichas combinaciones.

Fíjate

Si una tabla de verdad consta de ***n* variables**, habrá 2^n combinaciones distintas de todos los valores que pueden tomar, es decir, **2^n filas**.

EJERCICIOS

4. ¿Qué es una función lógica?
5. ¿Cuáles son las operaciones lógicas básicas?
6. Dibuja la tabla de verdad de la operación AND y escribe su expresión algebraica. ¿Qué otro nombre tiene esta operación?

Conoce

3.1. Obtención de la expresión algebraica de una función lógica

Para obtener la **expresión algebraica** de una función lógica a partir de la tabla de verdad debemos seguir este procedimiento:

1. Se señalan en la tabla de verdad los **términos** para los que la **función vale 1**.
2. Se expresa **cada término** de la función como **producto** de todas las **variables** independientes, que deben aparecer negadas (¯) si valen 0 o sin negar si valen 1.
3. La expresión algebraica de la función lógica es igual a la **suma de los términos** para los que la función vale 1.

	a	b	c	Z
1º	0	0	0	**1**
2º	0	0	1	0
3º	0	1	0	0
4º	0	1	1	**1**
5º	1	0	0	**1**
6º	1	0	1	0
7º	1	1	0	0
8º	1	1	1	**1**

Fig. 9. Tabla de verdad de la función *Z*.

Por ejemplo, la tabla de verdad de la función lógica *Z* se puede ver en la figura 9.

Para obtener su expresión algebraica seguimos el procedimiento:

1. Señalamos en la tabla de verdad los términos para los que la función vale 1. Se trata de los términos 1º, 4º, 5º y 8º.

	a	b	c	Z
1º	0	0	0	**1**
2º	0	0	1	0
3º	0	1	0	0
4º	0	1	1	**1**
5º	1	0	0	**1**
6º	1	0	1	0
7º	1	1	0	0
8º	1	1	1	**1**

2. Expresamos cada término como producto de las variables, negadas o sin negar, y los sumamos, con lo cual obtenemos la expresión algebraica:

$$Z=\overline{a}\cdot\overline{b}\cdot\overline{c}+\overline{a}\cdot b\cdot c+a\cdot\overline{b}\cdot\overline{c}+a\cdot b\cdot c$$

	a	b	c	Z
1º	0	0	0	**1**
2º	0	0	1	0
3º	0	1	0	0
4º	0	1	1	**1**
5º	1	0	0	**1**
6º	1	0	1	0
7º	1	1	0	0
8º	1	1	1	**1**

Fíjate

El número de términos de la expresión algebraica de una función lógica (*Z*) debe ser igual al número de unos que aparezcan en la salida (*Z*) de su tabla de verdad.

EJERCICIOS

7. ✦✦ ¿Cuántos términos deben formar parte de la expresión algebraica de la función Y, cuya tabla de verdad aparece en la figura 10?

8. ✦✦ Cuando se forman los términos de la expresión algebraica de una función lógica, ¿cómo deben expresarse las variables cuyo valor es 0 en la tabla de verdad?

9. ✦✦ Obtén la expresión algebraica de la función Y, cuya tabla de verdad aparece en la figura 10.

10. ✦✦✦ Obtén la expresión algebraica de la función X, cuya tabla de verdad aparece en la figura 11.

	a	b	c	Y
1º	0	0	0	0
2º	0	0	1	**1**
3º	0	1	0	**1**
4º	0	1	1	0
5º	1	0	0	**1**
6º	1	0	1	0
7º	1	1	0	0
8º	1	1	1	**1**

Fig. 10. Tabla de verdad de la función *Y*.

	a	b	c	X
1º	0	0	0	**1**
2º	0	0	1	0
3º	0	1	0	**1**
4º	0	1	1	0
5º	1	0	0	0
6º	1	0	1	0
7º	1	1	0	**1**
8º	1	1	1	**1**

Fig. 11. Tabla de verdad de la función *X*.

3.2. Obtención de la tabla de verdad de una función lógica

Procedimiento de creación de una tabla de verdad a partir de la expresión algebraica

Para obtener la **tabla de verdad** de una función lógica a partir de su expresión algebraica debemos seguir este procedimiento:

1. **Se dibuja la tabla de verdad**, incluyendo las diferentes combinaciones de valores de las variables independientes. Hay que tener en cuenta que, si la función tiene ***n* variables**, la tabla tendrá 2^n combinaciones de dichas variables, es decir, tendrá **2^n filas** para valores de variables.
2. Se completa la **columna** correspondiente a la **función *Z***. Se **asignan** los **valores (1 o 0)** que toma la función lógica para cada combinación de las variables independientes.
3. La función *Z* vale 1 para las combinaciones de variables correspondientes a cada uno de los **términos que aparecen en la expresión algebraica**. La función vale 0 para las combinaciones de variables que no aparezcan en la expresión algebraica.

a	b	c	d	Z
0	0	0	0	
0	0	0	1	
0	0	1	0	
0	0	1	1	
0	1	0	0	
0	1	0	1	
0	1	1	0	
0	1	1	1	
1	0	0	0	
1	0	0	1	
1	0	1	0	
1	0	1	1	
1	1	0	0	
1	1	0	1	
1	1	1	0	
1	1	1	1	

Fig. 12. Paso 1. Tabla de verdad de la función Z, con 4 variables y 16 combinaciones de valores de dichas variables.

Por ejemplo, para obtener la tabla de verdad de la función *Z* siguiente:

$$Z = a \cdot b \cdot \overline{c} \cdot d + a \cdot b \cdot \overline{c} \cdot \overline{d} + \overline{a} \cdot \overline{b} \cdot c \cdot d + a \cdot b \cdot c \cdot \overline{d}$$

1. Dibujamos la tabla de verdad de la función, incluyendo todas las combinaciones posibles de valores que pueden tomar las variables independientes (figura 12).
2. Asignamos a la función *Z* los valores (1 o 0) que correspondan a cada combinación de variables de entrada.
   - Las combinaciones de variables a las que les corresponde el valor 1 de *Z* (figura 13) son las correspondientes a los términos que aparecen en la expresión algebraica:
     - El término $a \cdot b \cdot \overline{c} \cdot d$ se corresponde con la combinación **1101**.
     - El término $a \cdot b \cdot \overline{c} \cdot \overline{d}$ se corresponde con la combinación **1100**.
     - El término $\overline{a} \cdot \overline{b} \cdot c \cdot d$ se corresponde con la combinación **0011**.
     - El término $a \cdot b \cdot c \cdot \overline{d}$ se corresponde con la combinación **1110**.
   - Al resto de las combinaciones de variables se les asigna el valor 0 (figura 14) y así se completa la tabla.

a	b	c	d	Z
0	0	0	0	
0	0	0	1	
0	0	1	0	
0	0	1	1	**1**
0	1	0	0	
0	1	0	1	
0	1	1	0	
0	1	1	1	
1	0	0	0	
1	0	0	1	
1	0	1	0	
1	0	1	1	
1	1	0	0	**1**
1	1	0	1	**1**
1	1	1	0	**1**
1	1	1	1	

Fig. 13. Paso 2a. Asignación de valores 1 de la función Z.

a	b	c	d	Z
0	0	0	0	0
0	0	0	1	0
0	0	1	0	0
0	0	1	1	**1**
0	1	0	0	0
0	1	0	1	0
0	1	1	0	0
0	1	1	1	0
1	0	0	0	0
1	0	0	1	0
1	0	1	0	0
1	0	1	1	0
1	1	0	0	**1**
1	1	0	1	**1**
1	1	1	0	**1**
1	1	1	1	0

Fig. 14. Paso 2b. Asignación de valores 0 de la función Z.

EJERCICIOS

11. ✦✦ Si una función lógica tiene tres variables, ¿cuántas combinaciones posibles se pueden realizar con los diferentes valores que pueden tomar dichas variables? ¿Y si tiene cuatro variables?

12. ✦ En la tabla de verdad de una función lógica, ¿para qué combinaciones de variables la función vale 1?

13. ✦✦✦ Obtén la tabla de verdad de la siguiente función lógica:

$$Z = \overline{a} \cdot b \cdot \overline{c} + \overline{a} \cdot \overline{b} \cdot c + \overline{a} \cdot b \cdot c + a \cdot \overline{b} \cdot c$$

3.3. Simplificación de funciones lógicas

Una función lógica se representa mediante una única tabla de verdad, aunque puede tener diferentes expresiones algebraicas.

Los **circuitos digitales** se construyen con el objetivo de **resolver problemas tecnológicos** que requieren del **funcionamiento automático** de un dispositivo cuando se dan unas **condiciones determinadas**. Por ejemplo, un sistema anti-intrusos que conecte un foco y active una alarma acústica cuando sea de noche y detecte la presencia de alguna persona.

Para construir el circuito digital que resuelva un problema tecnológico, en primer lugar, se debe **crear la función lógica** que se corresponde con el funcionamiento de dicho circuito, y posteriormente se debe **simplificar** dicha función para que el circuito sea, en la medida de lo posible, más sencillo y económico.

Método de Karnaugh para simplificar funciones lógicas

Existen varios métodos para simplificar funciones lógicas. En esta unidad se desarrolla el **método gráfico de Karnaugh**, basado en la creación, a partir de la tabla de verdad de la función, de otra tabla llamada *mapa de Karnaugh*. Cada celda del mapa de Karnaugh se corresponde con una combinación de valores de las variables, como puede verse en las figuras 15, 16 y 17.

El **procedimiento** es el siguiente:

1. A partir de la expresión algebraica de la función lógica, se crea la **tabla de verdad**. Por ejemplo, la figura 18 muestra la tabla de verdad de esta función:
$$Z=\overline{a}\cdot\overline{b}\cdot\overline{c}+\overline{a}\cdot\overline{b}\cdot c+\overline{a}\cdot b\cdot c+\overline{a}\cdot b\cdot\overline{c}+a\cdot b\cdot c$$
2. Se dibuja el **mapa de Karnaugh**. En el ejemplo, es el que se ve en la figura 19.
3. En el mapa de Karnaugh dibujado, se escribe "1" en las celdas correspondientes a cada **término de la función** (figura 19).
4. **Se agrupan los unos adyacentes** siguiendo estos criterios (figura 20):
   a. Dos términos son **adyacentes** si sólo se diferencian en el valor de una variable.
   b. Se han de agrupar los términos adyacentes en sentido **horizontal** o **vertical**. Son términos adyacentes los de **filas o columnas contiguas** y también son adyacentes: las filas **superior e inferior** del mapa, las columnas de **derecha e izquierda** y las **cuatro esquinas**.
   c. Se pueden formar **grupos** de 2, 4, 8, ..., 2^n términos.
   d. Los grupos deben ser lo más grandes posible.
5. Se escribe la **expresión algebraica simplificada** de la función. Esta nueva expresión tiene **tantos términos como agrupaciones** haya en el mapa de Karnaugh, además de los **términos** que queden **sin agrupar**. En **cada nuevo término** que procede de una agrupación se escriben las **variables** (negadas o no) **cuyo valor (1 o 0) no cambia** en todas las celdas del grupo y se eliminan las variables que cambian.

   En el ejemplo (figura 20), en el grupo horizontal de cuatro términos, la única variable que no cambia es *a*, luego deben eliminarse las variables *b* y *c*; y en el grupo vertical de dos términos, cambia la variable *a*, luego debe eliminarse.

   La expresión algebraica simplificada de la función *Z* es:
$$Z=\overline{a}+b\cdot c$$

EJERCICIOS

14. ✦✦✦ Simplifica, utilizando el método de Karnaugh, la siguiente función:
$$Z=\overline{a}\cdot\overline{b}\cdot c+\overline{a}\cdot b\cdot c+a\cdot\overline{b}\cdot\overline{c}+a\cdot\overline{b}\cdot c+a\cdot b\cdot c$$

a \ b	0	1
0	$\overline{c}\cdot\overline{b}$ 00	$\overline{a}\cdot b$ 01
1	$c\cdot\overline{b}$ 10	$a\cdot b$ 11

Fig. 15. Mapa de Karnaugh para dos variables.

a \ bc	00	01	11	10
0	$\overline{a}\cdot\overline{b}\cdot\overline{c}$ 000	$\overline{a}\cdot\overline{b}\cdot c$ 001	$\overline{a}\cdot b\cdot c$ 011	$\overline{a}\cdot b\cdot\overline{c}$ 010
1	$a\cdot\overline{b}\cdot\overline{c}$ 100	$a\cdot\overline{b}\cdot c$ 101	$a\cdot b\cdot c$ 111	$a\cdot b\cdot\overline{c}$ 110

Fig. 16. Mapa de Karnaugh para tres variables.

a \ bc	00	01	11	10
00	0000	0001	0011	0010
01	0100	0101	0111	0110
11	1100	1101	1111	1110
10	1000	1001	1011	1010

Fig. 17. Mapa de Karnaugh para cuatro variables.

abc	Z
000	1
001	1
010	1
011	1
100	0
101	0
110	0
111	1

Fig. 18. Tabla de verdad de la función Z.

a \ bc	00	01	11	10
0	1 000	1 001	1 011	1 010
1	100	101	1 111	110

Fig. 19. Mapa de Karnaugh de la función Z.

Fíjate

En el grupo de cuatro términos, *b* y *c* cambian (toman los valores 0 y 1) y se eliminan.

a \ bc	00	01	11	10
0	1 000	1 001	1 011	1 010
1	100	101	1 111	110

Fig. 20. Agrupaciones en el mapa de Karnaugh de la función Z.

4. Puertas lógicas

Fig. 21. Circuitos integrados con puertas lógicas.

> Las **puertas lógicas** son circuitos electrónicos digitales, integrados en un chip, que realizan las operaciones lógicas básicas: suma lógica, producto lógico y negación.

Internamente están compuestas fundamentalmente por combinaciones de transistores y resistencias.

Cada circuito integrado contiene varias puertas de un mismo tipo. Distintos tipos de puertas lógicas conectados adecuadamente entre sí forman los **circuitos lógicos de control**, a través de los cuales se implementa o genera físicamente una **función lógica**. Las entradas y salidas de las puertas lógicas solamente alcanzan **dos niveles de tensión**: nivel alto (que se representa mediante un 1) y nivel bajo (que se representa mediante un 0).

A continuación se presentan las puertas lógicas básicas (OR, AND y NOT), así como las puertas NOR y NAND, que son una combinación de las anteriores y facilitan el montaje de los circuitos electrónicos digitales.

Para saber más

Los circuitos integrados digitales se fabrican utilizando diferentes tecnologías, llamadas **familias lógicas**.

Las familias lógicas más utilizadas en la actualidad son la **TTL** y la **CMOS**.

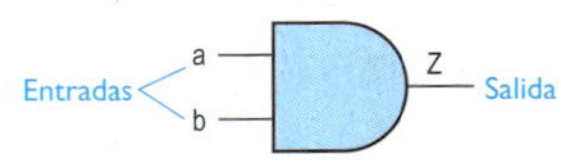

Puerta lógica OR

La puerta lógica OR es una puerta formada por dos o más entradas y una salida y es el circuito lógico que realiza la **función lógica OR** o **suma lógica (+)**.

Su funcionamiento es el siguiente: la salida alcanza un nivel de tensión alto (1) si una o más de las entradas tiene un nivel de tensión alto.

Símbolos	Función lógica que realiza	Tabla de verdad	Circuito eléctrico equivalente	Circuito integrado formado por puertas OR
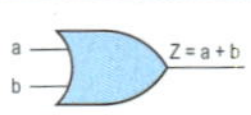 Según la norma ASA. 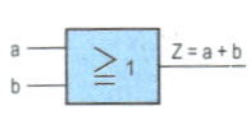 Según la norma DIN.	$Z = a + b$	a b Z 0 0 0 0 1 1 1 0 1 1 1 1	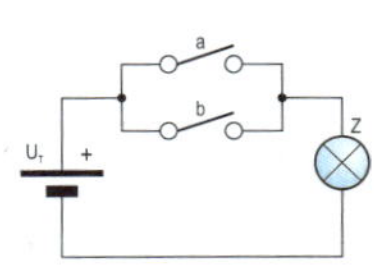	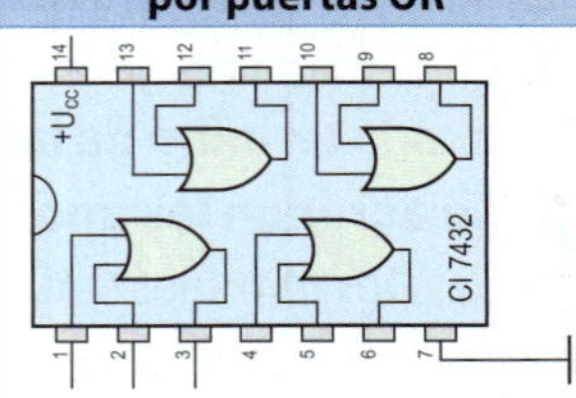 Circuito integrado 7432.

Puerta lógica AND

La puerta lógica AND consta de dos o más entradas y una salida y realiza la **función lógica AND** o **producto lógico (·)**.

Funciona de la siguiente manera: la salida alcanza un nivel alto de tensión (1) solamente cuando todas las entradas están a nivel de tensión alto.

Símbolos	Función lógica que realiza	Tabla de verdad	Circuito eléctrico equivalente	Circuito integrado formado por puertas AND
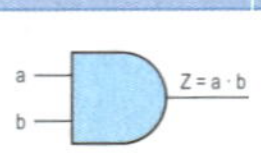 Según la norma ASA. 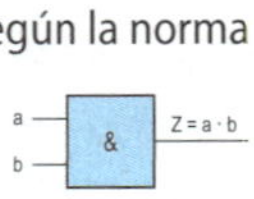 Según la norma DIN.	$Z = a \cdot b$	a b Z 0 0 0 0 1 0 1 0 0 1 1 1	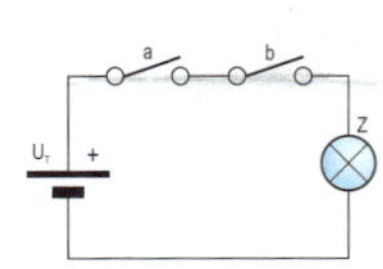	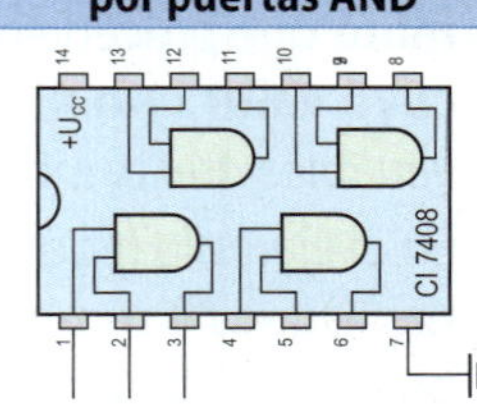 Circuito integrado 7408.

EJERCICIOS

15. ✦ ¿Qué son las puertas lógicas?

16. ✦ Dibuja los símbolos de la puerta lógica OR según la norma ASA y según la norma DIN.

17. ✦✦ Dibuja la tabla de verdad y el circuito equivalente de la puerta AND.

Conoce

Puerta lógica NOT

La puerta lógica NOT está formada por una entrada y una salida y es el circuito lógico que realiza la **función lógica complemento o negación**.

Su funcionamiento se basa en que la salida toma siempre el valor contrario a la entrada, es decir, si la entrada está a un nivel de tensión alto, la salida estará a un nivel de tensión bajo y viceversa.

<table>
<tr><th>Símbolos</th><th>Función lógica que realiza</th><th>Tabla de verdad</th><th>Circuito eléctrico equivalente</th><th>Circuito integrado formado por puertas NOT</th></tr>
<tr><td>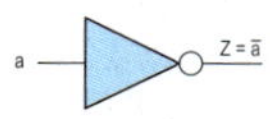
Según la norma ASA.
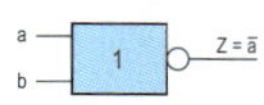
Según la norma DIN.</td><td>cambia
$Z=\overline{a}$</td><td><table><tr><th>a</th><th>Z</th></tr><tr><td>0</td><td>1</td></tr><tr><td>1</td><td>0</td></tr></table></td><td>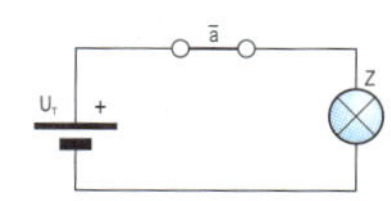</td><td>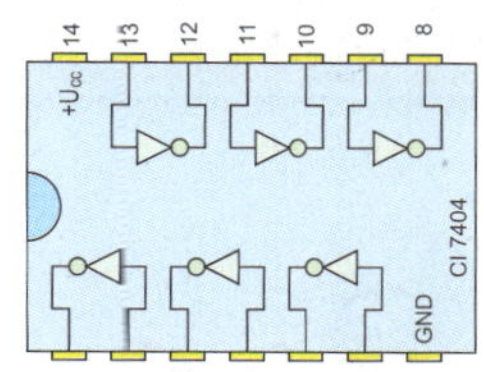

Circuito integrado 7404.</td></tr>
</table>

Puerta lógica NOR

La puerta lógica NOR es una **combinación** de las puertas **OR y NOT**. Realiza la función inversa de la puerta OR, es decir, su salida estará a un nivel de tensión alto (1) cuando todas sus entradas estén a un nivel bajo de tensión (0).

<table>
<tr><th>Símbolos</th><th>Función lógica que realiza</th><th>Tabla de verdad</th><th>Circuito eléctrico equivalente</th><th>Circuito integrado formado por puertas NOR</th></tr>
<tr><td>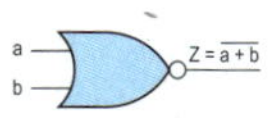
Según la norma ASA.
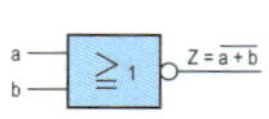
Según la norma DIN.</td><td>$Z=\overline{a+b}$</td><td><table><tr><th>a</th><th>b</th><th>OR</th><th>Z (NOR)</th></tr><tr><td>0</td><td>0</td><td>0</td><td>1</td></tr><tr><td>0</td><td>1</td><td>1</td><td>0</td></tr><tr><td>1</td><td>0</td><td>1</td><td>0</td></tr><tr><td>1</td><td>1</td><td>1</td><td>0</td></tr></table></td><td>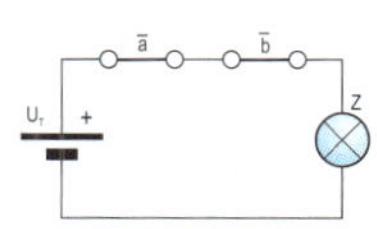</td><td>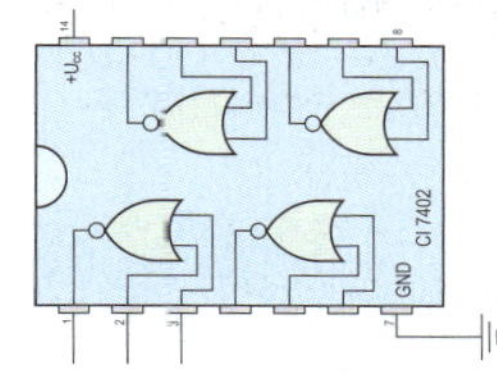

Circuito integrado 7402.</td></tr>
</table>

Puerta lógica NAND

La puerta lógica NAND es una **combinación** de las puertas **AND y NOT**. Realiza la función inversa de la puerta AND, es decir, su salida estará a un nivel de tensión alto (1) cuando alguna de las entradas esté a un nivel de tensión bajo (0).

<table>
<tr><th>Símbolos</th><th>Función lógica que realiza</th><th>Tabla de verdad</th><th>Circuito eléctrico equivalente</th><th>Circuito integrado formado por puertas NAND</th></tr>
<tr><td>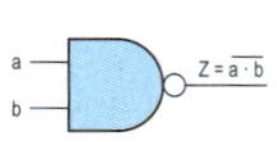
Según la norma ASA.
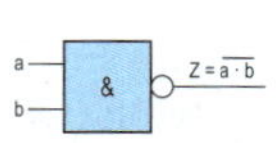
Según la norma DIN.</td><td>$Z=\overline{a\cdot b}$</td><td><table><tr><th>a</th><th>b</th><th>OR</th><th>Z (NAND)</th></tr><tr><td>0</td><td>0</td><td>0</td><td>1</td></tr><tr><td>0</td><td>1</td><td>0</td><td>1</td></tr><tr><td>1</td><td>0</td><td>0</td><td>1</td></tr><tr><td>1</td><td>1</td><td>1</td><td>0</td></tr></table></td><td>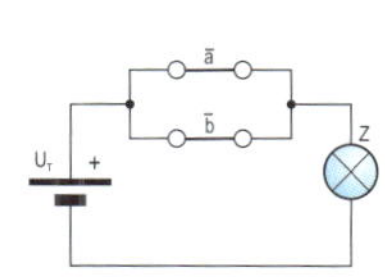</td><td>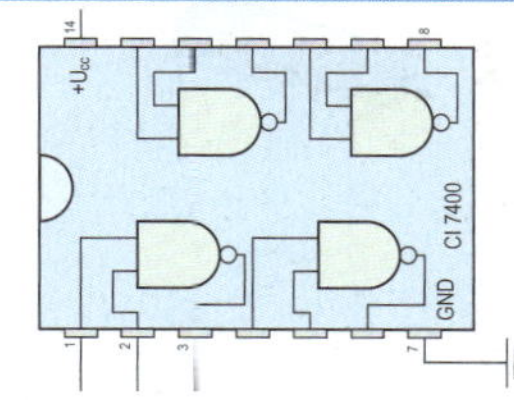

Circuito integrado 7400.</td></tr>
</table>

EJERCICIOS

18. ✦ Dibuja los símbolos de la puerta lógica NOT según la norma ASA y según la norma DIN.

19. ✦ Dibuja la tabla de verdad y el circuito equivalente de la puerta lógica NOR.

20. ✦ Dibuja el circuito integrado formado por puertas lógicas NAND.

21. ✦✦ ¿Con qué tensión V_{cc} debe alimentarse una puerta lógica de la familia TTL?

Para saber más

La **familia lógica TTL** tiene las siguientes características:

Tensión de alimentación: V_{CC} = 5 V	
Niveles de tensión de entrada (V_I)	
1 lógico	**0** lógico
$2\ V \leq V_I \leq 5\ V$	$0\ V \leq V_I \leq 0{,}8\ V$
Niveles de tensión de salida (V_O)	
1 lógico	**0** lógico
$2{,}4\ V \leq V_O \leq 5\ V$	$0\ V \leq V_O \leq 0{,}4\ V$

Escribe la expr algebraica y la tabla de verdad de los sig circuitos electrónicos

5. Circuitos combinacionales y circuitos secuenciales

Para saber más

Otros tipos de **circuitos combinacionales** son los multiplexores, los demultiplexores, los codificadores y los decodificadores o convertidores analógico-digital y digital-analógico.

Los **circuitos secuenciales** más elementales son los biestables.

Los **circuitos combinacionales** son circuitos electrónicos digitales en los que los valores de las salidas dependen únicamente de los valores de las entradas en ese mismo instante.

Los **circuitos secuenciales** son circuitos electrónicos digitales en los que los valores de las salidas dependen no sólo de los valores de las entradas en ese instante sino también de los valores de las entradas en el instante anterior.

Los circuitos de control con puertas lógicas son un tipo de circuitos combinacionales.

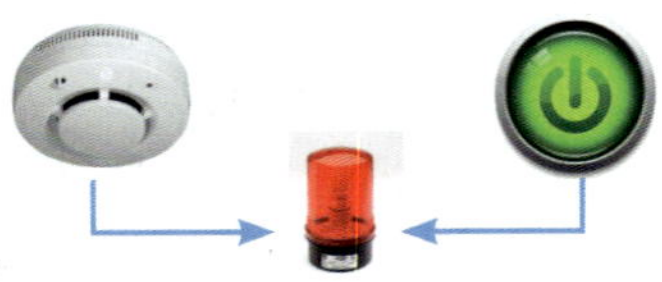

a		0: desactivado 1: activado
b		0: desactivado 1: activado
Z		0: desactivado 1: activado

$Z = \overline{a} \cdot b + a \cdot \overline{b} + a \cdot b$

a \ b	0	1
0	00	1 (01)
1	1 (10)	1 (11)

$Z = a + b$

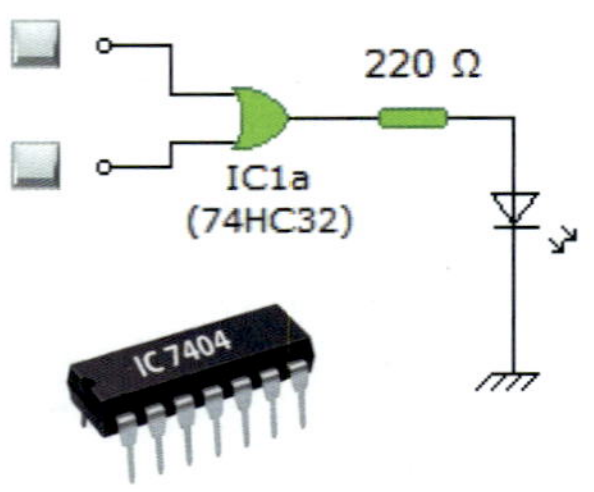

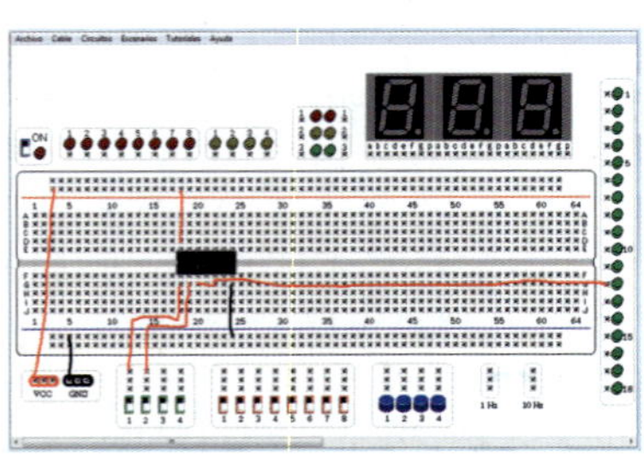

Fig. 22. Procedimiento de diseño y construcción de un circuito de control con puertas lógicas.

5.1. Circuitos de control con puertas lógicas

Combinando diferentes puertas lógicas, se pueden diseñar y construir circuitos electrónicos digitales que resuelvan problemas tecnológicos.

Para ello se debe seguir este **procedimiento** (figura 22):

1. **Analizar el problema tecnológico** y asignar una variable de entrada a cada elemento de maniobra (sensor, interruptor, etc.) y una función lógica a cada actuador (led, motor, etc.).
2. **Crear la tabla de verdad** correspondiente al problema, teniendo en cuenta que la función lógica vale 1 para aquellas combinaciones de las variables de entrada que provocan la activación de un actuador.
3. **Obtener la expresión algebraica** de la función a partir de la tabla de verdad.
4. **Simplificar la función lógica** mediante el método de Karnaugh.
5. **Realizar el diagrama lógico** correspondiente a la función simplificada.
6. **Seleccionar los circuitos integrados** adecuados y **montar el circuito**.

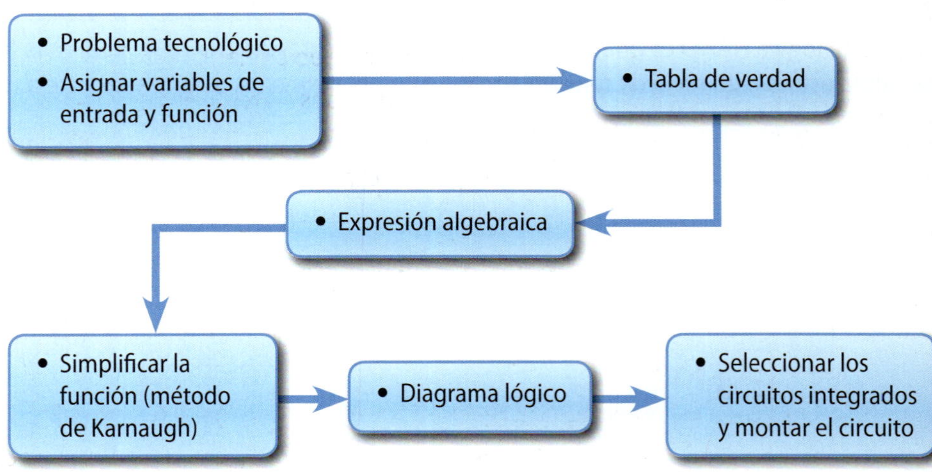

EJERCICIOS

22. ✦ ¿Qué son los circuitos combinacionales?

23. ✦ ¿Qué son los circuitos secuenciales?

24. ✦✦ Escribe ordenadamente los pasos que hay que seguir para diseñar y construir un circuito de control con puertas lógicas que resuelva un problema tecnológico.

5.2. Ejemplo de diseño de un circuito de control con puertas lógicas

Vamos a diseñar un circuito digital de control de un sistema de alarma gobernado por tres sensores (*a*, *b* y *c*). La alarma se activará cuando *a* esté activado, *b* esté desactivado y *c* esté en cualquier posición; también se activará cuando *a* y *b* estén desactivados pero *c* esté activado; o cuando estén activados todos los sensores.

El procedimiento para diseñar el circuito de control es el siguiente:

1. Analizamos el problema y asignamos una variable de entrada a cada elemento de maniobra (los sensores) y una función lógica al actuador (la alarma).

Elementos de maniobra	Variables	Valores de las variables
Sensor *a*	*a*	Activado → 1 Desactivado → 0
Sensor *b*	*b*	Activado → 1 Desactivado → 0
Sensor *c*	*c*	Activado → 1 Desactivado → 0

Actuador	Función	Valores de la función
Alarma	*Z*	Activada → 1 Desactivada→ 0

2. Creamos la tabla de verdad.

a	b	c	Z
0	0	0	0
0	0	1	**1**
0	1	0	0
0	1	1	0
1	0	0	**1**
1	0	1	**1**
1	1	0	0
1	1	1	**1**

- *a* activado, *b* desactivado y *c* en cualquier posición ($a = 1, b = 0, c = 1$ o 0)
- *a* y *b* desactivados y *c* activado ($a = b = 0$ y $c = 1$)
- Todos los sensores activados ($a = b = c = 1$)

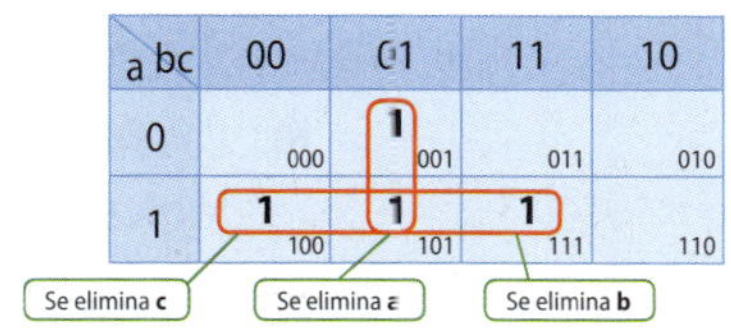

Fig. 23. Mapa de Karnaugh de la función $Z=\overline{a}\cdot\overline{b}\cdot c+a\cdot\overline{b}\cdot\overline{c}+a\cdot\overline{b}\cdot c+a\cdot b\cdot c$.

3. Obtenemos la expresión algebraica de la función:

$$Z=\overline{a}\cdot\overline{b}\cdot c+a\cdot\overline{b}\cdot\overline{c}+a\cdot\overline{b}\cdot c+a\cdot b\cdot c$$

4. Simplificamos la función lógica mediante el método de Karnaugh (figura 23).
   - Se sitúan los términos de la función en las celdas correspondientes y se agrupan (en este caso, en grupos de dos).
   - En cada grupo se elimina la variable que cambia.
   - La expresión de la función simplificada es $Z=a\cdot\overline{b}+\overline{b}\cdot c+a\cdot c$.

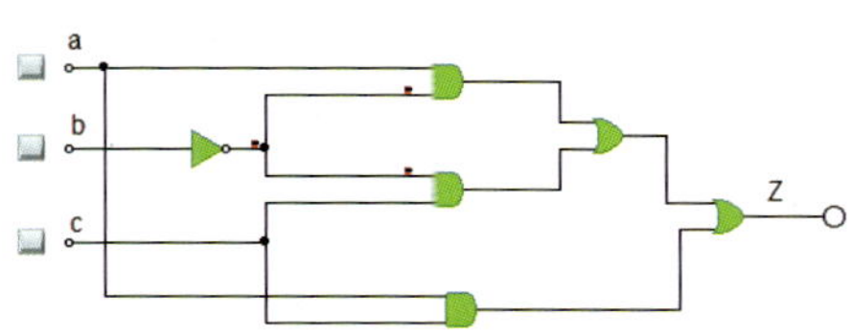

Fig. 24. Diagrama lógico de la función $Z=a\cdot\overline{b}+\overline{b}\cdot c+a\cdot c$.

5. Realizamos el diagrama lógico correspondiente a la función simplificada (figura 24). Para hacer la suma lógica de los tres términos, se utilizan dos puertas OR de dos entradas y se suman de dos en dos, porque la puerta OR de dos entradas es la más común y usada.

6. Seleccionamos los circuitos integrados adecuados y montamos el circuito.

   Para montar el circuito de control necesitamos (figura 25): un circuito integrado 7404 (una puerta NOT), un circuito integrado 7408 (tres puertas AND de dos entradas) y un circuito integrado 7432 (dos puertas OR de dos entradas).

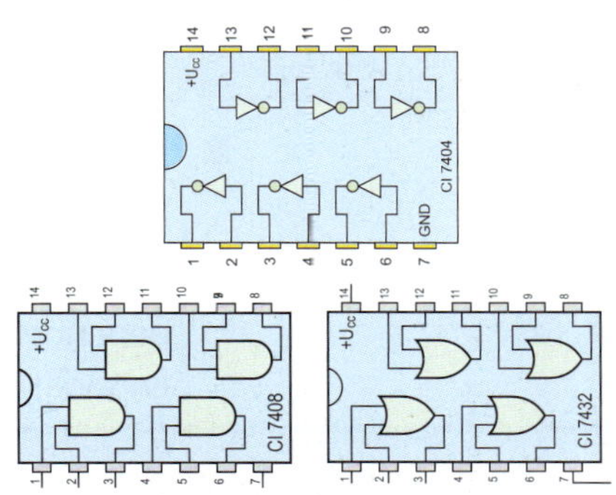

Fig. 25. Circuitos integrados para implementar $Z=a\cdot\overline{b}+\overline{b}\cdot c+a\cdot c$.

EJERCICIOS

25. ✦✦✦ Un hospital dispone de tres depósitos de agua (*a*, *b* y *c*) para su abastecimiento. Cada uno tiene un sensor, colocado en su fondo, para detectar si el depósito se vacía. Diseña el circuito de control que active una bomba (*Z*) cuando estén vacíos dos cualesquiera de los tres depósitos o los tres. Para ello: asigna una variable a cada elemento de maniobra y al actuador; crea la tabla de verdad; obtén la expresión algebraica y simplifícala; realiza el diagrama lógico y selecciona los circuitos integrados necesarios.

Resumen de la unidad

- Las **magnitudes analógicas** son aquellas cuyos valores cambian de forma continua a lo largo del tiempo.
- Las **señales digitales** no varían de forma continua y pueden tomar un número finito de valores, que pueden variar bruscamente en dos instantes de tiempo consecutivos.
- El **sistema de numeración decimal** es un sistema de numeración de base 10.
- El **sistema de numeración binario** es un sistema de numeración de base 2.
- Cualquier número expresado en el sistema decimal puede convertirse a su equivalente en el sistema binario y viceversa.
- El **álgebra de Boole** es la rama de las matemáticas que es necesario conocer para abordar el estudio de la electrónica digital.
- El comportamiento de un sistema electrónico digital puede representarse matemáticamente mediante una función lógica.
- Las **funciones lógicas** son funciones formadas por variables binarias relacionadas por operaciones lógicas. Pueden representarse por su **tabla de verdad** y por una **expresión algebraica**.
- Las **operaciones lógicas** básicas son: **suma lógica**, **producto lógico** y **complemento o negación**.
- El **método de Karnaugh** es un método de simplificación de funciones lógicas basado en la creación de una tabla, llamada *mapa de Karnaugh*, en la que se ordenan los términos de la función para formar agrupaciones de términos adyacentes, que permitirán expresar la función lógica de una forma más sencilla.
- Las **puertas lógicas** son circuitos electrónicos digitales, integrados en un chip, que realizan las operaciones lógicas básicas: suma lógica, producto lógico y negación.

OR	AND	NOT	NOR	NAND
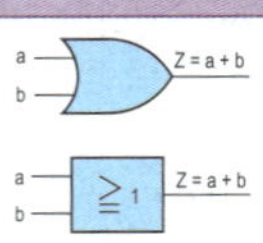	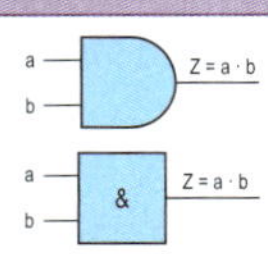	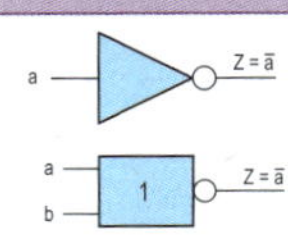	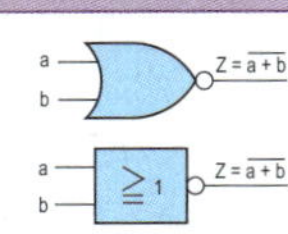	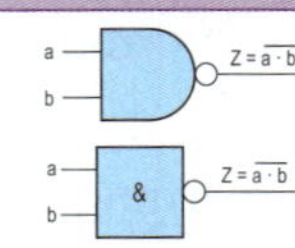
$Z=a+b$	$Z=a\cdot b$	$Z=\overline{a}$	$Z=\overline{a+b}$	$Z=\overline{a\cdot b}$

- Los **circuitos combinacionales** son circuitos electrónicos digitales en los que los valores de las salidas dependen únicamente de los valores de las entradas en ese mismo instante.
- Los **circuitos secuenciales** son circuitos electrónicos digitales en los que los valores de las salidas dependen no sólo de los valores de las entradas en ese instante sino también de los valores de las entradas en el instante anterior.

GLOSARIO

álgebra de Boole
bit
circuito combinacional
circuito secuencial
convertidor analógico-digital
convertidor digital-analógico
diagrama lógico
digitalizar
expresión algebraica
familia lógica
función lógica
mapa de Karnaugh
método de Karnaugh
puerta lógica
señal analógica
señal digital
sistema binario
sistema decimal
tabla de verdad

El rincón del tecnólogo. Apps para circuitos de electrónica digital

Las aplicaciones que presentamos a continuación pueden resultarte útiles para iniciarte en la electrónica digital. Son apps gratuitas, aunque algunas disponen de más funcionalidades en la versión de pago y suelen incluir algún tipo de publicidad.

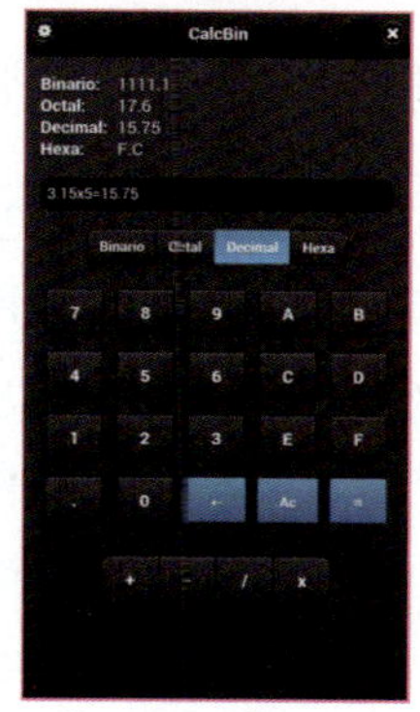

Conversor Binario.

Conversor Binario

Es una aplicación muy sencilla para convertir un número, expresado en un sistema de numeración, en su equivalente en otro sistema de numeración (por ejemplo, de decimal a binario). Sólo hemos de seleccionar los dos sistemas de numeración deseados y escribir el número; automáticamente obtendremos el resultado en la pantalla.

Logic Gates

Esta aplicación presenta distintos tipos de puertas lógicas y otros operadores de electrónica digital y permite interactuar con ellos para obtener los valores de salida de la función lógica que realizan, en función de los valores que podemos seleccionar en sus entradas. De esta manera podemos elaborar la tabla de verdad de la función lógica y compararla con la que muestra la aplicación.

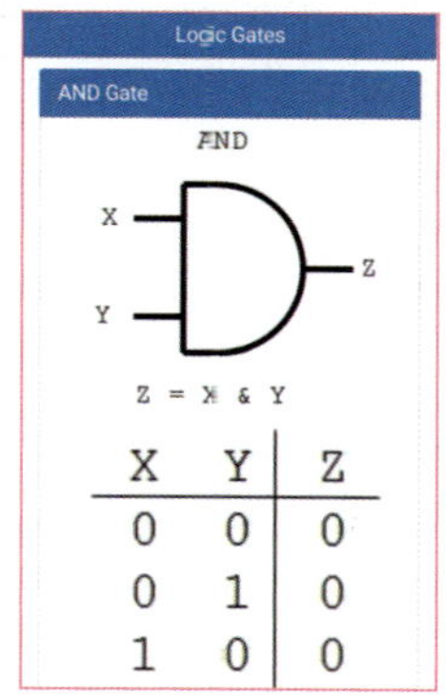

Puerta AND en la app Logic Gates.

Mini Karnaugh

Ayuda a simplificar funciones lógicas. Para ello, debemos elegir el número de variables e introducir la expresión algebraica de la función lógica con los operadores (AND, OR...) y las variables negadas. También podemos introducir los valores de la función lógica en la tabla de verdad o el mapa de Karnaugh.

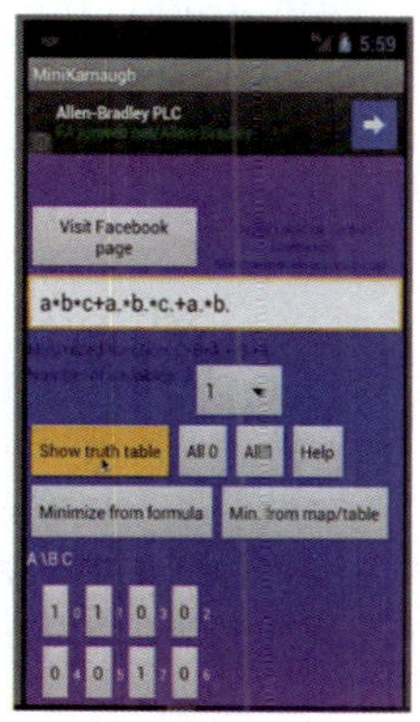

Mini Karnaugh.

Logic Simulator Pro

Es una aplicación muy sencilla para construir circuitos con puertas lógicas y simular su funcionamiento. Permite construir los circuitos añadiendo distintos tipos de entradas a las puertas lógicas (fuentes de tensión de valor constante o variable y pulsadores) y la conexión de lámparas o displays de siete segmentos a las salidas de los circuitos.

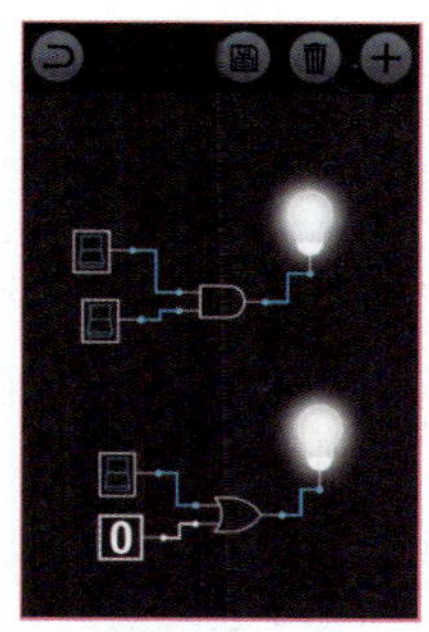
Logic Simulator Pro.

Desafíos

Desafío 1. Utiliza la app Conversor Binario APK para convertir los siguientes números de sistema binario a decimal o de decimal a binario: 11110001, 1000110011, 969. Comprueba cuál es el mayor número decimal que puede representarse con un número binario de 5 bits.

Desafío 2. Utiliza la app Logic Gates para comprobar el funcionamiento de una puerta NOR construida conectando entre sí cuatro puertas NAND. Para ello construye la tabla de verdad de la puerta NOR, comprueba que coincide con la de la tabla formada por puertas NAND que puedes encontrar en Logic Gates y explica el funcionamiento.

Desafío 3. Utiliza la app Mini Karnaugh para simplificar la función Z a partir de su tabla de verdad, mostrada en la figura 18. Comprueba que el mapa de Karganugh obtenido coincide con el de la figura 19 y que la expresión algebraica simplificada coincide con la obtenida en el apartado 3.3 de esta unidad.

Desafío 4. Utiliza la app Logic Simulator Pro para comprobar el funcionamiento de $Z = \overline{a} \cdot \overline{b} \cdot c + a \cdot \overline{b} \cdot \overline{c} + a \cdot \overline{b} \cdot c + a \cdot b \cdot c$ (ejemplo del apartado 5.2 de la unidad). Para ello, construye el diagrama lógico de la figura 24 y comprueba que cumple las condiciones de funcionamiento de la función lógica Z y de la misma función Z simplificada.

ACTIVIDADES DE REFUERZO

Después de estudiar el tema, realiza en tu cuaderno los siguientes ejercicios:

1. ✦✦ ¿Para qué sirve un convertidor analógico-digital? ¿Cómo funciona?
2. ✦ ¿Cómo se llama el dispositivo que sirve para convertir una señal digital en una señal analógica?
3. ✦ ¿De cuántos dígitos se dispone, en el sistema de numeración decimal, para representar un número cualquiera? ¿Y en el sistema de numeración binario?
4. ✦✦ Convierte el número binario 1110011 en su equivalente decimal.
5. ✦✦ ¿Cuál es el número binario equivalente al decimal 67?
6. ✦✦ Si *a* es una variable binaria que representa a un interruptor, ¿cómo puedes representar, utilizando la variable *a*, los estados (abierto o cerrado) del interruptor?
7. ✦ ¿Cuáles son los elementos que forman una función lógica?
8. ✦ ¿Cuáles son las operaciones lógicas básicas?
9. ✦ Dibuja la tabla de verdad de la operación lógica OR.
10. ✦✦ ¿A qué operación lógica corresponde la siguiente tabla de verdad? Escribe la expresión algebraica de dicha operación lógica.

a	b	Z
0	0	0
0	1	0
1	0	0
1	1	**1**

11. ✦✦ Observa la siguiente tabla de verdad e indica cuáles son los términos que forman parte de la expresión algebraica de la función lógica *Z*.

	a	b	c	Z
1º	0	0	0	0
2º	0	0	1	**1**
3º	0	1	0	**1**
4º	0	1	1	**1**
5º	1	0	0	0
6º	1	0	1	0
7º	1	1	0	**1**
8º	1	1	1	0

12. ✦ En un mapa de Karnaugh, ¿qué condición deben cumplir dos términos para considerarse adyacentes?
13. ✦✦ ¿Son adyacentes los términos de las filas superior e inferior de un mapa de Karnaugh? ¿Y las cuatro esquinas? ¿Y los grupos de términos formados a lo largo de una diagonal del mapa?
14. ✦✦ En el siguiente mapa de Karnaugh se han agrupado los términos adyacentes para simplificar una función lógica, pero hay dos errores. Encuéntralos y justifica por qué te parecen erróneos.

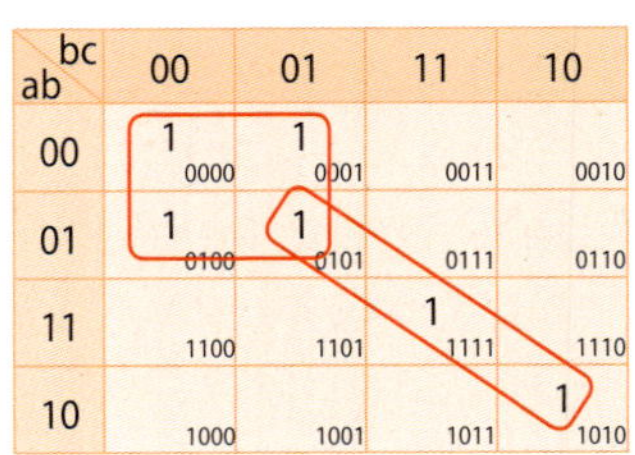

15. ✦✦ Dibuja en tu cuaderno los símbolos de las puertas lógicas OR, AND, NOT, NAND y NOR según las normas ASA y DIN.
16. ✦ Dibuja en tu cuaderno los circuitos eléctricos equivalentes a cada una de las siguientes puertas lógicas: OR, AND y NAND.
17. ✦ ¿Qué es un circuito combinacional? Pon dos ejemplos de circuitos combinacionales.
18. ✦ ¿Qué es un circuito secuencial?
19. ✦✦ Dibuja un diagrama de flujo de los pasos que debes dar para resolver un problema tecnológico mediante el diseño de un circuito de control con puertas lógicas.

ACTIVIDADES DE AMPLIACIÓN

20. ✦✦✦ Describe el proceso que hay que seguir para transmitir una señal de radio, evitando que sufra interferencias, y poder escucharla posteriormente en un receptor de radio.

21. ✦✦ ¿Qué sistema de numeración es más adecuado para analizar y diseñar circuitos digitales? ¿Por qué?

22. ✦✦ Comprueba si el número decimal equivalente al binario 11110011 es 115. En caso contrario, indica cuál es.

23. ✦✦ ¿Cuántas filas debe tener una tabla de verdad de cinco variables? ¿Y una de seis?

24. ✦✦ Obtén la expresión algebraica de la función *Z*, cuya tabla de verdad es la siguiente:

	a	b	c	Z
1º	0	0	0	0
2º	0	0	1	**1**
3º	0	1	0	**1**
4º	0	1	1	0
5º	1	0	0	0
6º	1	0	1	**1**
7º	1	1	0	0
8º	1	1	1	0

25. ✦✦ Obtén la tabla de verdad de la función lógica $Z=\bar{a}\cdot\bar{b}\cdot\bar{c}+\bar{a}\cdot\bar{b}\cdot c+a\cdot b\cdot\bar{c}+a\cdot b\cdot c$.

26. ✦✦ Simplifica, utilizando el método de Karnaugh, la siguiente función lógica:

$$Z=\bar{a}\cdot\bar{b}\cdot\bar{c}+\bar{a}\cdot\bar{b}\cdot c+\bar{a}\cdot b\cdot\bar{c}+\bar{a}\cdot b\cdot c+a\cdot\bar{b}\cdot\bar{c}+a\cdot b\cdot c.$$

27. ✦✦✦ Simplifica la siguiente función lógica mediante el método de Karnaugh:

$$Z=\bar{a}\cdot\bar{b}\cdot\bar{c}\cdot\bar{d}+\bar{a}\cdot\bar{b}\cdot c\cdot\bar{d}+\bar{a}\cdot b\cdot\bar{c}\cdot\bar{d}+\bar{a}\cdot b\cdot\bar{c}\cdot d+\bar{a}\cdot b\cdot c\cdot d+\bar{a}\cdot b\cdot c\cdot\bar{d}+a\cdot b\cdot\bar{c}\cdot\bar{d}+a\cdot b\cdot c\cdot\bar{d}+a\cdot\bar{b}\cdot\bar{c}\cdot\bar{d}+a\cdot\bar{b}\cdot c\cdot\bar{d}$$

28. ✦✦ Para crear la función lógica que representa el funcionamiento del siguiente circuito, en el que una lámpara se enciende cuando se pulsa uno cualquiera de los dos interruptores, debes asignar a algunos elementos del circuito unas variables binarias o de entrada y también decidir qué elemento del circuito se representará por la función lógica. ¿Qué elementos del circuito se deberán representar por las variables binarias independientes o variables de entrada? ¿Qué elemento se representará por la función lógica?

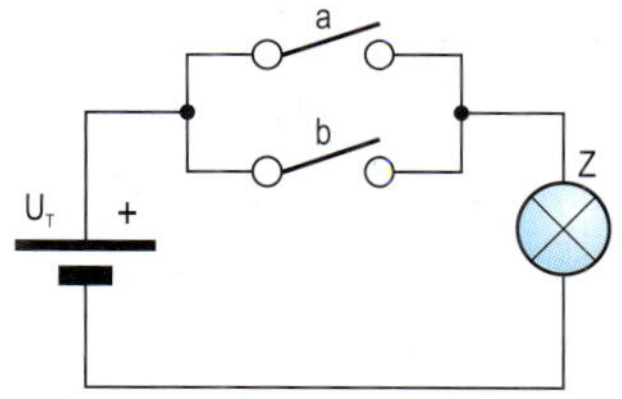

29. ✦✦ ¿Qué tipo de puerta lógica utilizarías para diseñar un circuito digital de control de un semáforo que active la luz roja para automóviles cuando detecte la presencia de un peatón o cuando se pulse un botón o cuando sucedan ambos hechos al mismo tiempo? Si la luz roja del semáforo se ha de activar únicamente cuando se detecte la presencia de un peatón y además se pulse el botón, ¿qué puerta lógica usarás?

30. ✦✦✦ Para diseñar un circuito digital de control de una luz de escalera que encienda la luz cuando detecte oscuridad y la presencia de personas, ¿qué tipo de puerta lógica utilizarías? Asigna a cada sensor una variable y al actuador una función lógica. Crea la tabla de verdad de la función y escribe su expresión algebraica. Realiza el diagrama lógico correspondiente a la función.

31. ✦✦✦ Diseña el circuito digital de control de una alarma gobernada por tres sensores (*a*, *b* y *c*). La alarma se activará cuando los sensores *a* y *c* estén activados (lo esté o no *b*) o bien cuando *b* esté activado y *a* desactivado (independientemente del estado de *c*).

Practica en el taller

En estas páginas te sugerimos una serie de prácticas para reforzar los contenidos vistos en la unidad.

Identificación de circuitos integrados con puertas lógicas

Consulta las hojas de datos de los circuitos integrados con puertas lógicas que se encuentran en el CD virtual e identifica dichos circuitos. Copia en tu cuaderno la siguiente tabla y complétala, siguiendo el ejemplo, con los datos característicos de cada circuito integrado.

Identificación de circuitos integrados con puertas lógicas

Tipo de puertas lógicas	Circuito integrado	Patillas de conexión de V_{CC} y 0 V	Valor de tensión de alimentación V_{CC}	Función que realiza el circuito	Esquema de conexiones y patillaje del circuito integrado
OR	SN74LS32	V_{CC}: 14 0 V: 7	5 V	4 puertas OR de dos entradas	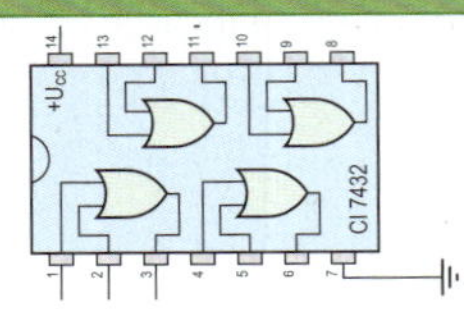
AND					
NOT					
NOR					
NAND					

Comprobación del funcionamiento de las puertas lógicas

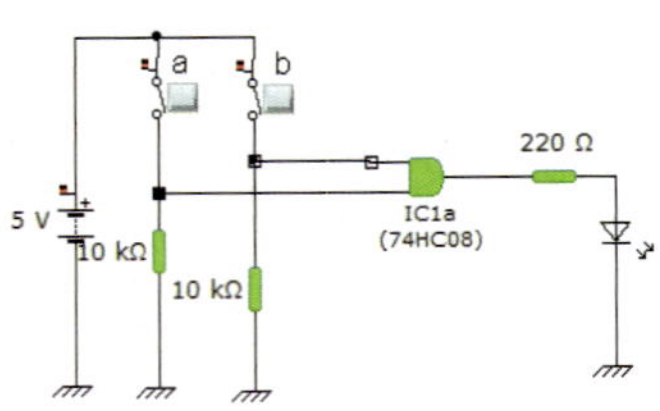

Fig. 26. Circuito de comprobación de funcionamiento de una puerta AND.

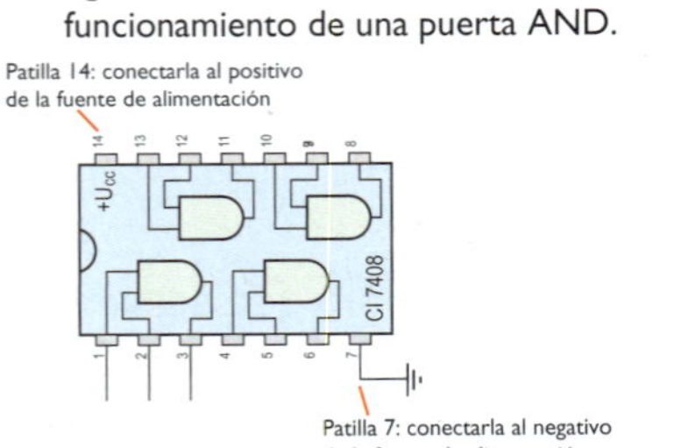

Fig. 27. Esquema de conexiones del circuito integrado 7408, que contiene cuatro puertas AND de dos entradas. Conexión a los polos positivo y negativo de la fuente de alimentación.

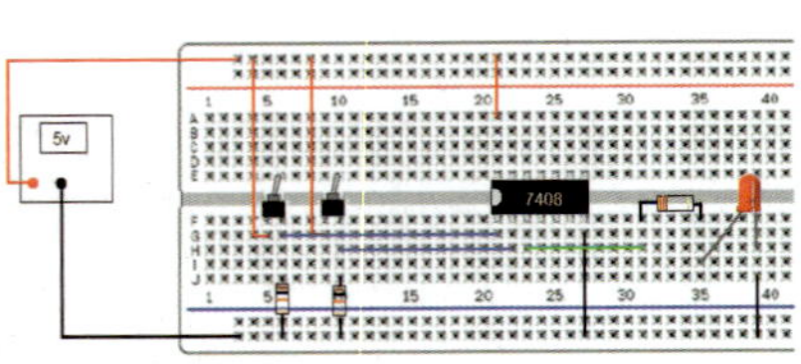

Fig. 28. Dibujo del montaje del circuito de comprobación del funcionamiento de una puerta AND en la placa protoboard.

Esta actividad tiene como objetivo comprobar experimentalmente el modo de funcionamiento de las puertas lógicas básicas AND, OR y NOT.

1. Vamos a comenzar con la puerta AND. El circuito de la figura 26 sirve para comprobar su funcionamiento. En él, los interruptores representan a las variables independientes *a* y *b*. Dibújalo en tu cuaderno.
2. Como puedes ver en la siguiente tabla de verdad, que representa el funcionamiento de la puerta AND, la salida se activará únicamente si las dos entradas están activadas al mismo tiempo:

a	b	Z
0	0	0
0	1	0
1	0	0
1	1	**1**

3. A partir de la tabla de verdad, escribe en tu cuaderno la expresión algebraica de la función que realiza esta puerta lógica y comprueba que es $Z = a \cdot b$.
4. Para comprobar el funcionamiento de esta puerta lógica, montaremos sobre una placa protoboard el circuito de la figura 26. El primer paso es identificar, en el aula-taller, el circuito integrado que contiene puertas AND de dos entradas: el 7408.
5. Para conectarlo adecuadamente en la placa protoboard debes conocer y seguir su esquema de conexiones, que aparece en las hojas de datos del CD virtual. Comprueba que el esquema de conexiones del circuito integrado 7408 es el de la figura 27.
6. Como se indica en la figura 27, debemos conectar el polo positivo de la fuente de alimentación a la patilla 14 y el negativo a la patilla 7.
7. Ahora haz en tu cuaderno un dibujo que facilite el montaje del circuito en la placa protoboard. La figura 28 muestra el dibujo de montaje del circuito de comprobación del funcionamiento de una puerta AND.

8. Haz una lista de los materiales necesarios y prepáralos: una placa protoboard, una fuente de alimentación de 5 V, dos interruptores, dos resistencias de 10 kΩ, el circuito integrado 7408, una resistencia de 220 Ω, un led y cables de conexión.
9. Ahora montaremos los componentes en la placa protoboard (figura 29). Todos los elementos del circuito que deban conectarse al polo positivo de la alimentación se conectarán a la línea marcada en rojo, y los que deban conectarse al polo negativo se conectarán a la línea marcada en negro.
10. Realizamos el montaje siguiendo estos pasos:
    a. Conectamos los componentes que forman el circuito en la placa protoboard tal y como se muestra en la figura 30.
    b. Conectamos, mediante los cables de conexión, los interruptores y las resistencias de 10 kΩ a la fuente de alimentación (figura 31).
    c. Conectamos la patilla 14 del circuito integrado 7408 a la línea de conexiones de la placa protoboard que está unida, a su vez, con el positivo de la fuente de alimentación. La patilla 7 se conecta a la línea de conexiones negativas de la placa protoboard (figura 32).
    d. Con cables de un color diferente de los dos anteriores (si es posible), conectamos los interruptores a las entradas de una de las puertas AND del circuito integrado (figura 33). En este ejemplo hemos elegido la puerta AND situada en la parte inferior izquierda del circuito integrado; por tanto, sus entradas están conectadas a las patillas 1 y 2 y a esas patillas se deben conectar los interruptores.

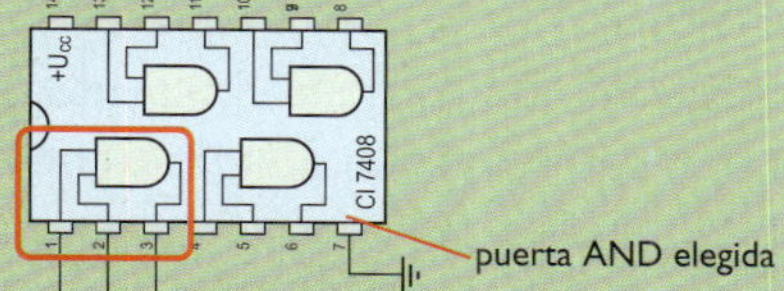

    e. Con un cable de otro color, conectamos la salida de la puerta AND, conectada a la patilla 3, con la resistencia de 220 Ω (figura 34).
    f. Por último, unimos el led al negativo de la alimentación de la placa protoboard (figura 35).
11. Comprueba el funcionamiento de la puerta lógica AND. Para ello toma su tabla de verdad y modifica las posiciones de los interruptores según el valor de las variables de entrada de dicha tabla. Comprueba si los valores de la salida de la tabla de verdad son correctos, es decir, si el led se enciende únicamente cuando el estado de los dos interruptores es "activado" o "conectado" (valor 1 de las variables de entrada en la tabla).
12. Para comprobar el funcionamiento de las puertas OR y NOT, repite el proceso llevado a cabo con la puerta AND. Los circuitos de comprobación del funcionamiento de dichas puertas se muestran en la figura 36:

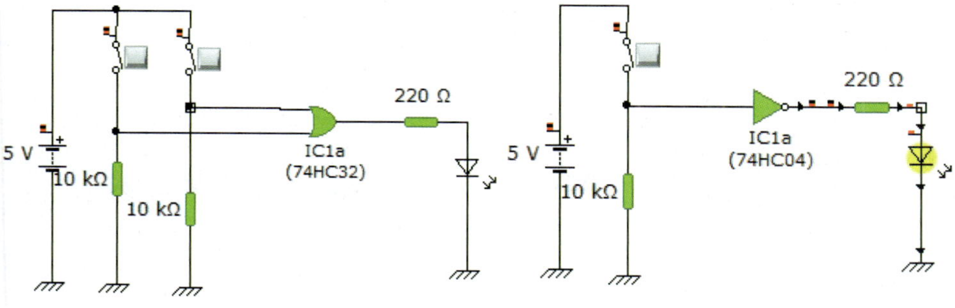

Fig. 36. Circuitos para la comprobación del funcionamiento de las puertas lógicas OR y NOT.

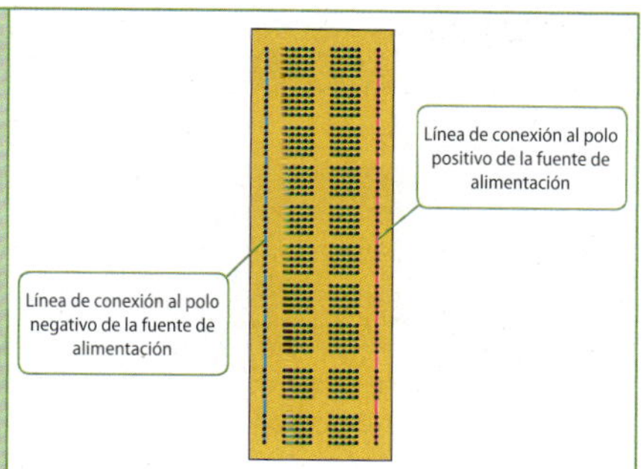

Fig. 29. Líneas de conexión de la fuente de alimentación en la placa protoboard.

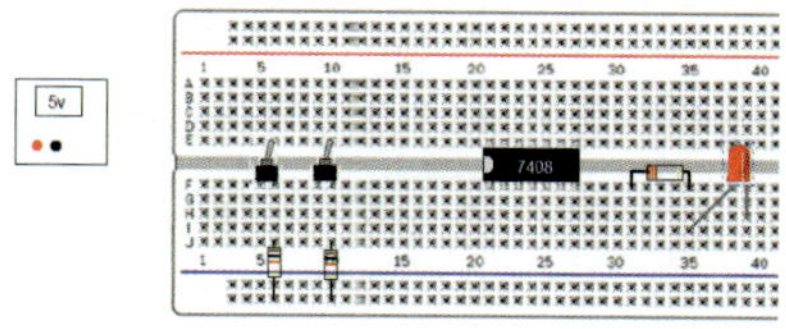

Fig. 30. Conexión de los componentes (paso *a*).

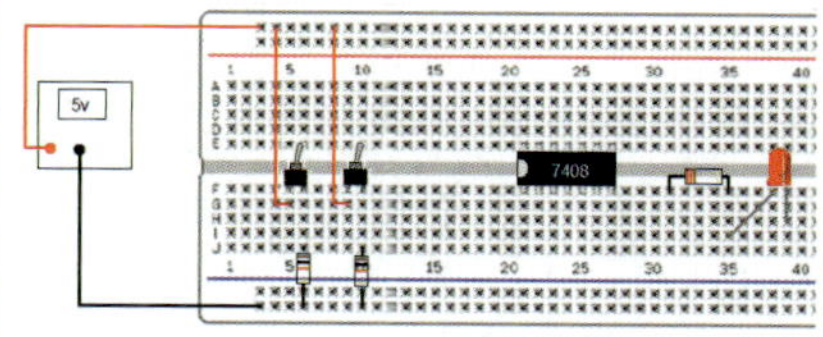

Fig. 31. Conexión de la alimentación (paso *b*).

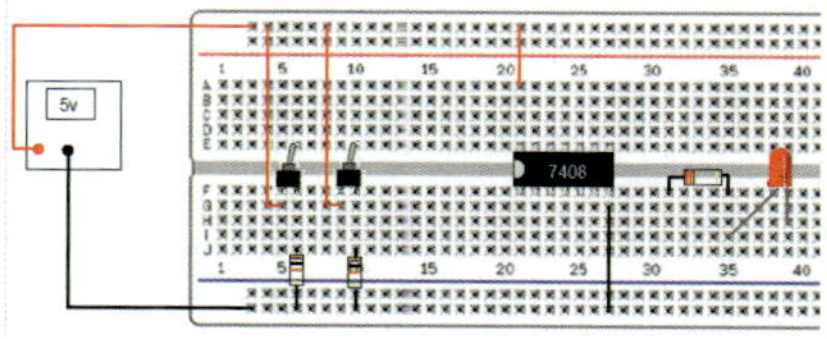

Fig. 32. Conexión de la alimentación (paso *c*).

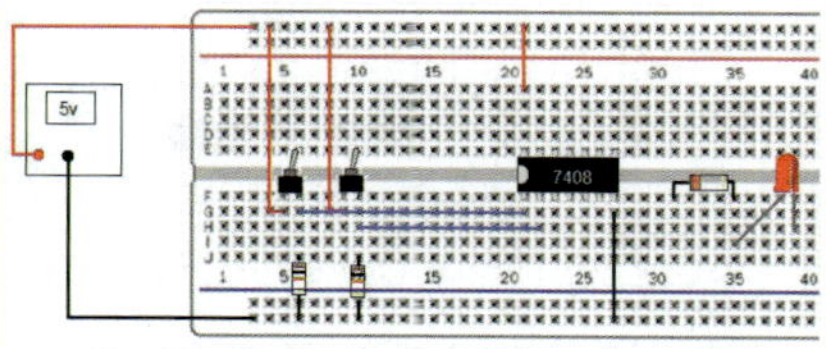

Fig. 33. Conexión a las entradas de la puerta AND (paso *d*).

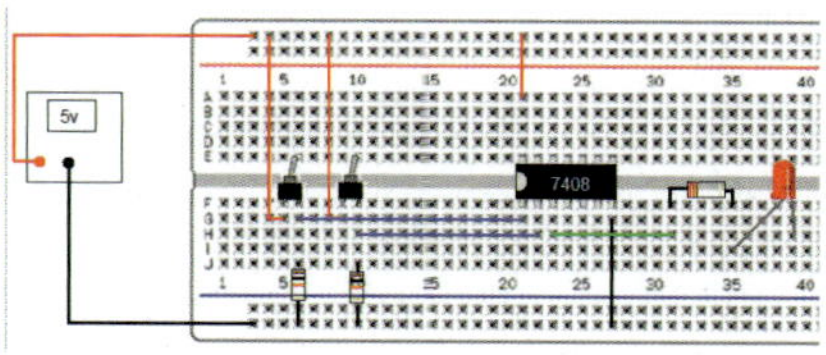

Fig. 34. Conexión de la salida de la puerta AND (paso *e*).

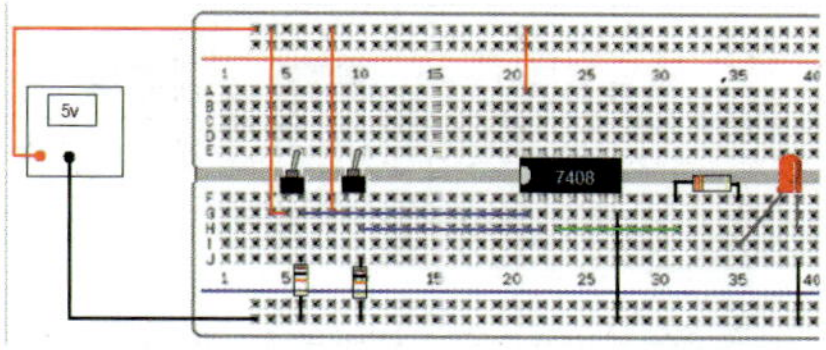

Fig. 35. Conexión del led al negativo de la alimentación (paso *f*).

Circuito de control con puertas lógicas (I)

a \ bc	00	01	11	10
0	1 (000)	1 (001)	1 (011)	1 (010)
1	(100)	1 (101)	1 (111)	(110)

Fig. 37. Mapa de Karnaugh para la simplificación de la función Z.

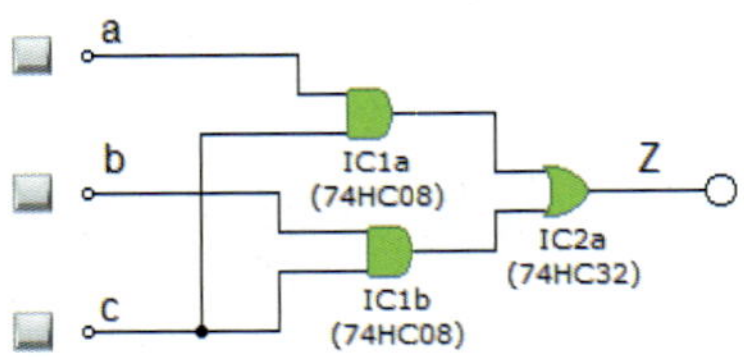

Fig. 38. Diagrama lógico de la función Z.

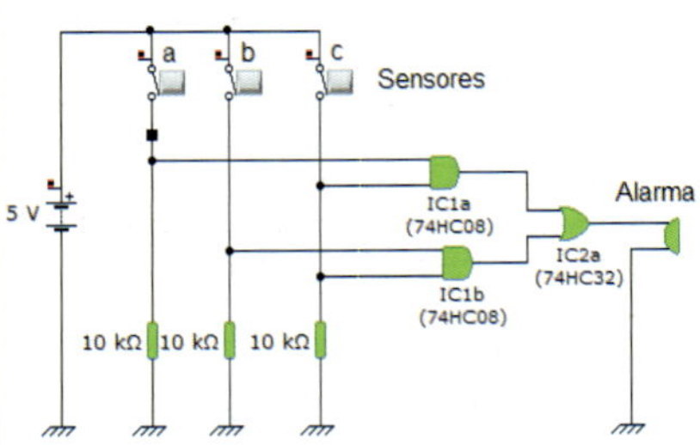

Fig. 39. Esquema eléctrico del circuito de control de la alarma Z.

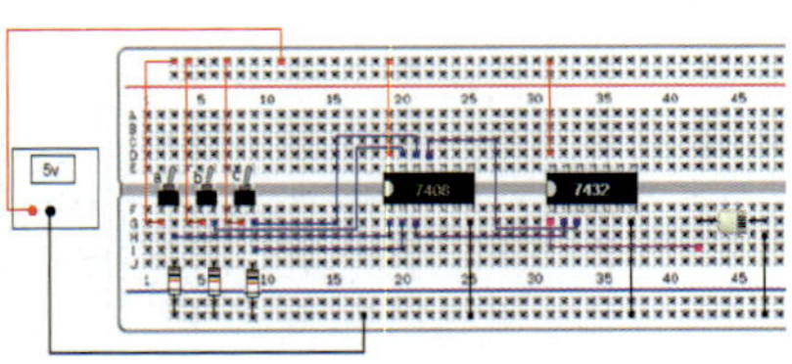

Fig. 40. Dibujo del montaje del circuito en la placa protoboard.

Vamos a diseñar el circuito de control de una alarma (*Z*) gobernada por tres sensores (*a*, *b* y *c*) de modo que la alarma se active cuando: estén activados los sensores *b* y *c*, y desactivado el sensor *a*; o estén activados los sensores *a* y *c*, y desactivado el sensor *b*; o estén activados los tres sensores. Montaremos dicho circuito en una placa protoboard y comprobaremos su funcionamiento.

1. Asignamos a cada sensor una variable y a la alarma le asignamos la función *Z*. Cada sensor adoptará dos estados (activado o desactivado), que se corresponderán con los valores de las variables 1 o 0, respectivamente. La alarma estará activada ($Z = 1$) o desactivada ($Z = 0$). Elabora en tu cuaderno una tabla de variables y estados como la de los apartados 5.1 y 5.2 de la unidad.
2. Teniendo en cuenta las condiciones de funcionamiento del circuito, crea en tu cuaderno la tabla de verdad de la función y comprueba que la expresión algebraica de la función lógica que representa el funcionamiento de la alarma es $Z = \overline{a} \cdot b \cdot c + a \cdot \overline{b} \cdot c + a \cdot b \cdot c$.
3. Simplifica la función mediante el método de Karnaugh. Para ello, dibuja en tu cuaderno el mapa de Karnaugh para tres variables y agrupa los términos adyacentes. Compara tu mapa con el de la figura 37 y verifica si lo has hecho bien.
4. Comprueba que la expresión algebraica simplificada de la función es la siguiente: $Z = \overline{a} \cdot c + b \cdot c$.
5. Realiza el diagrama lógico que representa el funcionamiento de la alarma y comprueba si es correcto comparándolo con el de la figura 38.
6. Para facilitar el montaje del circuito, realizaremos su esquema eléctrico a partir del diagrama lógico. En los circuitos digitales, las entradas de las puertas lógicas no deben dejarse al aire. Hemos de conectar las entradas de las puertas lógicas a interruptores (figura 39) y la salida del diagrama a un zumbador. Los interruptores representan a los tres sensores y el zumbador representa a la alarma. Realiza el esquema eléctrico del circuito en tu cuaderno y comprueba si es correcto comparándolo con el de la figura 39.
7. Observa el esquema de la figura 39 y elabora una lista de los materiales necesarios para montar el circuito en una placa protoboard. Ten en cuenta que necesitaremos dos circuitos integrados: para las puertas AND, el 7408; y para la puerta OR, el 7432.
8. Haz un dibujo del montaje del circuito en una placa protoboard (figura 40).
9. Siguiendo tu dibujo, monta el circuito en la placa protoboard. Puedes ver los pasos en la figura 41.
10. Comprueba que su funcionamiento se corresponde con los valores de la tabla de verdad.

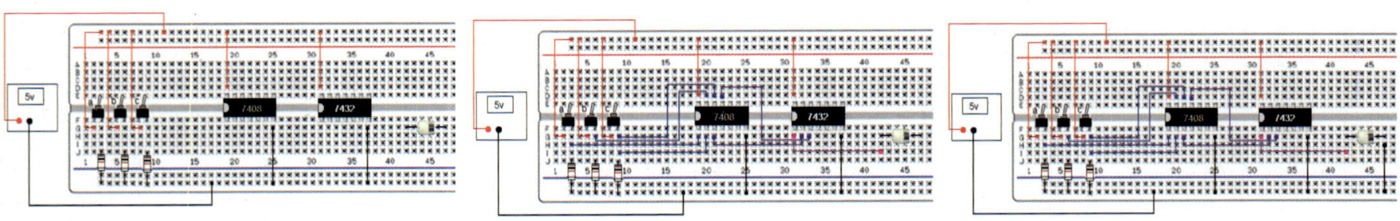

Conexión de componentes y alimentación.

Conexiones de los interruptores a las puertas AND, de las puertas AND a la puerta OR y de ésta al zumbador.

Conexión del zumbador (alarma) al negativo de la alimentación.

Fig. 41. Pasos del montaje del circuito en la placa protoboard.

Circuito de control con puertas lógicas (II)

Vamos a diseñar el circuito de control de una cinta transportadora gobernada por dos interruptores (i_1 e i_2) y un sensor de presión (p). El motor (M) de la cinta transportadora se debe activar cuando: i_2 y p estén activados y esté desactivado i_1; o cuando estén activados i_1 e i_2 y p desactivado; o estén activados los dos interruptores y el sensor de presión al mismo tiempo.

1. Asignamos los valores 1 o 0 a las variables independientes, según estén los elementos de maniobra activados o desactivados, respectivamente. También asignamos el valor 0 o 1 a la función lógica según el motor esté desactivado o activado. Copia en tu cuaderno la siguiente tabla y complétala asignando los valores a las variables y a la función:

Elementos de maniobra	Variables	Valores de las variables	
interruptor i_1	i_1	Activado	
		Desactivado	
interruptor i_2	i_2	Activado	
		Desactivado	
sensor de presión p	p	Activado	
		Desactivado	

Actuador	Función	Valores de la función	
motor	M	Activado	
		Desactivado	

2. Crea en tu cuaderno la tabla de verdad y comprueba si es correcta comparándola con la de la figura 42. A partir de la tabla de verdad, obtén la expresión algebraica de la función. Comprueba que es $M = \overline{i_1} \cdot i_2 \cdot p + i_1 \cdot i_2 \cdot \overline{p} + i_1 \cdot i_2 \cdot p$.
3. Simplifica la función mediante el método de Karnaugh. Compara tu mapa con el de la figura 43 y verifica si lo has hecho bien.
4. Comprueba que la expresión algebraica simplificada de la función es la siguiente: $M = i_1 \cdot i_2 + i_2 \cdot p$.
5. Realiza el diagrama lógico que representa el funcionamiento de la alarma y comprueba si es correcto comparándolo con el de la figura 44.
6. A partir del diagrama lógico, realiza en tu cuaderno el esquema eléctrico del montaje del circuito de control del motor de la cinta transportadora y comprueba si es correcto comparándolo con el de la figura 45. Para dibujar el esquema eléctrico, sustituye el sensor de presión por un interruptor p.
7. Observa el esquema de la figura 45 y elabora una lista de los materiales necesarios para montar el circuito en una placa protoboard.
8. Haz un dibujo del montaje del circuito en una placa protoboard y comprueba si es correcto (figura 46).
9. Selecciona los circuitos integrados y componentes necesarios para montar el circuito. Monta el circuito siguiendo las imágenes de la figura 46.
10. Comprueba que su funcionamiento se corresponde con los valores de la tabla de verdad.

i_1	i_2	p	M
0	0	0	0
0	0	1	0
0	1	0	0
0	1	1	**1**
1	0	0	0
1	0	1	0
1	1	0	**1**
1	1	1	**1**

Fig. 42. Tabla de verdad del funcionamiento del motor de la cinta transportadora.

i_1 \ i_2p	00	01	11	10
0	000	001	1 (011)	010
1	100	101	1 (111)	1 (110)

Fig. 43. Mapa de Karnaugh de la función M.

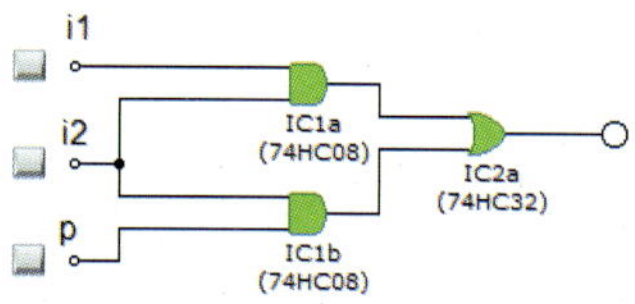

Fig. 44. Diagrama lógico de funcionamiento del motor de la cinta transportadora.

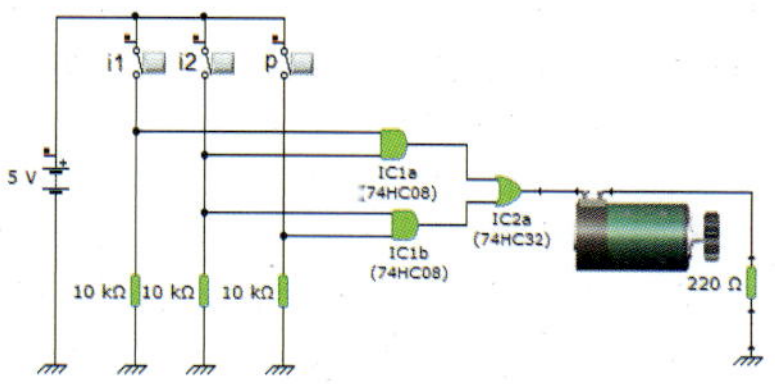

Fig. 45. Esquema eléctrico del montaje del circuito de control del motor de la cinta transportadora.

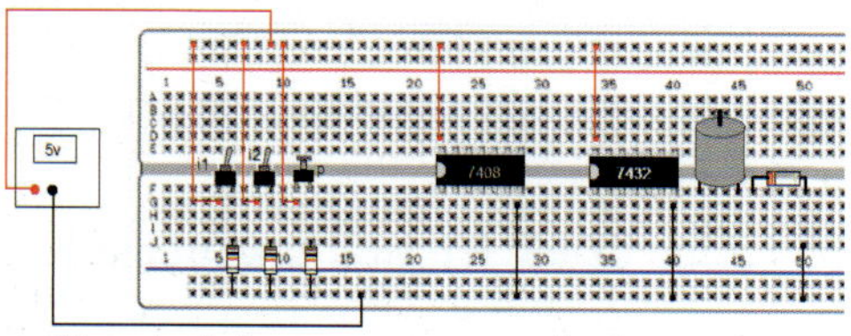

Montaje de los componentes en la placa y su conexión a los polos positivo y negativo de la alimentación.

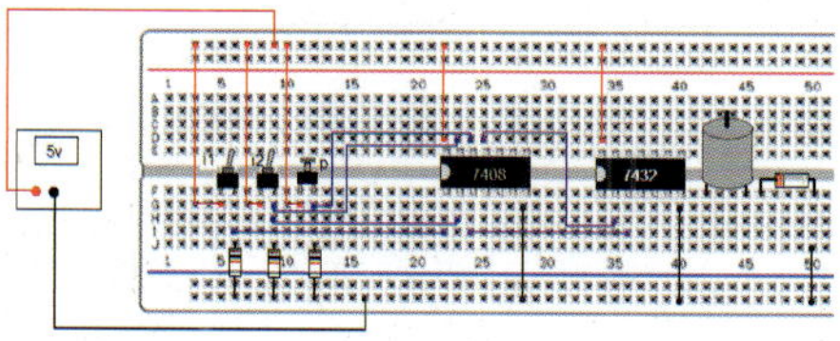

Conexión de los interruptores y el sensor de presión a las entradas de las puertas AND; y conexión de las salidas de las puertas AND a las entradas de la puerta OR.

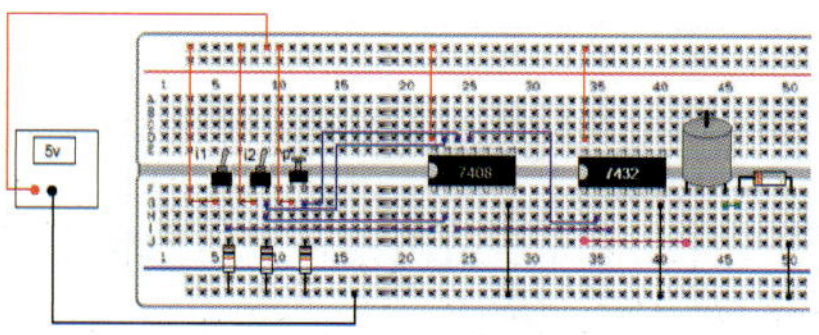

Conexión de la salida de la puerta OR al motor, de éste a la resistencia de 220 Ω y de la resistencia al negativo de la alimentación.

Fig. 46. Pasos del montaje del circuito en la placa protoboard.

PRACTICA PASO A PASO: EJERCICIOS DE ELECTRÓNICA CON CROCODILE CLIPS

Las actividades que te presentamos a continuación están pensadas para que practiques con la aplicación **Crocodile Clips 3.2 (edición profesional)**. También puedes descargarte la versión **Yenka** (*www.yenka.com*) con cualquiera de las tres licencias posibles: escolar (de pago), de prueba (15 días) o de uso en casa (gratuita).

Práctica 1. Implementación de funciones lógicas

Crocodile Clips 3.2 (edición profesional) y Yenka disponen de unos dispositivos llamados **entradas lógicas** y otros llamados **salidas lógicas** en la opción del menú de puertas lógicas.

Las entradas lógicas se conectan a las entradas de las puertas lógicas, y las salidas lógicas, a la salida de la última puerta.

Las entradas lógicas se activan pulsando sobre ellas y suministran un nivel alto de tensión; si no se pulsan, suministran un nivel de tensión bajo (figura 47).

Las salidas lógicas se activan (color rojo) si les llega un nivel alto de tensión; o están desactivadas (sin color) si les llega un nivel bajo de tensión (figura 47).

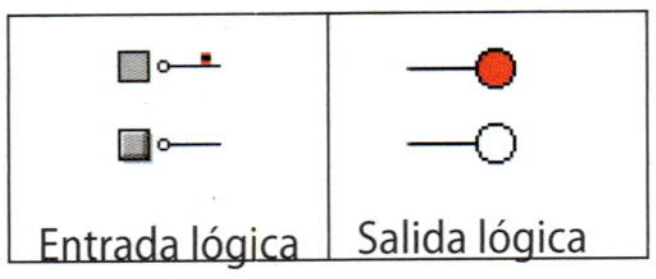

Fig. 47. Entradas y salidas lógicas en Crocodile Clips 3.2 (edición profesional) y Yenka.

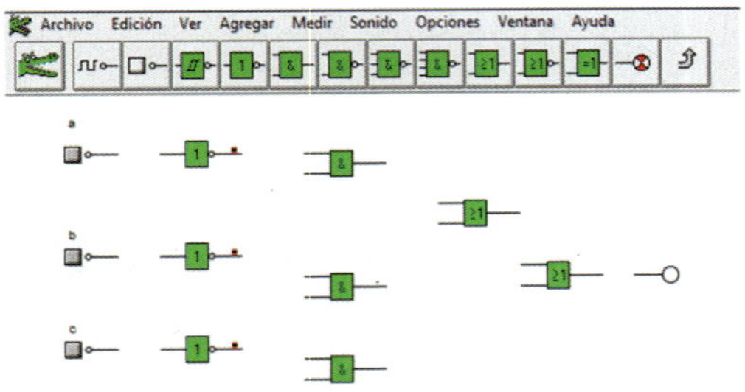

Fig. 48. Colocación de elementos en el panel de trabajo.

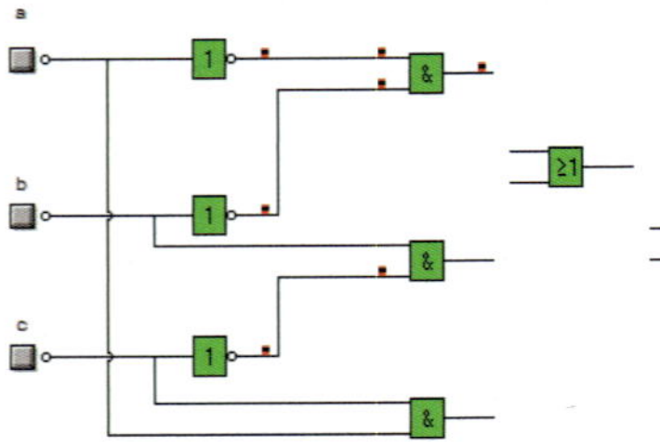

Fig. 49. Conexión de las entradas lógicas a las entradas de las puertas lógicas AND.

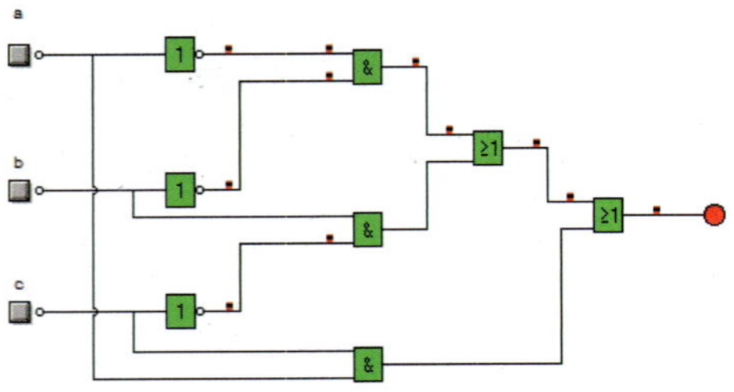

Fig. 50. Conexión de los elementos del circuito.

En esta práctica vamos a implementar la función lógica *Z*, es decir, realizaremos el diagrama lógico que funciona como dicha función lógica.

$$Z=\overline{a}\cdot\overline{b}+a\cdot c+b\cdot\overline{c}$$

1. Abre un procesador de texto y crea un documento nuevo en blanco.
2. Abre la aplicación Crocodile Clips.
3. Los elementos necesarios para montar el circuito son: entradas y salidas lógicas; y puertas lógicas. Como en la expresión algebraica de la función aparecen las tres variables negadas, necesitaremos tres puertas inversoras. Necesitaremos también tres puertas AND, puesto que hay tres productos lógicos de variables, y dos puertas OR para las dos sumas lógicas.

   En la opción **Puertas lógicas** de la barra de herramientas podemos encontrar los elementos que se ven en la figura 48.

4. Selecciona tres entradas lógicas, pinchándolas y arrastrándolas al panel de trabajo. Utiliza la opción **Texto** del menú **Agregar** para asignar a las tres entradas los nombres de las variables.

   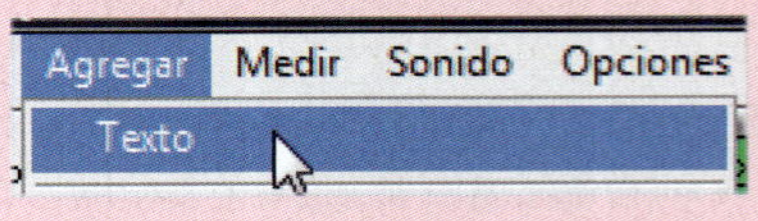

5. A continuación selecciona las puertas lógicas necesarias y la salida lógica y llévalas al panel de trabajo (figura 48).
6. Une todos estos elementos adecuadamente para implementar la función *Z*. Para ello debemos pinchar en cada punto de conexión y arrastrar hasta el punto al que debe estar conectado (figuras 49 y 50). Debes obtener un diagrama lógico como el de la figura 50.
7. Haz una captura de pantalla del circuito y cópiala en el documento de texto.
8. A partir de la expresión algebraica de *Z*, dibuja en el documento de texto la tabla de verdad de la función.
9. En el circuito creado con Crocodile Clips, modifica los estados de las entradas lógicas y observa el estado de la salida. Comprueba si la tabla de verdad que has realizado es correcta.
10. Guarda el documento de texto como **UD03_P1_nombreapellido**.

Práctica 2. Circuito de control del sistema de cierre automático de un toldo

Diseña el circuito de control del sistema automático de cierre de un toldo. El toldo se recogerá automáticamente si está pulsado el interruptor (*a*) y, además: se activa el sensor de oscuridad (*b*) o el sensor de viento (*c*) o ambos al mismo tiempo.

1. Abre un procesador de texto y crea un documento nuevo en blanco.
2. En el documento creado, realiza las siguientes actividades:
   a. Copia y completa las tablas de la figura 51 para asignar una variable de entrada a cada elemento de maniobra y la función al actuador, y asignar valores binarios a las variables y a la función.
   b. Crea la tabla de verdad de la función y, a partir de ella, obtén la expresión algebraica de la función. Comprueba si es la siguiente:
   $$M=\overline{a}\cdot\overline{b}\cdot c+a\cdot b\cdot\overline{c}+a\cdot b\cdot c$$
   c. Simplifica la función mediante el método de Karnaugh. Comprueba que tu mapa de Karnaugh y tus agrupaciones son como las de la figura 52.
   d. Escribe la expresión algebraica simplificada de la función *M* y comprueba si es la siguiente:
   $$M=a\cdot c+a\cdot b$$
3. Ahora vamos a realizar el diagrama lógico de la función simplificada, utilizando la aplicación Crocodile Clips 3.2 (edición profesional) o Yenka.
   a. Abre la aplicación.
   b. Pulsa la opción **Puertas lógicas** de la barra de herramientas, para llevar al panel de trabajo los elementos necesarios para formar el diagrama, pinchando sobre ellos y arrastrándolos. En este caso necesitaremos: tres entradas lógicas; dos puertas AND para realizar los dos productos lógicos de variables que aparecen en la expresión simplificada de la función; una puerta OR para realizar la suma lógica; y una salida lógica (figura 53).
   c. Ve a **Agregar** / **Texto** para nombrar las entradas y la salida lógica (figura 54).
   d. Sólo nos queda unir los componentes para finalizar el diagrama lógico, pinchando en los puntos de conexión de cada componente y arrastrando el cable hasta el punto de conexión correspondiente. Comprueba que tu diagrama lógico es como el de la figura 55.
4. En el diagrama lógico creado, modifica los estados de las entradas lógicas y observa el estado de la salida. Comprueba de esta manera si el funcionamiento del circuito es correcto, es decir, si se corresponde con la tabla de verdad.
5. Haz una captura de pantalla del circuito y cópiala en el documento de texto.
6. Guarda el documento de texto como **UD03_P2_nombreapellido**.

Sensores	Variables	Valores de las variables	
Interruptor *a*	*a*	Activado	
		Desactivado	
Sensor *b*	*b*	Activado	
		Desactivado	
Sensor *c*	*c*	Activado	
		Desactivado	

Actuador	Función	Valores de la función	
Motor	*M*	Activado	
		Desactivado	

Fig. 51. Tablas de asignación de variables y función lógica.

a \ bc	00	01	11	10
0	000	001	011	010
1	100	1 (101)	1 (111)	1 (110)

Fig. 52. Mapa de Karnaugh para simplificar la función lógica *M*.

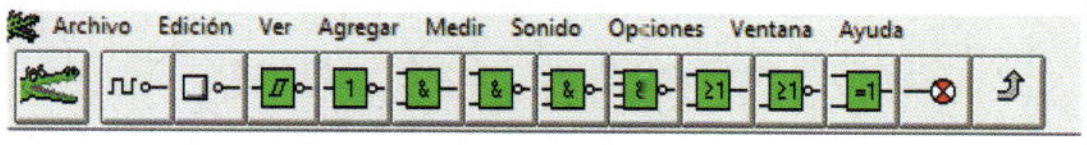

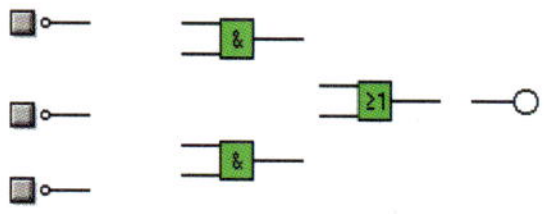

Fig. 53. Llevando elementos al panel de trabajo.

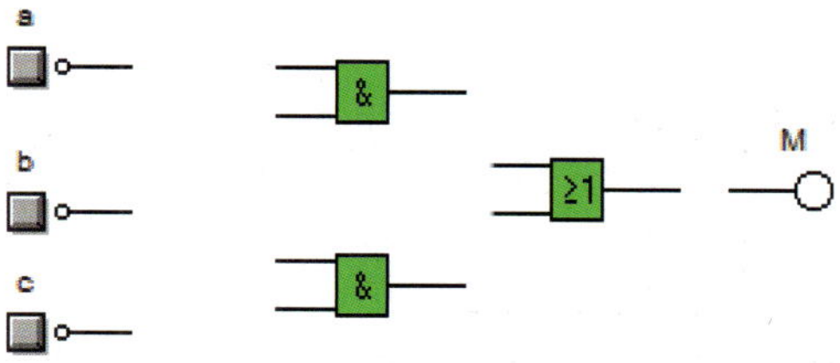

Fig. 54. Agregando texto.

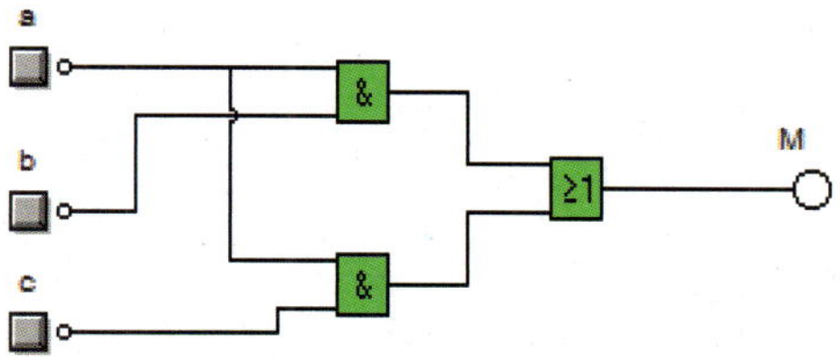

Fig. 55. Conectando los componentes.

Práctica 3. Análisis del funcionamiento de un circuito lógico de control

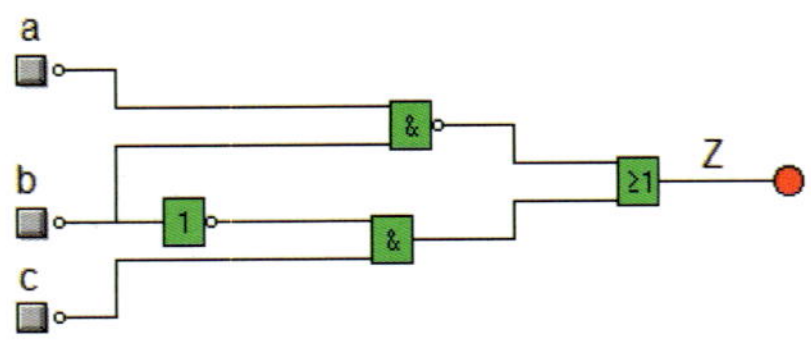

Fig. 56. Implementación de la función lógica Z.

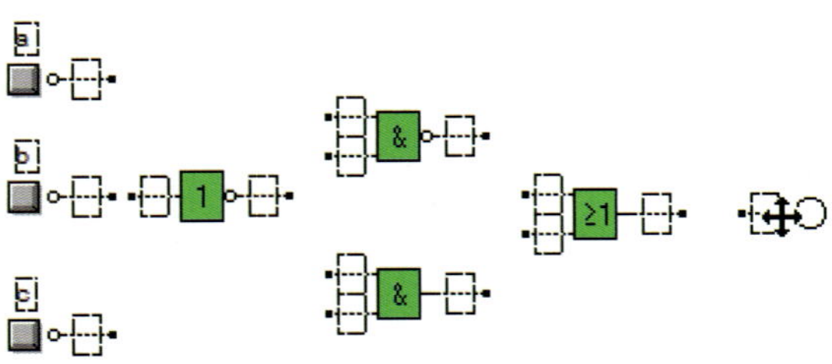
Fig. 57. Llevando al panel de trabajo los elementos del diagrama lógico.

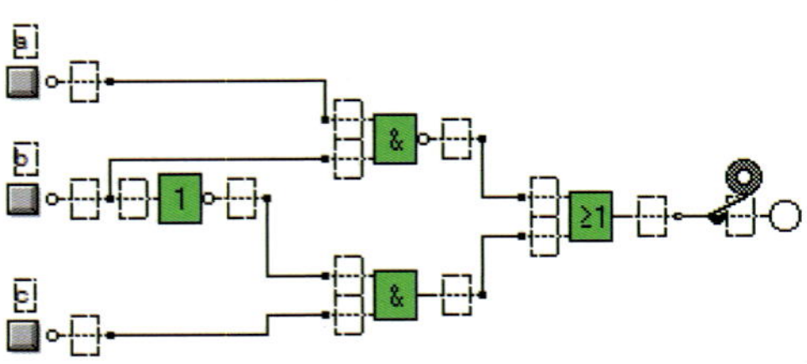
Fig. 58. Conectando los componentes del diagrama.

a	b	c	Z
0	0	0	
0	0	1	
0	1	0	
0	1	1	
1	0	0	
1	0	1	
1	1	0	
1	1	1	

Fig. 59. Tabla de verdad de tres variables.

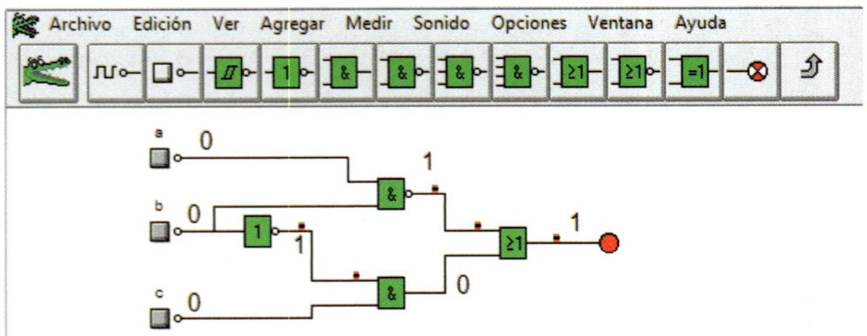

Fig. 60. Deducción del valor de Z para los valores (0,0,0) de las entradas lógicas.

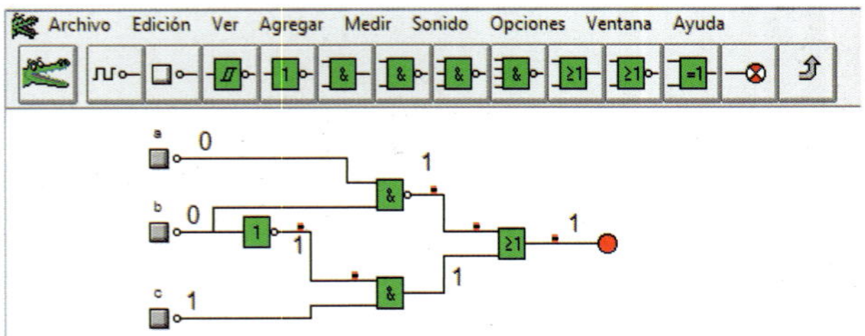

Fig. 61. Deducción del valor de Z para los valores (0,0,1) de las entradas lógicas.

El diagrama lógico de la figura 56 implementa o genera físicamente una función lógica *Z* mediante distintos tipos de puertas lógicas.

1. Abre un procesador de texto y crea un documento nuevo en blanco.
2. Abre la aplicación Crocodile Clips 3.2 (edición profesional) o Yenka y crea el diagrama lógico de la figura 56. Para ello:
   a. Selecciona los elementos del diagrama y sitúalos en el panel de trabajo, como puedes ver en la figura 57.
   b. Conéctalos pinchando y arrastrando sobre los puntos de conexión, como puedes ver en la figura 58.
3. Una vez creado el diagrama lógico, haz una captura de pantalla del circuito y cópiala en el documento de texto.
4. Elabora, en el documento de texto creado, una tabla de verdad para tres variables, como la de la figura 59.
5. Completa la tabla de verdad, observando el circuito y deduciendo el valor que tendrá la función *Z* para cada combinación de valores de las variables de entrada.

   Por ejemplo, en la figura 60, cuando las entradas lógicas *a* y *b* valen 0, la salida de la puerta NAND vale 1. Cuando la entrada lógica *b* vale 0, la salida del inversor vale 1. Como la entrada lógica *c* vale 0, la salida de la puerta AND será 0. Y como a la puerta OR entran un 1 y un 0, su salida será 1.

   Por tanto, en la tabla de verdad, el valor de *Z* correspondiente a la combinación de variables (0,0,0) será 1.

   En la figura 61 se muestra el mismo proceso de deducción que acabamos de realizar pero esta vez para la combinación de valores de las entradas lógicas (0,0,1).

   Realiza el mismo proceso para todas las combinaciones de variables de entrada y completa la tabla de verdad.
6. Comprueba si la tabla de verdad que has realizado es correcta. Para ello, en el circuito creado mediante Crocodile Clips 3.2 (edición profesional) o Yenka, modifica los estados de las entradas lógicas y observa el estado de la salida.
7. Guarda el documento de texto como **UD03_P3_nombreapellido**.

Práctica 4. Circuito de control para la activación automática de una alarma

Diseña el circuito de control para la activación automática de una alarma sonora (*Z*) de un establecimiento público. La alarma se activará si está activado un interruptor (*i*) y además se detecta que la ventana (*a*) o la puerta (*b*) del establecimiento, o ambas, están abiertas.

1. Abre un procesador de texto y crea un documento nuevo en blanco.
2. En el documento creado, realiza las siguientes actividades:
   a. Copia y completa las tablas de la figura 62 para asignar una variable de entrada a cada elemento de maniobra y la función al actuador, y asignar valores binarios a las variables y a la función.
   b. Crea la tabla de verdad de la función y, a partir de ella, obtén la expresión algebraica de la función.
   c. Comprueba que la tabla de verdad que has creado coincide con la de la figura 63 y que la expresión algebraica que has obtenido es la siguiente:

$$Z = i \cdot \overline{a} \cdot b + i \cdot a \cdot \overline{b} + i \cdot a \cdot b$$

   d. Simplifica la función mediante el método de Karnaugh. Comprueba que tu mapa de Kernaugh y tus agrupaciones son como las de la figura 64.
   e. Escribe la expresión algebraica simplificada de la función *Z* y comprueba si es la siguiente:

$$Z = i \cdot b + i \cdot a$$

3. Ahora vamos a realizar el diagrama lógico de la función simplificada, utilizando la aplicación Crocodile Clips 3.2 (edición profesional) o Yenka.
   a. Abre la aplicación.
   b. Pulsa la opción **Puertas lógicas** de la barra de herramientas, para llevar al panel de trabajo los elementos necesarios para formar el diagrama, pinchando sobre ellos y arrastrándolos. En este caso, necesitaremos: tres entradas lógicas; dos puertas AND para los productos lógicos; una puerta OR para realizar la suma lógica; y una salida lógica (figura 65).
   c. Ve a **Agregar / Texto** para nombrar las entradas y la salida lógica (figura 66).
   d. Sólo nos queda unir los componentes, pinchando en los puntos de conexión de cada componente y arrastrando el cable hasta el punto de conexión correspondiente. Comprueba que tu diagrama lógico es como el de la figura 66.
4. En el diagrama lógico creado, modifica los estados de las entradas lógicas y observa el estado de la salida. Comprueba de esta manera si el funcionamiento del circuito es correcto, es decir, si se corresponde con la tabla de verdad.
5. Haz una captura de pantalla del circuito y cópiala en el documento de texto.
6. Guarda el documento de texto como **UD03_P4_nombreapellido**.

Sensores	Variables	Valores de las variables	
Interruptor *i*	*i*	Activado	
		Desactivado	
Sensor de puerta *a*	*a*	Activado	1
		Desactivado	0
Sensor de ventana *b*	*b*	Activado	
		Desactivado	

Actuador	Función	Valores de la función	
Alarma sonora	*Z*	Activada	1
		Desactivada	0

Fig. 62. Tablas de asignación de variables y sus valores.

i	a	b	Z
0	0	0	0
0	0	1	0
0	1	0	0
0	1	1	**1**
1	0	0	0
1	0	1	0
1	1	0	**1**
1	1	1	**1**

Fig. 63. Tabla de verdad de la función Z.

i \ ab	00	01	11	10
0	000	001	011	010
1	100	1 (101)	1 (111)	1 (110)

Fig. 64. Mapa de Karnaugh de la función *Z* que representa el funcionamiento de una alarma sonora.

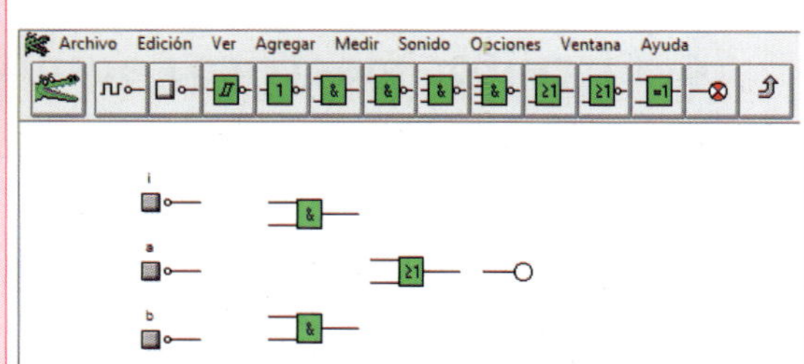

Fig. 65. Llevando al panel de trabajo los elementos del diagrama lógico.

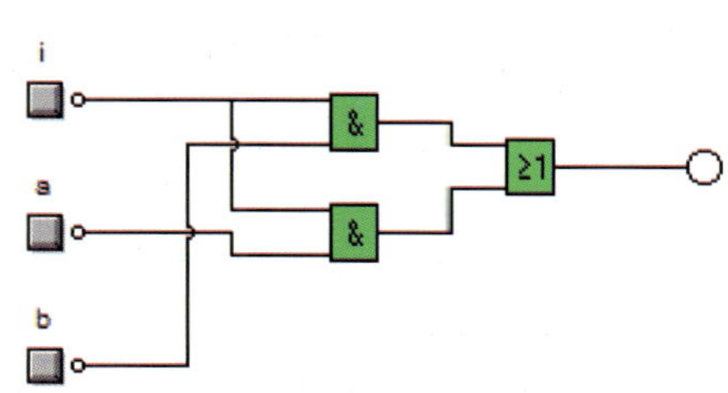

Fig. 66. Conectando los elementos del diagrama lógico.

ACTIVIDADES MULTIMEDIA

1. Test de electrónica digital

Abre en la unidad 3 del CD virtual el ejercicio **UD03 01 Test de la unidad** y comprueba tus conocimientos. Sólo una respuesta es válida en cada pregunta. Repite el test hasta que obtengas por lo menos un 80% de aciertos.

2. Aprende el vocabulario de la unidad

Abre en la unidad 3 del CD virtual el ejercicio **UD03 02 Glosario**. En él aparecen las palabras del glosario y su definición.

Conéctalas en el orden adecuado. Repite el ejercicio hasta que todas las conexiones sean correctas.

3. Simbología de las puertas lógicas

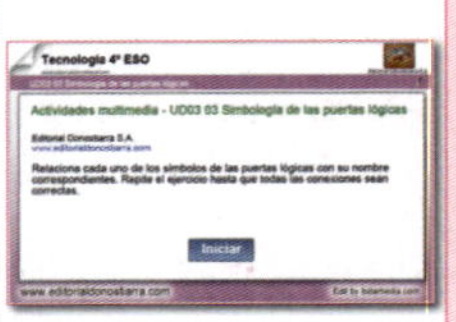

Abre en la unidad 3 del CD virtual el ejercicio **UD03 03 Símbolos**.

Relaciona cada uno de los símbolos de las puertas lógicas con su nombre correspondientes. Repite el ejercicio hasta que todas las conexiones sean correctas.

4. Circuitos eléctricos equivalentes a las puertas lógicas

Abre en la unidad 3 del CD virtual el ejercicio **UD03 04 Circuitos equivalentes**.

Escribe el nombre de cada puerta lógica debajo de la imagen del esquema de su circuito eléctrico equivalente.

5. Circuitos de control con puertas lógicas

Abre en la unidad 3 del CD virtual el ejercicio **UD03 05 Circuitos de control**.

Ordena correctamente los pasos que hay que seguir para diseñar un circuito digital de control que resuelva un problema tecnológico.

ACTIVIDADES EN INTERNET

1. Características de los circuitos integrados con puertas lógicas

1. Abre un procesador de texto y crea un documento nuevo en blanco.
2. Busca en Internet las hojas características o de datos de algún circuito integrado que contenga puertas lógicas de tipo OR, AND, NAND y NOR. Para ello necesitas conocer los códigos de denominación de los circuitos integrados que contienen distintos tipos de puertas lógicas (se indican en la figura 67). Utiliza estos códigos para localizar la hoja de datos correspondiente.
3. En tu documento, crea una tabla como la siguiente y complétala a partir de la información de la correspondiente hoja de datos:

Tipo de puerta lógica	Código de denominación del circuito integrado que la contiene	Dirección web de la hoja de datos	Información hojas de datos		
			Nombre del fabricante	Dibujo del diagrama de conexión	Vcc máxima recomendada
OR					
AND					
NAND					
NOR					

4. Guarda el documento de texto como **UD03_Internet1_nombreapellido**.

Código numérico del circuito integrado con puertas lógicas de la familia TTL	Código de denominación del circuito integrado que la contiene
7400	4 puertas NAND de 2 entradas
7402	4 puertas NOR de 2 entradas
7408	4 puertas AND de 2 entradas
7410	3 puertas NAND de 2 entradas
7411	3 puertas AND de 3 entradas
7420	2 puertas NAND de 4 entradas
7427	3 puertas NOR de 3 entradas
7432	4 puertas OR de 2 entradas

Fig. 67. Códigos de denominación de circuitos integrados con puertas lógicas.

2. Cómo funciona una cámara fotográfica digital

1. Abre un procesador de texto y crea un documento nuevo en blanco.
2. Busca en Internet información sobre las cámaras fotográficas digitales y sobre la fotografía digital (por ejemplo, tienes buena información en la Wikipedia y en la infografía sobre cámaras digitales de Eroski Consumer).
3. En tu documento, describe el proceso de realización de una fotografía mediante una cámara digital. A continuación, indica qué es un sensor de imagen, qué elementos lo forman y cómo funcionan.
4. Guarda el documento de texto como **UD03_Internet2_nombreapellido**.

3. Simulación de construcción de circuitos electrónicos digitales

1. Abre un buscador de Internet y encuentra el archivo **SimuladorDigital_095.zip**. Se trata de un simulador de construcción de circuitos digitales. Descárgalo en tu ordenador, abre el archivo comprimido y ejecuta la aplicación.
2. Usando este programa, simula la construcción del circuito de funcionamiento de una puerta OR cuyo diagrama tienes en la figura 68. Previamente, lee las instrucciones de uso del simulador, que se encuentran en el CD virtual, en el archivo llamado **UD03_Internet3_instruccionessimulador.pdf**.
3. Tu circuito deberá ser similar al de la figura 69 (no es necesario conectar una resistencia al led).
4. Abre un procesador de texto y crea un documento nuevo en blanco.
5. Dibuja la tabla de verdad de una puerta OR y utilízala para comprobar el funcionamiento correcto del circuito. Haz una captura de pantalla de la simulación y pégala en el documento.
6. Guarda el documento de texto como **UD03_Internet3_nombreapellido**.

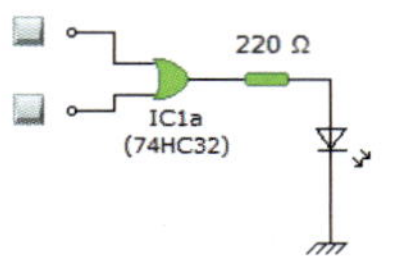

Fig. 68 Diagrama lógico de un circuito con una puerta OR.

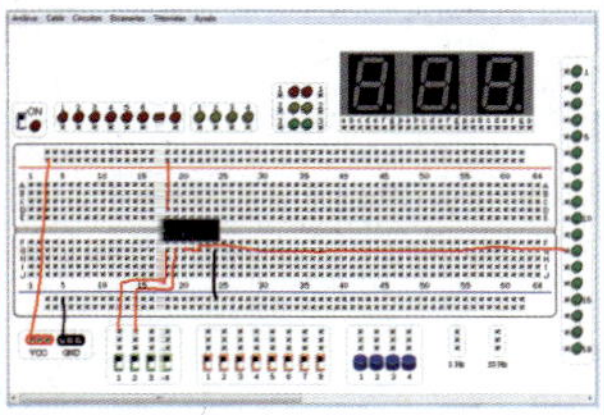

Fig. 69. Simulación de un circuito con puerta OR.

Direcciones de interés

- *www.datasheetcatalog.com* Catálogo online de hojas de datos o características de componentes electrónicos.
- *www.mekanizmalar.com/nand_logic.html* Página que contiene animaciones para analizar el funcionamiento de circuitos de control con puertas lógicas, además de otros operadores tecnológicos.

4 Control y robótica

Los seres humanos siempre hemos tratado de crear máquinas que nos faciliten el trabajo (imitando nuestra forma de trabajar). Así surgieron los primeros autómatas.

El término *robot* fue usado por primera vez por el escritor checo Karel Capek y tiene su origen en la palabra checa *robota*, que significa "trabajo forzado".

Hoy en día existen muchos tipos de robots. Por ejemplo: los androides, que tienen forma humana e imitan el movimiento y comportamiento de las personas; los brazos robóticos, que consisten en brazos articulados para realizar tareas industriales; los robots móviles, que permiten realizar tareas como trasladar materiales o explorar el fondo del mar, el espacio o el aire (drones); o los robots zoomórficos, que imitan el movimiento de los animales (por ejemplo, insectos) y se usan para la exploración, por su facilidad para sortear cualquier tipo de obstáculos.

1. **Automatismos y robots**
2. **Sistemas de control**
3. **Elementos de un sistema de control**
4. **Usos, grados de libertad y elementos de los robots**
5. **Los robots y su programación**
6. **Las tarjetas controladoras Arduino y su programación**
7. **La tarjeta controladora ZUM de BQ**
8. **Partes de la tarjeta Arduino**
9. **Cómo conectar la placa Arduino al ordenador**

OBSERVA Y EXPERIMENTA

Descubre tus conocimientos previos contestando en tu cuaderno a las siguientes actividades:

EN EL AULA

1. ✦ Enumera cuatro sistemas de control que utilices habitualmente o se encuentren en tu entorno y que te permitan ajustar o graduar su funcionamiento; por ejemplo, el mando del horno para ajustar su temperatura. Describe cómo funciona el ajuste de cada uno de ellos.
2. ✦✦ En cada uno de los casos anteriores, explica cuál crees que es el sensor que toma la medida para hacer dichos ajustes y cómo crees que consigue hacer la regulación.
3. ✦✦ **Competición de sumo.** Tenemos dos robots sobre un tatami que tienen como objetivo echar fuera al contrario. Responde:
    a. ¿Qué tipo de sensores necesitas para que tu robot detecte al otro?
    b. ¿Qué tipo de sensores necesitas para que tu robot no se salga del tatami?
    c. ¿Qué tipo de actuadores necesitas para que tu robot se mueva? ¿Cuántos?
    d. ¿Qué aspectos morfológicos o de diseño crees que pueden ser influyentes a la hora de competir?
4. ✦ ¿Qué proceso debe seguir el programa del robot del ejercicio anterior para lograr detectar al otro robot y empujarlo fuera?

EN EL TALLER

5. ✦ Confecciona una lista de todos los componentes electrónicos que necesitas para construir un robot. Clasifícalos según las diferentes categorías: sensores, controladores, actuadores, cables y alimentación.
6. ✦ Busca una caja, o pídesela a tu profesor, y crea un kit de robótica que incluya todos los componentes que has enumerado en tu lista. Ponles etiquetas, así aprenderás a identificarlos.
7. ✦✦ Haz un dibujo de un robot en el que aparezcan todas sus partes móviles y señala con flechas los movimientos que te gustaría que hiciese.
8. ✦ Para cada una de las articulaciones del robot del ejercicio anterior, dibuja y describe cómo has de hacer las partes móviles y acoplar los motores para que puedan girar.

EN EL ORDENADOR

9. ✦✦ Con Prezi o Padlet, elabora una presentación de los componentes del kit de robótica que has creado en los ejercicios 5 y 6 de esta página. Puedes hacer fotos de los componentes o buscar imágenes similares en Internet.
10. ✦✦ Entra en Internet en cualquier generador de códigos QR, genera un código de tu presentación de Prezi o Padlet, imprime el QR y pégalo en la caja de tu kit de robótica.
11. ✦✦ Entra en *diwo.bq.com* y explora dicha página web hasta que encuentres las explicaciones de los sensores y motores de los robots. Selecciona un sensor o actuador y haz una breve presentación sobre cómo funciona.

1. Automatismos y robots

Un **automatismo** es un mecanismo o máquina que realiza una tarea concreta, pero cuyo funcionamiento no se puede modificar.

Por ejemplo, el limpiaparabrisas de un coche, una cisterna de váter y una máquina expendedora son automatismos.

Un **robot** es una máquina automática programable capaz de captar información de su entorno, procesar el resultado y actuar en consecuencia.

En la actualidad, los robots se utilizan en la industria (en cadenas de montajes, para trasladar mercancías, etc.), para apagar incendios, para detectar explosivos, en agricultura para la recolección, etc.

Para poder controlar los procesos que realizan los robots tenemos varias opciones:

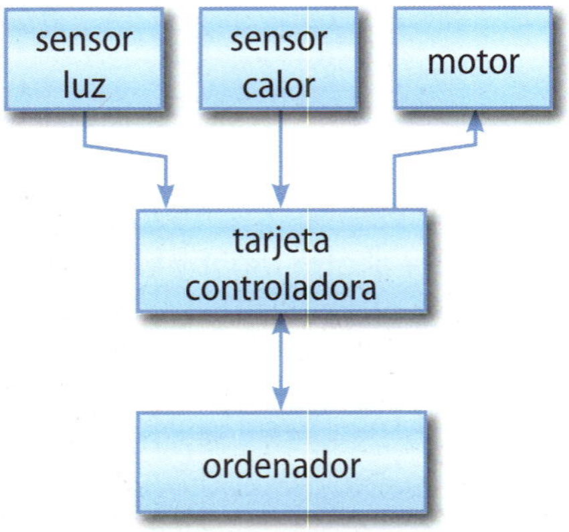

- **Con un ordenador.** El microprocesador del ordenador es capaz de procesar cualquier tipo y volumen de información.

  Sus características son:

  - Dispone de mucha memoria.
  - Tiene un elevado coste.
  - Consume mucha energía y ocupa mucho espacio.
  - Para realizar un sistema de control de un determinado proceso por ordenador es necesario añadir al hardware habitual del equipo una **tarjeta de adaptación de las señales** que pueda adaptar dichas señales del ordenador al sistema controlado y viceversa, haciendo las conversiones necesarias.

- **Con un microcontrolador.** Un microprocesador es un circuito integrado programable que reúne en un solo chip todas las funcionalidades básicas de un ordenador: unidad de proceso, memoria y periféricos de entrada y salida. Es decir, podemos tener en un solo chip un ordenador con funciones limitadas.

  Sus características son:

  - Tiene un coste menor que el de un ordenador.
  - Consume poca energía.
  - Podemos conectar directamente todos los sensores y actuadores.

Muchas de las cosas que tenemos en nuestro entorno son controladas por un microcontrolador, como por ejemplo las lavadoras, los frigoríficos, los despertadores, los mandos a distancia de los televisores, el sistema ABS de los coches, etc.

Aunque el microcontrolador es un chip, suele ir montado sobre una **tarjeta controladora** para poder realizar las conexiones de todas las entradas y salidas.

Un ejemplo son las tarjetas controladoras que utilizamos en nuestros proyectos, como las tarjetas Arduino, que integran un microcontrolador y diversos puertos de comunicación.

2. Sistemas de control

Un **sistema de control** regula y controla el funcionamiento de un automatismo o de un proceso para que funcione de la manera prevista.

Existen dos tipos de sistemas de control: los de lazo abierto y los de lazo cerrado.

- **Sistemas de lazo abierto.** En ellos no se tiene en cuenta la señal de salida en la acción de control.

  Por ejemplo, cuando encendemos un ventilador, éste funcionará siempre independientemente de la temperatura que tengamos en la habitación.

  Las partes de un sistema de control de lazo abierto son:

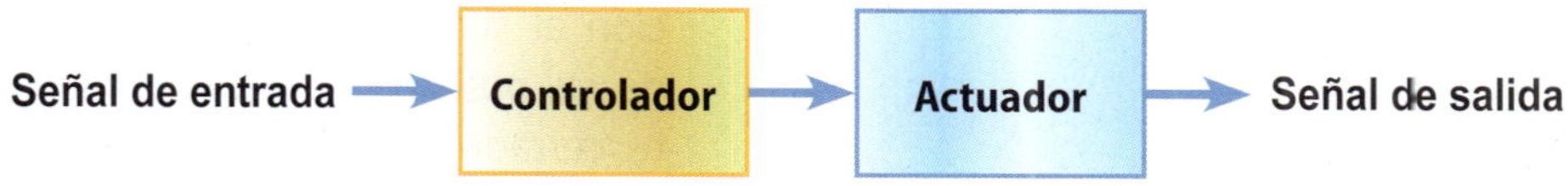

  Cuando establecemos el tiempo de funcionamiento de una tostadora, fijamos la señal de entrada, que nos dará como resultado una tostada más o menos hecha, pero el sistema no variará si la tostada se nos está quemando.

- **Sistemas de lazo cerrado.** En ellos, la señal de salida se compara con la de entrada para corregir los posibles errores y ajustar la acción de control al valor deseado.

  Por ejemplo, cuando regulamos el termostato de la calefacción a 21 °C, éste mide periódicamente la temperatura ambiente y, si detecta que ha bajado, pone en marcha la calefacción.

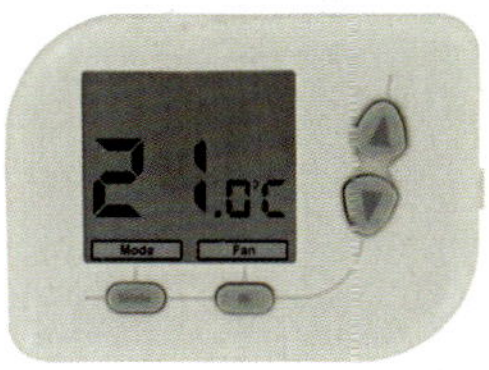

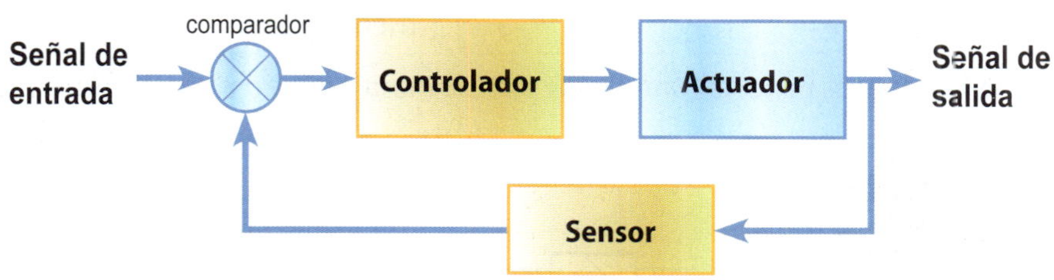

Los elementos que intervienen en un proceso de lazo cerrado con el que se regula la temperatura de la calefacción son:

- **Sensor**: mide la temperatura ambiente.
- **Comparador**: compara la temperatura ambiente con la temperatura programada.
- **Controlador**: en función de la señal que le llega del comparador, decide si hay que activar o no la calefacción y en caso afirmativo envía una señal al actuador.
- **Actuador**: al recibir la señal del controlador, conmuta un circuito para encender o apagar la calefacción.

Cuando en el taller programamos una tarjeta controladora o un robot, lo hacemos siguiendo el modelo de lazo cerrado, para poder tener más precisión y rapidez.

EJERCICIOS

1. ✦ Di si los siguientes sistemas son de lazo abierto o cerrado: sistema antirrobo, ascensor, ratón de ordenador, amplificador de música, horno, semáforo, soldadura automática, cámara de fotos.
2. ✦✦ Describe los elementos que intervienen en cada uno de los sistemas del ejercicio anterior que sean de lazo cerrado.

3. Elementos de un sistema de control

Sensores

Un **sensor** es un dispositivo capaz de detectar magnitudes físicas o químicas (temperatura, humedad, intensidad luminosa, distancia, aceleración, inclinación, presión, humedad, fuerza, etc.) y transformarlas en variables eléctricas.

Podemos montar los sensores sobre una placa protoboard o bien encontrarlos ya montados en un soporte de adaptación.

Los sensores más utilizados en robótica son:

Tipo de señal	Sensor	Foto	Símbolo	Funcionamiento
Sensor de contacto	Conmutador final de carrera	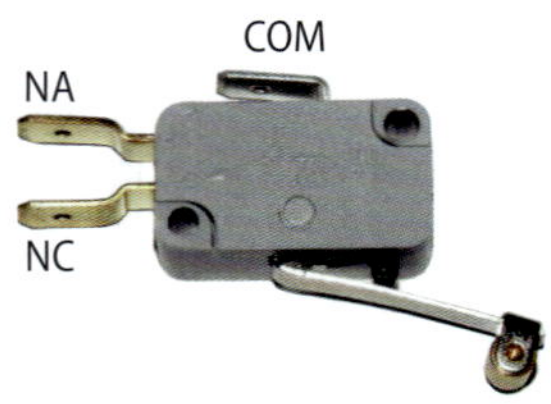	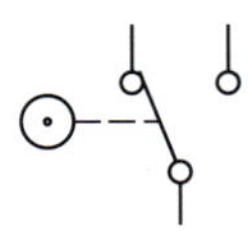	Un conmutador cambia de posición al ser accionada la palanca de su posición NC (normalmente cerrado) a NA (normalmente abierto).
	Dispone de tres contactos: NC (normalmente cerrado), NA o NO (normalmente abierto) y COM (común). Si lo conectamos como sensor, suele ir en alguna de las entradas digitales (0-13).			
Sensor de intensidad luminosa	LDR (*light dependent resistor*)		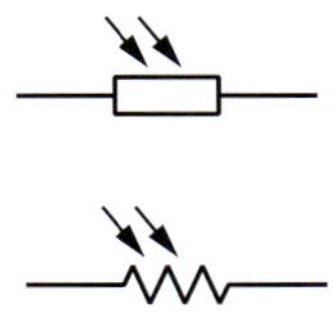	Un LDR o fotorresistencia es una resistencia cuyo valor varía con la cantidad de luz que incide sobre él. Cuanta más luz recibe, menos resistencia ofrece al paso de la corriente.
	Al ser un sensor analógico, lo habitual es conectar uno de los pines a masa y el otro a una entrada analógica (A0-A5).			
Sensor de temperatura	NTC (*negative temperature coefficient*)		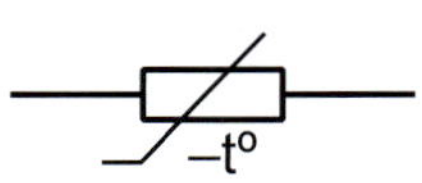	El valor de su resistencia disminuye cuando aumenta la temperatura. $R\downarrow$, $T\uparrow$.
	PTC (*positive temperature coefficient*)		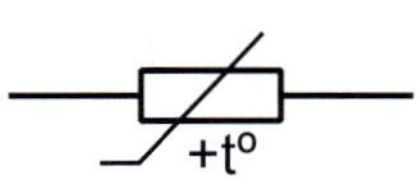	El valor de su resistencia aumenta cuando aumenta la temperatura. $R\uparrow$, $T\uparrow$.
	Al ser sensores analógicos, lo habitual es conectar uno de los pines a masa y el otro a una entrada analógica (A0-A5).			
Sensor de humedad de suelo	Sensor de humedad Arduino		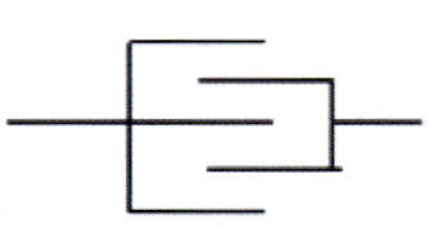	Este sensor da un valor de voltaje analógico (variable) en función del nivel de humedad que detecta.
	Mide la humedad entre ambos terminales (por ejemplo, en la tierra). Tiene 3 pines: GND, VCC (alimentación de 5 V) y DAT. Al ser un sensor analógico, se conecta un pin analógico (A0-A5) y nos proporciona un voltaje de 0 a 4,2 V DC.			

Conoce

Tipo de señal	Sensor	Foto	Símbolo	Funcionamiento
Sensor de temperatura ambiente y humedad relativa	DHT11, DHT22	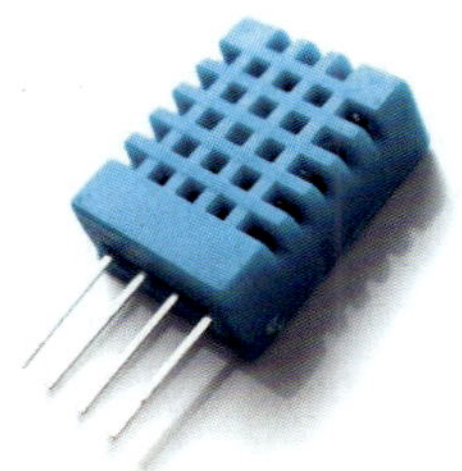	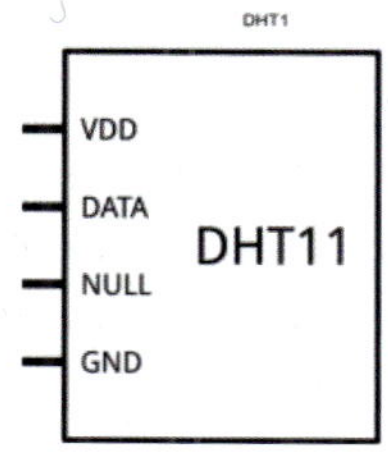	Mide un rango de temperatura: (de 0 a 50 °C) y un rango de humedad relativa (20-80%).
	Tiene cuatro pines: uno para la alimentación VCC (+5 V); otro, para datos (señal digital); el tercer pin es para la función *disconnected*, que rara vez se utiliza; y otro, para el GND. La única particularidad es que montamos una resistencia pull-up de 10 kΩ que conecta el voltaje con el pin de datos.			
Medidor de distancias	Sensor de ultrasonidos (HC-SR04)		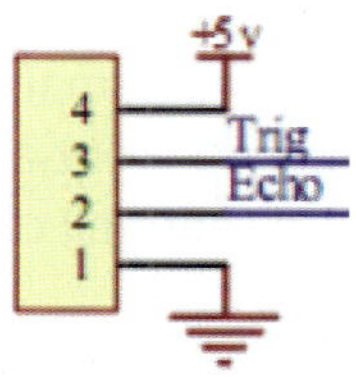	Utiliza ondas de alta frecuencia y mide el tiempo que tarda la onda en regresar para calcular la distancia a un objeto. Consta de dos partes: una es el emisor (que emite la señal) y la otra es el receptor (que recibe la señal si ésta rebota sobre algún obstáculo cercano).
	Este sensor dispone de cuatro patillas de entrada: VCC (se conecta a 5 V), GND (a GND), TRIG (emite la onda) y ECHO (la recibe); estas dos van a dos entradas digitales a nuestra elección (0-13).			
Infrarrojos	Sensor de infrarrojos (CNY70)		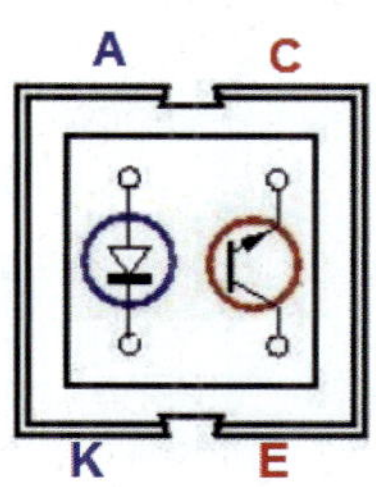	Es un sensor de infrarrojos de corto alcance basado en un emisor de luz y un receptor, ambos apuntando en la misma dirección, y cuyo funcionamiento se basa en la capacidad de reflexión del objeto y la detección del rayo reflectado por el receptor.
	Tiene cuatro pines de conexión. Dos de ellos se corresponden con el ánodo y el cátodo del emisor, y los otros dos se corresponden con el colector y el emisor del receptor. Requiere conectar unas resistencias, cuyos valores son típicamente 47 kΩ para el receptor y 220 Ω para el emisor. Puede utilizarse como entrada digital o analógica. Por ejemplo, como entrada digital distinguirá el blanco y negro. Devuelve por la pata de salida correspondiente, según el montaje, un voltaje relacionado con la cantidad de rayo reflectado por el objeto. Se leerá del receptor un 1 cuando se refleje luz (blanco) y un 0 cuando no se refleje (negro), dependiendo del montaje.			
Sensor de movimiento	Sensor PIR (*passive infrared*)		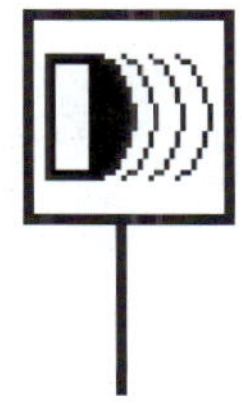	Todos los cuerpos (vivos o no) emiten una cierta cantidad de energía infrarroja, mayor cuanto mayor es su temperatura. Los dispositivos PIR disponen de un sensor piezoeléctrico capaz de captar esta radiación y convertirla en una señal eléctrica.
	Tiene tres pines: +5V, GND y Signal (que nos da una señal digital en función de si detecta o no radiación).			

Tarjetas controladoras

Como hemos visto antes, una **tarjeta controladora** (o **placa controladora**) es un circuito electrónico que nos sirve de interfaz entre el ordenador y los dispositivos que se deben controlar adaptando las señales de entrada y salida (sensores de temperatura, de humedad, control de motores...).

Básicamente, las tarjetas controladoras disponen de un **microcontrolador**, una pequeña **memoria** y **puertos de entrada y salida**.

La salida al mercado de la tarjeta **Arduino**, bajo el modelo de hardware libre (hardware cuyas especificaciones y diagramas esquemáticos son de acceso público), ha supuesto toda una revolución en el mundo de las controladoras y está permitiendo que surjan infinidad de desarrollos basados en Arduino.

Pero la verdadera revolución de Arduino no ha sido el hardware, sino el software que nos permite programar el microcontrolador. Arduino ha simplificado la complejidad de programar microcontroladores y ha creado un paquete fácil de usar. Esto, junto con la licencia open hardware, ha dado lugar a muchos derivados y la creación de una enorme comunidad de desarrollo.

Para las prácticas de esta unidad utilizaremos Arduino y alguno de sus derivados, como las placas **ZUM** de **BQ**. Otras placas controladoras muy utilizadas en prototipos son **Crumble** y **Picaxe**. Uno de los hándicaps de estas placas es que cada una de ellas utiliza un software de programación específico.

Arduino UNO R3

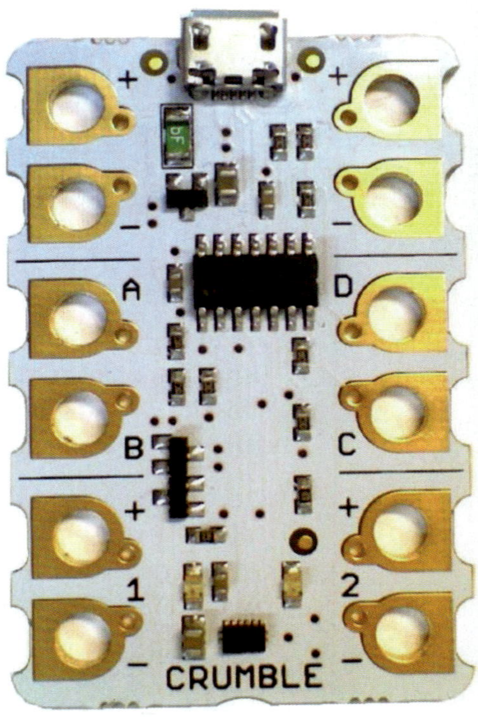

Crumble

BQ ZUM BT-328

Funcionamiento básico de una tarjeta controladora

Sensores

Se convierten las señales analógicas y digitales de los sensores, para que puedan ser interpretadas por el microprocesador.

Señales digitales

Señales analógicas

Microprocesador (memoria)

El microprocesador, que tiene almacenado en una pequeña memoria un programa que previamente se ha volcado desde un ordenador, lee los valores de las entradas, los compara con los que tiene almacenados en el programa y emite las órdenes a las salidas.

Actuadores

Las órdenes se convierten en señales digitales o analógicas y, a través de los conectores, se trasladan a los actuadores: motores, luces, etc.

Señales analógicas

Señales digitales

Actuadores

Los principales elementos sobre los que actúa un microcontrolador son luces (leds, en la mayoría de los casos) y motores.

Arduino puede llegar a dar una corriente máxima de salida por sus pines digitales de 40 mA. Esta corriente es suficiente para encender un led y actuar sobre un servomotor, pero no para mover un motor de corriente continua (CC).

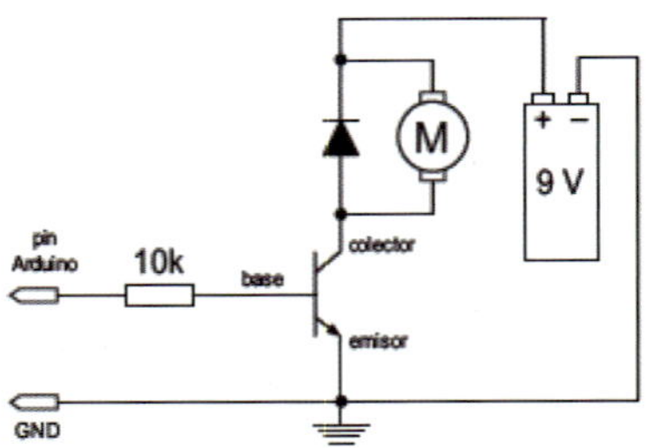

- Los **motores de corriente continua** convierten la energía eléctrica en mecánica y provocan el giro de un eje. Según la polaridad, éste girará en un sentido u otro. Como Arduino sólo llega a dar 40 mA y esta corriente no puede mover un motor de corriente continua, es necesario hacer alguna de estas adaptaciones:
  - Conectar un Shield (otra placa como extensión) para motores de corriente continua que permita conectar directamente el motor a los pines.
  - Conectar a la salida de Arduino un circuito con un transistor que amplifique la señal que llega al motor y un diodo de protección.
  - Conectar un relé y que éste accione el motor.
  - Conectar los motores a un circuito integrado del tipo LM293 o LM298 que permite controlarlos.

  Otras placas, como ZUM de BQ, sí que permiten conectar directamente los motores de corriente continua, ya que son capaces de dar más corriente.

- Los **servomotores** (o **servos**) son motores CC de precisión que tienen en su interior un motor con reductora de velocidad y un pequeño circuito de control que solamente permite el giro desde los 0 hasta los 180°. Tiene tres cables, que debemos conectar así: uno a +5 V, otro a GND y otro a un pin digital.

  Para poder usar el servo, incorporaremos al principio del programa la instrucción **#include <Servo.h>** (así cargamos la librería que incorpora Arduino para controlarlo).

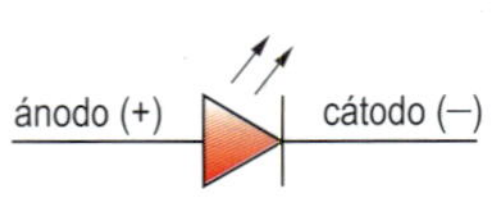

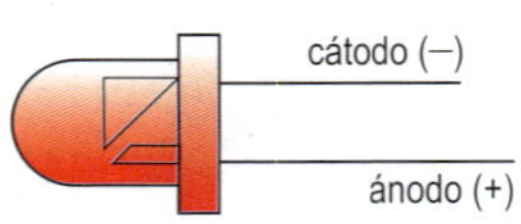

- Los **leds** (o **diodos LED**) tienen polaridad, por lo cual han de conectarse correctamente el ánodo y cátodo. Necesitan una resistencia en serie de un valor aproximado de 220 Ω para poder soportar la corriente.

  Suelen conectarse uno a masa y el otro a una salida analógica o digital a través de la resistencia de protección.

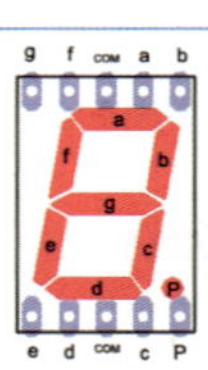

- Un **display de 7 segmentos** es un componente electrónico que se utiliza para representar números.

  Cada segmento se conecta a un pin digital, de forma que para representar un número hay que encender la combinación de segmentos correspondiente.

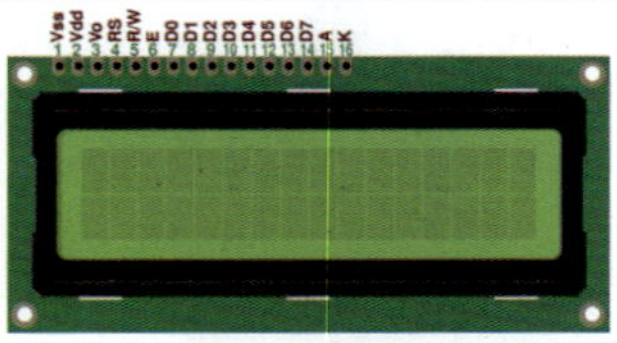

- Una **pantalla de cristal líquido** o **LCD** (*liquid cristal display*) es un dispositivo que sirve para presentar imágenes o caracteres.

  El número de pines y la conexión varían según el tipo de pantalla y lo que se quiera representar.

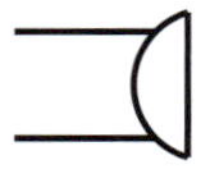

- Un **zumbador** es un transductor electroacústico que produce un sonido (zumbido) continuo o intermitente de un mismo tono.

  Se suele conectar a las salidas digitales y tiene polaridad.

4. Usos, grados de libertad y elementos de los robots

Podemos clasificar los robots en función de su ámbito de uso:

- Industrial: soldadura, corte, aplicación de pinturas, plantas nucleares, movimiento de piezas, montaje y ensamblado, etc.
- Medicina: técnicas médicas para tratar enfermedades y lesiones, prótesis, etc.
- Robótica marítima y aérea: desarrollo de vehículos autónomos y no tripulados submarinos, drones aéreos, etc.
- Seguridad y defensa: detección y desactivación de explosivos, vigilancia, etc.

Los **grados de libertad** de un robot son el número de movimientos independientes que puede realizar.

Cuantos más grados de libertad tenga un robot, más difícil resultará programar sus movimientos, pero también más fácil será reproducir una trayectoria o llegar a una determinada posición.

Las aplicaciones industriales normalmente requieren de seis grados de libertad como mínimo.

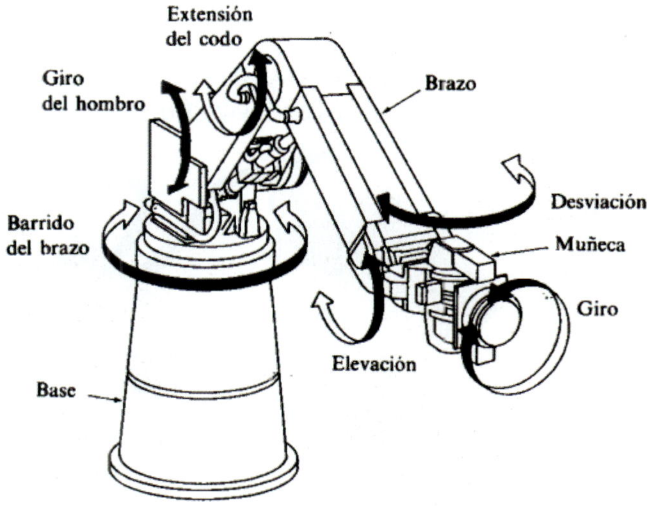

Brazo robot de KUKA Robotics.

Podemos distinguir los siguientes **elementos** en un robot industrial:

- **Estructura.** Posibilita el movimiento del robot y permite soportar su propio peso y los esfuerzos que desarrollará.
- **Dispositivos sensores.** Miden magnitudes físicas, tanto del estado interno del robot (posición, velocidad, temperatura de funcionamiento...) como de su entorno exterior (luz, temperatura ambiente, distancia de un obstáculo...).
- **Dispositivos actuadores.** Reciben y ejecutan las órdenes del controlador y realizan los movimientos o acciones que el robot es capaz de llevar a cabo. Son elementos actuadores los motores eléctricos, los relés y los accionadores neumáticos o hidráulicos.
- **Garra o herramienta.** Es el elemento encargado de realizar la tarea encomendada al robot (agarrar, soldar, pintar, colocar o recoger piezas, etc.).
- **Controlador.** Dirige el trabajo de los actuadores, teniendo en cuenta la información suministrada por los sensores y las órdenes grabadas en el programa.
- **Fuente de energía.** Su necesidad es más evidente en el caso de que el robot sea móvil y no pueda obtener la energía mediante un cable eléctrico. Por ejemplo, un robot que explora la superficie de Marte (sonda espacial) necesita baterías para funcionar y células fotovoltaicas para recargar esas baterías con energía solar.

5. Los robots y su programación

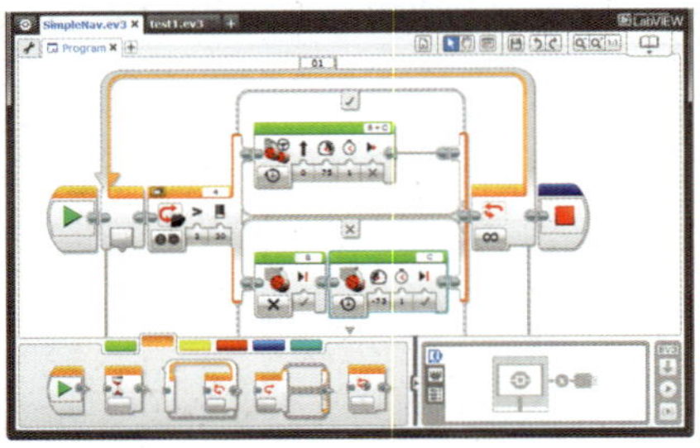

Aunque existen infinidad de robots en el mercado, dentro de la gama educativa, los que más destacan por su sencillez a la hora de ser programados son los de la serie Lego Mindstorms.

Lego

Desde el primer kit que salió al mercado, el RCX, pasando por el NXT, hasta el actual EV3, todos los modelos de Lego tienen una amplia gama de sensores con la que podemos ampliar sus funcionalidades.

Podemos descargar el software actual que permite programar tanto la versión NXT como la EV3 (Lego Mindstorms EV3 Home Edition) desde la web oficial de Lego: *www.lego.com/es-es/mindstorms/support*.

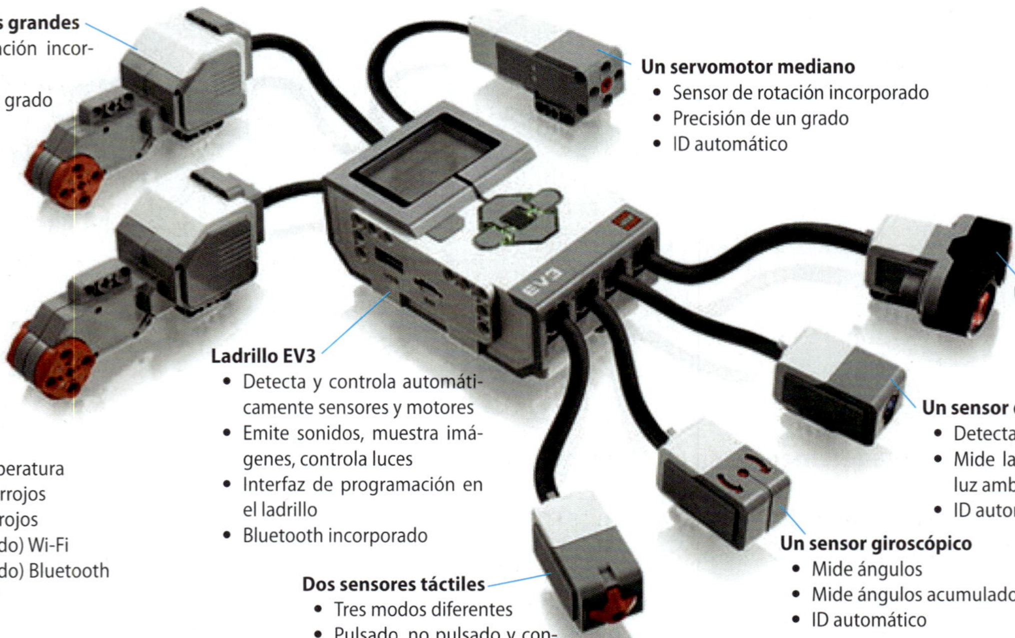

Dos servomotores grandes
- Sensor de rotación incorporado
- Precisión de un grado
- ID automático

Un servomotor mediano
- Sensor de rotación incorporado
- Precisión de un grado
- ID automático

Ladrillo EV3
- Detecta y controla automáticamente sensores y motores
- Emite sonidos, muestra imágenes, controla luces
- Interfaz de programación en el ladrillo
- Bluetooth incorporado

Un sensor de ultrasonidos
- Mide distancias
- Detecta objetos
- ID automático

Un sensor de color
- Detecta colores
- Mide la intensidad de la luz, luz ambiente y reflejada
- ID automático

EXTRAS
- Sensor de temperatura
- Sensor de infrarrojos
- Baliza de infrarrojos
- Dongle (candado) Wi-Fi
- Dongle (candado) Bluetooth
- Transformador
- Y más cosas…

Un sensor giroscópico
- Mide ángulos
- Mide ángulos acumulados
- ID automático

Dos sensores táctiles
- Tres modos diferentes
- Pulsado, no pulsado y contabilización de pulsaciones
- ID automático

Otros robots

PrintBot de BQ

Ollo

mOway

EJERCICIOS

3. ✦✦ Indica qué tipos de sensores y actuadores necesitamos para los siguientes proyectos:

a. Un robot que sigue la luz
b. Un robot que sigue una línea negra
c. Un robot que esquiva obstáculos
d. Un robot luchador de sumo
e. Un brazo de robot soldador
f. Una mano articulada

4. ✦✦ Señala cuáles de los siguientes nombres pertenecen a entornos gráficos que nos permiten programar una placa Arduino: IDE Arduino, Scratch, mOwayWorld, S4A, Bitbloq, Processing, Ardublock, Lego Mindstorms.

6. Las tarjetas controladoras Arduino y su programación

La plataforma Arduino se puede programar desde un ordenador de varias formas:

IDE de Arduino

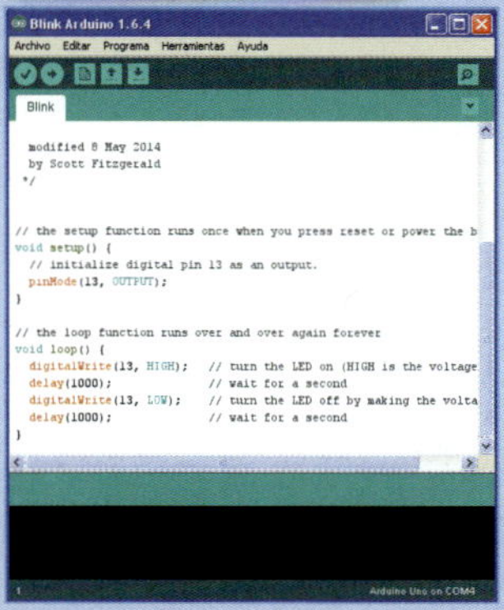

Es una aplicación que permite editar y depurar el código y que usa un lenguaje propio basado en el lenguaje Processing. Una vez creado el programa, lo volcamos a la tarjeta mediante un cable USB y el programa seguirá funcionando siempre y cuando tengamos una alimentación externa (batería).

Es un lenguaje complejo, por lo que lo afrontaremos en próximos cursos.

www.arduino.cc

S4A (Scratch for Arduino)

Es una modificación de Scratch que permite programar la plataforma Arduino.

La tarjeta necesita estar conectada al ordenador para que el programa corra en Arduino, es decir, si alimentamos Arduino con una batería externa y lo desconectamos del ordenador, el programa no sigue ejecutándose.

s4a.cat

mBlock

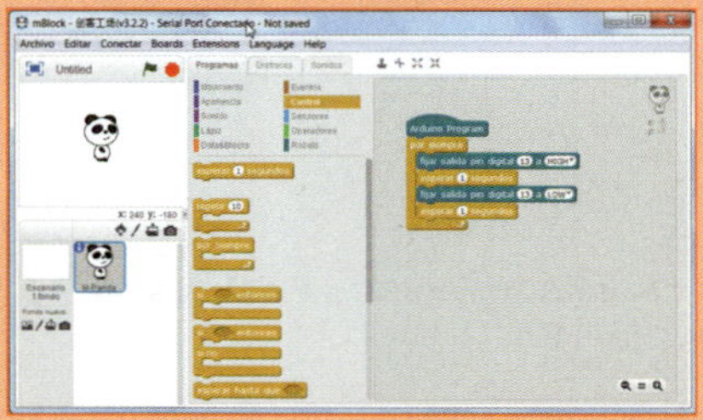

Es una modificación de Scratch que añade un bloque de instrucciones para Arduino.

De muy fácil programación, permite tanto trabajar en tiempo real como volcarlo a la placa y que siga funcionando.

www.mblock.cc

Visualino

Es un entorno de programación visual para Arduino.

No requiere instalación y nos permite programar mediante bloques funcionales.

www.visualino.net

7. La tarjeta controladora ZUM de BQ

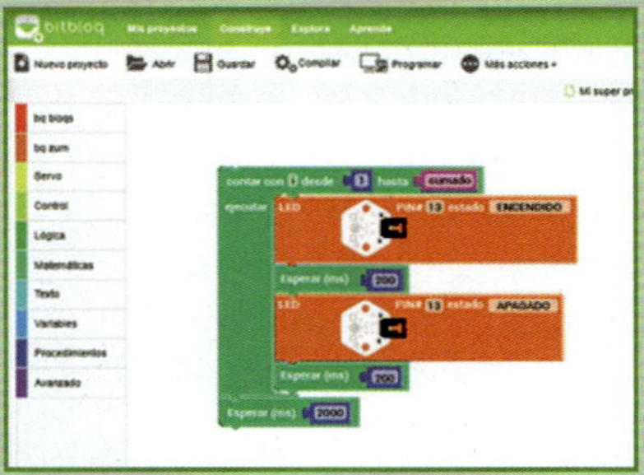

La placa ZUM de BQ es compatible con Arduino. El software Bitbloq 2 permite programar las placas de BQ y Arduino.

Bitbloq 2 es una plataforma online de programación similar a Scratch que permite programar encajando bloques. Requiere conexión a Internet para poder realizar la programación.

bitbloq.bq.com

Descargar Bitbloq 2 para trabajar off-line:
bitbloq.bq.com/#/offline

8. Partes de la tarjeta Arduino

Arduino es una plataforma de electrónica open hardware para la creación de prototipos. Está basada en una tarjeta con un microcontrolador que permite conectar sensores, actuadores y otros elementos mediante sus entradas y salidas, analógicas y digitales, y en un entorno de desarrollo que nos permite programarla (IDE, *integrated development environment*).

Sólo es necesario que Arduino esté conectado al ordenador mediante USB para cargar los programas. Una vez cargado el programa en el microcontrolador, se puede desconectar el USB y alimentar mediante una fuente externa. El programa quedará grabado.

Las partes principales de la tarjeta **Arduino UNO R3** son:

Cada contacto puede proporcionar o recibir 40 mA como máximo, por lo que no es recomendable conectar un motor de corriente continua a sus pines. Será necesario amplificar la señal mediante un transistor, un relé o una extensión para motores.

También podemos configurar las salidas de los pines 3, 5, 6, 9, 10 y 11 como salidas analógicas para poder enviar valores variables.

Sensores analógicos son aquellos que nos proporcionan una variación de voltaje dentro de un rango dependiendo de lo que varíe la magnitud física que mida. Para conectarlos, utilizaremos las entradas analógicas de la placa, que traducirán los valores de tensión continua que les llegue (entre 0 y 5 V) a valores digitales.

Sensores digitales son los que proporcionan valores de tensión que pueden ser interpretados por la controladora como un valor alto (*high*, 5 V) o un valor bajo (*low*, 0 V); por ejemplo, al pulsar o soltar un interruptor. Lo mismo ocurre con los **actuadores digitales**; por ejemplo, un led, que puede estar encendido o apagado.

Podemos encontrar toda la información necesaria sobre Arduino en *www.arduino.cc*, así como una comunidad virtual para compartir experiencias y conocimientos donde puedes consultar tus dudas.

9. Cómo conectar la tarjeta Arduino al ordenador

El IDE de Arduino funciona como un editor de texto que nos permite escribir, compilar y cargar el código Arduino en la placa.

Podemos descargarlo desde la página oficial: *www.arduino.cc*. Está disponible para Windows, Mac OS, Linux, etc., en la sección **Download**.

Procedimiento para instalar la placa en Windows (sólo la primera vez)

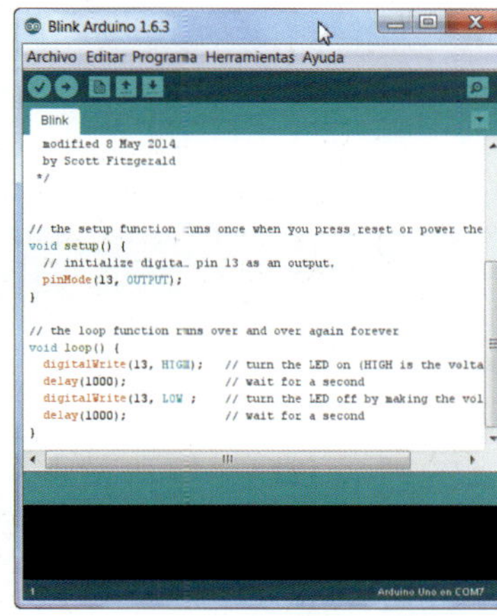

1. Antes de conectar la placa, descarga el software e instálalo.
2. Una vez instalado el software, antes de abrirlo, conecta la placa Arduino mediante el cable USB. El pin verde de la placa debe encenderse. Selecciona la opción de instalar automáticamente el software. Si la instalación se realiza de forma correcta, ve al paso 5.
3. Si la instalación no comienza automáticamente o Windows no es capaz de encontrar los drivers, tendremos que indicarle dónde están. Para ello:
   - En Windows XP, ve a **Inicio / Panel de control / Cambiar a vista clásica / Sistema / Hardware / Administrador de dispositivos / Puertos (COM y LPT) / Arduino Uno (COM X)**. La X indica el número de puerto al que se habrá asociado tu tarjeta (en nuestro ejemplo, el 4).
   - En Windows 7 y Vista, ve a **Panel de control / Sistema y seguridad / Sistema / Administrador de dispositivos / Puertos (COM y LPT) / Arduino Uno (COM X)**. La X indica el número de puerto al que se habrá asociado tu tarjeta (en nuestro ejemplo, el 4).
4. Haz clic con el botón derecho sobre el puerto COM, selecciona la opción **Actualizar controlador** y elige la carpeta **Drivers**, donde se ha instalado el programa Arduino.
5. Una vez que sabemos en qué puerto está conectada la placa Arduino, vamos a comprobar que se comunica correctamente, como se muestra en la figura.

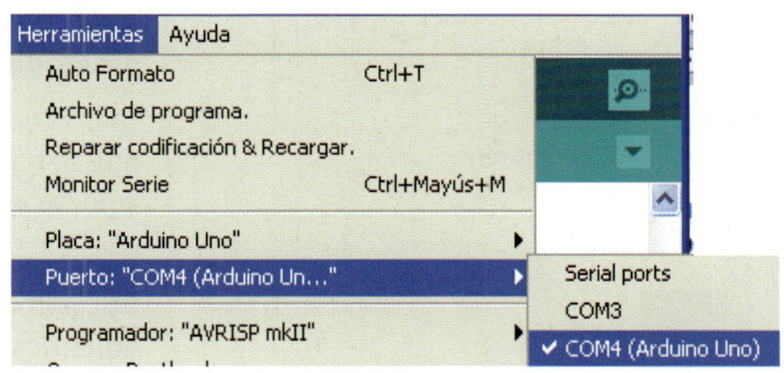

Cargar un programa en la placa Arduino: Blink

1. Abre la aplicación de Arduino. Puedes cambiar el idioma del IDE en **Archivo / Preferencias**.
2. Ve a **Herramientas / Puerto** y selecciona el puerto que has visto en el punto 3 del subapartado anterior (suele ir seguido del nombre de la placa: **Arduino Uno**).
3. Ve a **Archivo / Ejemplos / 01.Basics / Blink**. Comprobarás que se abre una nueva ventana. Haz clic en **Verificar**, y cuando termine, haz clic en **Subir**. Comprobarás que un led amarillo parpadea en la placa.

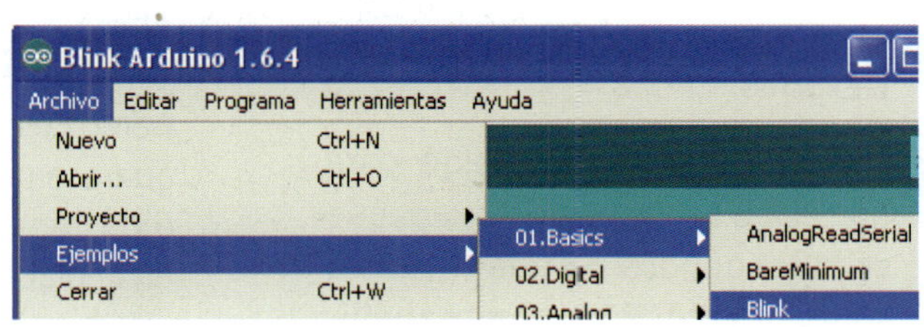

Conectar la placa en veces sucesivas

Tras haber instalado el software y la placa por primera vez, para veces sucesivas deberemos tratar de recordar el puerto USB y conectarla en el mismo, ya que el ordenador debería reconocer nuestra placa y asociarle el mismo puerto COM. Para comprobarlo, después de conectar la placa **siempre es necesario**:

1. Ir a **Herramientas / Puerto** y seleccionar el puerto COM en el que aparece conectada la placa.
2. Si no sabes exactamente en qué puerto de los que aparecen está conectada, repetir los pasos del subapartado anterior ("Cargar un programa en la placa Arduino: Blink") y comprobar con qué puerto parpadea el led.

Práctica 1. Arduino: encender un led

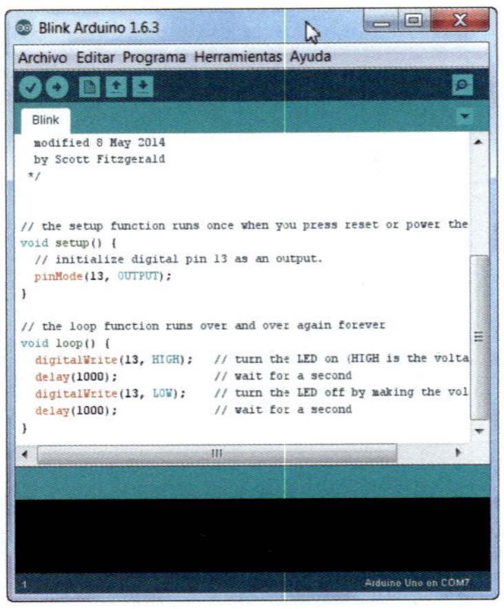

Fig. 1

```
void setup() {
  pinMode(13, OUTPUT);
}
void loop() {
  digitalWrite(13, HIGH);
  delay(1000);
  digitalWrite(13, LOW);
  delay(1000);
}
```

Fig. 2

Verificar

Subir

Desafíos

Desafío 1. Varía el código para que el led se encienda y se apague cada 3 segundos. Guarda el archivo como **UD04_P1_nombreapellido_desafio1.ino**.

Vamos a hacer que un led se encienda y se apague constantemente cada segundo desde la placa Arduino.

1. Conecta el led tal como se muestra en la figura 3. El cátodo (más corto) a GND y el ánodo (más largo) al pin13.
2. Conecta la placa Arduino al ordenador. Abre el IDE de Arduino.
3. Vamos a escribir nuestro primer programa. Copia el código de la figura 2 en la zona de programación. En las prácticas siguientes utilizaremos código ya creado, para que no tengas que teclearlo.

   Ten en cuenta estas indicaciones al escribir código:

   - Fíjate bien al escribir, para que no haya errores en los caracteres del código.
   - Hay que poner punto y coma (;) al final de cada línea para indicar fin de instrucción.
   - Debes diferenciar entre mayúsculas y minúsculas: **pinMode** es correcto, pero **pinmode** produce un error.
   - No confundas los paréntesis con las llaves ({ }); para éstas hay que pulsar **Alt Gr** y la tecla correspondiente.
4. Lo primero que encontramos es **void setup()**. Esta función se ejecuta una sola una vez al iniciar la placa. Aquí se configuran los pines digitales de salida o de entrada usando la función **pinMode()**. Los pines a los que conectamos un led serán de salida (*output*). Por lo tanto, en la segunda línea de texto tenemos **pinMode(13, OUTPUT)**.
5. La instrucción **void loop()** es un bucle que se ejecuta de forma continua una vez que se ha completado el setup. En el loop decimos el valor de voltaje que vamos a poner en el pin 13.
6. Utilizamos la instrucción **digitalWrite()** para escribir en el pin 13. Con la instrucción **digitalWrite(13, HIGH);** escribimos un valor alto en el pin13, es decir, ponemos 5 V a la salida. Un valor de **LOW** sería 0 V.
7. La instrucción **delay(1000);** introduce un retardo de 1.000 ms, durante el cual el led permanece encendido.
8. La instrucción **digitalWrite(13, LOW);** apaga el led.
9. Ahora escribe tú el resto del programa y luego pulsa el botón **Verificar** para compilar el programa. Compilar el programa es convertir el código fuente que hemos escrito en un archivo ejecutable que funcione en la placa Arduino. Si te aparece un error de compilación, es que has cometido algún error al copiar código; repásalo. Si está compilado, pulsa el botón **Subir** para cargar el programa en la placa.
10. Observa que el led se apaga y se enciende cada segundo.
11. Ve a **Archivo** / **Guardar como** y guarda el archivo como **UD04_P1_nombreapellido.ino**.

Fig. 3

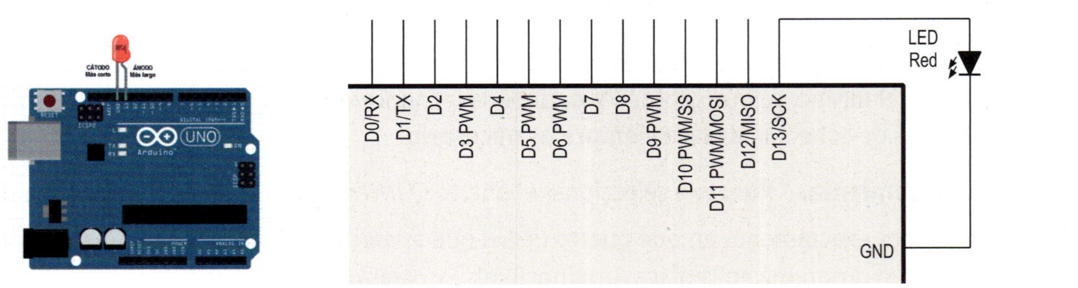

Práctica 2. Arduino: control de un led con un pulsador

En esta práctica vamos a conseguir interacción con Arduino. Haremos que un led que está apagado se encienda mientras accionemos un pulsador.

1. Conecta el led como se muestra en las figuras 5 y 6. El cátodo (más corto) a GND y el ánodo (más largo) al pin 3. Coloca una resistencia de protección del led de 220 Ω.
2. Conecta una resistencia pull-down de 10 kΩ como te indicamos en el circuito. Las resistencias pull-down se usan en las entradas digitales y su función es establecer un nivel bajo (0) en la entrada digital en el estado de reposo del circuito, para que no pueda detectar por error un nivel alto. El pulsador está conectado al pin digital 2 definido como entrada. Si el pulsador no está pulsado, tenemos 0 V, ya que no pasa corriente entre el pin 2 y masa. Si está pulsado, en el pin 2 tenemos 5 V.
3. Conecta la placa Arduino al ordenador. Abre el IDE de Arduino.
4. Copia el código de la figura 4 en la zona de programación o bien, si lo prefieres, carga desde Arduino el programa **UD04_P2_programa.ino** que tienes en la unidad 4 del CD virtual.
5. Con **int** definimos las variables: **pulsador**, que se leerá en el pin2, y **led**, que escribirá en el pin 3. Estas variables aparecerán en el programa en lugar del número de pin, como teníamos en el ejercicio anterior. Verás que son imprescindibles en programación.
6. El comando **void setup()** se ejecuta solamente una vez, al inicio del programa, y aquí es donde configuramos los pines digitales de entrada o salida. A continuación definimos las entradas y salidas con **pinMode()**, como hemos hecho en la práctica anterior.
7. El comando **void loop()** realiza un bucle.
8. Por su parte, **if** y **else** son operadores condicionales: si pulsamos, se pondrá el pin 3 a 5 V; si no, se mantendrá a 0 V.
9. Pulsa el botón **Verificar** para compilar el programa. Si te aparece un error de compilación, repasa el código. Si está compilado, pulsa el botón **Subir** para cargar el programa en la placa.
10. Guarda el archivo como **UD04_P2_nombreapellido.ino**.

```
int pulsador = 2;
int led = 3;
void setup()
{
pinMode(led, OUTPUT);
pinMode(pulsador, INPUT);
}
void loop(){
if (digitalRead(pulsador) == HIGH)
{
digitalWrite(led, HIGH);
}
else {
digitalWrite(led, LOW);
}
}
```

Fig. 4

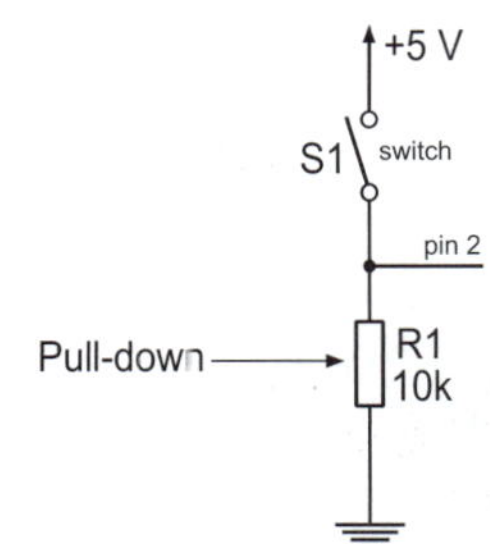

Fig. 5

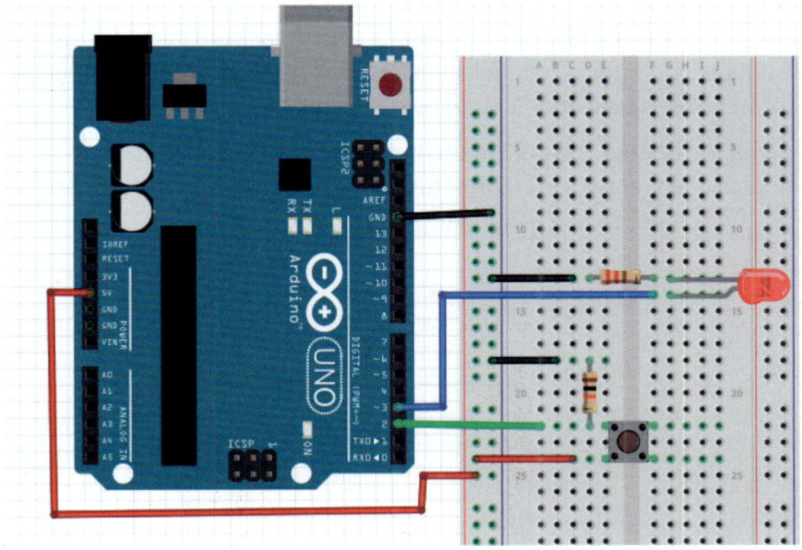

Fig. 6

Desafíos

Desafío 1. Varía el código para que, cuando se accione el pulsador, el led permanezca encendido 3 segundos y luego se apague. Guarda el archivo como **UD04_P2_nombreapellido_desafio1.ino**.

Práctica 3. Arduino: control de luz con un LDR

¿Sabías que...?

La placa Arduino tiene 6 entradas analógicas marcadas como "A0", "A1", "A2"..., que reciben los valores continuos en un rango de 0 a 5 voltios.

Vamos a regular la intensidad con que luce un led usando una resistencia variable con la luz (LDR).

En Arduino, las entradas analógicas se emplean para captar información de los sensores (por ejemplo, de distancia, temperatura o, en este caso, luz). En este montaje, el sensor (LDR) proporciona, a través de su circuito, y con distinto nivel de luz, un rango de valores de tensión continua entre 0 y 5 V, que se traducen a valores digitales en la propia placa, entre 0 y 1.024, para que conformen la señal digital.

Por otro lado, la luminosidad del led cambiará con la variación de la tensión que da la salida. Los valores de las salidas van de 0 (mínimo) a 255 (máximo).

1. Conecta el circuito del LDR, que detecta el nivel de luminosidad, al pin 0 de las entradas analógicas, tal como indica la figura 8. La resistencia que debes colocar es de 10 kΩ.
2. Conecta el led al pin de salida 11, tal como indica la figura 8, con una resistencia de protección de 220 Ω. El pin proporcionará al led la corriente necesaria para activarlo, con una tensión variable para que se ilumine más o menos.
3. Conecta la placa Arduino al ordenador. Abre el IDE de Arduino. Abre el archivo **UD04_P3_programa.pdf** que tienes en la unidad 4 del CD virtual, copia el código y pégalo en la zona de programación.
4. Las instrucciones **Serial.begin** y **Serial.print** (figura 7) nos permiten ver en el monitor serie el valor del voltaje en la entrada analógica. El monitor serie es una utilidad, integrada dentro del IDE, que nos permite enviar y recibir información a través del puerto serie.
   - **Serial.print("Intensidad de la luz:")** es el comando que manda un texto al puerto serie, por el que nos comunicamos con la placa. Ordena escribir lo que pongamos entre comillas. Para que funcione, hay que inicializarlo con el siguiente comando.
   - **Serial.begin (9600)** inicializa el comando **Serial**. Debe ir dentro del setup. El valor 9600 se refiere a la velocidad de comunicación.
   - **Serial.println(intensidad)** escribe el valor que contenga la variable **intensidad** y después añade un salto de línea.
5. La rutina **loop** con la instrucción **if** es un bucle que realiza la siguiente función: si la entrada de luz que percibe el LDR se encuentra entre los valores 0 y 512, el led luce a potencia máxima (255); si la entrada se encuentra entre 512 y 1.024, el led luce a potencia 64.
6. Una vez copiado el código, pulsa el botón **Verificar** para compilar el programa. Si te aparece un error de compilación, repasa el código. Si está compilado, pulsa el botón **Subir** para cargar el programa en la placa.
7. Ve a **Herramientas** / **Monitor serie** y verás el valor del voltaje en la entrada analógica (valor entre 0 y 1.024, según si tapas el LDR o recibe luz natural).
8. Guarda el archivo como **UD04_P3_nombreapellido.ino**.

```
Serial.print("Intensidad de la luz:");
Serial.println(intensidad);
delay(1000);
```

Fig. 7

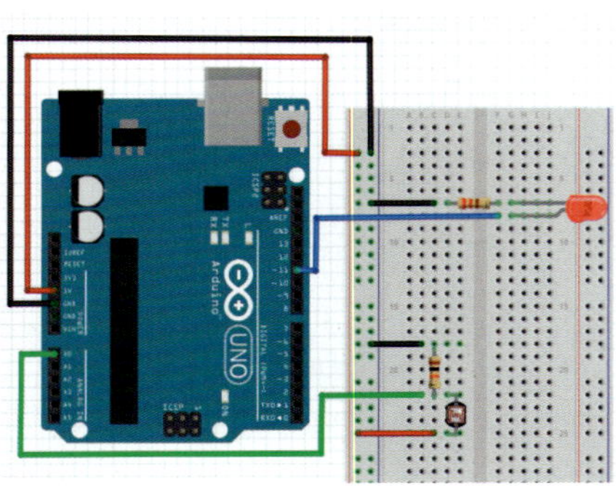

Fig. 8

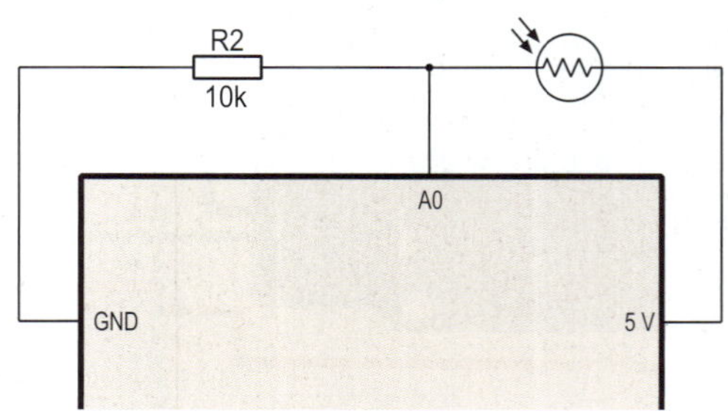

Fig. 9

Desafíos

Desafío 1. Varía el código para que se enciendan tres leds en lugar de uno. Guarda el archivo como **UD04_P3_nombreapellido_desafio1.ino**.

Desafío 2. Varía el código para que detecte tres niveles de intensidad en lugar de dos. Para ello, ilumina la LDR con la luz del móvil y observa qué valor de tensión da en el monitor serie. Guarda el archivo como **UD04_P3_nombreapellido_desafio2.ino**.

Práctica 4. Arduino: control de un servomotor

Vamos a construir un medidor de luminosidad (luxómetro). Utilizaremos una resistencia variable con la luz (LDR), como en la práctica anterior, para medir la intensidad luminosa, y un servomotor que nos indique con una flecha sobre un panel la cantidad de luz que tenemos.

Un servomotor, como ya hemos visto en la unidad, es un motor de corriente continua que permite controlar el ángulo de giro de su eje entre 0 y 180°.

Para controlar el servomotor, se le envían pulsos. La anchura del pulso se conoce como PWM (del inglés *pulse width modulation*, modulacion de ancho de pulso) y es lo que codifica el ángulo de giro. En la placa Arduino, las salidas marcadas con la sigla PWM son salidas digitales que simulan una salida analógica.

El servomotor tiene tres cables. En la figura 14 puedes ver cómo se conectan. La LDR debes conectarla con la resistencia de 10k, igual que en la práctica anterior.

1. Monta el circuito de la figura.
2. Conecta la placa Arduino al ordenador. Abre el IDE de Arduino. Carga desde Arduino el programa **UD04_P4_programa.ino** que tienes en la unidad 4 del CD virtual (se muestra completo en la figura 10).
3. El comando **#include<Servo.h>** importa la librería Servo en el programa.
4. **Servo myservo** crea el objeto servo para controlarlo.
5. **int angulo** define una variable que almacena el ángulo que va girando; **int ldr** define la variable **ldr**, que se leerá en el pin A0; e **int lectura** almacenará el valor que lea del LDR.
6. **myservo.attach(9)** adjudica el pin 9 al servo.
7. Las instrucciones que hay dentro de **void loop()** hacen que se lea el pin analógico A0 y se almacene su valor en la variable **lectura**.
8. Como los rangos de lectura del LDR van de 0 a 1.023 y los de escritura en el servo van de 0 a 180°, debemos convertir mediante la instrucción **map** los valores de **lectura** en valores de **angulo** (figuras 12 y 13).
9. Por último, debemos indicar al servo que gire la cantidad de grados **angulo**.
10. Pulsa **Verificar** y luego **Subir** para cargar el programa en la placa. Comprobarás que, en función de la luz, el LDR girará. Ahora solamente tienes que añadirle una flecha de cartón al servo y dibujar en una cartulina un sol, unas nubes y una luna (figura 11).
11. Guarda el archivo como **UD04_P4_nombreapellido.ino**.

Fig. 14

```
#include <Servo.h>
Servo myservo;
int angulo = 0;
int ldr=A0;
int lectura;

void setup(){
  myservo.attach(9);
}
void loop(){
  lectura=analogRead(ldr);
  angulo = map(lectura,0,1023,180,0);
  myservo.write(angulo);
  delay(10);
}
```

Fig. 10.

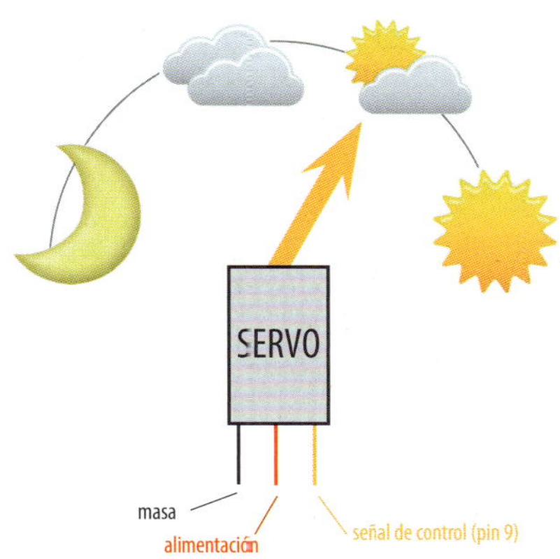

Fig. 11.

```
Función map( )
map(value, fromLow, fromHigh,
toLow, toHigh)
```

Fig. 12.

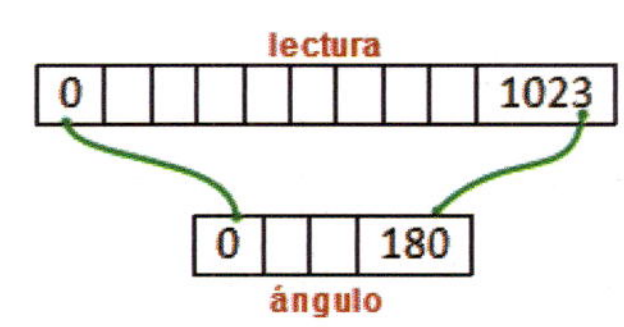

Fig. 13.

Desafíos

Desafío 1. Haz que, cuando se tape el LDR, se encienda un led y, cuando esté al máximo de luz, suene un zumbador. Guarda el archivo como **UD04_P4_nombreapellido_desafio1.ino**.

Práctica 5. Arduino: control de un motor. El robot enfermo

```
int motorPin = 10;

void setup(){
        pinMode(motorPin, OUTPUT);
}
void loop(){
        digitalWrite(motorPin, HIGH);
        delay(1000);
        digitalWrite(motorPin, LOW);
        delay(1000);
}
```

Fig. 15

Si no tienes una alimentación externa de 9 V, puedes conectar el circuito al pin de 5 V de Arduino. Podrás comprobar su correcto funcionamiento, pero apenas tendrá fuerza.

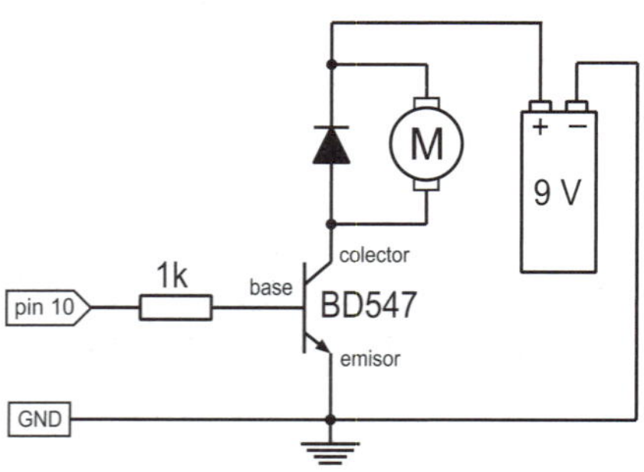

Fig. 17

Vamos a construir un robot "enfermo", que tenga continuos escalofríos. Para ello vamos a utilizar un motor de corriente continua.

Los motores muy pequeños se pueden accionar con Arduino, aunque no es recomendable. Si el motor tiene que mover cierta carga, se puede utilizar una tarjeta Shield, o montar un circuito que proporcione suficiente corriente y proteja la placa. La tarjeta Shield es una extensión de Arduino que tiene esta capacidad.

En esta práctica usaremos un circuito, aunque no necesitemos mucha potencia.

1. Monta el circuito de la figura 16. La explicación del circuito es la siguiente: el transistor amplifica la corriente que le llega al motor, para que tenga más potencia; el diodo protege la placa Arduino, que se alimenta con 5 V, dejando que la corriente de 9 V sólo circule para alimentar el motor. En este montaje utilizamos también un pin digital PWM. Necesitamos una fuente de alimentación externa (una pila de 9 V). La masa de la fuente debe estar conectada a la masa de la placa Arduino, pues si no es así el circuito se desestabiliza. Esto es una pauta que se debe seguir en todos los montajes de este tipo.
2. Conecta la placa Arduino al ordenador. Abre el IDE de Arduino.
3. Carga desde Arduino el programa **UD04_P5_programa.ino** que tienes en la unidad 4 del CD virtual (se muestra completo en la figura 15).
4. Las instrucciones que hay dentro de **void loop()** hacen que el motor se mueva un segundo y se pare otro segundo, y así sucesivamente, simulando los escalofríos del robot enfermo.
5. Pulsa el botón **Verificar** para compilar el programa. Si te aparece un error de compilación, repasa el código. Si está compilado, pulsa el botón **Subir** para cargar el programa en la placa.
6. Guarda el archivo como **UD04_P5_nombreapellido.ino**.
7. Para acabar, vamos a hacer otra versión del programa, utilizando la modulación del ancho de pulso (PWM) que hemos usado en la práctica anterior. Ahora abre el programa **UD04_P5_programa_version2.ino** y pruébalo con el mismo montaje. Con este programa enviamos un pulso al motor que lo hace ir de velocidad cero a la velocidad máxima que alcanza.

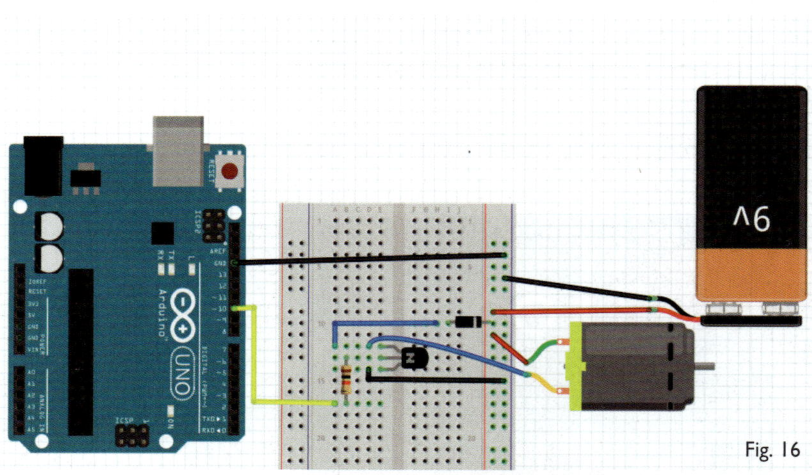

Fig. 16

Desafíos

Desafío 1. Busca la "medicina" del robot, de forma que desaparezcan sus escalofríos con un pulsador. Guarda el archivo como **UD04_P5_nombreapellido_desafio1.ino**.

Práctica 6. Arduino: control de semáforos

Vamos a realizar el control de un semáforo para coches y uno para peatones que se accionan mediante un pulsador.

En estado normal, los coches tendrán preferencia y su semáforo estará verde (pin 10). Al presionar el pulsador (pin 6), el semáforo de los coches cambiará a amarillo (pin 11) y después a rojo (pin 12), y el de los peatones pasará de rojo (pin 4) a verde (pin 3). Transcurridos 5 segundos, todo volverá al estado inicial.

1. Monta el circuito en tu placa protoboard como se indica en la figura 24. Puedes ver el esquema de conexionado en la figura 25.
2. Abre el IDE de Arduino. Ve a **Archivo** / **Abrir** y selecciona en la unidad 4 del CD virtual el archivo **UD04_P6_semaforo.ino**.
3. Vamos a ver las partes en que se divide el programa y a modificar los tiempos de encendido de cada led del semáforo.
4. En el primer bloque declaramos las constantes, indicando a qué pin se conectan todos los leds y el pulsador (figura 18). Ten especial cuidado para conectarlos correctamente.
5. A continuación definimos la variable **buttonState** (figura 19). Cuando el pulsador sea presionado, ésta pasará a 1.
6. Con **void setup()**, que se ejecuta sólo al inicio del programa, configuramos los pines digitales de entrada o salida (figura 20).
7. **Void loop()** se ejecuta de forma continua. Con la instrucción **buttonState = digitalRead(buttonPin)** (figura 21) se lee el estado del pulsador y se almacena su valor en la variable **buttonState**.
8. Con **if (buttonState == HIGH)** se comprueba si se ha accionado el pulsador y se inicia la secuencia de cambio del semáforo: espera 2 segundos, apaga el verde y enciende el amarillo durante 3 segundos; apaga el amarillo de los coches y el rojo de los peatones y enciende el rojo de los coches y el verde de los peatones durante 5 segundos. Pasado este tiempo, vuelve al estado inicial (figura 22).
9. Si no se ha presionado el pulsador, se mantiene durante todo el bucle el estado inicial (figura 23).
10. Ahora modifica el tiempo de encendido en amarillo a 4 segundos y el de verde para los peatones a 7 segundos.
11. Guarda el archivo como **UD04_P6_nombreapellido.ino**.

```
const int ledPinVERDEPEATON = 3;
const int ledPinROJOPEATON = 4;
const int buttonPin = 6;
const int ledPinVERDECOCHE = 10;
const int ledPinAMARILLOCOCHE = 11;
const int ledPinROJOCOCHE= 12;
```

Fig. 18. Declaramos las constantes.

```
int buttonState = 0;
```

Fig. 19. Definimos la variable **buttonState**.

```
void setup() {
pinMode(ledPinROJOPEATON, OUTPUT);
pinMode(ledPinVERDEPEATON, OUTPUT);
pinMode(ledPinVERDECOCHE, OUTPUT);
pinMode(ledPinAMARILLOCOCHE, OUTPUT);
pinMode(ledPinROJOCOCHE, OUTPUT);
pinMode(buttonPin, INPUT);
}
```

Fig. 20. Configuramos los pines digitales de entrada o salida.

```
void loop(){
  buttonState = digitalRead(buttonPin);
```

Fig. 21. Leemos el estado del pulsador.

```
digitalWrite (ledPinROJOPEATON, HIGH);
digitalWrite (ledPinVERDECOCHE, HIGH);
if (buttonState == HIGH) {
    delay (2000);
    digitalWrite (ledPinVERDECOCHE, LOW);
    digitalWrite (ledPinAMARILLOCOCHE, HIGH);
    delay (3000);
    digitalWrite (ledPinROJOPEATON, LOW);
    digitalWrite (ledPinAMARILLOCOCHE, LOW);
    digitalWrite(ledPinVERDEPEATON, HIGH);
    digitalWrite (ledPinROJOCOCHE, HIGH);
    delay(5000);
    digitalWrite (ledPinVERDEPEATON, LOW);
    digitalWrite (ledPinROJOCOCHE, LOW);
    }
```

Fig. 22. Secuencia de cambio al pulsar.

```
else {
  digitalWrite (ledPinROJOPEATON, HIGH);
  digitalWrite (ledPinVERDECOCHE, HIGH);
}
```

Fig. 23. Si no se acciona el pulsador.

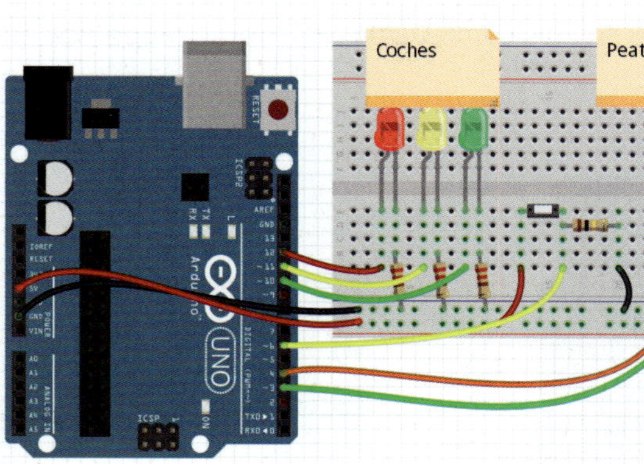

Fig. 24

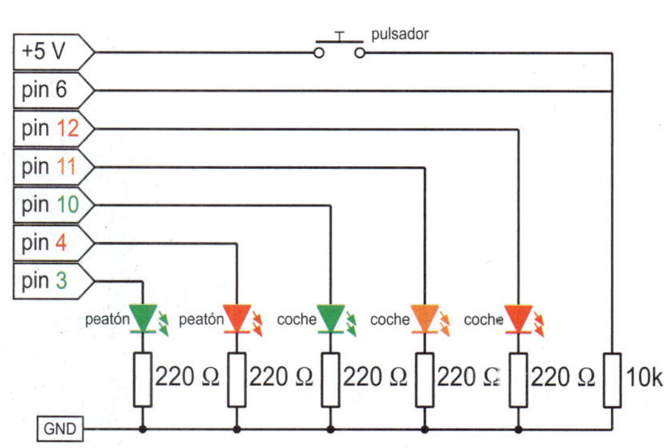

Fig. 25

Desafíos

Desafío 1. Modifica el código para que, durante el tiempo de encendido en amarillo, el led parpadee. Guarda el archivo como **UD04_P6_nombreapellido_desafio1.ino**.

Práctica 7. Arduino: control de velocidad y giro de un motor con un LM293

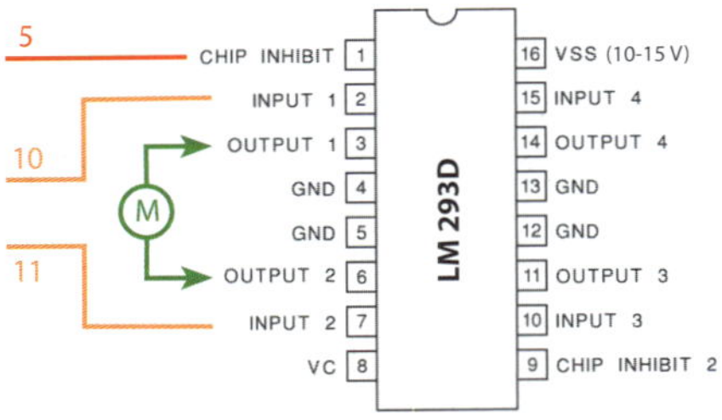

Fig. 26

Pin10	Pin11	Motor
0	0	Paro
0	1	Giro +
1	0	Giro –
1	1	Paro

Fig. 27

```
void setup()
{
pinMode(10, OUTPUT);
pinMode(11, OUTPUT);
}
void secuencia()
{
digitalWRite (10, HIGH);
digitalWrite (11;LOW);
delay (5000);
digitalWRite (10, LOW);
digitalWrite (11;LOW);
delay (2000);
digitalWRite (10, LOW);
digitalWrite (11;HIGH);
delay (5000);
digitalWRite (10, LOW);
digitalWrite (11;LOW);
delay (2000);
}
void loop()
{
analogWrite (5, 255);
secuencia();
analogWrite (5,128);
secuencia();
}
```

Fig. 28

Desafíos

Desafío 1. Conecta dos motores para hacer un coche y prográmalo para que avance 5 segundos y gire 10 segundos. Este ciclo se repetirá de forma indefinida. Guarda el archivo como **UD04_P7_nombreapellido_desafio1.ino**.

Vamos a controlar la velocidad y el sentido de giro de un motor de corriente continua.

Para cambiar el sentido de giro simplemente tenemos que invertir la polaridad del motor. Eso no lo podemos hacer con un transistor, pero con el chip LM293 podemos controlarlo.

El LM293 nos permite controlar la velocidad y el sentido de giro de dos motores de continua (uno a cada lado del chip). Si conectamos las entradas Input 1 e Input 2 a los pines de Arduino 10 y 11, respectivamente, en función de los valores que ponga en cada uno de los pines, girará el motor (consulta la tabla de la figura 27).

El motor se conecta entre los pines Output 1 y Output 2, mientras que usaremos el pin 5 para controlar la velocidad escribiendo un valor analógico que varía entre 0 y 255, en función de la potencia que queramos en el motor.

1. Monta el circuito en tu placa protoboard tal como se indica en la figura 29. El LM293 deberá estar alimentado por una fuente externa de entre 10 y 15 V a la que conectaremos los pines 8 (VC) y 16 (VSS).
2. Conecta los pines 10 y 11 de Arduino a las entradas Input 1 (pin 2) e Input 2 (pin 6) del chip.
3. Conecta el pin 5 de Arduino a Chip Inhibit (pin 1) del chip.
4. Conecta la placa Arduino al ordenador. Abre el IDE de Arduino y teclea el programa que aparece en la figura 28. Vamos a ir viendo las partes en que se divide.
5. En **setup()** declaramos los pines 10 y 11 de salida.
6. Creamos una función llamada **void secuencia()** que se ejecutará tantas veces como la llame en el siguiente bucle, **void loop()**. Es decir, cada vez que en **void loop()** escribamos **secuencia()** se ejecutarán todas las instrucciones que tenemos dentro de este bucle.
7. El bucle **void secuencia()** hace girar el motor en un sentido durante 5 segundos, se para 2 segundos, hace girar el motor en sentido contrario otros 5 segundos y lo para otros 2 segundos (puedes ver en la tabla los valores de los pines).
8. Por otro lado, dentro del bucle **void loop()**, antes de ejecutarlo, con la instrucción **analogWrite(5,255)** escribimos a través del pin 5 un valor máximo de salida o bien con **analogWrite(5,128)** indicamos que gire a media potencia.
9. Ejecuta el programa y guarda el archivo como **UD04_P7_nombreapellido.ino**.

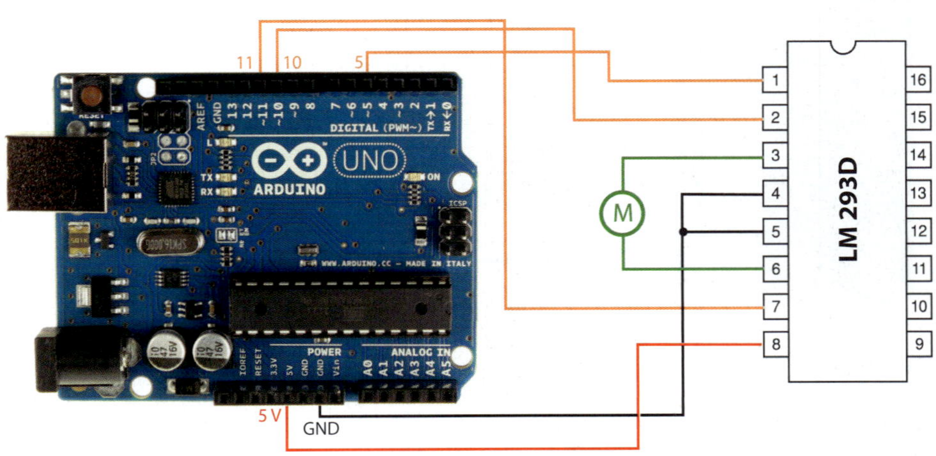

Fig. 29

Práctica 8. Arduino: sensor de aparcamiento por ultrasonidos

Vamos a construir un sensor de aparcamiento de forma que, cuando la distancia hasta el obstáculo sea menor de 10 cm, se encienda un led rojo.

Utilizaremos el sensor de ultrasonidos HC-SR04, que envía a través de uno de los cilindros (Trigger) un sonido inaudible y espera a que dicho sonido rebote sobre un objeto y sea captado por el otro cilindro (Echo).

Como la velocidad del aire es de 340 m/s (o 0,034 cm/µs) y $v = s / t$, despejando s ($s = v \cdot t$) podemos calcular la distancia si conocemos el tiempo t que tarda en volver la señal (que es el tiempo que capta el sensor). El tiempo tendremos que dividirlo entre 2, al ser el tiempo de ida y vuelta. Es decir: $s = 0{,}017 \cdot t$.

1. Monta el circuito en tu placa protoboard tal como se indica en la figura 31. El sensor HC-SR04 tiene cuatro pines: VCC a +5 V, GND a GND, Trig al pin 2 y Echo al pin 3.
2. Conecta la placa Arduino al ordenador. Abre el IDE de Arduino y teclea el programa que aparece en la figura 30. Vamos a ir viendo las partes en que se divide.
3. En primer lugar definimos las variables **distancia** y **tiempo**, que usaremos para hacer los cálculos, y la variable **led**.
4. En el **setup** configuramos el pin 2 (Trig) como salida para emitir la señal, el pin 3 (Echo) como entrada para recibirla y el pin 4 como salida para el led.
5. Dentro del **loop**, las dos primeras instrucciones son para estabilizar el sensor. Ponemos a LOW la salida del Trig.
6. Emitimos la señal durante 10 microsegundos.

```
digitalWrite(2, HIGH);
delayMicroseconds(10);
```

7. Mediante la función **pulseIn(3,HIGH)** medimos la longitud del pulso entrante. Con **pulseIn** medimos el tiempo que transcurre entre el envío del pulso ultrasónico y el momento en que el sensor recibe el rebote, es decir: desde que el pin 3 empieza a recibir el rebote, HIGH, hasta que deja de hacerlo, LOW, la longitud del pulso entrante.
8. Calculamos la distancia: $s = 0{,}017 \cdot t$.
9. Creamos un condicional para que, si la distancia es menor de 10 cm, se encienda el led.
10. Modifica el programa para que la distancia sea de 25 cm.
11. Guarda el archivo como **UD04_P8_nombreapellido.ino**.

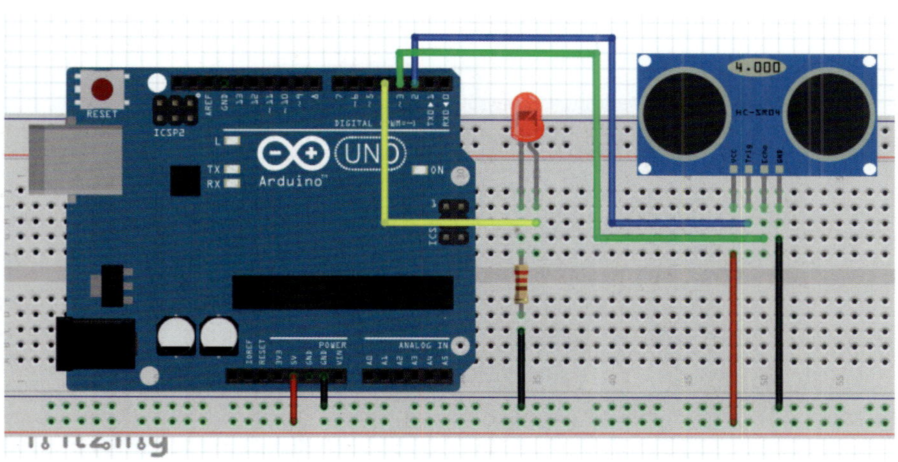

Fig. 31

```
long distancia;
long tiempo;
int led = 4;
void setup(){
  Serial.begin(9600);
  pinMode(2, OUTPUT);
  pinMode(3, INPUT);
  pinMode(4, OUTPUT);
}
void loop(){
  digitalWrite(2,LOW);
  delayMicroseconds(5);
  digitalWrite(2, HIGH);
  delayMicroseconds(10);
  tiempo=pulseIn(3, HIGH);
  distancia= int(0.017*tiempo);
  if (distancia <=10){
    digitalWrite(led, HIGH);
  }
  else{
    digitalWrite(led,LOW);
  }
  delay(1000);
}
```

Fig. 30.

Desafíos

Desafío 1. Modifica el programa para que detecte varias distancias (1 m, 50 cm, 25 cm y 10 cm), de forma que en cada una de ellas se vaya encendiendo un led más y en la última se muestren todos los leds encendidos y, además, suene un zumbador. Guarda el archivo como **UD04_P8_nombreapellido_desafio1.ino**.

Práctica 9. Arduino: sensor de infrarrojos CNY70

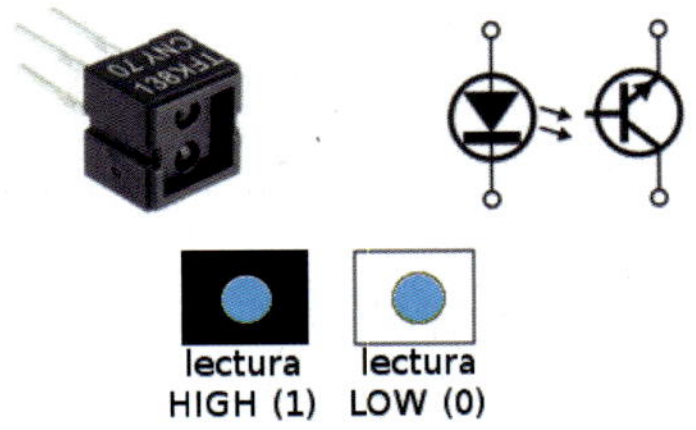

Fig. 32

```
int ledrojo = 6;
int ledverde = 7;
int infraPin = 4;
int valorInfra = 0;
void setup() {
  pinMode(ledrojo, OUTPUT);
  pinMode(ledverde, OUTPUT);
  pinMode(infraPin, INPUT);
}
void loop() {
  valorInfra = digitalRead(infraPin);
  digitalWrite(ledverde, valorInfra);
  valorInfra = !valorInfra;
  digitalWrite(ledrojo, valorInfra);
}
```

Fig. 33

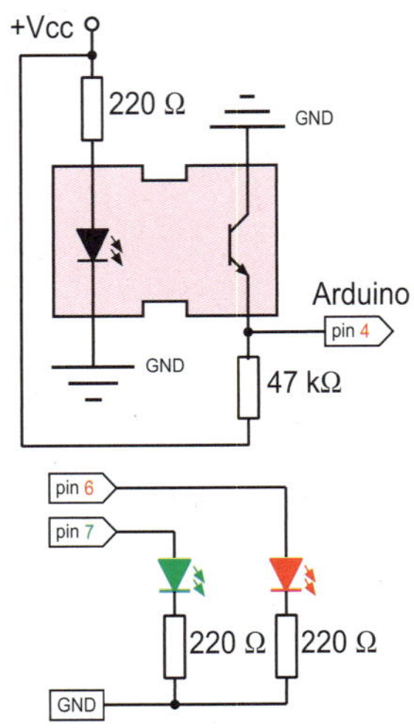

Fig. 34

El CNY70 es un sensor óptico infrarrojo de corto alcance (menos de 5 cm). Contiene un fotodiodo que emite un haz de luz que se refleja sobre una superficie. El fototransistor recibe la luz reflejada.

Si la superficie es blanca, gran parte de la luz se reflejará en el transistor y éste nos devolverá un valor bajo (LOW, 0 lógico). En cambio, si la superficie es negra, ésta absorberá gran parte de la luz emitida por el diodo y el fototransistor no recibirá intensidad, con lo cual nos devolverá un valor alto (HIGH, 1 lógico) (figura 32).

Una vez que detectemos si la superficie es blanca o negra y obtengamos un 0 o un 1, podremos utilizar esta señal para controlar, por ejemplo, los motores de un coche siguelíneas. En este ejercicio simplemente vamos a hacer que cuando detecte una superficie negra encienda un led verde y cuando detecte una superficie blanca encienda un led rojo.

1. Conecta el sensor CNY70 tal como se muestra en la figuras 34 y 35. Para ello necesitarás una resistencia de 220 Ω y otra de 47 kΩ. El sensor lo conectaremos al pin 4 de Arduino.
2. Conecta los diodos con su resistencia de protección, tal como se muestra en las figuras 34 y 35, a los pines 6 y 7.
3. Conecta la placa Arduino al ordenador. Abre el IDE de Arduino y teclea el programa de la figura 33 en la zona de programación o bien, si lo prefieres, carga desde Arduino el programa **UD04_P9_programa.ino** que tienes en la unidad 4 del CD virtual.
4. Con **int** definimos las variables **ledrojo** (que se escribirá en el pin 6), **ledverde** (en el pin 7), **infraPin** (que leerá el valor del infrarrojo conectado en el pin 4) y **valorInfra** (que almacenará dicho valor y hará volver el valor a 0).
5. Dentro del **void setup()** configuramos los pines de los leds como salida y el del infrarrojo (**infraPin**) como entrada.
6. En el bucle **void loop()** leemos el valor del pin de infrarrojos y lo almacenamos en **valorInfra**. Directamente aplicamos dicho valor al pin verde, ya que, si es 1, estaremos en una superficie negra y, por lo tanto, se encenderá el pin verde.
7. Mediante **valorInfra =!valorInfra** cambiamos el valor y ahora se lo aplicamos al led rojo, ya que, lógicamente, el valor del pin rojo será el opuesto al del verde.
8. Verifica el programa y súbelo a la placa.
9. Guarda el archivo como **UD04_P9_nombreapellido.ino**.

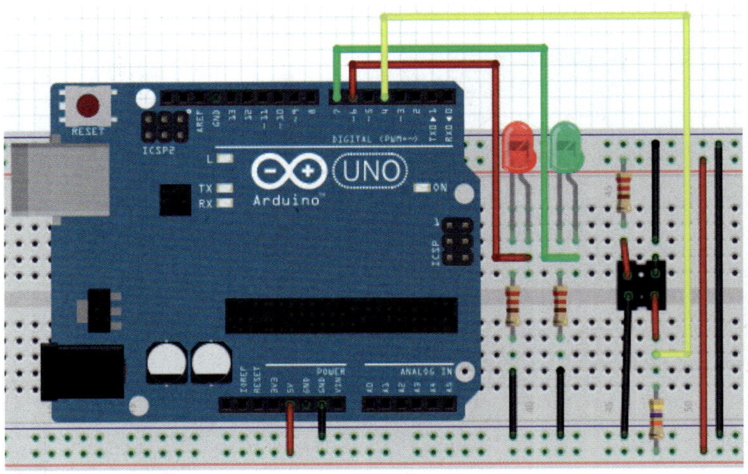

Fig. 35

Desafíos

Desafío1. Modifica el programa para que, mediante dos sensores y dos motores, el coche siga la línea. Guarda el archivo como **UD04_P9_nombreapellido_desafio1.ino**.

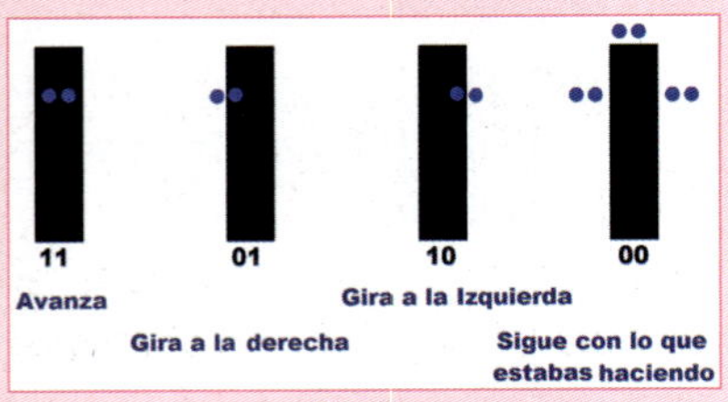

Fig. 36

Práctica 10. Arduino: mostrar mensajes en una pantalla LCD

Las pantallas LCD (*liquid cristal display*) son displays alfanuméricos formados por matrices de puntos que sirven para mostrar mensajes. Normalmente incorporan un microcontrolador (el HD44780 es uno de los más usados) que se encarga de hacernos más sencillo el envío de mensajes y el control de la pantalla.

El tamaño de las pantallas LCD también puede variar. Nosotros utilizaremos una de 16 × 2 (dos líneas de 16 caracteres).

1. Monta el circuito de la figura 39. En la tabla de la figura 37 tienes un resumen de la función de los pines del LCD y dónde debemos conectarlos. Necesitamos un potenciómetro de unos 10k conectado a VO para poder graduar el contraste; de lo contrario, no se verá nada.
2. Conecta la placa Arduino al ordenador y abre el IDE de Arduino. El LCD debería iluminarse.
3. Lo primero es importar la librería **LiquidCrystal**, que nos permite controlar el display LCD.
4. Con la función **LiquidCrystal nombre_variable(RS,E,D4,D5,D6,D7)** creamos una variable (**lcd** en este caso) de tipo LiquidCrystal y le pasamos como parámetros los pines que hemos usado. Es importante el orden en que los pongamos.
5. Dentro del **setup()**, **lcd.begin(columnas, filas)** inicializa la interfaz del LCD y establece las dimensiones de la pantalla (en nuestro caso, 16 filas y 2 columnas).
6. Con **lcd.setCursor(columna, fila)** posicionamos el cursor de la pantalla LCD. La línea superior es 0 y la inferior es 1.
7. Con **lcd.print("mensaje")** escribimos el texto que irá en la pantalla LCD.
8. Verifica el programa y súbelo a la placa.
9. Guarda el archivo como **UD04_P10_nombreapellido.ino**.

Función de los pines del LCD

VSS	GND
VDD	+5 V, alimentación principal
VO	Contraste del LCD, debe conectarse con un potenciómetro
RS	Selector de datos o comandos de control
RW	GND, modo escritura
E	Habilita la pantalla
D4 a D7	4 bits de datos
A	+5 V led luz de fondo
K	GND led luz de fondo

Fig. 37.

```
#include <LiquidCrystal.h>
LiquidCrystal lcd(12,11,5,4,3,2);
void setup() {
  lcd.begin(16,2);
  lcd.setCursor(0,1);
  lcd.print("LCD Arduino")
}
void loop() {
}
```

Fig. 38.

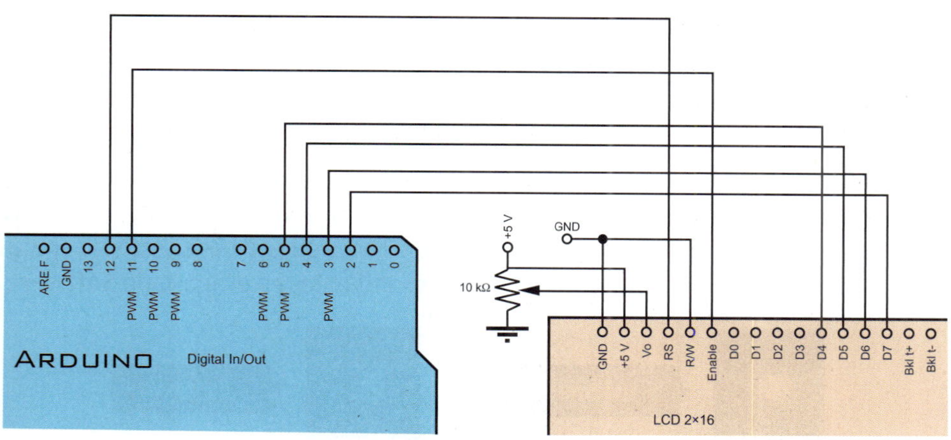

Fig. 39.

Desafíos

Desafío1. Modifica el programa para que dentro del bucle **void loop()** se muestren varios mensajes distintos en las dos líneas. Utiliza la instrucción **lcd.clear()** para borrar el LCD. Guarda el archivo como **UD04_P10_nombreapellido_desafio1.ino**.

Desafio 2. Modifica el programa para que el texto se desplace a lo largo de la pantalla. Tendrás que crear una variable **posicion** e investigar cómo utilizar la función **lcd.scrollDisplayRight()**. Guarda el archivo como **UD04_P10_nombreapellido_desafio2.ino**.

Práctica 11. Programar el kit ZUM con Bitbloq 2

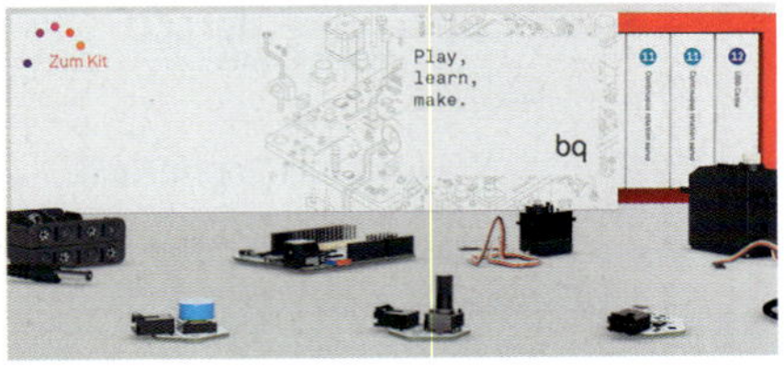

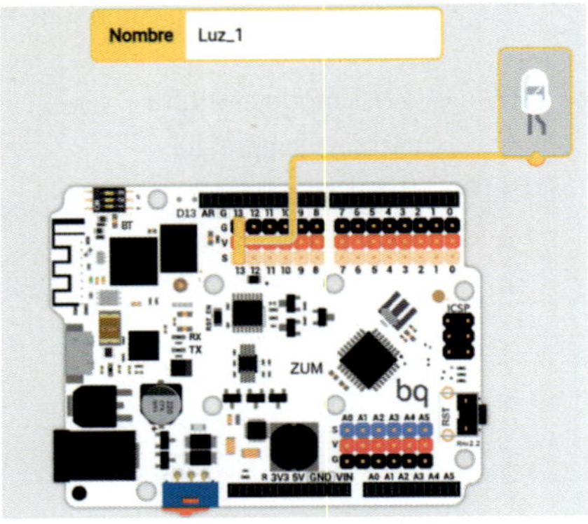

Fig. 40. Control del led.

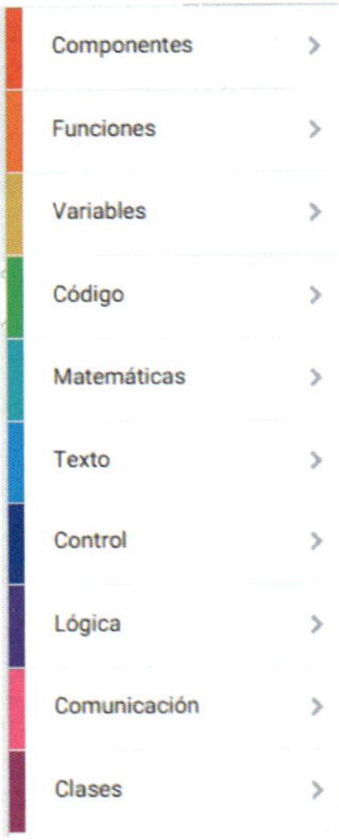

Fig. 41. Programación del control del led.

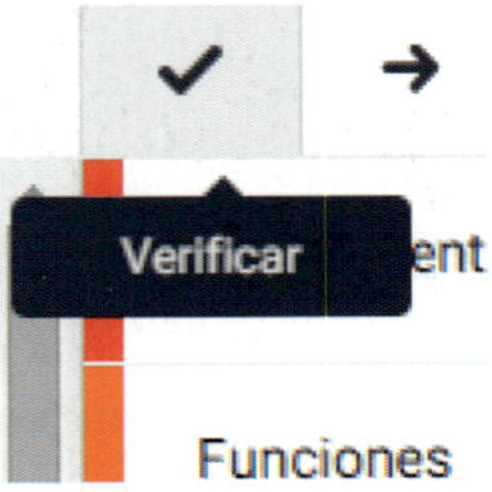

Fig. 42. Verificación del programa.

Vamos a aprender los fundamentos de la programación usando Bitbloq 2, que es un lenguaje de programación por bloques, y el kit de electrónica ZUM de BQ. En cualquier caso, ten presente que Bitbloq 2 es compatible con cualquier placa de la familia Uno de Arduino.

Existe una nueva versión de Bitbloq 2 que podemos descargarnos e instalar en nuestro ordenador. Así evitaremos tener que estar conectados a Internet para crear nuestros programas. Puedes descargarlo desde *bitbloq.bq.com/#/offline*.

Ejercicio 1. Conectar la placa al ordenador

Antes de empezar a programar la placa controladora, es importante que nos aseguremos de que ponemos bien en marcha Bitbloq 2 y que éste funciona correctamente en nuestro ordenador.

1. Conecta la placa al ordenador con el cable USB y comprueba que se enciende. Si no es así, instala los drivers.
2. Abre Bitbloq 2. Para ello entra, en *bitbloq.bq.com* con el navegador Chrome y haz clic en **Pruébalo ahora**. No es necesario que te registres, puedes probar como invitado, pero en ese caso tu proyecto no se guardará ni podrás recuperarlo. Bitbloq 2 sólo se puede usar en línea. Si te registras, los proyectos que hagas se guardarán en la nube; los podrás descargar e importar cuando quieras.
3. Haz clic sobre la opción **Placas** y arrastra tu placa al recuadro blanco.
4. Haz clic en **Verificar** y verás cómo compila el código (puede estar vacío).
5. Ahora haz clic en **Cargar** y te aparecerá un cuadro de diálogo en que se te pide que descargues la aplicación **Web2board**. Selecciona tu sistema operativo y se bajará un archivo al ordenador. Descomprímelo y luego ejecuta el archivo **web2board.exe**. Reinicia el ordenador.
6. Tras reiniciar el ordenador, abre Bitbloq 2, selecciona tu placa y vuelve a pulsar **Cargar**. Deberá aparecerte este mensaje: "Programa subido con éxito".

Ejercicio 2. Controlar un led

1. Conecta físicamente el led al pin digital 13, tal y como se muestra en la figura 40.
2. Entra en Bitbloq 2, haz clic en **Hardware** y realiza el circuito de la figura 40, esta vez de forma virtual. Arrastra el led a la pantalla. Para unir el led con la placa sólo tienes que hacer clic sobre él mover el ratón. Hasta que no hagas esto, no aparecerán los bloques de programación correspondientes en el apartado **Software**.

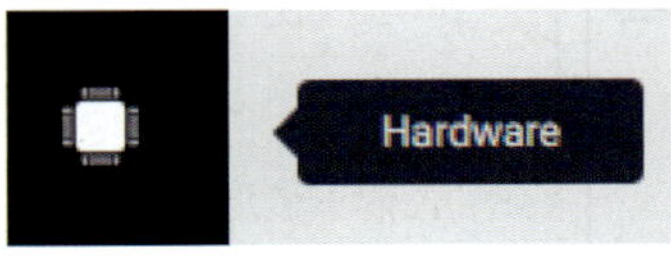

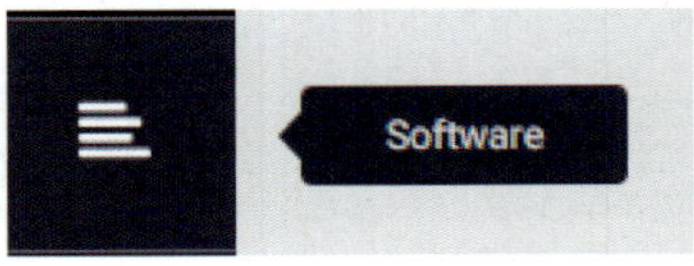

3. Entra en **Software** y realiza el programa de bloques de la figura 41. El funcionamiento es muy similar al de otras prácticas, te resultará fácil. Además, te puedes guiar por los colores. El bloque <u>**LED**</u> está en **Componentes**; el bloque <u>**Esperar**</u> está en **Control**.
4. Ahora sólo queda compilar el programa y cargarlo en la placa. Para compilarlo, pulsa **Verificar** (figura 42). Si no hay errores, pulsa **Cargar** para llevarlo a la placa.
5. Cada vez que modifiques tu programa, deberás subirlo de nuevo a la placa para ver su efecto.

Práctica 12. BQ: programar un robot esquivaobstáculos

Vamos a aprender a programar un robot esquivaobstáculos con PrintBot, que es una plataforma robótica en la que puedes practicar el montaje de un robot completo.

Para controlar los motores de las ruedas deberemos detectar los obstáculos. Esto lo haremos con un sensor de ultrasonidos acoplado a un servo que lo mueve 180°; en función de los obstáculos que detecta, da las órdenes a los motores.

1. Entra en *diwo.bq.com/printbot-evolution-obstaculos*.
2. Lee toda la entrada. En ella se explica el funcionamiento del sensor y cuál es el ciclo que debe seguir el programa.
3. En la última parte de la publicación aparecen las capturas de pantallas para programar el robot con Bitbloq 2.
4. Entra en *bitbloq.bq.com*.
5. Crea la placa y conecta los motores y sensores. Escribe el programa arrastrando los bloques tal como se muestran.
6. Guarda el archivo como **UD04_P12_nombreapellido.json**.
7. Prueba su funcionamiento y graba un vídeo explicativo.
8. Si has tenido algún problema en la programación, al final de la página encontrarás un enlace para descargarlo. También lo tienes en el CD virtual, en el archivo **UD04_ P12_Esquivaobstaculos.json**.

Práctica 13. BQ: programar un robot siguelíneas

Vamos a programar un robot para que siga una línea negra. El robot, gracias al sensor de infrarrojos, sabe cuándo el suelo es blanco o negro, por lo que es capaz de detectar si está encima de la línea o no y, en función de esta información, puede actuar para seguirla.

1. Entra en *diwo.bq.com/programando-un-siguelineas*.
2. Lee toda la entrada. En ella se explica el funcionamiento del sensor y cuál es el ciclo que debe seguir el programa.
3. En la tabla de la figura 43 puedes ver las órdenes que tendrás que darle a los motores en función de la detección de los sensores de infrarrojos.
4. Entra en *bitbloq.bq.com*.
5. Arrastra la placa y conecta el sensor de infrarrojos siguelíneas y los dos motores.
6. Después de ver cómo se ha realizado el programa para Bitbloq 1, realiza tu propio programa. Ten en cuenta que en la nueva versión tendrás que inicializar las variables, crear los bucles, etc.
7. Prueba su funcionamiento y graba un vídeo explicativo.
8. Guarda el archivo como **UD04_P13_nombreapellido.json**.
9. Podrás encontrar una solución propuesta en el archivo **UD04_ P13_Siguelineas.json** del CD virtual. Puedes descargarlo y compararlo con el tuyo.

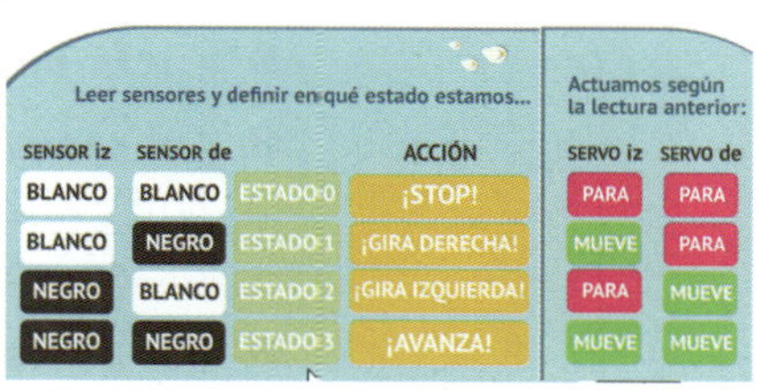

Leer sensores y definir en qué estado estamos... / Actuamos según la lectura anterior:

SENSOR iz	SENSOR de		ACCIÓN	SERVO iz	SERVO de
BLANCO	BLANCO	ESTADO 0	¡STOP!	PARA	PARA
BLANCO	NEGRO	ESTADO 1	¡GIRA DERECHA!	MUEVE	PARA
NEGRO	BLANCO	ESTADO 2	¡GIRA IZQUIERDA!	PARA	MUEVE
NEGRO	NEGRO	ESTADO 3	¡AVANZA!	MUEVE	MUEVE

Fig. 43.

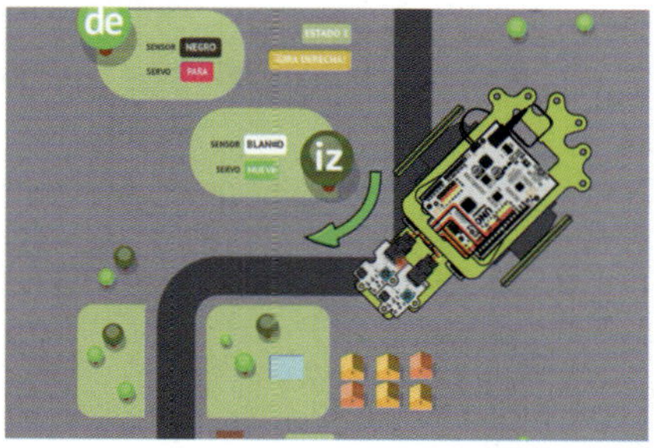

Repasa

Resumen de la unidad

- Un **automatismo** es un mecanismo o máquina que realiza una tarea concreta, pero cuyo funcionamiento no se puede modificar.
- Un **robot** es una máquina automática programable capaz de captar información de su entorno, procesarla y actuar en consecuencia.
- Un **microcontrolador** es un circuito integrado programable que reúne en un solo chip todas las funcionalidades básicas de un ordenador: unidad de proceso, memoria y periféricos de entrada y salida.
- Aunque el microcontrolador es un chip, suele ir montado sobre una **tarjeta controladora** para poder realizar las conexiones de todas las entradas y salidas.
- Un **sistema de control** regula y controla el funcionamiento de un automatismo o de un proceso para que funcione de la manera prevista.
- En los **sistemas de lazo abierto** no se tiene en cuenta la señal de salida en la acción de control.

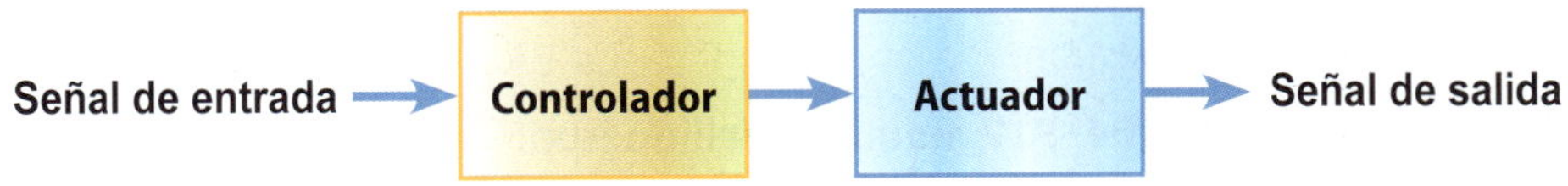

- En los **sistemas de lazo cerrado**, la señal de salida se compara con la de entrada para corregir los posibles errores y ajustar la acción de control al valor deseado.

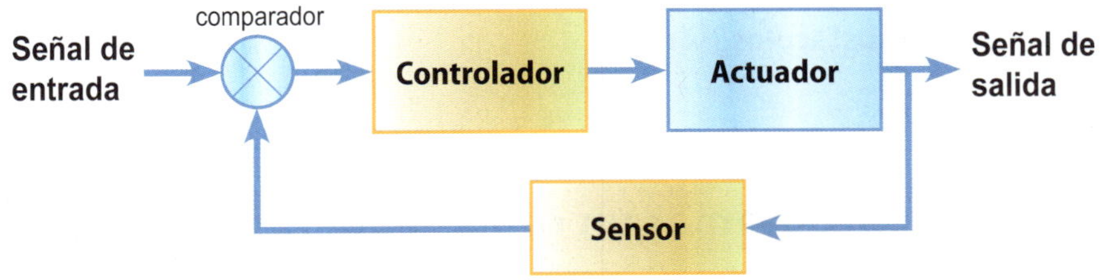

- Los elementos básicos de un **sistema de control** son la tarjeta controladora, los sensores y los actuadores.
- Las **tarjetas controladoras** más extendidas son Arduino y ZUM de BQ.
- Los **sensores** más utilizados en robótica son: final de carrera, LDR (sensor de intensidad luminosa), NTC y PTC (de temperatura), de ultrasonidos, de infrarrojos, de temperatura, de humedad y PIR (de movimiento).
- Los **actuadores** más empleados en robótica son los leds, los motores de corriente continua, los servomotores, los displays de 7 segmentos, las pantallas LCD y los zumbadores.
- Podemos programar Arduino con el IDE de Arduino, S4A, ArduBlock, Bitbloq, mBlock...
- La **tarjeta ZUM** de BQ es compatible con Arduino. Otras tarjetas son Crumble y PICAXE.
- **Arduino** se compone básicamente de un microcontrolador, 6 entradas analógicas, 14 entradas y salidas digitales y una alimentación de +5 V y 3,3 V.
- Los **grados de libertad** de un robot son el número de movimientos independientes que puede realizar.

GLOSARIO

actuador	robot	sistema de lazo abierto
automatismo	sensor	sistema de lazo cerrado
GND	sensor analógico	tarjeta controladora
microcontrolador	sensor digital	

El rincón del tecnólogo. Control de Arduino por Bluetooth

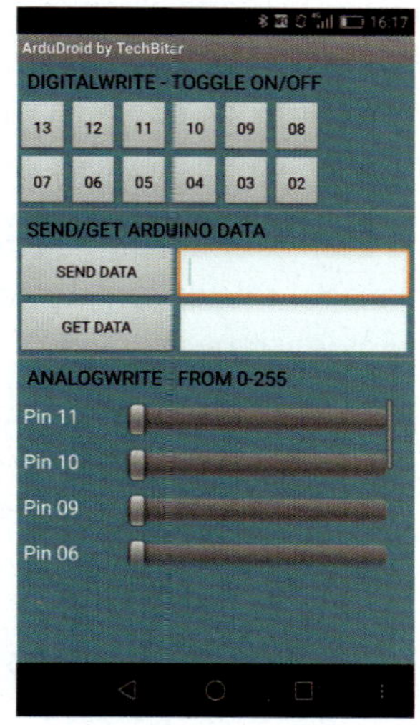

Existen numerosas apps para controlar Arduino que se pueden encontrar fácilmente, pero el principal problema es establecer la conexión entre nuestro dispositivo móvil y la placa de Arduino. Esto lo podemos hacer por Wi-Fi o por Bluetooth, pero en ambos casos necesitamos una shield de extensión o un módulo de Bluetooth o Wi-Fi.

En este caso, vamos a usar el módulo de Bluetooth HC-05 (también puede servir el módulo HC-06). En el móvil descargaremos una aplicación para encender y apagar los pines de Arduino.

1. Descarga o abre con el IDE de Arduino el archivo **UD04_Rincon_bluetooth.inon** de la unidad 4 del CD virtual. Conecta la placa Arduino al ordenador y vuelca el programa (si haces primero las conexiones del módulo de Bluetooth tendrás que desconectarlo para poder enviar el programa y que no dé error).
2. Realiza las conexiones tal como se muestra en la figura 44. Conecta el VCC del módulo a 5 V de Arduino, GND con GND, el pin TXD al pin 0 y el RXD al pin 1. El módulo de Bluetooth parpadeará al estar conectado.
3. En el programa podemos buscar dónde aparecen las opciones para encender los leds 13, 12, etc. Si lo que queremos hacer es conectar un motor o crear bucles, podemos sustituir la parte de encendido de cada led.

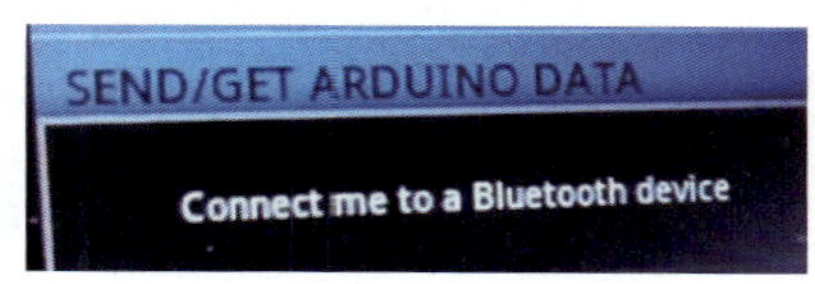

4. Entra en la Play Store con tu dispositivo móvil y descarga la app **ArduDroid** para Android. Ahora, desde el dispositivo móvil, activa el Bluetooth y busca el módulo HC-06. Al pulsarlo te pedirá la contraseña, que por defecto es "1234".
5. Abre la app ArduDroid y, en el menú inferior, ve a **Connect to a Bluetooth device**. En el momento en que el led deje de parpadear querrá decir que los dispositivos están conectados. Puedes intentarlo varias veces, si falla.
6. Prueba a encender el led 13 de Arduino. Para ello, pulsando el número 13 pondremos este pin a HIGH.
7. En lugar de encender un led, podemos conectar un motor o cualquier otra cosa.
8. Puedes encontrar más información en *youtu.be/ftXTtba_CjU*. También puedes encontrar los planos de conexión de Arduino al módulo Bluetooth y el programa completo en la sección de descargas de la web *elprofegarcia.com*.

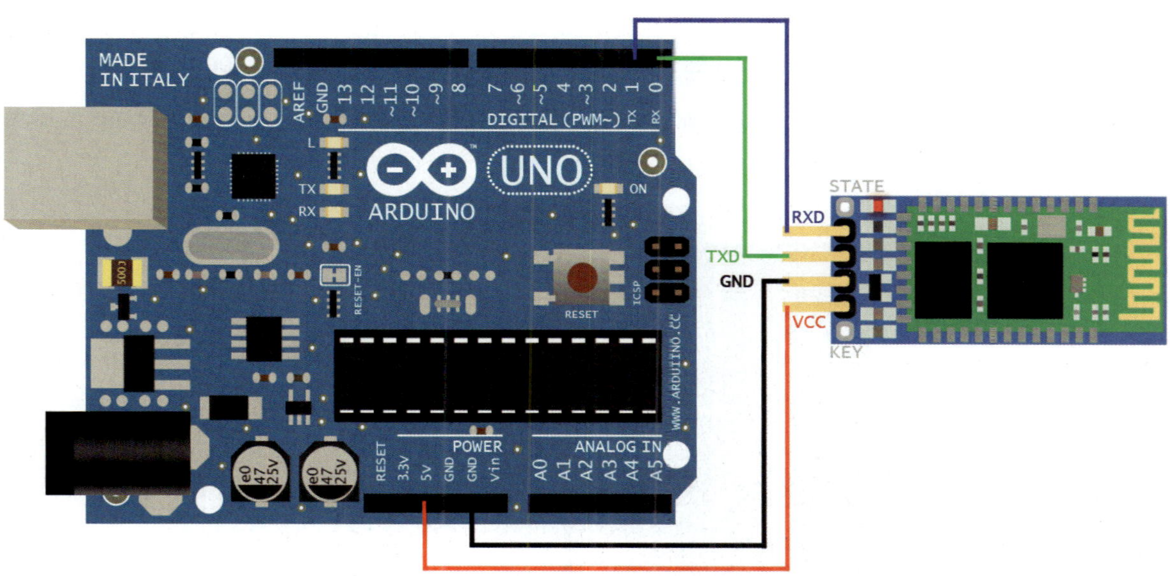

Fig. 44.

ACTIVIDADES DE REFUERZO

Después de estudiar el tema, realiza en tu cuaderno los siguientes ejercicios:

1. ✦ Explica qué diferencia hay entre controlar un robot con un ordenador y hacerlo desde un microcontrolador. ¿Qué ventajas e inconvenientes tiene cada uno?
2. ✦ Di si los siguientes elementos son automatismos o robots y explica por qué: máquina de café, sistema de aire acondicionado, calculadora, taladro eléctrico con regulador de velocidad, limpiaparabrisas, sistema de frenado ABS para vehículos, microondas, horno.
3. ✦✦ Explica qué es una tarjeta controladora, para qué sirve y de qué elementos consta.
4. ✦ ¿Qué diferencias existen entre un sistema de control de lazo abierto y uno de lazo cerrado? Pon un par de ejemplos.
5. ✦✦ Para cada uno de los siguientes sensores: LDR, sensor de humedad, sensor de ultrasonidos, sensor de infrarrojos.
   a. Describe brevemente su funcionamiento.
   b. Indica si se conecta a las entradas analógicas o digitales de la tarjeta.
   c. Dibuja su símbolo.
6. ✦✦✦ Explica el funcionamiento básico de una tarjeta controladora.
7. ✦✦✦ Explica en qué se diferencian un motor, un servomotor y un motor de rotación continua.
8. ✦✦✦ Enumera cuatro campos distintos de uso de los robots. Pon tres ejemplos de cada uno de ellos.
9. ✦✦✦ Dibuja un robot para transportar y colocar objetos en las estanterías de un almacén. Debe tener al menos diez grados de libertad.
10. ✦✦✦ En el dibujo del ejercicio anterior, señala todas las partes del robot: estructura, sensores, actuadores, garras, controlador y fuente de energía.
11. ✦✦ Explica en qué consisten las entradas y salidas analógicas y digitales de la placa Arduino y los rangos de voltaje.
12. ✦ Contesta las siguientes preguntas:
    a. Cuando vuelco un programa mediante el IDE de Arduino, ¿queda grabado en la tarjeta para la próxima vez que lo conecte?
    b. Si le conecto una batería externa, ¿seguirá funcionando?
    c. ¿Las respuestas a las preguntas anteriores serán iguales si ahora realizo la misma operación con el programa S4A?
13. ✦✦ Dibuja el siguiente circuito utilizando Fritzing. Para saber cómo funciona este programa, consulta el apartado "Practica paso a paso" (hojas con fondo rosa).

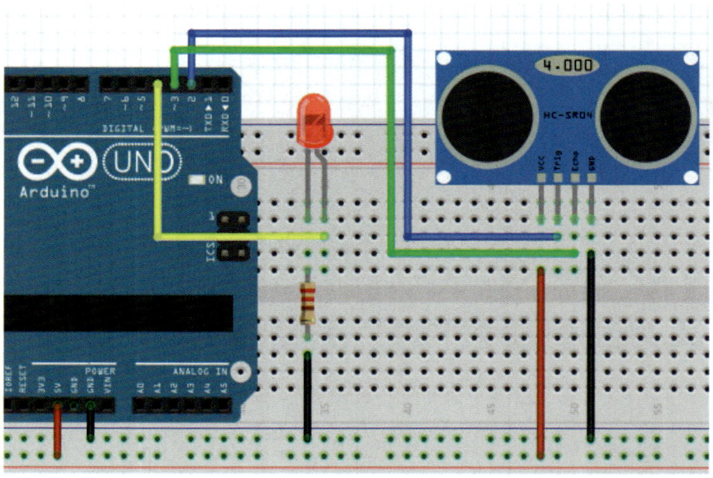

ACTIVIDADES DE AMPLIACIÓN

14. ✦✦ Simula el siguiente circuito utilizando 123D de Autodesk. Para saber cómo funciona esta aplicación, consulta el apartado "Practica paso a paso" (hojas con fondo rosa). El código es el de la práctica 4, que tienes en el CD virtual.

15. ✦✦ **Los ejemplos de Arduino.** Abre el IDE de Arduino. Ve a **Archivos / Ejemplos / 10.StarterKit_BasicKit / p06_ LightTheremin**. Explica qué hace ese programa.

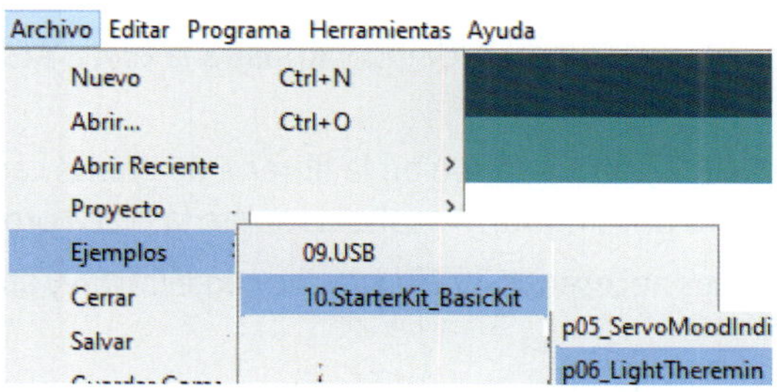

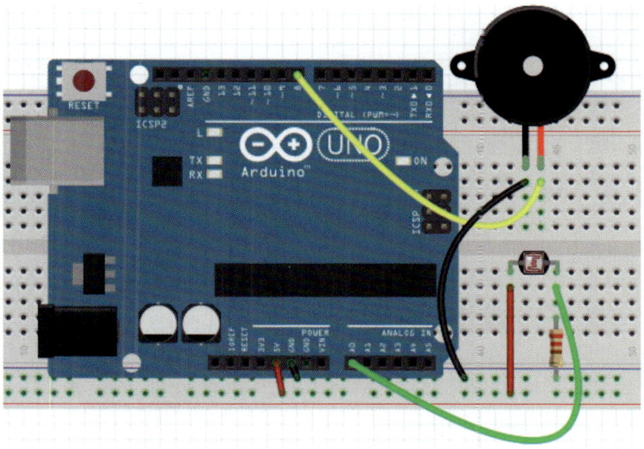

16. ✦✦ **Competición de sumo.** Basándote en las prácticas que has hecho en esta unidad, programa un robot para que participe en una competición de sumo. Deberá contar con al menos un sensor de ultrasonidos para poder localizar al otro contrincante (práctica 8), detectar el borde del tatami marcado con una franja negra (práctica 9) y mover dos motores (prácticas 5 y 7).

17. ✦✦ **La ventana inteligente.** Basándote en la prácticas 3 y 5 de la unidad, programa y construye un sistema que controle la persiana y el toldo de una casa, de forma que cuando salga el sol, la persiana suba y el toldo baje; y cuando anochezca, la persiana baje y el toldo suba. Guarda el archivo como **UD04_A17_nombreapellido.ino**.

18. ✦✦✦ **El termómetro.** Diseña, construye y programa un termómetro que muestre la temperatura ambiente por medio de un display LCD. Basándote en la práctica 3 de la unidad y sustituyendo el LDR por un termistor (por ejemplo, el LM35), captura la temperatura ambiente; la similitud reside en que ambos sensores emiten una señal analógica. Luego haz que se muestre en el display LCD. Guarda el archivo como **UD04_A18_nombreapellido.ino**.

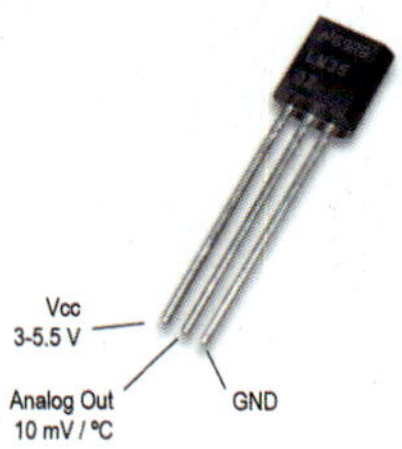

PRACTICA PASO A PASO: FRITZING

Práctica 1. Dibujar los montajes de Arduino con Fritzing

fritzing

Fritzing es un programa que permite crear esquemas eléctricos utilizando Arduino, para incluirlos en memorias técnicas y explicaciones, para realizar montajes posteriores o para conservar en papel los que se han realizado.

Podemos visualizar el esquema eléctrico real y el simbólico. En la opción **CODE** podemos cargar código, que se guardará como parte del proyecto. Y aunque Fritzing no permite simular, sí que permite ser usado como software de programación para Arduino.

Fritzing es software libre.

1. Entra en *fritzing.org*.
2. Ve a la opción **Projects** y selecciona un proyecto. Verás que todos ellos tienen un esquema eléctrico (realizado con Fritzing) y también fotografías del montaje. En este apartado puedes buscar proyectos que te gusten para llevarlos a cabo con tu placa Arduino.
3. Ve a la opción **Download** y descarga el programa, en la versión correspondiente al sistema operativo que tengas. Una vez descargado el programa, sigue los pasos necesarios para su instalación y ábrelo.
4. Selecciona la opción **Protoboard** del menú superior. Aparecerá una placa protoboard en la pantalla.
5. En el menú de la derecha, pulsa el logotipo de Arduino y arrastra la placa Arduino Uno hacia la pantalla.
6. En el mismo menú, selecciona **CORE** y ve eligiendo en la librería de piezas cada una de las piezas que componen el circuito de la figura. Arrástralas sobre la placa protoboard.
7. Une los componentes con los cables necesarios, haciendo clic con el ratón y arrastrando de uno a otro.
8. Cuando colocas una resistencia sobre la placa protoboard, puedes configurar sus valores en el **Inspector** de piezas que tienes debajo de la librería. Esto sirve también para los demás componentes.
9. Si quieres que los cables queden por fuera, puedes hacer clic con el botón derecho sobre ellos y elegir la opción **Añadir un punto de doblez**. También puedes elegir que los cables sean de distintos colores.
10. Selecciona la opción **Esquema** para ver el esquema eléctrico simbólico.
11. Cuando acabes, guarda el archivo como **UD04_Fritzing_nombreapellido.fzz**.

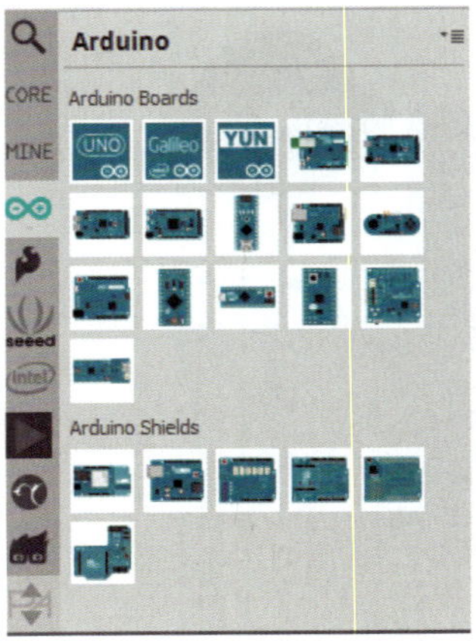

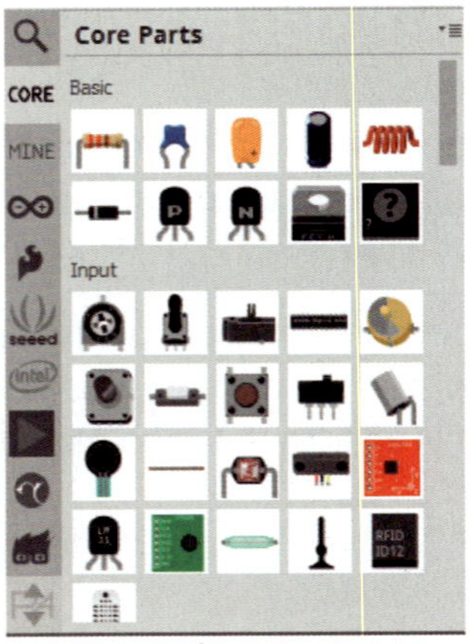

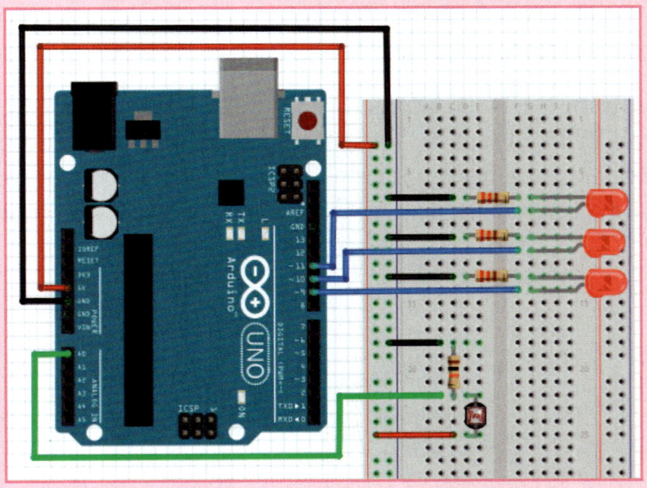

PRACTICA PASO A PASO: 123D

Práctica 2. Simulación de circuitos y Arduino con 123D

123D de Autodesk es una aplicación web que permite crear y simular proyectos de Arduino. Con ella puedes dibujar esquemas eléctricos reales (como hemos hecho con Fritzing en la práctica anterior) y ponerlos en funcionamiento con el código correspondiente. Los proyectos se guardan en la nube y se comparten con otros usuarios.

1. Entra en *123d.circuits.io* y regístrate.
2. Una vez dentro de tu cuenta, puedes ver un vídeo introductorio.
3. Selecciona la opción **New Electronics Lab**. En la sección **What others are doing** puedes seleccionar proyectos que otros han llevado a cabo y, con la opción **Duplicate**, editarlos. También tienes la opción **Explore** en el menú superior para la misma función.
4. En la sección **Learn** tienes pequeñas lecciones de electrónica que se publican semanalmente.
5. Haz clic en **Create** y elige **Open Electronics Lab Hub**.
6. Con la opción **Components**, ve creando el circuito de la figura, que corresponde a la práctica 3 de la unidad.
7. Con la opción **Code Editor** se abrirá en la parte inferior de la pantalla el editor de código. Copia el código del archivo **UD04_P3_programa.pdf** que tienes en el CD virtual y pégalo en el editor.
8. Una vez pegado, haz clic en **Upload & Run** para cargar el programa. Si hay algún error en el código, lo detectará.
9. Haz clic en **Start Simulation** y comenzará la simulación de tu proyecto.
10. El LDR aparecerá entonces con una barra indicadora del nivel de luz, que puedes mover para simular el funcionamiento.

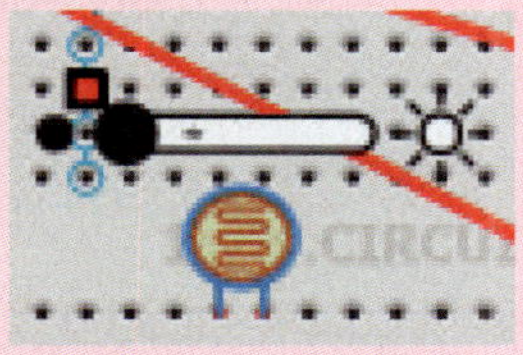

11. **Serial Monitor** es la simulación del monitor serie. Puedes sacarlo y ver cómo varía la intensidad luminosa cuando varía la intensidad que capta el LDR.
12. No es necesario que guardes el proyecto; se queda guardado en la nube y podrás acceder a él cada vez que entres en tu cuenta.

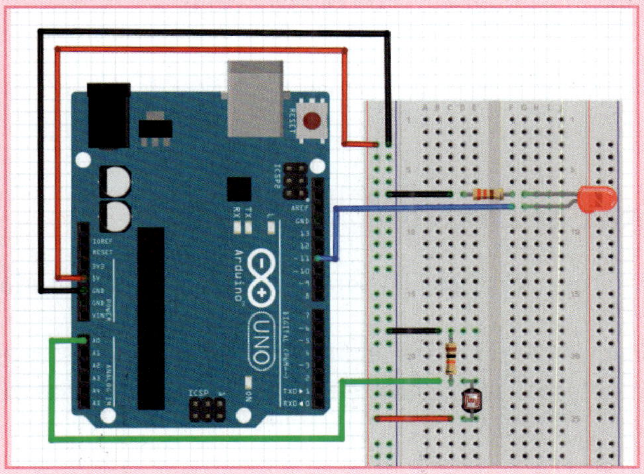

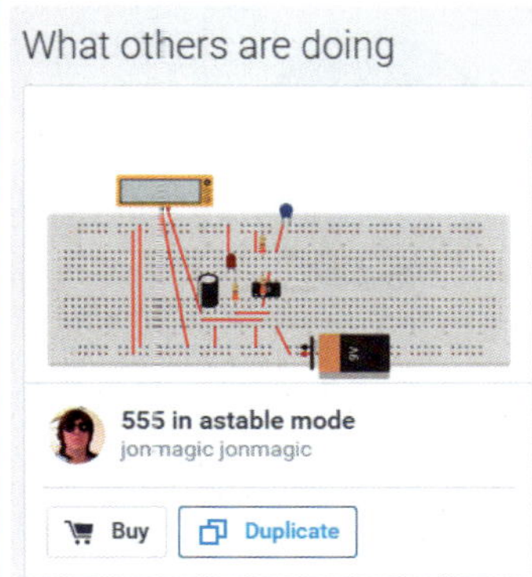

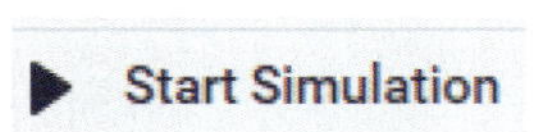

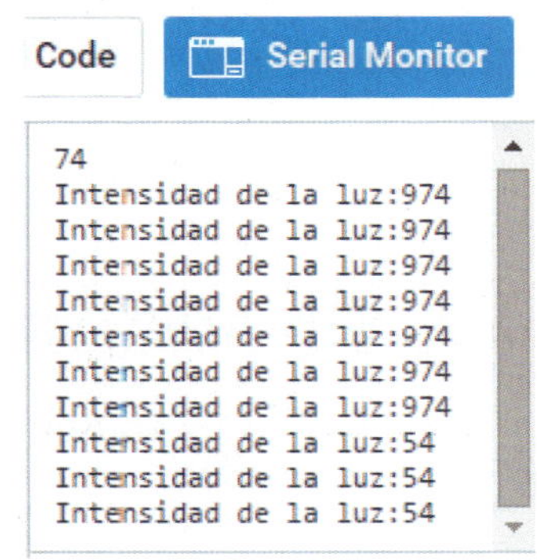

ACTIVIDADES MULTIMEDIA

1. Test de programación y robótica

Abre en la unidad 4 del CD virtual el ejercicio **UD04 01 Test de la unidad** y comprueba tus conocimientos. Sólo una respuesta es válida en cada pregunta. Repite el test hasta que obtengas por lo menos un 80% de aciertos.

2. Aprende el vocabulario de la unidad

Abre en la unidad 4 del CD virtual el ejercicio **UD04 02 Glosario**. En él aparecen las palabras del glosario y su definición.

Conéctalas en el orden adecuado. Repite el ejercicio hasta que todas las conexiones sean correctas.

3. Partes de un robot

Abre en la unidad 4 del CD virtual el ejercicio **UD04 03 Partes de un robot**.

Elige el nombre que corresponde a cada parte del robot. Repite el ejercicio hasta que todas las conexiones sean correctas.

4. Fragmentos de un programa

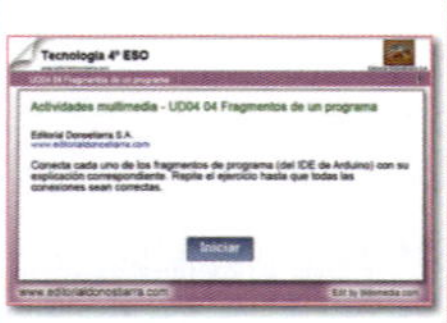

Abre en la unidad 4 del CD virtual el ejercicio **UD04 04 Fragmentos de un programa**.

Conecta cada uno de los fragmentos de programa (del IDE de Arduino) con su explicación correspondiente. Repite el ejercicio hasta que todas las conexiones sean correctas.

5. Sensores, actuadores y tarjetas de control

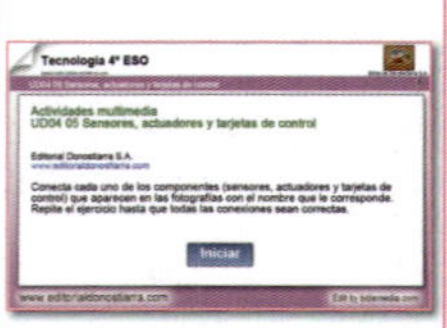

Abre en la unidad 4 del CD virtual el ejercicio **UD04 05 Sensores, actuadores y tarjetas de control**.

Conecta cada uno de los componentes (sensores, actuadores y tarjetas de control) que aparecen en las fotografías con el nombre que le corresponde. Repite el ejercicio hasta que todas las conexiones sean correctas.

ACTIVIDADES EN INTERNET

1. Compartir proyectos en Fritzing y 123D

Tanto en Fritzing como en 123 D puedes compartir tus proyectos y ver lo que otros han compartido.

1. Abre un procesador de texto y crea un documento nuevo en blanco.
2. Entra en *fritzing.org/home*. Ve a la opción **Projects** y busca un montaje que te resulte interesante. Explícalo en el documento de texto.
3. Entra en *123d.circuits.io*. Ve a la opción **Learn** y mira qué lecciones se han publicado esta semana. Elige una y resume su contenido en el documento de texto.
4. Guarda el archivo como **UD04_Internet1_nombreapellido**.

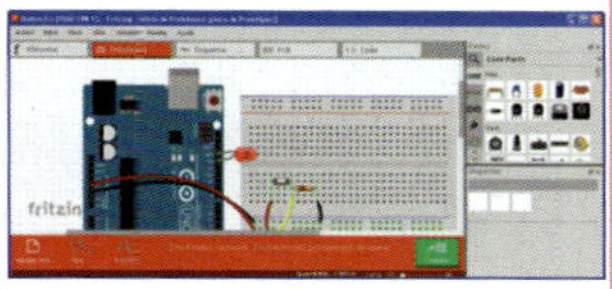

AUTODESK
123D CIRCUITS

2. Conferencias y ponencias de Alcabot (Universidad de Alcalá)

1. Entra en YouTube y haz la búsqueda "AlcabotUAH". Te aparecerá entre los resultados el siguiente canal: *www.youtube.com/user/AlcabotUAH*.
2. Selecciona el vídeo de alguna de las ponencias educativas o aplicaciones y visualízalo. Cada uno de tus compañeros de clase visualizará uno distinto.
3. Redacta en un documento de texto una breve explicación para toda la clase, de menos de un minuto, en la que expliques en qué consiste la experiencia que has visto.
4. Guarda el archivo como **UD04_Internet2_nombreapellido**.

ALCABOT

3. Tipos de controladoras Arduino

1. Las prácticas que hemos descrito en esta unidad están hechas con la placa Arduino UNO, pero hay una gran cantidad de versiones distintas de placas Arduino.
2. Busca en Internet información para redactar un breve resumen sobre las siguientes placas: Mega, Leonardo, Due, Yún, Micro, Explora, Ethernet, Mini.
3. Guarda el archivo como **UD04_Internet3_nombreapellido**.

4. Control de un motor con un puente en H

1. Abre un procesador de texto y crea un documento nuevo en blanco.
2. Busca en Internet qué es un puente en H y para qué sirve. Puede serte útil la siguiente página web: *platea.pntic.mec.es/~mhidalgo/documentos/10_manejo_de_motores_CC_con_arduino.pdf*.
3. Explícalo en el documento de texto.
4. Guarda el archivo como **UD04_Internet4_nombreapellido**.

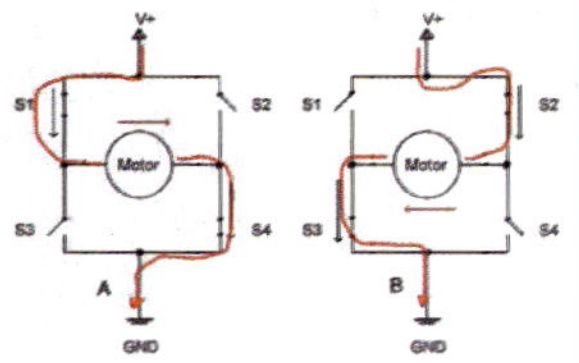

Direcciones de interés

- *elprofegarcia.com* Estupenda web con gran cantidad de prácticas de Arduino, desde las más básicas hasta las más complejas y originales.
- *diymakers.es* Web con manuales avanzados de Arduino, Raspberry, Processing...
- *www.ardumania.es/aprende* Página con prácticas, tutoriales y manuales de Arduino.
- *www.arduino.cc* Web oficial de Arduino, con foros, comunidades de aprendizaje, etc.

5 Tecnologías de la información y la comunicación

Mira a tu alrededor e imagínate cómo sería el mundo sin los medios de comunicación que ahora tenemos. En la actualidad, podemos ver en nuestro teléfono móvil, en tiempo real, un acontecimiento deportivo que tiene lugar al otro lado del planeta, podemos acceder a información de cualquier universidad del mundo a través de nuestro ordenador sin movernos de nuestra habitación...

Desde la invención del telégrafo y el teléfono en el siglo XIX, las telecomunicaciones han aprovechado la revolución de la electrónica para conseguir avances impensables para nuestros abuelos.

En este tema vamos a estudiar cómo funcionan los sistemas de telecomunicación actuales, sus principios físicos, sus infraestructuras y hacia dónde se dirigen los avances tecnológicos.

OBSERVA Y EXPERIMENTA

Descubre tus conocimientos previos contestando en tu cuaderno a las siguientes actividades:

EN EL AULA

1. ✦ ¿Cuáles son los elementos que componen un sistema de comunicación?
2. ✦ Escribe en tu cuaderno palabras que asocies con las telecomunicaciones.
3. ✦✦ Indica cuál es la diferencia entre la televisión analógica y la televisión digital.
4. ✦✦✦ ¿En qué se diferencian un teléfono inalámbrico y un teléfono móvil?
5. ✦✦ Cuando tenemos un equipo de música encendido o los altavoces del ordenador conectados y hay cerca un teléfono móvil encendido, poco antes de recibir un mensaje o una llamada se oyen unas interferencias en el equipo o el ordenador. ¿A qué crees que es debido?
6. ✦✦ En un aparato de radio, ¿qué significan las siglas AM y FM? ¿Por qué se escucha con mayor calidad la FM?
7. ✦✦✦ ¿Por qué en un zoo se oyen desde muy lejos los rugidos de los leones? ¿Por qué en los conciertos al aire libre lo que más se oye desde lejos son los sonidos graves?
8. ✦ Piensa cuál es el medio de transmisión en los siguientes sistemas de comunicación:
   - Las señales de humo de los indios americanos
   - Los tambores utilizados por algunas tribus de África
   - El sónar de un submarino, como los que vemos en las películas de guerra
   - Un faro costero, que avisa a los barcos de la presencia de rocas

EN EL TALLER

9. ✦ Desmonta un teléfono móvil viejo y trata de identificar sus partes. Anota sus nombres en tu cuaderno.
10. ✦✦✦ Utilizando un trozo de papel de aluminio, envuelve un teléfono móvil completamente. Seguidamente, realiza una llamada a ese teléfono. ¿Qué sucede? ¿Por qué crees que ocurre? Realiza pruebas con otros teléfonos móviles y con otros materiales (papel, plástico...). Luego repite esta prueba introduciendo el teléfono en un horno microondas (¡sin encender el horno!). ¿Qué sucede? ¿Por qué?

EN EL ORDENADOR

11. ✦ Entra en Internet y averigua quiénes inventaron el teléfono, el telégrafo, Internet y el teléfono móvil.
12. ✦ Abre en la unidad 5 del CD virtual el ejercicio **UD05 0A Elementos de comunicación** y elige el nombre que se corresponde con cada una de las imágenes que aparecen en pantalla. Anota en tu cuaderno el número de fallos y de aciertos que hayas tenido al finalizar este ejercicio interactivo.
13. ✦✦✦ Busca en Internet información sobre las mejoras aportadas por la TDT (televisión digital terrestre) respecto a la señal de televisión analógica tradicional.
14. ✦✦ Busca en Internet información sobre Arpanet.

1. Comunicación alámbrica e inalámbrica

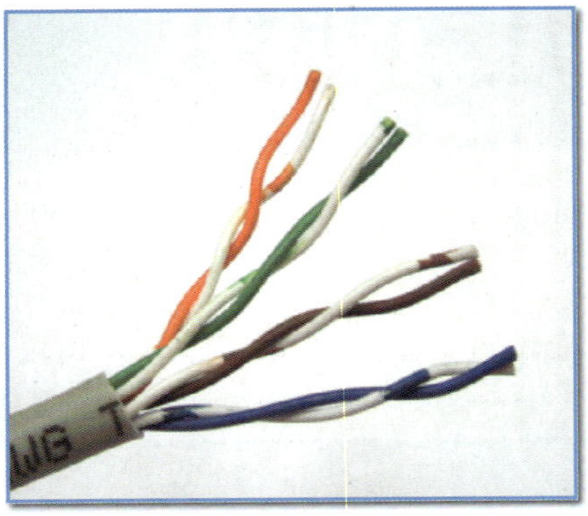

Fig. 1. Cable de pares trenzados.

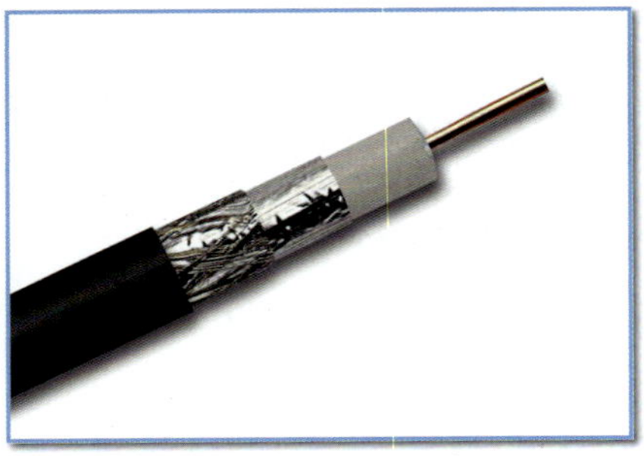
Fig. 2. Cable coaxial.

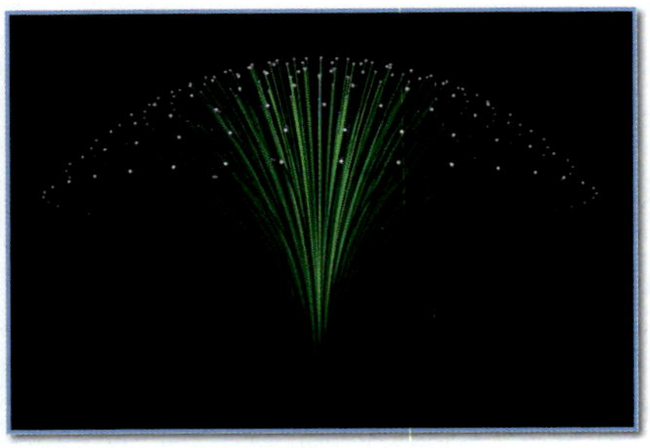
Fig. 3. Fibra óptica.

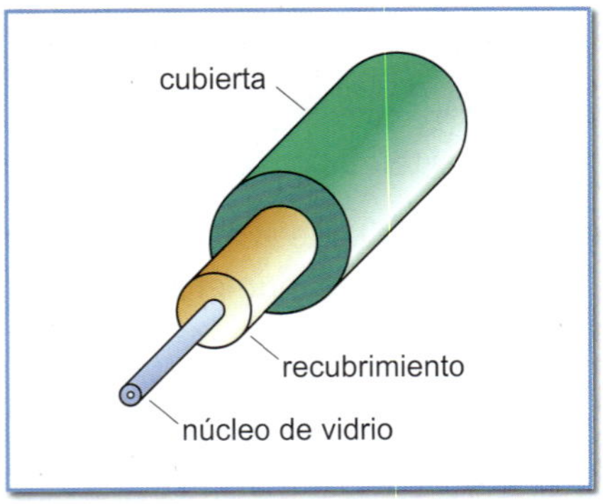

Fig. 4. Esquema de la fibra óptica.

En todo proceso de comunicación se transmite información. En función del medio o canal por el que se envíe esta información, podemos clasificar los sistemas de telecomunicaciones en **alámbricos** e **inalámbricos**.

La **comunicación alámbrica** necesita de un soporte físico para transmitir las señales, como los cables o la fibra óptica, mientras que la **comunicación inalámbrica** no precisa de soporte físico alguno, puesto que en ella se utilizan ondas electromagnéticas.

Ambos medios de transmisión presentan algunas ventajas y algunos inconvenientes. Podemos resumirlos así:

- La comunicación alámbrica es más resistente frente a las interferencias.
- La comunicación inalámbrica permite llegar más lejos; por ejemplo, mediante la utilización de satélites.
- La comunicación alámbrica precisa de una infraestructura física (cableado).
- En la comunicación inalámbrica es más complicado proteger la transmisión de datos ante posibles intrusos.

En la comunicación alámbrica, los medios más comúnmente usados son:

- **Cable de pares trenzados.** Está formado por pares de hilos de cobre, aislados y trenzados para reducir interferencias.
- **Cable coaxial.** Está formado por un hilo conductor interior de cobre o aluminio, denominado *núcleo*, y una malla conductora exterior separada del núcleo por un material aislante. El efecto de apantallamiento hace estos cables más resistentes ante las interferencias.
- **Fibra óptica.** Está constituida por un núcleo de fibra de vidrio, por el que viaja la señal luminosa, y un recubrimiento exterior que se ocupa de que no escape la luz al exterior. En ella no se transmiten señales eléctricas sino luz, por lo que es muy resistente a las interferencias electromagnéticas. Permite un alto número de comunicaciones con un menor grosor de cable.

En las telecomunicaciones inalámbricas, el aire es el medio en el que se transmiten las ondas electromagnéticas. Los mecanismos de propagación más usados son:

- **Ondas de radio.** Son las utilizadas en la emisión de radio y televisión con antenas omnidireccionales. Son sensibles a las interferencias. Casos particulares de las ondas de radio especialmente interesantes son:
  - **Microondas.** Son un caso particular de ondas de radio con alta frecuencia, lo que hace que la señal sea direccional, es decir, el receptor y el emisor deben tener un enlace visual. Son las que se suelen utilizar en las comunicaciones por satélite.
  - **Bluetooth.** Se trata de un protocolo de comunicaciones diseñado especialmente para dispositivos de bajo consumo, con una cobertura baja mediante un enlace por radiofrecuencia en la banda de los 2,4 GHz.
  - **Wi-Fi.** Es una tecnología de conexión inalámbrica que permite conectar distintos equipos electrónicos, como portátiles, videoconsolas y teléfonos móviles.
- **Ondas infrarrojas.** Se utilizan para distancias cortas y sin obstáculos (mandos a distancia de televisores, equipos de música, etc.).

2. Modulación de la señal inalámbrica

Como ya hemos indicado, las comunicaciones inalámbricas tienen lugar mediante el envío y la recepción de ondas electromagnéticas que se propagan por el espacio. Para ello, antes se debe codificar la información que se va a transmitir en las ondas. Veamos cómo se lleva a cabo este proceso.

Características de una onda

Las magnitudes fundamentales de una onda son las siguientes:

- **Longitud de onda (λ).** Es el espacio recorrido por una onda en un ciclo completo. Se mide en metros (m).
- **Amplitud (*A*).** Es el valor máximo que alcanza la onda.
- **Frecuencia (*f*).** Es el número de veces que oscila la onda por segundo. Se mide en hercios (Hz).
- **Período (*T*).** Es el inverso de la frecuencia, es decir, el tiempo que tarda la onda en hacer un ciclo completo. Se mide en segundos (s).

Las ecuaciones que rigen las ondas son las siguientes:

$$f = \frac{1}{T} \qquad \lambda = c \cdot T$$

Como las ondas electromagnéticas viajan a la velocidad de la luz (*c*), que permanece siempre constante ($c = 300.000$ km/s), cuanto mayor sea la frecuencia, menor será la longitud de onda.

Espectro electromagnético

Como acabamos de ver, una onda viene determinada por su frecuencia. El conjunto de todas las ondas electromagnéticas existentes, ordenadas según su frecuencia, es lo que se conoce como **espectro electromagnético**.

En el espectro podemos ver que las ondas se agrupan en bandas de frecuencia según sus aplicaciones, desde las ondas de radio, en la zona de bajas frecuencias, hasta los rayos X y los rayos gamma, de alta energía.

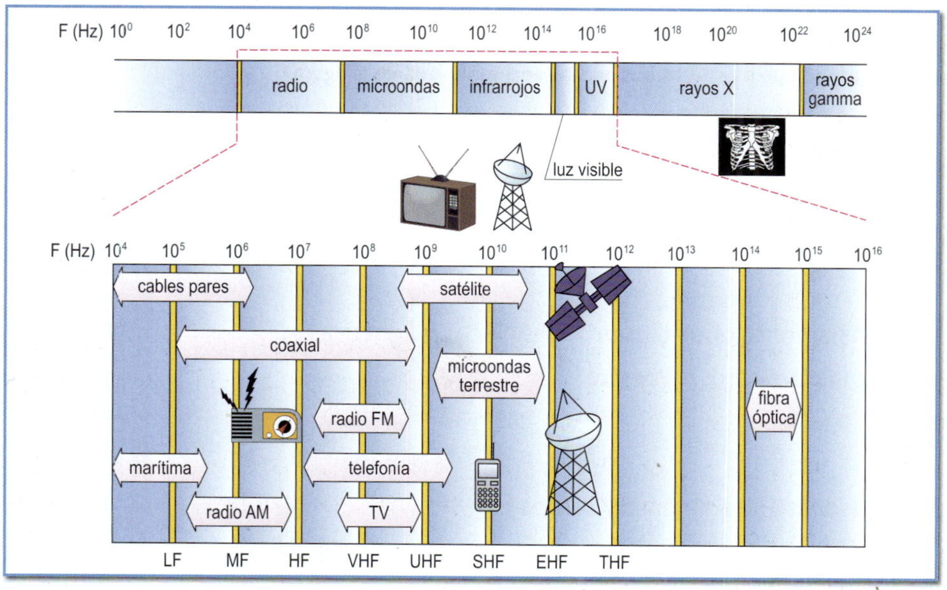

Fig. 7. El espectro electromagnético.

Para saber más

Es posible la digitalización de las señales que se envían como ondas electromagnéticas. Para ello se realiza un muestreo de la onda y se toman una serie de valores concretos. Cuantos más valores se tomen, más exacta será la información. Posteriormente estos números se codifican en binario.

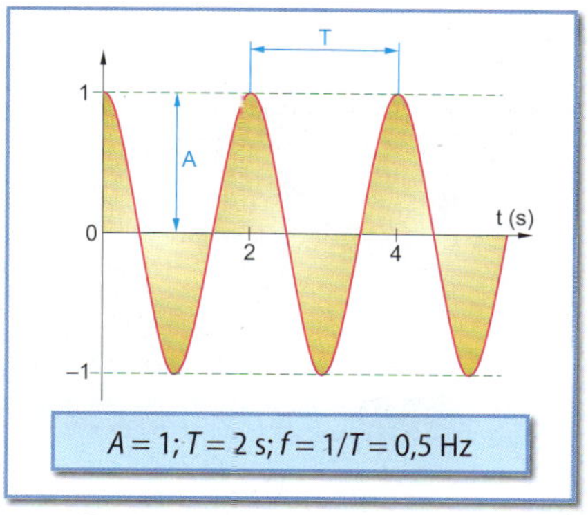

Fig. 5. Magnitudes de una onda.

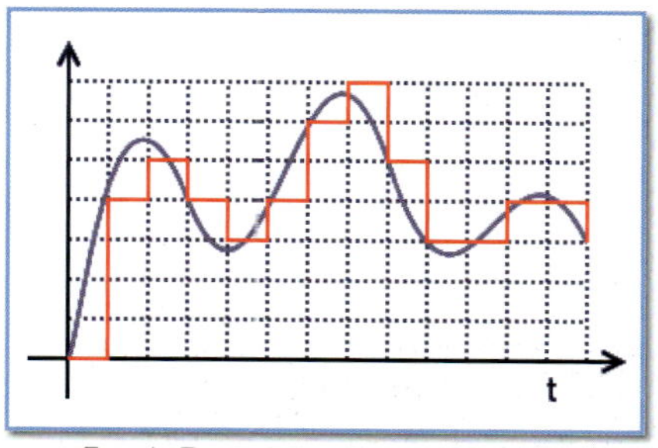

Fig. 6. Digitalización de las ondas.

Para saber más

La unidad de medida de la frecuencia es el **hercio** (Hz), que corresponde a una oscilación por segundo. Sus múltiplos más usados son:

1 kHz = 1.000 Hz

1 MHz = 10^6 Hz

1 GHz = 10^9 Hz

1 THz = 10^{12} Hz

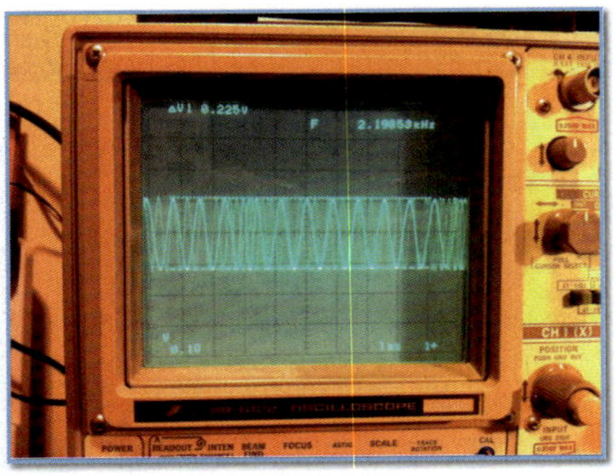

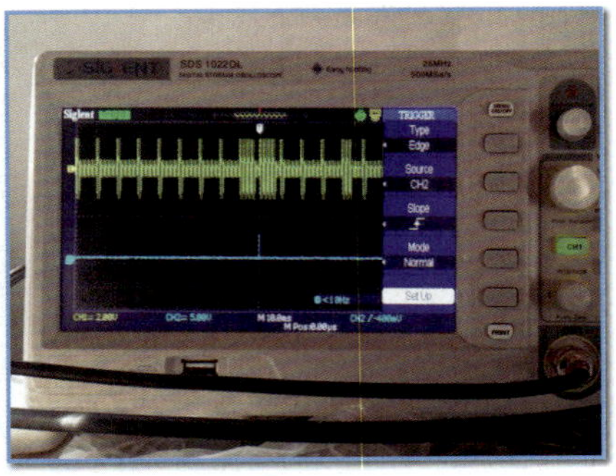

Modulación

Las ondas de sonido audibles para el ser humano tienen una frecuencia muy baja. Para poder ser transmitidas, estas ondas modifican la forma de otras ondas de mayor frecuencia, las cuales son denominadas *portadoras* (porque es como si se "subiera" una onda en la otra). Al viajar a la velocidad de la luz, se aumenta la velocidad de transmisión al máximo que permiten las leyes físicas.

Una **onda portadora** es una onda que se genera con el fin de ser transmitida a distancia y que se encarga de transportar la información hasta el receptor.

Una **onda moduladora** es una onda que codifica la información y modifica la forma de la portadora (modula a la portadora).

A la onda obtenida al combinar la portadora y la moduladora se la denomina **señal modulada**.

Existen dos tipos de modulación de la onda portadora:

- **Modulación en amplitud (AM).** La onda moduladora modifica la amplitud (el "tamaño") de la portadora.
- **Modulación en frecuencia (FM).** La onda moduladora modifica la frecuencia de la portadora.

La modulación en amplitud es más sencilla técnicamente que la modulación en frecuencia, pero la FM permite codificar más información que la AM y además es menos sensible a las interferencias. La FM permite un mayor ancho de banda, pero obliga a utilizar frecuencias mayores que las de la AM.

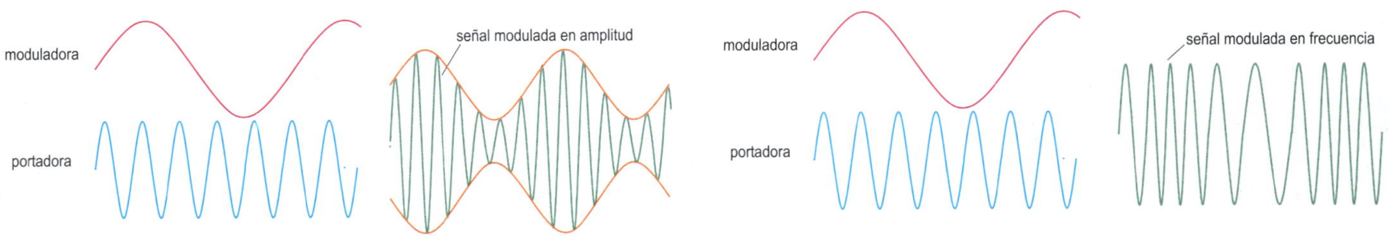

Modulación en amplitud. La onda moduladora se suma a la portadora, de manera que cuando la amplitud de la moduladora es mayor, aumenta la **amplitud** de la portadora, con lo que se obtiene la señal modulada de la figura. En los puntos en que la amplitud de la moduladora disminuye (valores negativos), se resta el valor, de modo que baja la de la señal modulada.

Modulación en frecuencia. La onda moduladora se combina con la portadora, de manera que cuando la amplitud de la moduladora es mayor, aumenta la **frecuencia** de la portadora, mientras que baja la frecuencia cuando la amplitud de la moduladora disminuye, con lo que se obtiene la señal modulada de la figura.

Fig. 8. Modulación.

EJERCICIOS

1. ✦ Haz una tabla en tu cuaderno y recoge en ella las ventajas y los inconvenientes de las comunicaciones alámbricas frente a las inalámbricas.
2. ✦✦ Indica tres medios de comunicación inalámbrica que no usen ondas electromagnéticas.
3. ✦✦ ¿Qué tipo de cable utilizarías en los siguientes casos? ¿Por qué?
   - Teléfono fijo entre dos viviendas
   - Recepción de televisión
   - Comunicación entre millones de personas entre América y Europa
4. ✦✦ Calcula la longitud de onda de un teléfono móvil, sabiendo que su frecuencia es de 2,4 GHz y conociendo el valor de la constante c = 300.000 km/s (velocidad de la luz).

3. Radiodifusión

Se denomina **radiodifusión** a la transformación de señales sonoras en eléctricas para su posterior envío a través del espacio aéreo mediante ondas electromagnéticas.

Para la radiodifusión se necesitan un **micrófono** que transforme las señales sonoras en eléctricas, un **modulador** que codifique esta información en una onda portadora y un **amplificador** que aumente la potencia de la señal para poder ser enviada al espacio a través de una **antena**.

La recepción de la señal requiere el proceso inverso: una **antena** para recibir la señal, un **sintonizador**, un **demodulador** que separe la información de la moduladora de la portadora, un **amplificador** que aumente la potencia de la señal recibida y, finalmente, un **altavoz** que transforme la señal eléctrica en sonido. La sintonización consiste en seleccionar la frecuencia de la emisora que queremos escuchar.

Fíjate

La frecuencia que seleccionamos con el dial de la radio se corresponde con la frecuencia de la portadora que utiliza la emisora. Esta frecuencia de utilización debe ser autorizada por el Gobierno.

La emisión de radio se agrupa en bandas de frecuencia:

Banda	Frecuencia
VLF (navegación marítima)	3-30 kHz
LF (navegación marítima y aérea)	30-300 kHz
MF (radiodifusión AM)	300-3.000 kHz
HF (radiodifusión FM, televisión)	3-30 MHz
VHF (TV, radiodifusión FM)	30-300 MHz

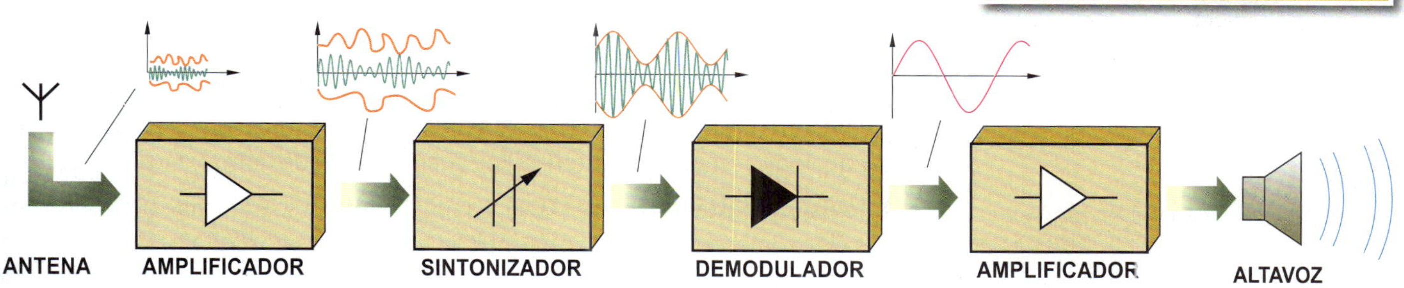

Fig. 9. Proceso de recepción de la radio.

4. Televisión

La principal dificultad técnica de la **televisión** se encuentra en el hecho de que, aparte de sonido, hay que codificar, enviar y reproducir imágenes. Los televisores cuentan con un sistema de decodificación de la señal recibida, que separa la información de sonido de la información de imagen. Posteriormente, esa imagen es reproducida en una pantalla.

En la actualidad, existen tres modos de reproducir las imágenes recibidas en una pantalla: plasma, LCD y LED (el tubo de rayos catódicos, CRT, se encuentra en desuso, aunque lo estudiaremos).

- **Tubo de rayos catódicos.** Los televisores de tubo de rayos catódicos (**CRT**), aunque ya apenas se utilizan, incorporan una tecnología muy interesante para estudiar. La pantalla estaba compuesta por **puntos fosforescentes** que se iluminaban al recibir el impacto de un electrón. Mediante un sistema de bobinas, se dirigían tres **haces de electrones** hacia la pantalla, en la que existían puntos de tres colores básicos, de manera que, iluminando correctamente cada uno, se podía conseguir toda la gama de colores y luminosidades. Para asegurar que cada haz impactara en el punto correcto, se interponía una rejilla llamada **máscara de sombra**.
- **Plasma.** Una pantalla de plasma está compuesta por celdas inmersas en un **gas** que se iluminan al recibir una descarga eléctrica. Esta descarga se produce individualmente en cada celda mediante un **electrodo**, por lo que es posible controlar los colores y la intensidad de cada píxel y así generar la imagen deseada.

¿Sabías que...?

Las televisiones de **tubo de rayos catódicos** (CRT) no podían ser planas, puesto que el ángulo máximo que se consiguió para la deflexión de los electrones que impactaban en la pantalla era de 110°.

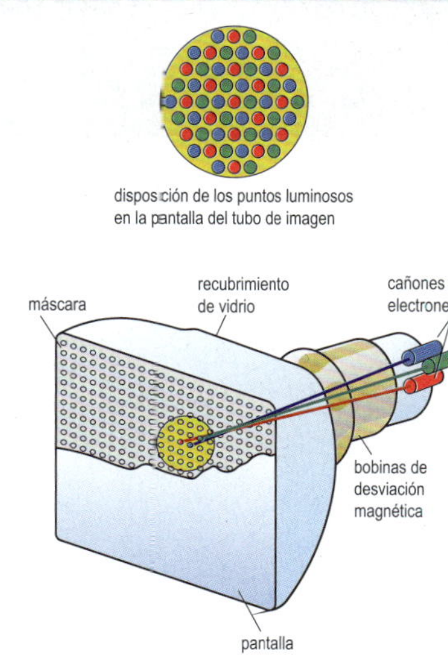

Fig. 10. Esquema de una pantalla CRT.

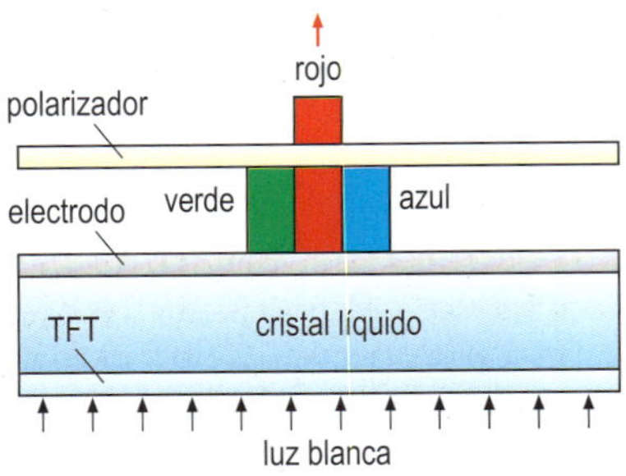

Fig. 11. Esquema de una pantalla LCD.

Fig. 12. Pantalla LED.

Fíjate

La **televisión de alta definición** (HD) utiliza 1.080 líneas en lugar de las 625 tradicionales de los CRT, por lo que la resolución de las imágenes es mucho mayor y, por tanto, aumenta la calidad.

- **Cristal líquido (LCD).** La tecnología de cristal líquido está basada en la característica física de este material, el cual está formado por partículas que se orientan dependiendo de la intensidad de corriente aplicada, lo cual permite el paso de luz en mayor o menor medida. En la **tecnología TFT**, cada píxel de la pantalla está controlado por un transistor, que define la luminosidad y el color correspondiente a cada uno.

  Una variante de las pantallas TFT son las que utilizan la **tecnología LED**, en las cuales la iluminación de la pantalla, en lugar de utilizar luz fluorescente, se lleva a cabo individualmente, píxel a píxel, mediante el uso de diodos LED, con lo que aumentan la precisión y el contraste de la imagen y disminuye el consumo eléctrico.

- **Otras tecnologías.** Actualmente ya existen televisores en los que se pueden ver imágenes en 3D. Para ello, los programas se han tenido que grabar usando varias cámaras y a la hora de visualizarlos es preciso utilizar unas gafas especiales. Existen sistemas 3D que no requieren el uso de gafas, pero aún no son económicamente rentables. También se comercializan pantallas curvas, las cuales mejoran la experiencia de visualización.

Medios de transmisión de televisión

Hoy en día existen varios medios de difusión de la señal de televisión:

- **Televisión analógica.** En ella, las imágenes se emiten por señales radioeléctricas analógicas mediante antenas. En España se dejó de utilizar en el año 2010.
- **Televisión digital terrestre (TDT).** La señal también se transmite utilizando ondas electromagnéticas, pero éstas no son analógicas sino digitales, con lo cual se pueden aumentar la información contenida en la señal, el número de emisoras y la resistencia a las interferencias.
- **Televisión por cable.** La señal se transporta mediante cables, sin necesidad de antenas. Hoy en día es normal que este servicio se ofrezca también conjuntamente con Internet.
- **Televisión por satélite.** La señal se envía desde la emisora a un satélite, el cual se encarga de propagarla. La recepción se lleva a cabo mediante antenas parabólicas.

EJERCICIOS

5. ✦✦ ¿Qué estamos seleccionando en el dial de una radio cuando elegimos el 102,7 de la FM?
6. ✦ ¿Por qué consume menos energía una pantalla LED que una pantalla LCD?
7. ✦ Indica qué ventajas tienen los canales de TDT frente a los analógicos.
8. ✦✦ Haz un dibujo esquemático del proceso de la televisión, desde que se graba una imagen en directo en un estudio hasta que llega al televisor de casa.
9. ✦✦✦ ¿Por qué en la televisión se presentan en pantalla 25 imágenes por segundo?

5. Telefonía fija

La **telefonía** es un sistema que permite la comunicación bidireccional de voz mediante la transformación del sonido en una señal eléctrica (a través de un micrófono) que después es transformada de nuevo en sonido en el receptor (por un altavoz).

Actualmente, el envío de señales telefónicas se lleva a cabo mediante cable de fibra óptica para largas distancias, aunque las instalaciones domésticas y locales siguen siendo de pares de cobre. Para unir los continentes se utilizan cables submarinos que deben ser capaces de transmitir miles de llamadas simultáneas.

¿Sabías que...?

En el siglo XX, la comunicación por teléfono requería la intervención de operadores humanos, que eran los que ponían en comunicación, mediante cables, a las personas que se comunicaban.

Proceso de comunicación por teléfono

Al teclear un número de teléfono, el código numérico sirve para direccionar la llamada al destino correcto. Así, los primeros dígitos indican si se trata de una llamada nacional o al extranjero, y los siguientes corresponden al área metropolitana específica dentro del país de destino. El área metropolitana puede estar dividida en zonas más pequeñas de la ciudad, de modo que los últimos cuatro dígitos corresponden normalmente al abonado de destino.

Actualmente, la mayoría de las compañías telefónicas funcionan con el llamado **sistema de voz sobre IP**, en el cual se envía la señal de voz en forma digital a través de Internet, en paquetes de datos, en lugar de enviarla analógicamente.

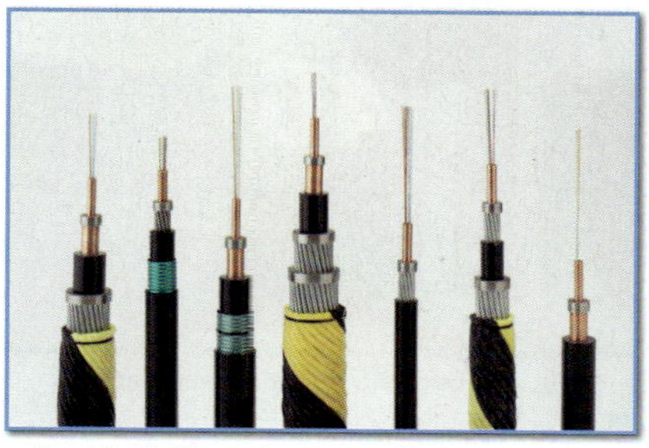

Fig. 13. Cables submarinos. En la actualidad, son de fibra óptica y deben llevar una gran protección contra el agua del mar.

6. Telefonía móvil

El **teléfono móvil**, a diferencia del fijo, no necesita cableado alguno para enviar la señal eléctrica, sino que utiliza ondas de radio a la hora de establecer la comunicación hasta el receptor.

Fíjate

Un **teléfono inalámbrico** no puede considerarse un teléfono móvil porque necesita una base fija, conectada al cable telefónico, para poder establecer la comunicación con el receptor.

Generaciones de la telefonía móvil

- **Primera generación (1G).** Los primeros teléfonos móviles eran analógicos y trabajaban a una frecuencia de 900 MHz.
- **Segunda generación (2G).** Se basa en el sistema **GSM** (*global system for mobile communications*), trabajando con señales digitales y con frecuencias de 900 a 1.800 MHz.
- **Generación 2.5 (2.5G).** Es una generación de transición en la que se incorpora el sistema **GPRS** (*general packet radio service*), que permite el envío de mensajes multimedia y el acceso a páginas web diseñadas específicamente para móviles.
- **Tercera generación (3G).** Se basa en la tecnología **UMTS** (*universal mobile telecommunications system*), que aumenta la velocidad de transmisión de datos y permite así la videoconferencia, la conexión completa a Internet y la televisión.
- **Cuarta generación (4G).** Es la última tecnología, basada en el estándar **LTE** (*long term evolution*), cuyas especificaciones implican alcanzar tasas de comunicación superiores a 100 Mb en movimiento y hasta picos de 1 Gb con el teléfono en una posición fija.

Fig. 14. Antena repetidora de telefonía móvil.

¿Sabías que...?

Graham Bell patentó el **teléfono**, pero el verdadero inventor fue **Antonio Meucci**, el cual no pudo patentarlo por falta de dinero. El 11 de junio del 2002, el Congreso de los Estados Unidos aprobó una resolución por la que se reconocía que el inventor del teléfono había sido Meucci.

Fig. 15. Teléfono de última generación.

Proceso de comunicación en la telefonía móvil

En la telefonía móvil, la comunicación se lleva a cabo mediante ondas electromagnéticas. Por tanto, el proceso de comunicación precisa de antenas emisoras y receptoras de las señales. El alcance de las señales depende de la potencia de emisión, del número de usuarios conectados y de la ubicación de las antenas, por lo que, para que un teléfono, con su pequeña potencia, tenga cobertura, debemos asegurarnos de que exista una antena lo suficientemente cerca. Por ello, el sistema de telefonía móvil dispone de una red de antenas; cada antena cubre un área (llamada *célula* o *celda*) y fuera de ella no es posible establecer comunicación.

Una **red de telefonía móvil** consta, básicamente, de los siguientes **elementos**:

- **Estación móvil (MS).** Es el terminal móvil del usuario.
- **Estación base (BTS).** Es una estación fija que se ocupa de mantener la comunicación entre el terminal móvil y la estación de control de servicio. Cada estación base (antena fija) tiene un área de cobertura o célula.
- **Controlador de estación base (BSC).** Se ocupa de gestionar las comunicaciones asignando una estación base a cada terminal móvil y traspasando la comunicación a otra estación cuando el terminal cambia de posición.
- **Centro de conmutación (MSC).** Se ocupa de dirigir las comunicaciones desde los terminales móviles hasta su destino, ya sea en la red de telefonía móvil o en la de telefonía fija.

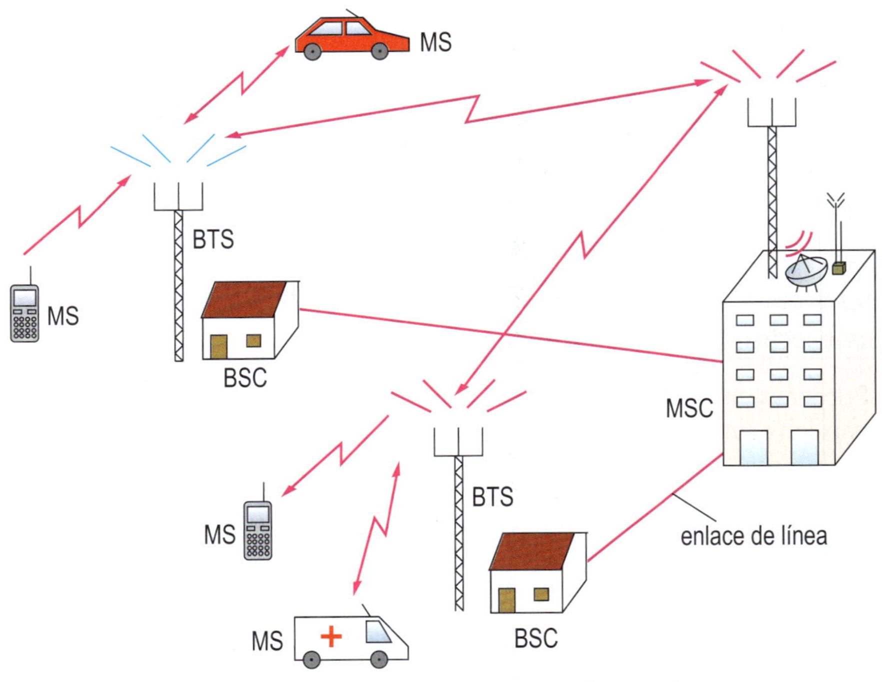

Fig. 16. Proceso de comunicación en la telefonía móvil.

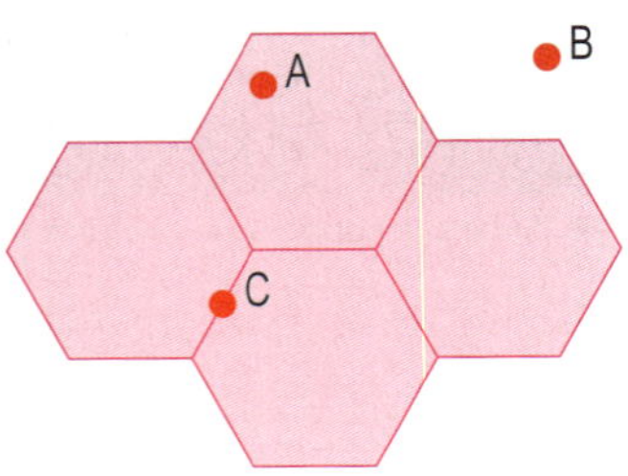

Fig. 17. Diagrama del ejercicio 13.

EJERCICIOS

10. ✦ Dibuja un esquema eléctrico en que aparezcan dos teléfonos fijos en comunicación. Debes incluir: micrófonos, alimentación, cables y altavoces.

11. ✦ Investiga sobre las ventajas y desventajas de la telefonía sobre IP.

12. ✦ ¿En qué generación de telefonía móvil se empezaron a enviar fotografías?

13. ✦✦ Observa el diagrama adjunto (figura 17) e indica si tienen cobertura los puntos A, B y C. ¿Puede haber algún tipo de problema en el punto C?

7. Comunicación por satélite

Desde que el Telstar 1 se puso en órbita en 1962, los **satélites de comunicaciones** se han convertido en un medio insustituible para conectar áreas lejanas de la Tierra. Los satélites artificiales de comunicaciones son un medio idóneo para emitir señales de radio en zonas amplias o poco desarrolladas, ya que actúan como si fueran enormes antenas flotando en el espacio, las cuales se pueden dirigir para abarcar zonas concretas de la Tierra. Se suelen utilizar frecuencias elevadas (de varios gigahercios).

Tipos de satélites de comunicaciones

Según la altura de la órbita, es decir, la distancia con respecto a la superficie terrestre, existen los siguientes tipos:

- **Satélites LEO** (*low Earth orbit*). Tienen una órbita baja, a una altura de entre 500 y 1.500 km.
- **Satélites MEO** (*medium Earth orbit*). Orbitan entre los 10.000 y los 20.000 km de altura.
- **Satélites HEO** (*highly elliptical orbit*). Tienen una órbita elíptica con una altura mínima de 500 km y una altura máxima de 42.000 km.
- **Satélites GEO** (*geosynchronous Earth orbit*). Orbitan a unos 36.000 km de altura y son **geoestacionarios** (se desplazan a la misma velocidad que el movimiento de rotación de la Tierra, de modo que aparentemente permanecen siempre sobre el mismo punto geográfico), por lo cual son muy interesantes desde el punto de vista de las telecomunicaciones.

Elementos de la comunicación por satélite

Normalmente, la comunicación con los satélites se lleva a cabo mediante microondas, por lo que la transmisión debe ser directa.

Los elementos principales son:

- **Satélite de comunicaciones.** Envía y recibe las señales.
- **Estación terrestre repetidora (*hub*).** Actúa como repetidor de las estaciones terrestres emisoras, amplificando las señales.
- **Estaciones terminales terrestres (VSAT).** Reciben la información y la transmiten a otras redes terrestres.

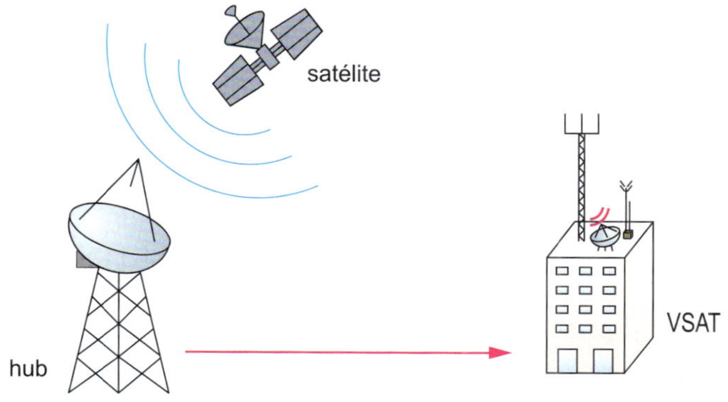

Fig. 19. Comunicación por satélite.

EJERCICIOS

14. ✦✦✦ Calcula el número de satélites geoestacionarios que se necesitarían para cubrir toda la Tierra.

15. ✦✦ Investiga cuál fue el primer satélite de comunicaciones español.

Fíjate

Los satélites llevan sus propios propulsores de combustible líquido, que les permiten corregir su posición y órbita y mantenerse en el lugar adecuado.

Los equipos eléctricos se alimentan mediante la energía eléctrica obtenida por medio de placas solares.

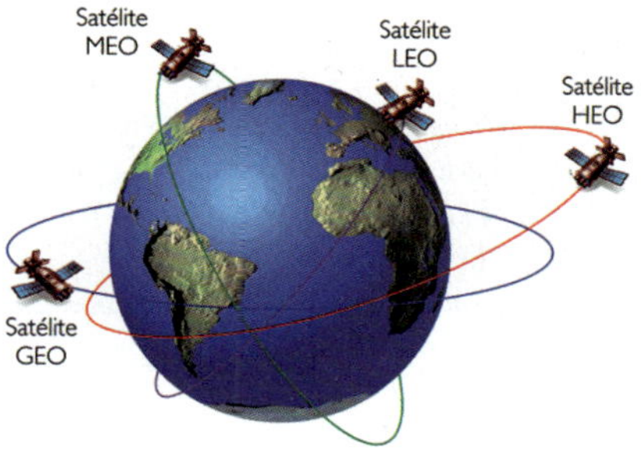

Fig. 18. Distintas órbitas de satélites.

¿Sabías que...?

La primera transmisión de **televisión vía satélite** se llevó a cabo en 1964. El primer intercambio de información entre Europa y América tuvo lugar en 1965.

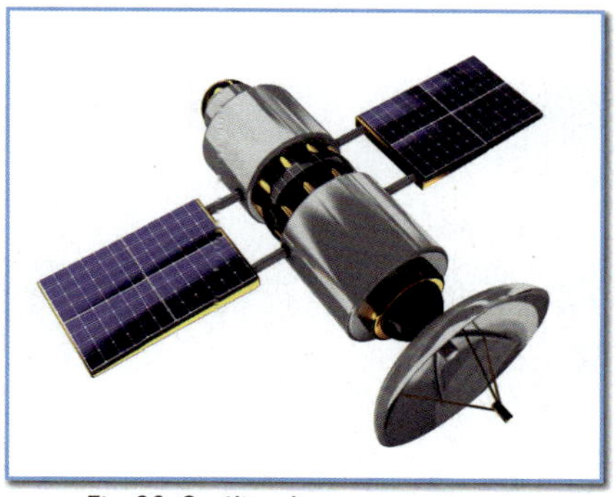

Fig. 20. Satélite de comunicaciones.

8. El sistema GPS

Fig. 21. GPS de automóvil.

El **GPS** (*global positioning system*) es un sistema particular de comunicación por satélite que sirve para conocer la posición (las coordenadas) de un terminal móvil situado en la superficie terrestre .

Para ello, se dispone de una red de **24 satélites geoestacionarios** con órbitas sincronizadas para cubrir permanentemente la totalidad de la superficie terrestre. Se trata de un sistema creado en los Estados Unidos y de origen militar, por lo que la posición presenta a veces un cierto margen de error. Por ello, desde hace años, la Unión Europea está desarrollando su propio sistema de posicionamiento, llamado **Galileo**.

¿Sabías que...?

El GPS no es el único sistema de posicionamiento global que existe. Rusia tiene el suyo propio, denominado **GONASS**, cuyo funcionamiento es similar al GPS.

Funcionamiento del GPS

Para localizar la posición, un aparato GPS debe comunicarse con, al menos, tres satélites; cada satélite lleva su propio reloj, para medir el tiempo que transcurre entre que envía una señal y la recibe. El aparato se sincroniza con ellos y, midiendo el retardo entre la emisión y la recepción, reconoce la distancia que hay hasta cada satélite. Por triangulación, se calcula la posición exacta en el plano. Con un mayor número de satélites, aumenta la precisión de la posición.

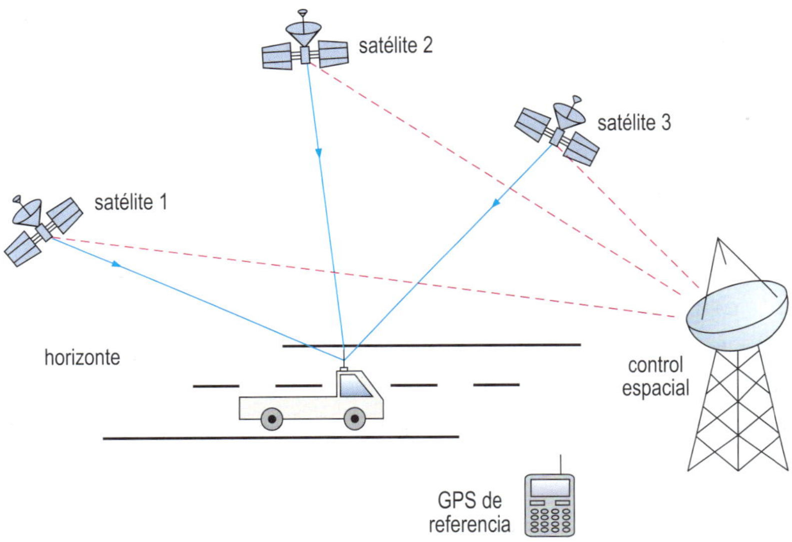

Fig. 22. Localización con GPS.

Fig. 23. Para conocer una posición, hace falta contactar con, al menos, tres satélites.

EJERCICIOS

16. ✦✦✦ Utilizando una regla y un compás, dibuja en tu cuaderno tres satélites y un punto que simule el aparato GPS, y a continuación explica por medio de un dibujo cómo sería la localización del punto.

17. ✦✦ Busca en Internet información sobre el sistema de posicionamiento Galileo.

9. Redes de comunicación de datos

Al conjunto de ordenadores y dispositivos interconectados necesarios para posibilitar el intercambio de información entre sí lo denominamos **red de datos**.

Tipos de redes

En función de su tamaño, las redes se pueden clasificar en:

- **Redes de área local** (**LAN**, *local area network*). Son redes con un pequeño número de ordenadores en un espacio no muy grande (una oficina, un instituto, etc.).
- **Redes de área metropolitana** (**MAN**, *metropolitan area network*). Se extienden a lo largo de una ciudad, uniendo varias redes locales, en lugares como bancos o grandes empresas.
- **Redes de área extensa** (**WAN**, *wide area network*). Se extienden a lo largo de países o continentes enteros. La más conocida es Internet, aunque no es la única.

Fíjate

Los **nodos** de una red son los puntos de conexión (como por ejemplo, un router) o de destino (un ordenador, un servidor...).

Las **líneas** son los elementos físicos que unen los nodos (cables).

Topologías de las redes

La topología de una red es la forma física en que están interconectados los distintos ordenadores. Las más comunes en las redes **alámbricas** son:

- **Topología en bus.** Todos los terminales están conectados en un mismo cable. Es fácil de instalar y económica. Sus principales inconvenientes son la velocidad de transmisión y el hecho de que una avería deja toda la red inutilizada.
- **Topología en anillo.** Es similar a la red en bus, pero con los finales de cable unidos entre sí, lo cual permite dos "caminos" posibles para la comunicación entre terminales. Tiene mejor velocidad pero su coste es mayor.
- **Topología en estrella.** Es la más comúnmente utilizada hoy en día. Cada terminal tiene un cable independiente que se une a los demás mediante un concentrador o *hub*. Permite mayores velocidades de transmisión y, en caso de avería de un cable, el resto de la red sigue operativa. Tiene mayor coste y requiere más cableado.

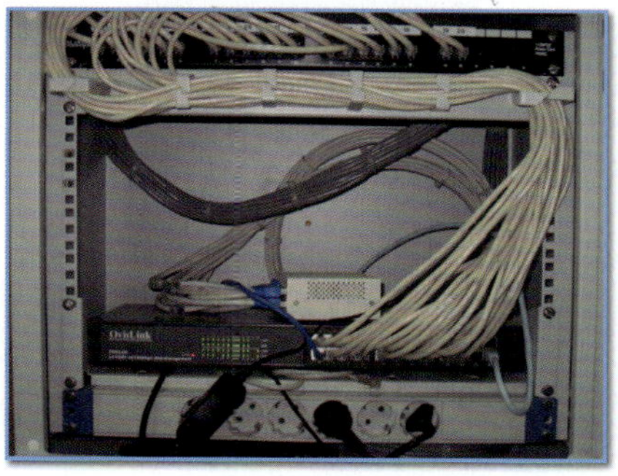

Fig. 24. Switch.

En cuanto a las redes **inalámbricas**, las más comunes entre las redes **Wi-Fi** son:

- **Modo ad hoc** (ordenador a ordenador). Cada terminal incorpora una tarjeta de red y se comunican todos con todos. Es una red sencilla pero sólo sirve para un número reducido de ordenadores.
- **Modo infraestructura.** Los ordenadores se comunican entre sí a través de un punto de acceso.

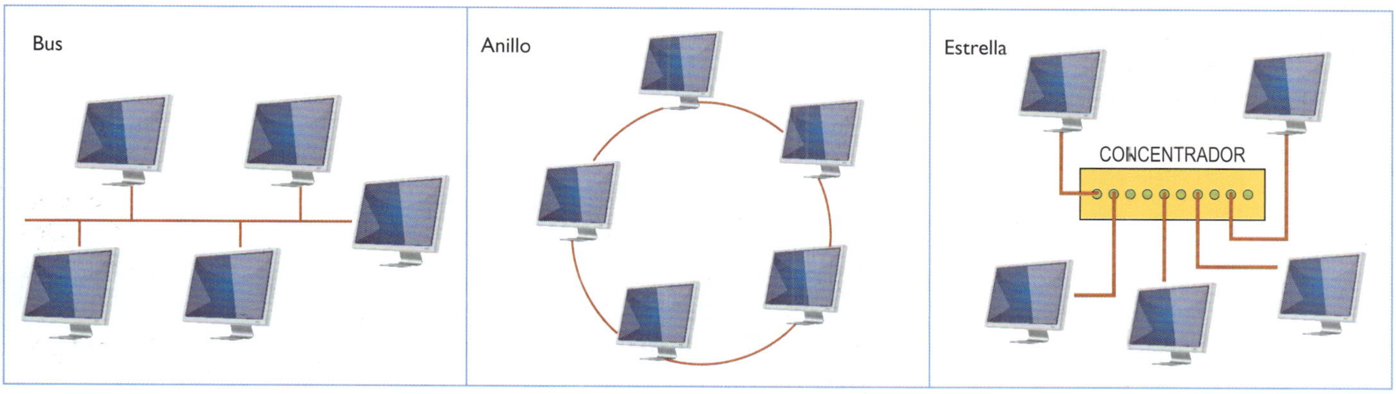

Fig. 25. Topologías de red.

Fíjate

Para asegurar la privacidad en una red inalámbrica, dado que cualquiera puede captar las señales de radio por el aire, se necesita una clave de acceso para poder conectarse a la red. Según el tipo de codificación y el número de dígitos de la contraseña, tenemos los distintos tipos de seguridad: WEP, WPA y WPA2 (esta última es la más segura).

Fig. 26. Router inalámbrico.

Fig. 27. Concentrador de 16 puertos.

Fig. 28. Tarjeta de red.

Componentes de una red local

En una red local, los ordenadores conectados, denominados **terminales**, están equipados con una **tarjeta de red** que los comunica con el exterior, ya sea a través de un cable (en redes alámbricas) o mediante ondas de radio con una antena (en redes inalámbricas).

Para unir los terminales se utiliza alguno de los siguientes componentes:

- **Concentrador o *hub*.** Es un dispositivo al que se conectan todos los terminales en una red en estrella. Envía la información de cada ordenador a todos los demás.
- **Conmutador o *switch*.** Es como un hub, pero "más inteligente", ya que envía la información al terminal correcto.
- **Punto de acceso.** Hace la función de un switch, pero en redes inalámbricas.
- **Router.** Se ocupa de conectar terminales también, pero es más potente que un switch y permite, entre otras cosas, elegir la ruta óptima para el envío de un paquete de datos.

Protocolos de comunicación

Los ordenadores, para comunicarse entre sí, deben seguir unas pautas y normas predeterminadas, que forman el llamado **protocolo de red**. Estas normas establecen cómo se codifica la información, cómo se identifican los emisores y receptores y cómo se comprueba la correcta recepción de datos.

Para el transporte de datos existen básicamente dos métodos:

- **Conmutación de circuitos.** Durante la comunicación se ocupa una línea completa de la red entre el emisor y el receptor, hasta que se haya enviado toda la información.
- **Conmutación de paquetes.** Es la comunicación que se utiliza actualmente. Consiste en descomponer la información en pequeños paquetes, debidamente identificados, de manera que cada uno pueda recorrer una ruta diferente, dependiendo de la disponibilidad de los nodos y las líneas. Los paquetes se reúnen de nuevo en su destino.

Control de la transmisión

Para asegurar la correcta recepción de los datos, uno de los métodos consiste en enviarlos dos veces y comparar si son iguales. En el caso de que se produzcan diferencias, hay que proceder a la corrección de errores.

EJERCICIOS

18. ✦✦ Indica qué tipo de red se utiliza en los siguientes casos y razona las respuestas: un banco, un colegio, una cadena de supermercados, una multinacional y un aula de un instituto.

19. ✦ Explica la diferencia entre concentrador y conmutador.

20. ✦✦ Elabora una tabla resumen con ventajas e inconvenientes de las distintas topologías de red.

10. Internet

Internet, tal y como hoy la conocemos, comenzó como una red de tipo militar (ARPA) en la que se buscaba que, si se inutilizaba alguno de los nodos de comunicación en caso de guerra, se pudiera seguir transmitiendo la información por un camino diferente.

A partir de 1980 se creó el **protocolo TCP/IP**, que se ocupaba de ordenar los paquetes de datos al recibirlos. En este momento se separó la red militar de la civil, punto que se puede considerar el nacimiento de Internet.

Fíjate

La velocidad de comunicación de datos se mide en **baudios** (un baudio es un bit por segundo).

Cuando, por ejemplo, hablamos de una comunicación de 30 megas, significa que se transmiten 30 megabits de información por segundo.

Fig. 29. Buscador.

Tipos de conexiones

Para conectarnos a Internet, debemos contratar los servicios de una empresa que nos permita acceder a sus servidores. Estas empresas son conocidas como **proveedores de acceso a Internet (ISP)**.

Existen diversos tipos de conexión a Internet:

- **RBT (red básica de telefonía).** Es la conexión más básica y está prácticamente en desuso. Proporciona la mínima velocidad de transmisión (56 Kb) y no permite hablar por teléfono mientras se está conectado a Internet.
- **ADSL (línea digital de abonado asimétrica).** Está basada en tecnología digital de mayor frecuencia que la telefonía tradicional, lo que permite una mayor velocidad de transmisión de datos. Divide la línea en tres canales: uno para voz (teléfono) y dos para datos, uno para bajada y otro para subida (este último, de menor tamaño que el de bajada; de ahí que se la llame "asimétrica").
- **Red eléctrica.** Se encuentra en desarrollo. La idea es utilizar la red de distribución eléctrica para conectarse a Internet. Con ello, dispondríamos de acceso a Internet en cualquier lugar en el que hubiera un enchufe de corriente eléctrica. El problema son las interferencias producidas por la alta tensión en la red y las fluctuaciones al conectar y desconectar aparatos eléctricos.
- **Fibra óptica.** Permite altas velocidades de transmisión (300 Mb) y **conexión simétrica**, es decir, la misma velocidad para la bajada y la subida de datos.

¿Sabías que...?

Las **direcciones IP** de **cuatro bloques** de números no van a ser suficientes para todos los millones de ordenadores que pronto habrá en el mundo, por lo que ya se ha desarrollado el protocolo con direcciones IP de **ocho bloques de cuatro números hexadecimales**, llamada *IPv6*, que permitirá identificar muchos más millones de ordenadores.

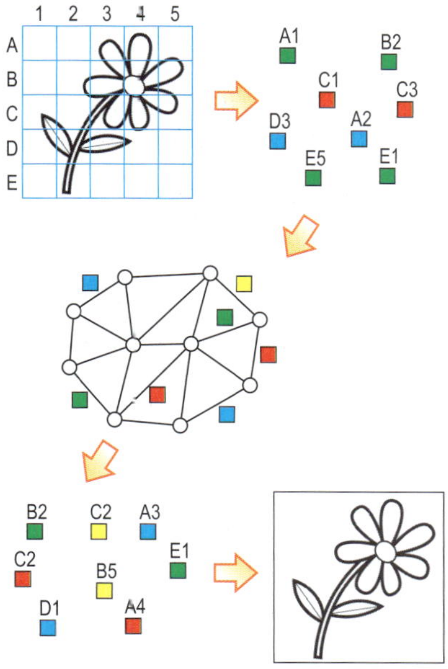

Fig. 30. Transferencia de paquetes.

Protocolo TCP/IP

El protocolo de comunicación **TCP/IP**, utilizado en Internet, se ocupa de la transmisión de informacion entre los distintos ordenadores. Se trata de un protocolo doble:

- **TCP** (*transfer control protocol*). Se encarga de dividir la información en paquetes debidamente identificados, de manera que el receptor sea capaz de reconstuir de nuevo el mensaje original.
- **IP** (*Internet protocol*). Se ocupa de identificar cada emisor y receptor, de manera que cada mensaje llegue a su destino correcto. Sería como el DNI del ordenador. Está formado por cuatro números de tres digitos entre el 0 y el 255, que se corresponden con cuatro bytes en decimal (del 00000000 al 11111111 en binario).

El proceso de comunicación por Internet

Los pasos a seguir cuando visualizamos una página web son los siguientes:

1 Queremos visualizar una página web. En nuestro caso, una página escrita en lenguaje HTML que está alojada en un ordenador denominado *servidor*.

2 Abrimos nuestro navegador y escribimos la dirección o URL de la página; en nuestro caso, *www.museodelprado.es* (por la terminación, sabemos que está ubicada en España).

3 Un ordenador servidor de DNS comprueba en su base de datos cuál es la dirección IP a la cual corresponde la URL que hemos escrito en el navegador, para enviar los paquetes de información a esa dirección. La URL *www.museodelprado.es* corresponde a la IP 213.27.146.137.

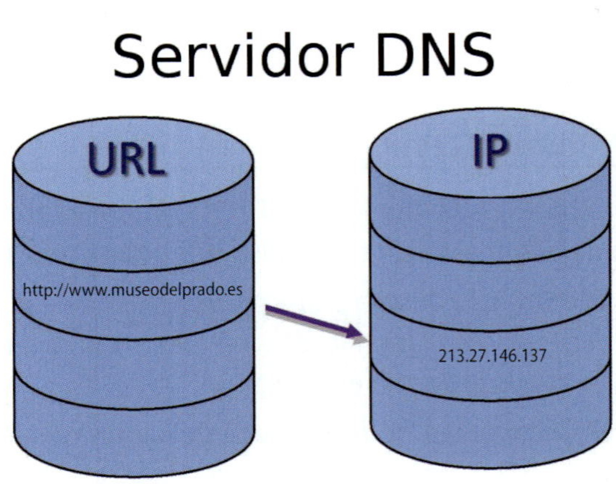

4

Se envía al servidor la solicitud de la página web que queremos visualizar. Para que nuestro ordenador y el servidor se entiendan, necesitamos un protocolo común; para ello utilizamos los protocolos HTTP y TCP/IP.

5

El servidor nos envía los paquetes de información por el camino más rápido a través de los routers.

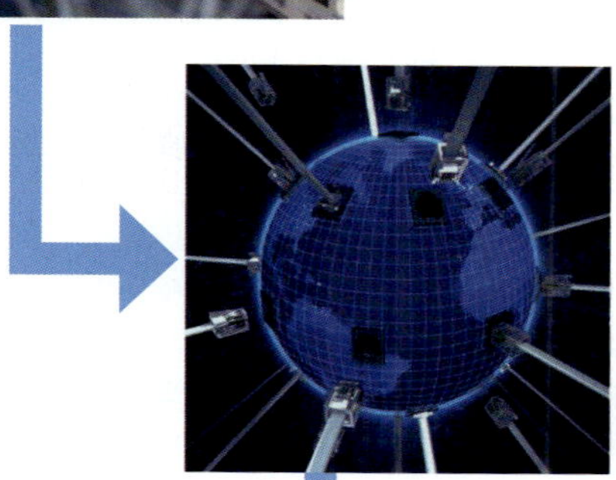

6

Nuestro ordenador recibe los paquetes y recompone el documento para mostrárnoslo en nuestro navegador.

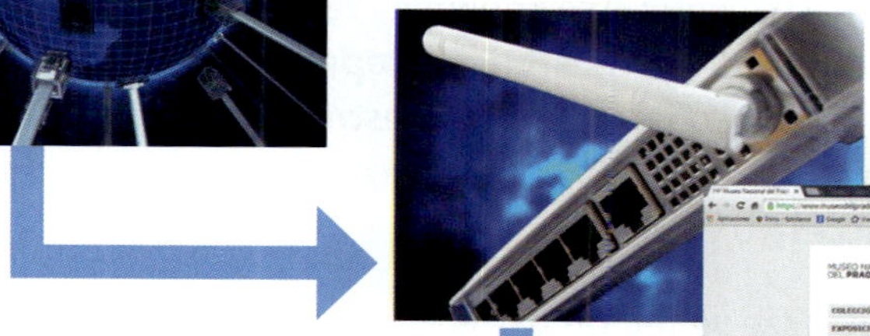

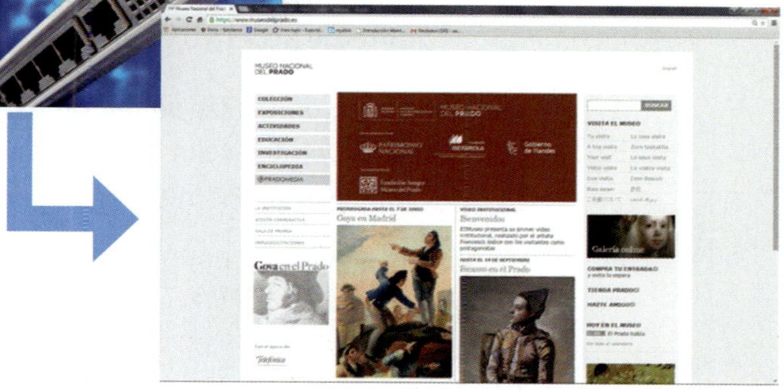

EJERCICIOS

21. ✦ Di si los siguientes números pueden corresponder a una dirección IP: 192.168.1.33, 198.257.19.35, 255.255.255.255, 1.1.1.1.

22. ✦✦ Explica qué puede significar que, al descargarse un archivo, haya en él una parte "corrupta".

23. ✦ Haz una tabla con los distintos tipos de conexión a Internet y sus velocidades máximas de transferencia de datos.

Resumen de la unidad

- Las telecomunicaciones se pueden clasificar en **alámbricas** e **inalámbricas**. Las alámbricas necesitan un soporte físico para el envío de señales; en las inalámbricas se transmite la señal mediante ondas electromagnéticas.
- Las ondas electromagnéticas se caracterizan por las siguientes magnitudes básicas: **longitud de onda** (λ), **amplitud** (A), **frecuencia** (f) y **período** (T).
- La información se codifica modulando la frecuencia (**FM**) o la amplitud (**AM**) de la onda.
- Se denomina **radiodifusión** a la transformación de señales sonoras en eléctricas para su posterior envío a través del espacio aéreo mediante ondas electromagnéticas.
- La emisión de la **televisión** puede ser **analógica**, por **TDT**, por **cable** o por **satélite**. El aparato receptor puede usar la tecnología de **tubo de rayos catódicos (CRT)**, **plasma**, **cristal líquido (LCD)** o **LED**.
- La **telefonía fija** permite la emisión y recepción de voz mediante micrófonos y altavoces. Esta transmisión se realiza por cable.
- La **telefonía móvil** utiliza ondas de radio para establecer la comunicación, sin necesidad de cable. Las distintas evoluciones de la tecnología del móvil se denominan **generaciones**.
- Los **satélites de comunicaciones** se denominan **LEO**, **MEO**, **HEO** y **GEO** dependiendo del tipo de órbita. Los elementos que componen el sistema de comunicación por satélite son la **estación terrestre repetidora (*hub*)**, la **estación terminal terrestre (VSAT)** y el **satélite de comunicaciones**.
- El **GPS** es un sistema particular de comunicación por satélite, que sirve para conocer la posición (las coordenadas) de un terminal móvil situado en la superficie terrestre.
- El conjunto de ordenadores y dispositivos interconectados necesarios para posibilitar el intercambio de información entre sí se denomina **red de datos**. En función de su tamaño, las redes pueden ser de **área local (LAN)**, de **área metropolitana (MAN)** y de **área extensa (WAN)**. Las distintas **topologías** de red son: **bus**, **anillo** y **estrella**. En las redes, los **terminales** se conectan mediante una **tarjeta de red** y componentes como el **concentrador (hub)**, el **conmutador (switch)**, el **punto de acceso** o el **router**.
- Un caso particular de red de datos es la red global **Internet**. Existen distintos tipos de conexión con diferentes velocidades de acceso: **RBT**, **ADSL**, **red eléctrica**, **fibra óptica**... El protocolo de comunicación en Internet es el **TCP/IP**.

GLOSARIO

ADSL	GSM	modulación
fibra óptica	ISP	ondas electromagnéticas
frecuencia	LCD	UMTS
GPS	longitud de onda	

El rincón del tecnólogo. Apps de telecomunicaciones

Existen muchas aplicaciones para móvil relacionadas con las telecomunicaciones. Algunas nos informan sobre la señal que llega a nuestro teléfono móvil: la potencia, la calidad, las mejores zonas de cobertura... Otras nos muestran en un mapa la localización de zonas de recepción de Wi-Fi gratuita... Finalmente, también existen aplicaciones como **SatFinder**, que nos muestran la posición de los satélites de comunicaciones, en particular los de televisión, lo cual nos permite orientar las antenas de recepción.

A continuación te mostramos dos ejemplos de aplicaciones libres relativas a telecomunicaciones que puedes descargar gratuitamente.

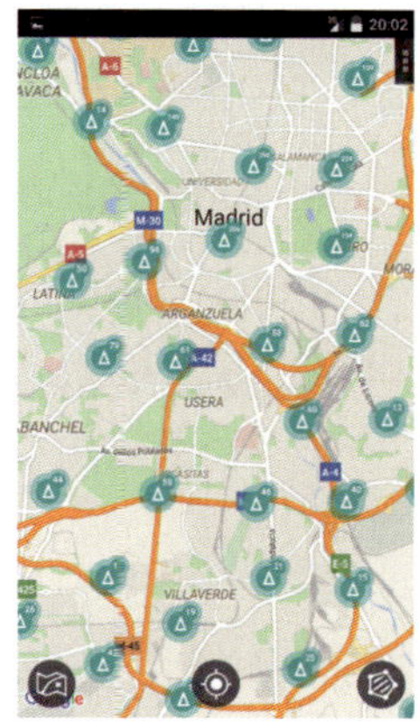

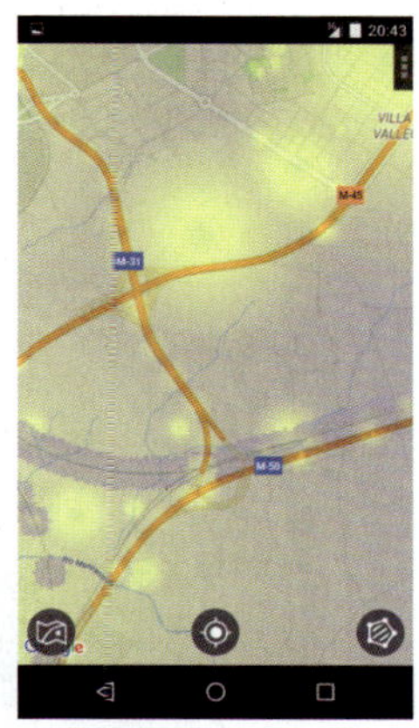

Signal Finder

Esta aplicación es como un Google Maps con las torres de telefonía móvil. Muestra la cartografía de las torres más cercanas, con indicación de la intensidad de su señal y los lugares donde la recepción de ésta es mejor.

Se puede descargar gratuitamente de Google Play. Una vez instalada, al ejecutarla aparece un pequeño tutorial que nos permite aprender a manejarla. Si habilitamos la ubicación de nuestro dispositivo, aparecerá automáticamente el mapa con las antenas más cercanas a nuestra posición. Tenemos tres opciones: ver las torres más cercanas (pulsando el símbolo que muestra un triángulo dentro de un círculo), obtener el mapa de intensidad de señal (pulsando el triángulo: la intensidad de señal se corresponde con la intensidad de color) o conocer las redes Wi-Fi públicas más próximas (pulsando el icono de red Wi-Fi).

Open Signal

Con esta aplicación se pueden crear mapas de cobertura móvil, y también incluye algunas utilidades para comprobar la velocidad de la conexión. Asimismo, dispone de una herramienta que permite ver cuál es el mejor proveedor de servicios de la zona en la que te encuentras. Otra funcionalidad interesante es una brújula que señala de dónde procede la señal del teléfono que se está utilizando en ese instante, por lo que sólo hay que encaminarse en dirección a ella para mejorar la recepción. También presenta mapas Wi-Fi con redes públicas abiertas.

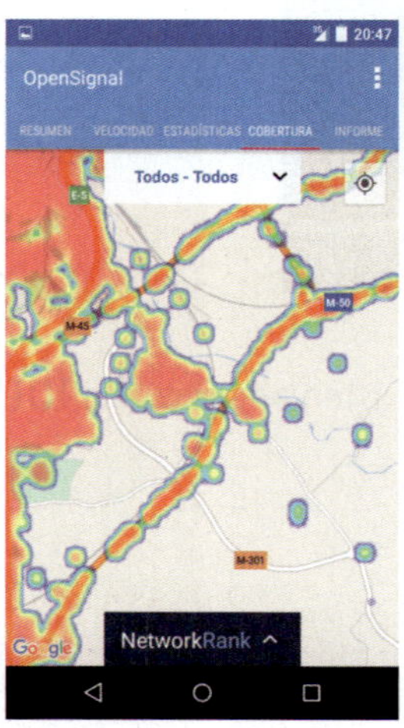

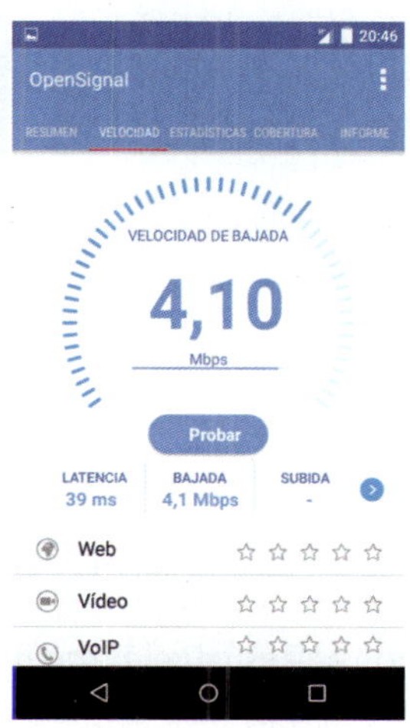

Desafíos

Desafío 1. Con las aplicaciones para móvil que te hemos mostrado, o con otras similares, realiza una comparativa de zonas de cobertura en dos áreas diferentes de tu ciudad. Procura elegir una zona densamente poblada y otra con menos habitantes. Haz capturas de pantalla y confecciona una pequeña presentación en PowerPoint. Guarda el archivo como **UD05_desafio1_nombreapellido.pptx**.

ACTIVIDADES DE REFUERZO

Después de estudiar el tema, realiza en tu cuaderno los siguientes ejercicios:

1. ✦ Nombra los elementos que componen el proceso de comunicación.
2. ✦ Identifica el emisor, el receptor y el canal en los siguientes ejemplos relacionados con los medios de comunicación:
   a. Las noticias de la televisión
   b. El lenguaje de silbidos utilizado en la isla de la Gomera
   c. El sistema de sónar de un submarino
3. ✦✦ Busca información sobre el sistema de telegrafía óptica y haz un pequeño resumen sobre ello.
4. ✦ ¿Qué tipo de señal se transmite por medio de la fibra óptica?
5. ✦✦ Calcula la frecuencia, la amplitud y el período de la siguiente onda:

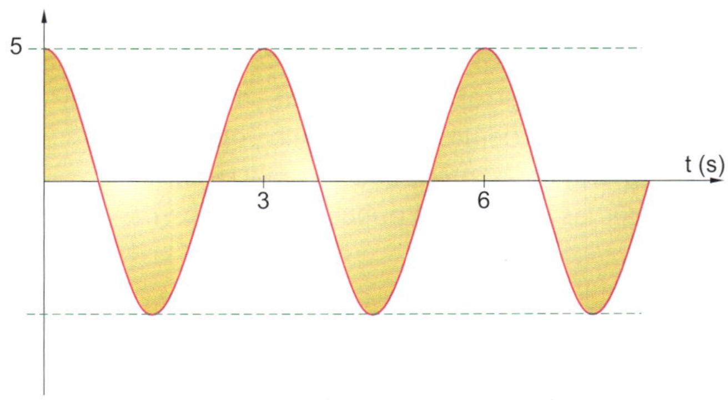

6. ✦ En una onda sonora, ¿a qué magnitudes corresponde aumentar el volumen de la voz o variar el tono?
7. ✦ Explica los distintos elementos que aparecen en las siguientes imágenes de diales de radio:

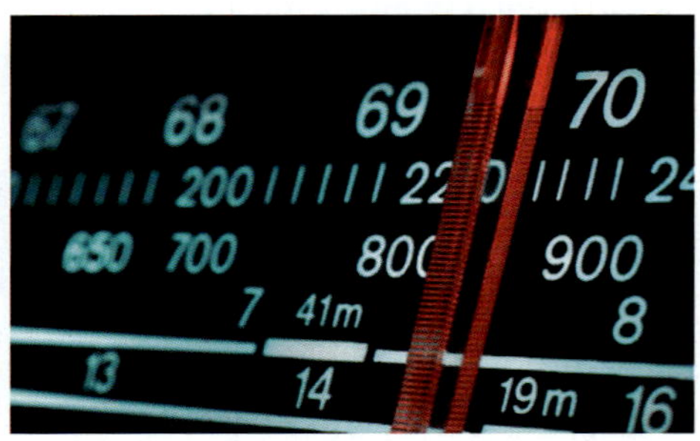

8. ✦✦ Investiga cuántos canales analógicos de televisión existían antes en tu ciudad y cuántos existen ahora con la TDT.
9. ✦ ¿Quién fue el inventor del teléfono? ¿Quién obtuvo la patente del invento?
10. ✦✦ ¿Por qué hay una generación de telefonía móvil denominada 2,5G?
11. ✦ ¿Sabrías explicar por qué, en algunos países, al teléfono móvil lo llaman "celular" (*cellular* en inglés)?
12. ✦✦ Indica qué tipo de topología de red utilizarías en los siguientes casos y razona las respuestas: un aula de un instituto, una red de sucursales bancarias, tu casa y una oficina.

ACTIVIDADES DE AMPLIACIÓN

13. ✦✦ Di si los siguientes números pueden corresponder a una dirección IP: 8.8.8.8, 198.57.19.35, 254.254.254.256, 10.10.10.1.

14. ✦✦ Explica qué puede haber sucedido si, al recibir una fotografía por Internet, le falta una parte o se ve defectuosa.

15. ✦ Explica con tus palabras qué es un nodo de comunicación.

16. ✦✦ ¿Cuáles son las ventajas de trabajar en red, en lugar de hacerlo con un único ordenador?

17. ✦✦ Calcula la longitud de onda de una emisora que emite en el 99,5 de la FM.

18. ✦ Busca información sobre qué frecuencias usan los siguientes aparatos: los mandos a distancia, las radiografías (rayos X) y los teléfonos móviles.

19. ✦✦✦ Si introducimos un teléfono móvil actual en un horno microondas (apagado) y cerramos la puerta, al realizar llamadas a ese teléfono observaremos que se encuentra fuera de cobertura. ¿A qué es debido? ¿Cómo se llama este efecto?

20. ✦✦ ¿Qué tipo de información se puede recibir en los canales digitales que no era posible en los analógicos?

21. ✦ Busca información sobre el funcionamiento de la televisión en tres dimensiones.

22. ✦✦✦ Haz una lista, ordenada cronológicamente, con los sistemas de conexión entre abonados que se han utilizado en la telefonía fija desde que funcionaba con operadores humanos hasta la actualidad.

23. ✦✦✦ Calcula el número de direcciones IP posibles en la versión de 4 bytes (IPv4) y en la de 8 campos de 16 bytes (IPv6).

24. ✦✦✦ ¿Qué es un proxy? Investígalo y realiza el esquema de conexión de un proxy.

25. ✦✦ Busca qué diferencia existe entre un bridge y un gateway.

26. ✦✦✦ Calcula el tiempo que tardará en descargarse un fichero de 20 Mb utilizando las conexiones RTB, ADSL y fibra óptica.

TELÉGRAFO MORSE

En esta práctica vamos a fabricar un telégrafo con hilos básico, usando material del taller de tecnología. Utilizando un pulsador podremos enviar señales usando el código Morse (puntos y rayas) mediante pulsaciones cortas y largas. Esta sería la parte del emisor. El receptor consistirá en una señal luminosa (diodo) y una sonora (zumbador), e irá unido al emisor mediante un cable lo suficientemente largo como para comunicar dos mesas separadas del taller.

Material necesario

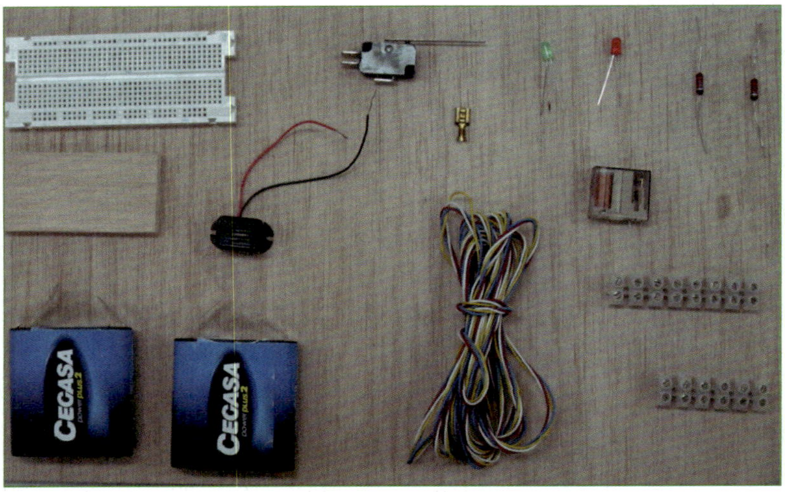

Fig. 31. Material.

Un pulsador
3 m de cable (dos hilos)
Un relé de 5 patillas
Dos pilas de 4,5 V
Una placa protoboard
Dos resistencias de 220 Ω
Una regleta de clemas
Dos diodos LED
Un zumbador
Cuatro terminales fast-on hembra

Construcción del emisor

Fig. 32. Pulsador.

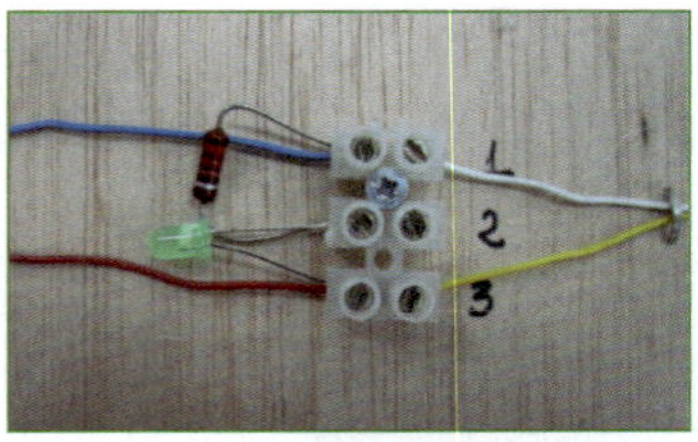

Fig. 33. Montaje del diodo LED.

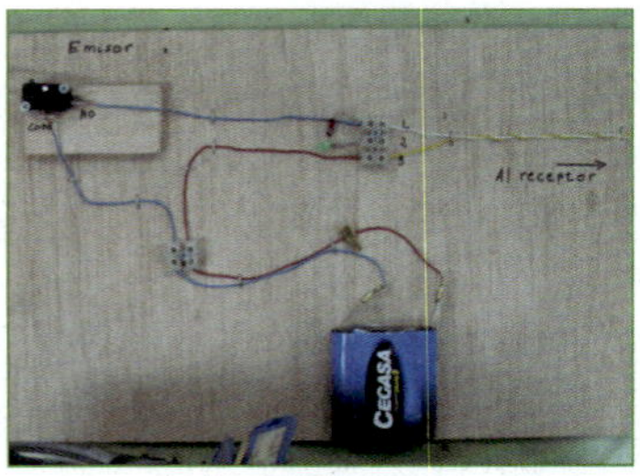
Fig. 34. Emisor.

1. Lo primero que debemos hacer es fijar el pulsador en un soporte lo suficientemente robusto para que no se mueva al realizar las pulsaciones. Para ello cortamos un taco de madera de 10 × 8 cm y lo fijamos a la base.
2. Montamos una clema de tres polos en la misma base de madera y otra de dos polos donde vayamos a sujetar la pila.
3. Cortamos tres trozos cortos de cable (de unos 12 cm cada uno) y conectamos dos a los polos externos de la clema (1 y 3). Antes de unir el pulsador a su soporte, empalmamos uno de los cables con la patilla NO (normalmente abierto) del pulsador y el otro al negativo de la pila mediante la clema de dos polos. El polo positivo lo unimos a la patilla COM (común) del pulsador mediante el tercer cable (figura 32).
4. Ahora fijamos el pulsador a la madera mediante dos tornillos de manera que podamos pulsarlo fácilmente.
5. Finalmente, conectamos a los polos 1 y 2 de la clema (figura 33) una resistencia de 220 Ω, y a los polos 2 y 3 de la clema el diodo LED, de manera que la resistencia y el diodo LED queden en serie. Recuerda que el diodo LED tiene polaridad y el terminal largo debe quedar unido al positivo de la pila.
6. Los terminales fast-on los usamos en dos cables para unirlos a los polos de la pila, y ésta a la clema de dos polos.
7. Prueba de funcionamiento: al pulsar el pulsador, debe encenderse el diodo LED.
8. Tienes el emisor completo en la figura 34.

Construcción del receptor

En el receptor, para facilitar las conexiones, utilizaremos la placa protoboard.

1. Colocamos el relé en la placa. Conectamos los dos cables que vienen desde el emisor a los terminales de la bobina del relé (figura 35).
2. En las patillas 1 y 2, siguiendo el esquema eléctrico, conectamos el diodo LED en serie con la resistencia de 220 Ω, y en paralelo con ellos el zumbador, de forma que al activarse el relé suene el zumbador y se ilumine el diodo LED.
3. Cerramos el circuito de control del relé con la conexión de la pila que alimentará al zumbador y al diodo (figura 36).

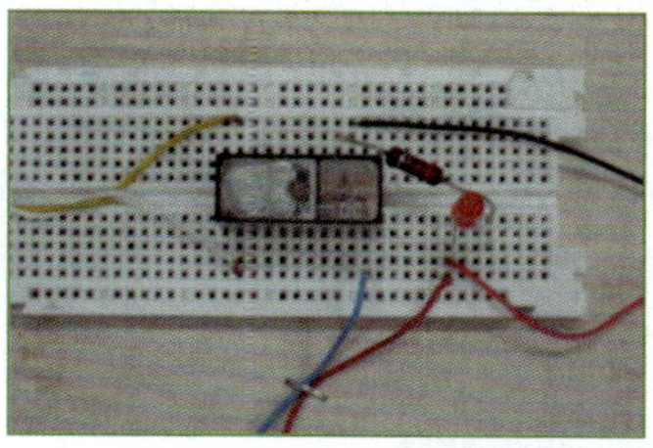

Fig. 35. Montaje del relé.

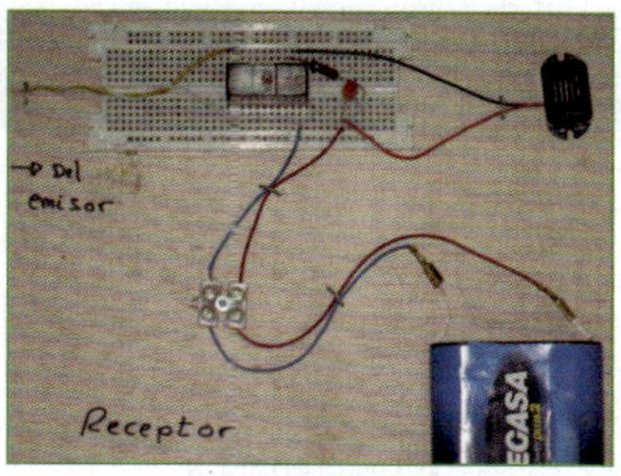

Fig. 36. Receptor.

Prueba de comunicaciones

Usando el código Morse, probad por parejas el envío de varias palabras y comprobad con los receptores si la decodificación es correcta. Para ello deberéis buscar (por ejemplo, en Internet) las equivalencias del código Morse con las diferentes letras y números.

El emisor comprobará el funcionamiento con su propio diodo LED de control. Las pulsaciones deberán ser claras, para que se distingan fácilmente los puntos de las rayas.

Posibles mejoras

Por último, pensad posibles soluciones para que se puedan ir trazando los mensajes en una hoja de papel continuo. Para ello habrá que idear un mecanismo que desplace el papel y otro que haga bajar un lápiz sobre la hoja con cada punto y cada raya recibidos.

Esquema eléctrico

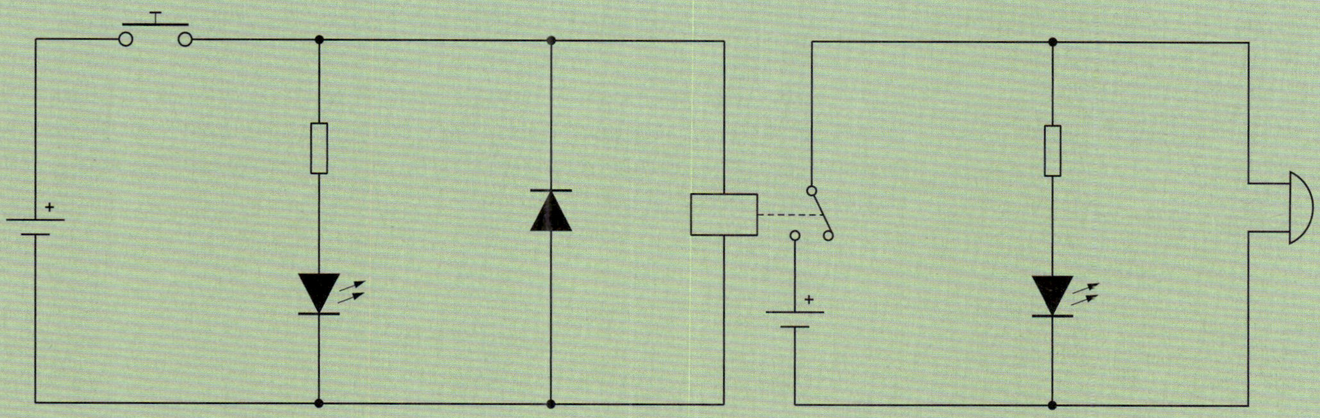

PRACTICA PASO A PASO: COMUNICACIÓN EN REDES

Práctica 1. Comandos ping, ipconfig y tracert

Para realizar esta práctica, lo primero que debemos hacer es ir al menú **Inicio**, seleccionar **Buscar programas y archivos** (si tienes Windows XP, haz clic en **Ejecutar**), escribir la orden "**cmd**" (sin comillas) y pulsar **Intro**. Así entraremos en la pantalla de MS-DOS (una pantalla negra). Para volver a Windows en cualquier momento, escribiremos "**exit**" en la línea de comandos de MS-DOS.

```
C:\>ipconfig
```

```
Sufijo DNS específico para la conexión. . :
Vínculo: dirección IPv6 local. . . : fe80::ec3f:1c23:487d:
Dirección IPv4. . . . . . . . . . . . . . : 192.168.1.103
Máscara de subred . . . . . . . . . . . . : 255.255.255.0
Puerta de enlace predeterminada . . . . . : 192.168.1.1
```

El comando **ipconfig** nos permite ver información sobre nuestro ordenador y la red a la que está conectado, como la dirección IP de nuestro equipo y la puerta de enlace (la IP que nos asigna el servidor cuando nos conectamos a Internet). La máscara de subred indica el rango de direcciones IP que pueden ser asignadas a los equipos de la red.

Escribe el comando **ipconfig** y pulsa **Intro**. Anota en tu cuaderno la dirección IP de tu equipo.

```
C:\> Ping www.google.com
```

```
Haciendo ping a www.google.com [64.233.166.103] con 32 bytes
Respuesta desde 64.233.166.103: bytes=32 tiempo=48ms TTL=41
Respuesta desde 64.233.166.103: bytes=32 tiempo=43ms TTL=41
Respuesta desde 64.233.166.103: bytes=32 tiempo=42ms TTL=41
Respuesta desde 64.233.166.103: bytes=32 tiempo=45ms TTL=41
```

El comando **ping** nos permite realizar una prueba de conexión con servidores remotos o con otros ordenadores de nuestra red.

A modo de prueba, puedes hacer un **ping** a una dirección web conocida (por ejemplo, escribe "ping www.google.com" y pulsa **Intro**) y observar el resultado. Verás que obtienes información de la IP de la dirección web, los paquetes que han llegado y el tiempo de respuesta.

Puedes hacer **ping** a otros equipos de tu aula, después de haber preguntado a tus compañeros sus direcciones IP.

```
C:\>tracert www.google.com
```

```
3    26 ms    25 ms    23 ms  10.254.4.193
4    42 ms    24 ms    32 ms  10.255.220.49
5    24 ms    23 ms    23 ms  10.255.136.25
6     *      116 ms    23 ms  10.34.192.18
7    24 ms    32 ms    34 ms  10.34.192.5
```

El comando **tracert** nos proporciona información de los nodos que va recorriendo la información desde nuestro ordenador hasta el de destino, indicando el tiempo de respuesta en cada uno.

Haz pruebas a distintos servidores, escribe en cada caso "**tracert**" y la dirección web (por ejemplo, escribe "tracert www.google.com" y pulsa **Intro**). Repite el comando para un mismo servidor, pasados unos minutos, y probablemente observarás que los nodos han cambiado (es decir, que la ruta es distinta).

Práctica 2. Prueba de comunicaciones en Internet

En esta práctica vamos a utilizar un programa, **Neotrace Pro**, con el cual podremos visualizar en un mapa la ruta que siguen los paquetes de información que viajan desde nuestro ordenador hasta aquel con el que nos estamos comunicando.

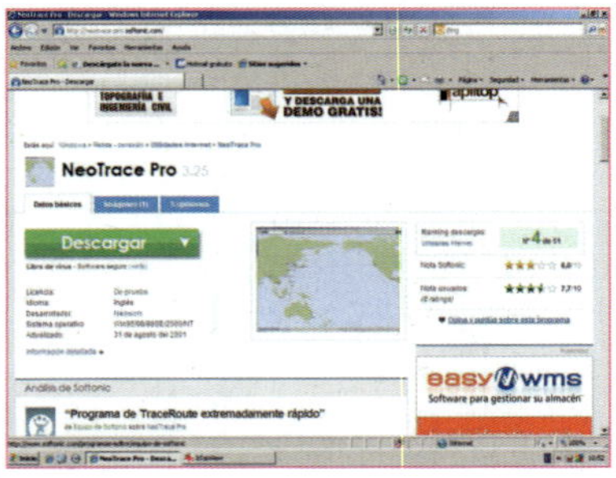

1. Lo primero que haremos es descargar de Internet el programa (una demo gratuita por 30 días), por ejemplo desde la web de Softonic: *www.softonic.com*. Tras la descarga tendrás que instalar el programa en tu ordenador. En esta práctica utilizamos la versión 3.25.

2. El programa necesita conocer la localización de tu ordenador para poder trazar la ruta hasta el destino. Para ello te pedirá las coordenadas GPS de tu localidad. Es fácil obtenerlas introduciendo en cualquier buscador "coordenadas GPS" y el nombre de tu pueblo o ciudad. Una vez obtenidas, introdúcelas en NeoTrace Pro como latitud (norte o sur) y longitud (este u oeste).

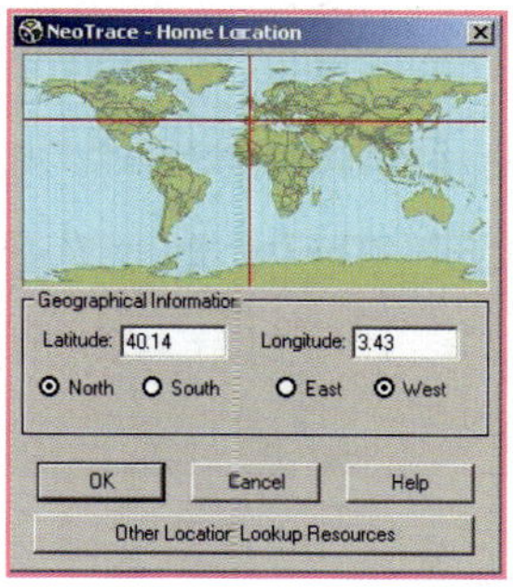

3. Para buscar el servidor, introduce en la zona de búsqueda del programa (**Target**) la dirección web que quieras (o la dirección IP, si la conoces). Puedes probar con direcciones que estén en otros países, cuanto más lejos mejor, para estudiar la ruta que sigue la comunicación. Por ejemplo, escribe "www.google.com".

   En la ventana de la derecha aparecerá información sobre tu red, como el nombre de tu terminal y su IP.

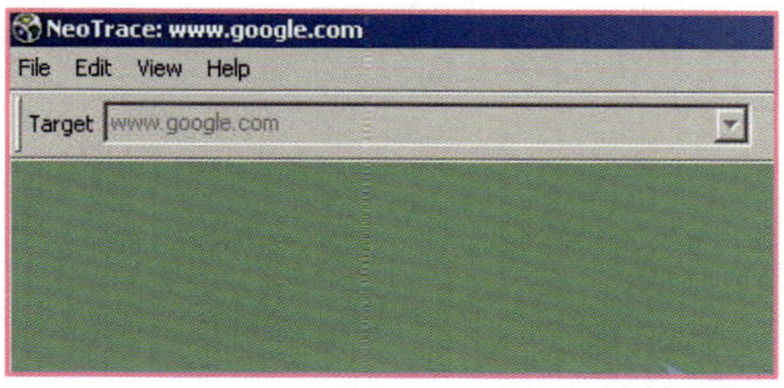

4. Por defecto, en la barra de herramientas figura activa la opción **Map View** (vista de mapa). Pasado un tiempo, el programa traza la ruta en un mapa, donde podemos observar los "saltos" que realiza nuestra comunicación. Haciendo zoom, podemos detallar los nodos recorridos en el área cercana a nuestro servidor.

   Si realizamos esta prueba nuevamente en otro momento, es probable que la ruta sea diferente, pues en cada comunicación se utilizan los nodos que se encuentren libres en ese momento.

   En la ventana de la derecha aparecen datos relevantes del nodo que elijamos.

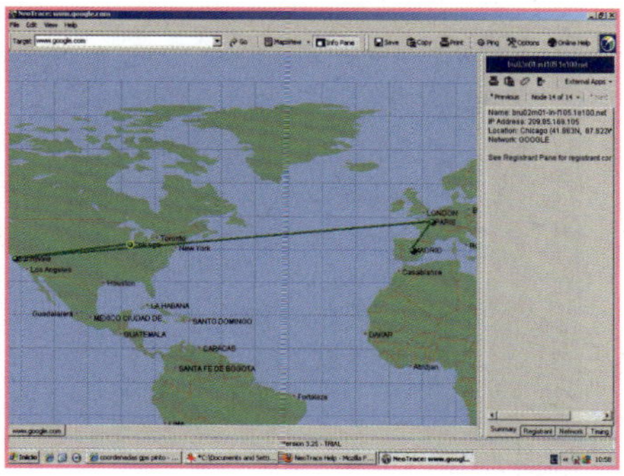

5. Ahora utiliza la opción **Node View** (vista de nodos) y haz clic en la pestaña **Network**, en la zona inferior de la ventana de la derecha. En esta vista, aparecerá una lista detallada de los servidores por los que habrán pasado los paquetes de datos enviados por tu ordenador hasta el servidor final para establecer la comunicación. También se presentan de forma gráfica con información interesante, como la dirección IP de cada servidor.

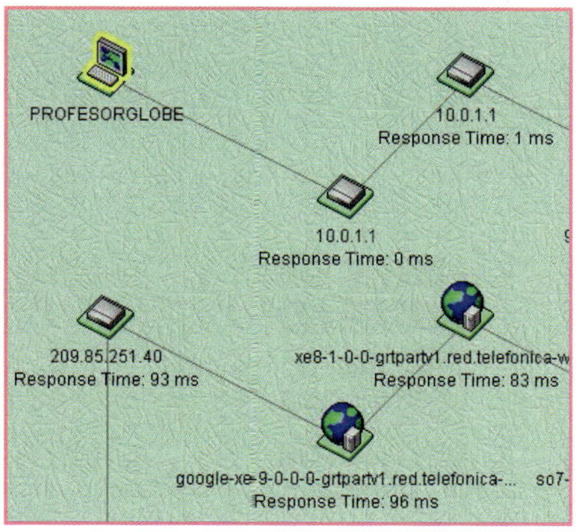

6. Continuando en la vista de nodos, si haces clic en la pestaña **Timing** aparecerá un dato interesante: el *timing* o tiempo de respuesta de cada servidor a tu solicitud de comunicación. La suma de todos los tiempos será el tiempo total que tus paquetes de datos habrán tardado en llegar a su destino.

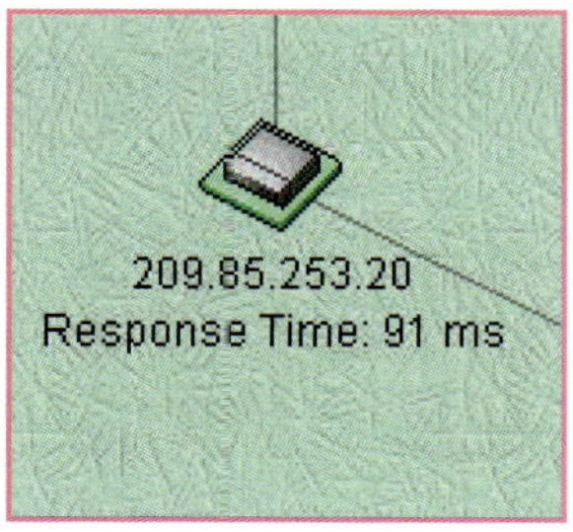

Práctica 3. Compartir contenidos. Wix

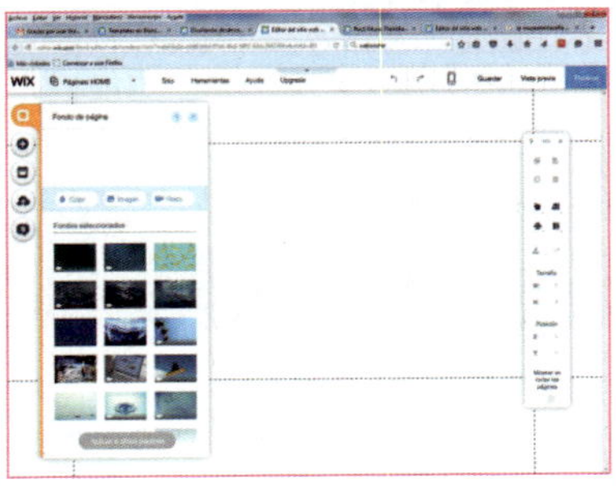

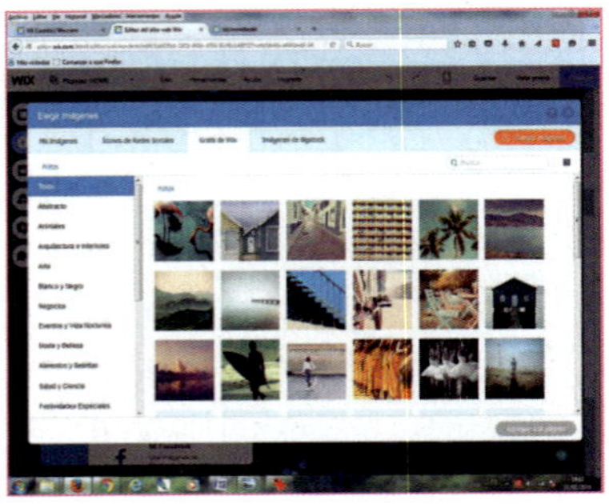

Para hacer esta práctica deberás tener el consentimiento de tus padres o tutores legales.

En estos ejercicios vamos a crear una web utilizando una herramienta gratuita de diseño web llamada Wix.

Ejercicio 1. Crear una cuenta en Wix

1. Entra en la página de Wix: *www.wix.com*.
2. En la ventana que te aparece, pincha en **Empieza ahora**.
3. Se abrirá una ventana en la que te piden que te registres. Para hacerlo tendrás que introducir una dirección de correo electrónico y una contraseña.
4. Una vez que hayas creado una cuenta de usuario, accederás a una página donde deberás hacer clic en **Crear sitio**. A partir de ese momento ya puedes empezar el diseño de tu web.

Ejercicio 2. Diseñar la web

1. Tras pulsar **Crear sitio** aparece una pantalla de bienvenida en la que puedes elegir distintas plantillas prediseñadas (abre alguna para coger ideas). En este caso, elige una plantilla en blanco y pulsa **Editar**.
2. Ahora te aparece en pantalla tu página principal en modo edición. En la parte izquierda de la pantalla tienes diferentes iconos. Pulsa el icono superior, **Fondo**, y elige una imagen que te guste como fondo para la página. Existen varios fondos predeterminados, tanto en formato de vídeo como de imagen. También puedes subir tus propias imágenes y vídeos.
3. Ahora, pinchando en el segundo icono, **Agregar**, puedes añadir muchos elementos a tu página, como texto, imágenes, botones, etc. Selecciona **Texto** y luego **Título del sitio**. Te aparecerá un cuadro de texto en el centro de la página. Pulsa **Editar texto** y escribe el nombre que quieras para tu web. También puedes modificar el tipo de letra, añadir efectos, etc. Una vez escrito el título, puedes mover el cuadro de texto con el ratón. Colócalo en la parte superior de la página.
4. Ahora pincha de nuevo en el icono **Agregar** y selecciona **Imagen** y después **Imágenes gratis de Wix**. En la ventana que aparece, elige la categoría **Tecnología** y selecciona una imagen que te guste. Una vez seleccionada, haz clic en **Agregar a la página**.
5. Al igual que con el texto, si pinchamos en la imagen, podemos editarla y trabajar con ella (recortándola, incluyendo animaciones, cambiando el tamaño, etc.).
6. Por último, pulsa de nuevo **Agregar**, elige **Texto** y, en la sección **Párrafos**, selecciona un tipo de párrafo que te guste. Colócalo en la zona izquierda de la pantalla y cambia el texto por el que quieras (relativo al tema de la web).
7. Finalmente, en el menú superior, haz clic en **Sitio** y selecciona **Guardar**.

Ejercicio 3. Compartir contenido

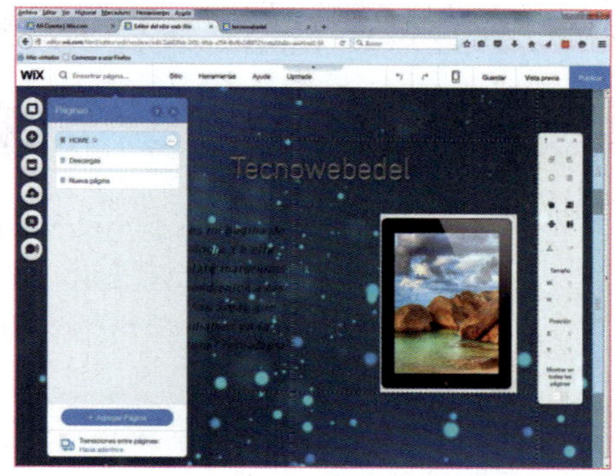

Para añadir contenido, primero vamos a añadir una página a nuestra web.

1. En el menú superior, haz clic en **Páginas** y, en el desplegable, selecciona **Agregar página**. Llámala **Descargas**.
2. Pon en la nueva página el título de página "Descargas" siguiendo los pasos del ejercicio anterior.
3. Ahora pincha en el cuarto icono de la izquierda, **Mis archivos**.
4. En la ventana que aparece, selecciona el tipo de archivo que deseas subir: imagen, audio o documento.

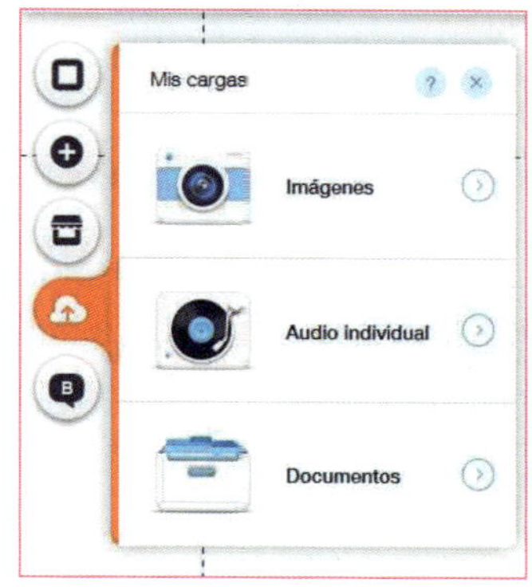

5. Selecciona **Documentos** y, en la ventana que aparece, pulsa **Cargar documentos** para elegir un archivo de tu equipo o arrástralo a la ventana central.
6. Una vez cargado el archivo, haz clic en **Agregar a la página** (abajo a la derecha) y ya estará disponible para cualquier persona que acceda a tu web.
7. Finalmente, haz clic en **Sitio** (en el menú superior) y guarda los cambios.

Ejercicio 4. Publicar la web

Hasta ahora lo que hemos hecho es diseñar nuestra web y guardarla en los servidores de Wix. Para que sea visible para cualquier persona que acceda a ella desde un navegador, debemos publicarla.

1. En la edición de nuestra web, haz clic en **Publicar** (arriba a la derecha).
2. En la ventana que aparece, puedes editar la dirección web. La parte inicial de la dirección será el nombre de usuario que hayas dado al registrarte, seguido de ".wix.com" (al tratarse de un servicio gratuito). Y la parte final deberás escribirla tú con el nombre que quieras. Por ejemplo:

   *http://usuario.wix.com.**misitioweb***

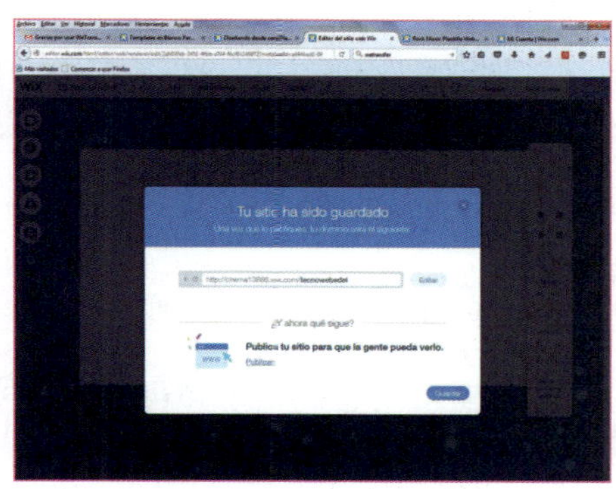

3. Toma nota del nombre completo. Esa será la dirección que tendrás que escribir en la barra de direcciones del navegador cuando quieras acceder a tu web.
4. Pulsa **Publicar** y tu web pasará a estar visible en Internet. Cada vez que hagas un cambio, recuerda que debes publicar la web de nuevo, para poder verla actualizada.

Desafíos

Desafío 1. Ahora es el momento de mejorar tu sitio web. Para ello, pulsa **Agregar** y añade un botón. Edítalo y crea un enlace, de manera que al pulsarlo se acceda a una web que elijas. Luego añade una página y crea una galería fotográfica en ella. Guarda los cambios y publica la web.

ACTIVIDADES MULTIMEDIA

1. Test de telecomunicaciones

Abre en la unidad 5 del CD virtual el ejercicio **UD05 01 Test de la unidad** y comprueba tus conocimientos. Sólo una respuesta es válida en cada pregunta. Repite el test hasta que obtengas por lo menos un 80% de aciertos.

2. Aprende el vocabulario de la unidad

Abre en la unidad 5 del CD virtual el ejercicio **UD05 02 Glosario**. En él aparecen las palabras del glosario y su definición.

Conéctalas en el orden adecuado. Repite el ejercicio hasta que todas las conexiones sean correctas.

3. Elementos de comunicación

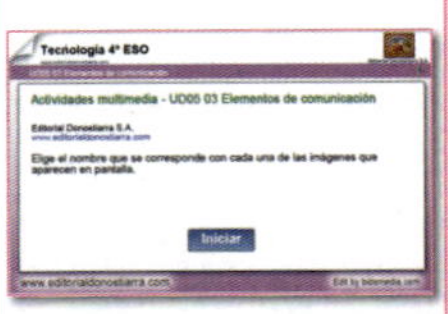

Abre en la unidad 5 del CD virtual el ejercicio **UD05 03 Elementos de comunicación**.

Elige el nombre que se corresponde con cada una de las imágenes que aparecen en pantalla.

Este ejercicio es el mismo que hiciste al comienzo de la unidad. ¡Seguro que ahora te resulta más fácil!

4. Telefonía móvil

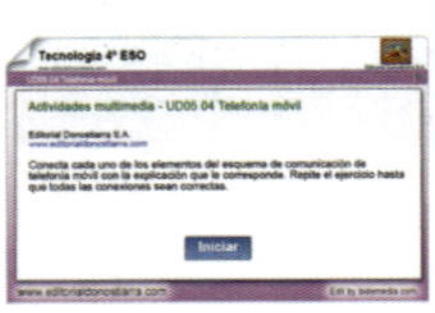

Abre en la unidad 5 del CD virtual el ejercicio **UD05 04 Telefonía móvil**.

Conecta cada uno de los elementos del esquema de comunicación de telefonía móvil con la explicación que le corresponde. Repite el ejercicio hasta que todas las conexiones sean correctas.

5. Redes de datos

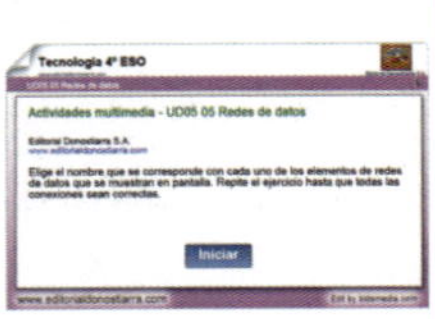

Abre en la unidad 5 del CD virtual el ejercicio **UD05 05 Redes de datos**.

Elige el nombre que se corresponde con cada uno de los elementos de redes de datos que se muestran en pantalla. Repite el ejercicio hasta que todas las conexiones sean correctas.

ACTIVIDADES EN INTERNET

1. Audacity

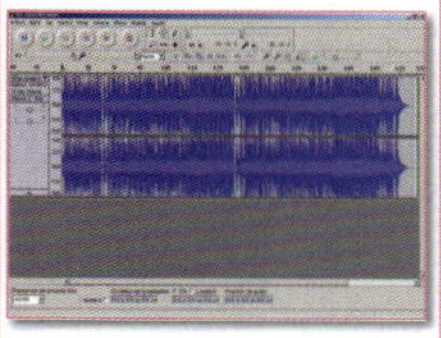

1. Accede a la página *audacity.sourceforge.net* y descárgate el programa Audacity (es gratuito).
2. Para trabajar con archivos MP3, hay que descargar desde la misma página el códec LAME y guardar dicho archivo en una carpeta llamada **LAME** dentro de **Archivos de programa**. Instálalo en tu ordenador y ejecútalo.
3. Al abrir una canción podrás observar las ondas correspondientes a los sonidos, es decir, podrás "visualizar" las ondas sonoras.
4. Observa que, tanto en las canciones como en las grabaciones que tú hagas con el micrófono, los agudos corresponden a altas frecuencias y los graves a frecuencias bajas, y que el volumen se corresponde con la amplitud.

2. Test de velocidad de conexión

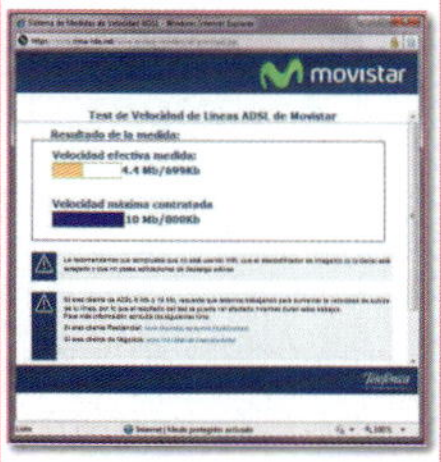

1. Entra en un buscador y escribe "test de velocidad ADSL".
2. Haz clic en el enlace de alguna de las páginas que ofrecen la posibilidad de medir la velocidad de conexión (por ejemplo, *www.testdevelocidad.com* o la página de Movistar).
3. Realiza un test de velocidad y anota los resultados en tu documento de texto.
4. Compara los valores de bajada y subida con los que tu línea tiene teóricamente. Indícalos también en tu documento.
5. Realiza pruebas con distintas páginas y anota todos los resultados.
6. Guarda el archivo como **UD05_Internet2_nombreapellido**.

3. Investigación sobre telefonía

1. Abre un procesador de texto y crea un documento nuevo en blanco.
2. Busca en Internet información sobre la historia de la telefonía móvil desde sus orígenes hasta la actualidad.
3. Realiza un esquema cronológico de la evolución del teléfono móvil que incluya datos como: frecuencias utilizadas, tipo de información que se podía transmitir, tecnología utilizada en las pantallas y denominación de cada generación.
4. Averigua lo que puedas sobre la tecnología 4G e inclúyelo en el esquema.
5. Guarda el archivo como **UD05_Internet3_nombreapellido**.

Direcciones de interés

- *www.minetur.gob.es/telecomunicaciones/es-ES* Sitio web del Ministerio de Industria, Turismo y Comercio, que ofrece información en materia de telecomunicaciones, espectro radioeléctrico, banda ancha, etc.
- *www.ucm.es/oterocarvajal/historia-telecomunicaciones* Página del profesor Luis Enrique Otero Carvajal, con información sobre la historia de las telecomunicaciones (telegrafía óptica, telegrafía eléctrica, telefonía, telegrafía sin hilos...) y multitud de textos, mapas, tablas y fotos.
- *www.inta.es* Web del Instituto Nacional de Técnica Aeroespacial, donde se describen los medios y actividades de este organismo español de la aeronáutica y el espacio y se ofrecen noticias, publicaciones y programas espaciales.

6 Instalaciones en viviendas

La vivienda es el lugar destinado a proporcionar refugio y protección a las personas que habitan en ella, y esta ha sido su función desde el principio de los tiempos.

Partiendo de esta idea, podríamos analizar la evolución que ha sufrido la vivienda desde entonces. Desde los candiles hasta la iluminación eléctrica, desde el fuego dentro de la vivienda hasta la calefacción, desde el río hasta la red de agua y el saneamiento, las instalaciones han evolucionado hasta convertirse en los principales motivos de que el ser humano haya alcanzado el más alto nivel de confort que jamás ha conocido en su refugio.

En este tema veremos todas las instalaciones que componen una vivienda y estudiaremos las técnicas más habituales y frecuentes que se utilizan en la vivienda actual.

1. **Arquitectura bioclimática**
2. **Instalaciones eléctricas**
3. **Instalaciones de gas**
4. **Instalaciones de calefacción**
5. **Instalaciones de agua fría y caliente sanitaria**
6. **Instalaciones de aguas residuales**
7. **Instalaciones de aire acondicionado**
8. **Domótica. Instalaciones de voz y datos. Televisión**

OBSERVA Y EXPERIMENTA

Descubre tus conocimientos previos contestando en tu cuaderno a las siguientes actividades:

EN EL AULA

1. ✦ Si fueras a construir una vivienda en Andalucía, en una zona donde el sol incide mucho y fuerte, ¿de qué color pintarías la casa para evitar en lo posible la captación de calor?
2. ✦ ¿Sabes cuántos cables eléctricos entran en tu casa? ¿Qué tensión tienen? ¿Cómo se llaman? ¿De qué color son?
3. ✦ ¿Sabrías identificar qué combustibles hay en tu vivienda para la calefacción, el agua caliente y la cocina?
4. ✦✦ Explica cómo crees que funciona el sistema que proporciona calor a tu vivienda. ¿Sabes qué combustible utiliza?
5. ✦✦ Seguro que en alguna ocasión, en tu barrio o en tu ciudad, has visto un depósito como el de la fotografía. ¿Sabrías explicar cuál es su función?
6. ✦✦✦ Enumera todas las instalaciones que hay en tu casa.

EN EL TALLER

7. ✦ Dibuja un plano del aula-taller. Sobre dicho plano, dibuja en color azul la instalación de iluminación compuesta por luminarias, cables e interruptores. En color amarillo, dibuja la instalación eléctrica compuesta por cables y bases de enchufe. Finalmente, dibuja en color rojo la instalación de calefacción, compuesta por radiadores y tuberías de distribución.
8. ✦✦ En el baño más próximo al taller, abre un grifo y observa la presión con la que sale el agua. A continuación, ve a otro grifo y ábrelo también. ¿Qué ha pasado? ¿Podrías explicar por qué a medida que abres más grifos la presión con la que sale el agua disminuye?

EN EL ORDENADOR

9. ✦ Busca en Internet información sobre la ecociudad de Sarriguren (Pamplona). Anota en tu cuaderno las principales características bioclimáticas de este barrio.
10. ✦✦ Busca en Internet noticias relacionadas con explosiones de gas en viviendas u otros edificios, investiga qué ocurrió y haz una lista con al menos tres causas que generaron los accidentes.

1. Arquitectura bioclimática

Las calles estrechas y las casas pintadas de blanco protegen del sol.

La **arquitectura bioclimática** consiste en el diseño y la construcción de edificaciones teniendo en cuenta las **condiciones climáticas** existentes y aprovechando los **recursos naturales** disponibles.

Por lo tanto, se trata de un conjunto de técnicas muy influenciadas por la **ubicación geográfica** de la edificación.

El principal **objetivo** de estas técnicas constructivas es minimizar las necesidades energéticas del edificio y, por lo tanto, **disminuir el consumo energético** necesario para alcanzar las condiciones de confort.

En realidad, la arquitectura bioclimática es la evolución de la **arquitectura tradicional**. Históricamente, las distintas civilizaciones siempre han adaptado sus técnicas constructivas al entorno en el que se ubicaban las construcciones, a la climatología y a los materiales locales.

Estos son algunos **ejemplos** de dicha arquitectura:

- En las zonas calurosas, las calles son estrechas para proporcionarse sombra unas a otras, y blancas para reflejar el calor del sol.
- Las casas cueva gozan de temperaturas muy constantes a lo largo del año, poco influenciadas por la temperatura exterior.
- Los patios andaluces disponen de fuentes que refrescan el ambiente y favorecen la ventilación de los habitáculos.

El alero natural formado por la cueva protege de las inclemencias meteorológicas.

La arquitectura bioclimática requiere un **urbanismo bioclimático** adecuado, que consiste en la adecuación de los trazados urbanos a las condiciones singulares del clima y el territorio.

Los **principios** del urbanismo bioclimático se pueden resumir así:

- Trazado viario y calles adaptadas al terreno, buscando las orientaciones óptimas de soleamiento y viento.
- Zonas verdes adecuadas a las necesidades de humedad y evaporación ambiental.
- Parcelación que permita la construcción de edificios con fachadas y patios orientados adecuadamente.

Una vez que la parcela cumple con dichos requisitos, todo proyecto arquitectónico debe empezar por un diseño bioclimático, ya que, en función de dicho diseño, las necesidades energéticas serán unas u otras, lo que influirá en el diseño de las instalaciones.

A continuación, se resumen las **principales técnicas** utilizadas en la arquitectura bioclimática:

- **Disposición adecuada sobre el terreno.** Es fundamental ubicar la vivienda teniendo en cuenta la orientación respecto al sol, la exposición a los vientos dominantes y la ubicación de las construcciones existentes alrededor de la nuestra. En climas fríos, buscaremos una orientación hacia el sol para que éste nos caliente; sin embargo, en zonas cálidas, lo evitaremos.

Para saber más

Un **iglú** es una construcción bioclimática. Se trata de una casa construida con bloques de hielo en zonas heladas como la Antártida o Alaska.

Proporciona protección respecto a las condiciones exteriores, bastante extremas, y, gracias a las características aislantes de la nieve, en el interior se pueden dar temperaturas de entre –7 °C y 16 °C.

Conoce

- **Favorecer la ventilación natural.** La ventilación es esencial en todas las viviendas, y debemos disponer los muros y las puertas de forma que el aire circule de manera natural. Para ello, resulta de gran utilidad disponer de fachadas con orientaciones distintas.
- **Uso de aislamientos térmicos.** Los aislamientos térmicos nos ayudan a evitar tanto la pérdida de calor del interior como la entrada de calor del exterior. Para ello, es fundamental utilizar aislantes buenos y gruesos, y disponer de ventanas y acristalamientos de calidad.
- **Protecciones solares.** Un alero bien diseñado permite la entrada del sol en invierno, cuando está más bajo, y la impide en verano, ya que está más alto.
- **Sistemas de captación solar pasiva.** Los invernaderos y los muros térmicos son construcciones que captan el calor solar gracias al efecto invernadero y lo introducen en la vivienda.
- **Inercia térmica.** La inercia térmica en una vivienda es una propiedad dada por la capacidad de almacenar calor que tenga el muro; cuanto mayor sea dicha capacidad, más lentamente variará la temperatura. Un ejemplo son las casas cueva, donde la temperatura se mantiene prácticamente constante durante todo el año.
- **Colores.** Los colores que se utilizan en las fachadas influyen sustancialmente en la cantidad de calor solar que éstas absorben. Las paredes negras absorben mucho el calor; las blancas lo reflejan.
- **Zonas verdes.** El uso de vegetación y arbolado en zonas adecuadas, según el uso que se le desee dar, favorece la refrigeración por evaporación, la generación de sombras y la protección respecto a los vientos fuertes.
- **Materiales.** El uso de materiales presentes en la zona es esencial, ya que evita el consumo energético asociado a su transporte.

Invernaderos en viviendas.

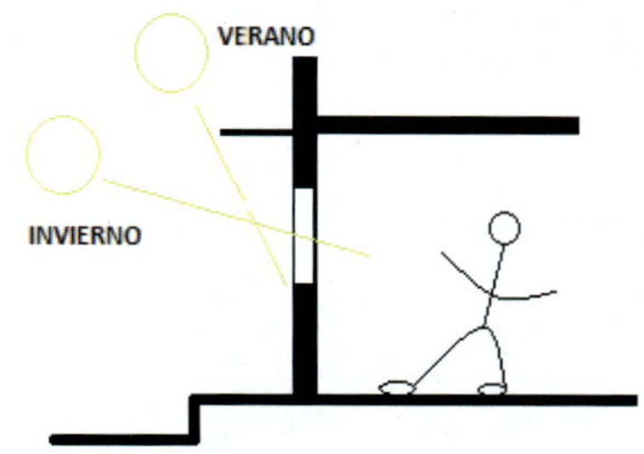

La protección solar permite el calentamiento mediante el sol en invierno y lo impide en verano.

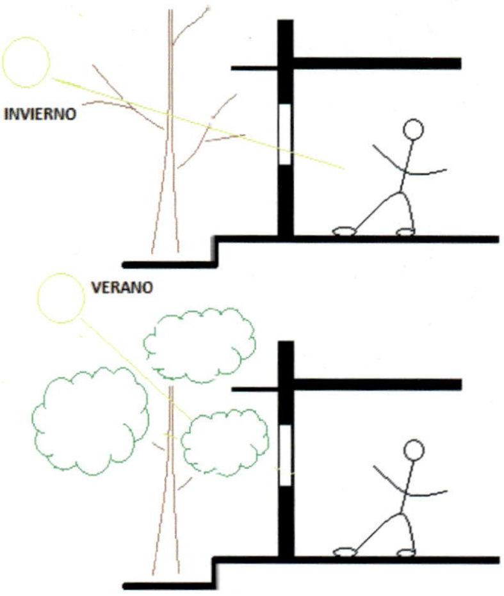

El arbolado de hoja caduca permite el calentamiento meciante el sol en invierno y lo impide en verano.

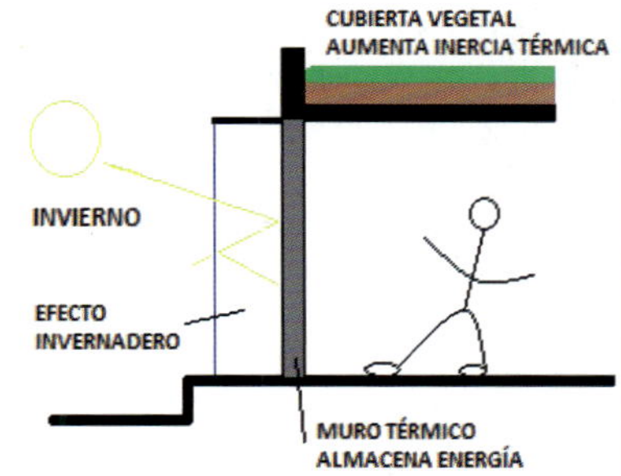

Las cubiertas vegetales aumentan la inercia térmica de la vivienda. Los invernaderos y muros térmicos aumentan la captación solar en invierno.

EJERCICIOS

1. ✦ ¿En qué consiste la arquitectura bioclimática? ¿Cuál es su principal objetivo?
2. ✦✦ Anota en tu cuaderno los principios del urbanismo bioclimático.
3. ✦✦✦ Enumera las principales técnicas utilizadas en la arquitectura bioclimática.

2. Instalaciones eléctricas

Centralización de contadores.

La instalación eléctrica de una vivienda consta básicamente de acometida, caja general de protección, fusible de seguridad, contador de energía, derivación individual y cuadro individual de mando y protección.

Todas las instalaciones eléctricas deben cumplir el **Reglamento Electrotécnico para Baja Tensión (REBT)**, tanto en cuestiones de diseño como de instalación.

A continuación, se indican las distintas partes que componen las instalaciones eléctricas de una vivienda.

La acometida y las instalaciones de enlace

La **acometida** es la parte de la red de distribución encargada de unir ésta con la caja general de protección.

Las **instalaciones de enlace** unen la caja general de protección con las instalaciones interiores.

Fíjate

Algunos consejos de **seguridad eléctrica**:

- El IDG (interruptor diferencial general) tiene un botón de prueba. Presiónalo al menos una vez al año y, si no funciona, reemplázalo.
- En baños y cocinas, minimiza la presencia de equipos eléctricos: el agua y la electricidad no son buenos amigos.
- Si vas a manipular una parte de la instalación eléctrica, desconecta el IGA (interruptor general automático).

Las partes que componen las instalaciones de enlace son:

- **Caja general de protección (CGP)** (3). Aloja los elementos de protección de las líneas generales de alimentación.
- **Línea general de alimentación (LGA)** (4). Enlaza la CGP con las derivaciones individuales que alimenta.
- **Cuarto de contadores (CC)** (7). Se trata de un cuarto o armario donde se ubican diversos elementos de protección (interruptor general de maniobra, fusible de seguridad...), así como los contadores de la energía eléctrica consumida.

1. Red de distribución
2. Acometida
3. Caja general de protección
4. Línea general de alimentación
5. Interruptor general de maniobra
6. Caja de derivación
7. Emplazamiento de contadores
8. Derivación individual
9. Fusible de seguridad
10. Contador
11. Interruptor de control de potencia
12. Dispositivos generales de mando y protección
13. Instalación interior

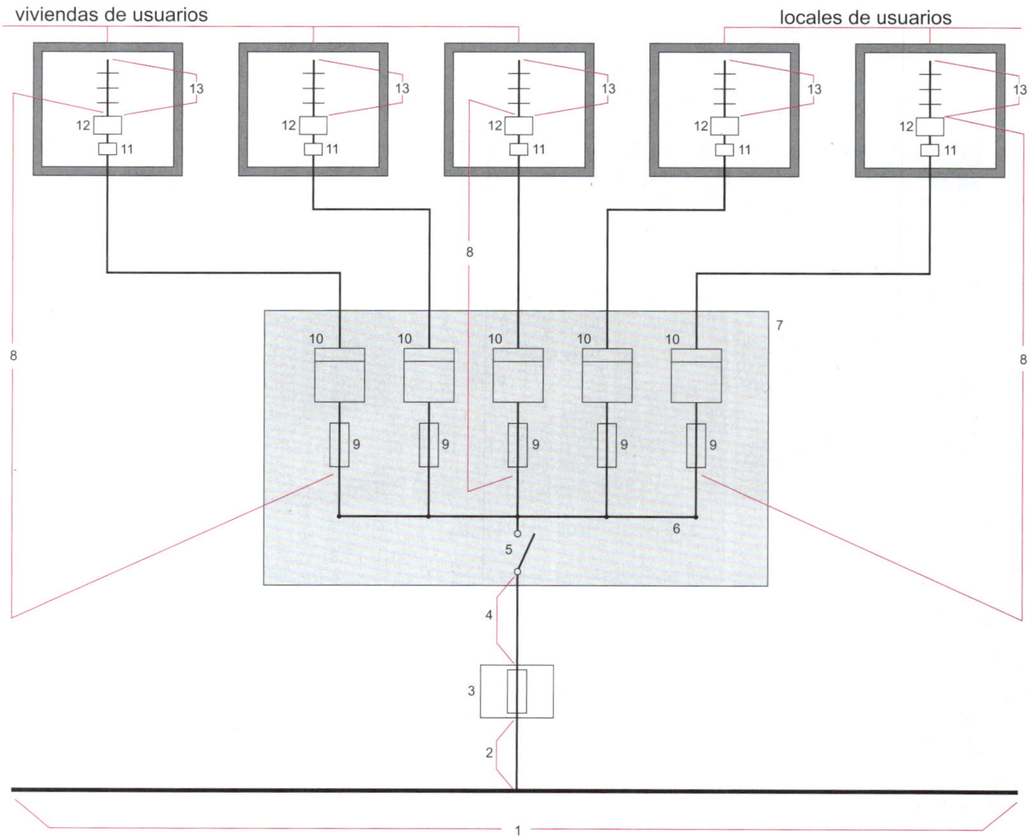

Conoce

- **Derivación individual (DI)** (8). Es la parte de la instalación que parte de la LGA y llega hasta la instalación interior. Comprende el fusible de seguridad (9), el contador (10), el interruptor de control de potencia (11) y los dispositivos de mando y protección (12).
- **Interruptor de control de potencia (ICP)** (11). Es el primer elemento que se encuentra al entrar en la vivienda. Se trata de un dispositivo que debe precintarse y que sólo permite el paso de la potencia contratada con la compañía eléctrica, de modo que se corta el suministro cuando se sobrepasa dicha potencia.

Potencia contratada	Corriente ICP
2.300 W	10 A
3.450 W	15 A
4.600 W	20 A
5.750 W	25 A

Potencias contratadas en una vivienda tipo.

- **Dispositivo general de mando y protección (DGMP)** (12). Se trata de un conjunto de elementos de protección ubicado en un cuadro junto a la entrada de la vivienda. Incluye:
  - **Interruptor general automático (IGA).** Protege la instalación de sobrecargas y cortocircuitos.
  - **Interruptor diferencial general (IDG).** Protege a las personas de contactos indirectos, es decir, de fugas de corriente por fallo de aislamiento.
  - **Pequeños interruptores automáticos (PIA).** También llamados **magnetotérmicos**, protegen individualmente los circuitos interiores de sobrecargas y cortocircuitos.

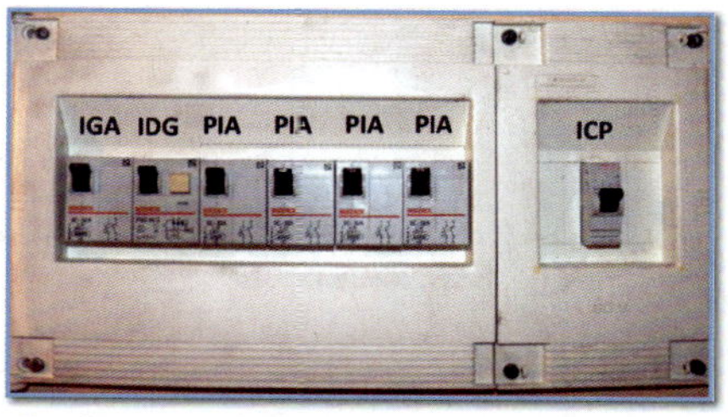

Cuadro con el ICP, el IDG y los diferentes PIA.

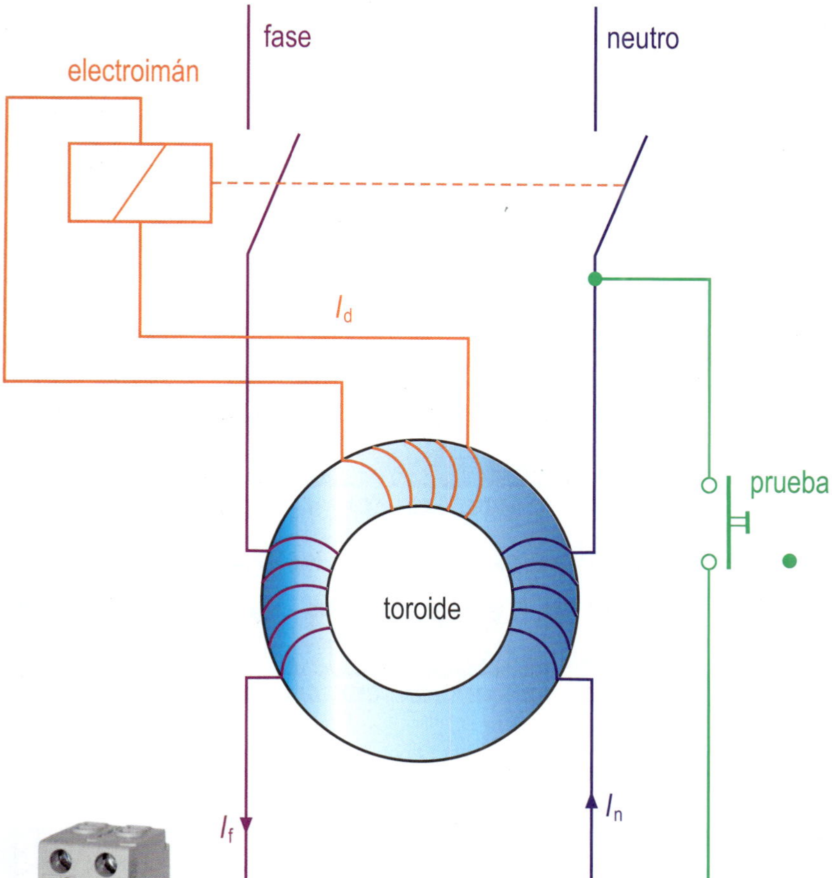

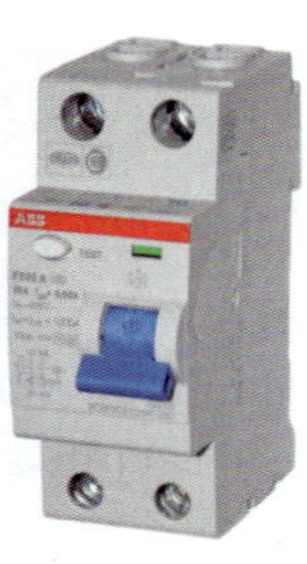

El funcionamiento de un interruptor diferencial se basa en la suma de las intensidades que entran (I_f) y salen (I_n) del equipo.

De esta forma, en condiciones normales de funcionamiento, cuando ambas intensidades son iguales, la intensidad diferencial (I_d) es cero y el electroimán no actúa.

Sin embargo, si hubiera una derivación aguas abajo del interruptor diferencial, se estaría perdiendo algo de intensidad y, por lo tanto, la intensidad entrante y saliente no serían iguales.

Al no ser iguales, el valor de la intensidad diferencial no sería nulo y se activaría el electroimán, que abriría el circuito.

Mediante el botón de prueba que tiene cualquier interruptor diferencial, podemos y debemos comprobar el funcionamiento correcto del equipo simplemente realizando una simulación de una derivación.

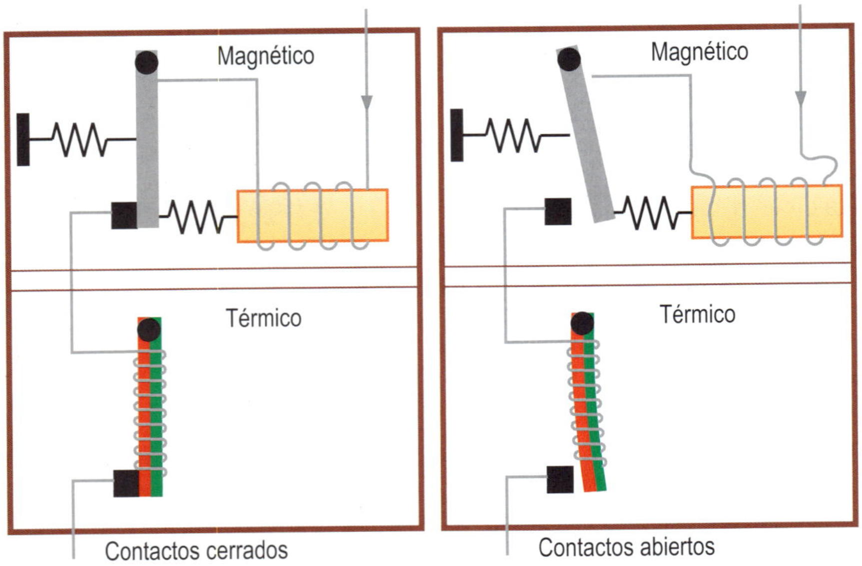

El equipo denominado **PIA** (pequeño interruptor automático) o **magnetotérmico** está formado por un dispositivo magnético y uno térmico conectados en serie:

- **Magnético.** Actúa ante **cortocircuitos**. En tal situación, una gran corriente circula por el conductor, de forma que se crea un campo magnético en el electroimán, el cual se desplaza y abre el contacto correspondiente.
- **Térmico.** Actúa ante **sobrecargas**. Éstas provocan el calentamiento de un bimetal, de forma que se produce una deformación y se abre el contacto.

Grado de electrificación

El grado de electrificación de una vivienda depende de las necesidades eléctricas. Se definen dos grados de electrificación:

- **Grado básico.** Se plantea como el sistema mínimo que todas las viviendas deben tener. Se prevé una potencia mínima de 5.750 W, independientemente de la potencia que posteriormente se contrate.
- **Grado elevado.** Se plantea para viviendas con previsión de grandes necesidades, como calefacción eléctrica, aire acondicionado, automatización o superficies superiores a 160 m^2. Se prevé una potencia mínima instalada de 9.200 W.

Grado de electrificación básica	
C1	Alimentación para puntos de iluminación
C2	Tomas de corriente de uso general o frigorífico
C3	Alimentación de la cocina y del horno
C4	Destinado a lavadora, lavavajillas y termo eléctrico
C5	Tomas de corriente en cuartos de baño y cocina

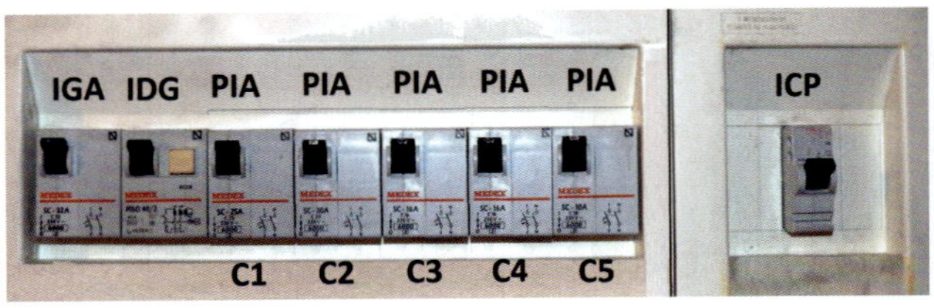

Grado de electrificación elevada (adicional)	
C6	Circuito adicional a C1 por cada 30 puntos de luz
C7	Circuito adicional a C2 por cada 20 tomas de corriente
C8	Alimentación de la calefacción eléctrica
C9	Alimentación del aire acondicionado
C10	Alimentación de una secadora independiente
C11	Alimentación de un sistema de automatización
C12	Circuito adicional a C3 o C4, o a C5 cuando hay más de 6 tomas

Toma de tierra

La **toma de tierra** consiste en un conjunto de cables conductores que van desde una serie de picas clavadas en la tierra bajo el edificio hasta cada uno de los elementos terminales (electrodomésticos, bases de enchufe, etc.) de la instalación interior.

Ante una fuga de corriente eléctrica, su función consiste en proporcionar un camino para dicha electricidad hasta la tierra, y reducir de esta forma el riesgo de electrocución de las personas.

El cableado

Habitualmente, los cables empleados en las viviendas son conductores rígidos de cobre forrados con una cubierta aislante. Se instalan en tubos flexibles de plástico empotrados en las paredes.

Se realizan en **monofásico**, lo cual quiere decir que la tensión de trabajo es de 230 V y que requiere un cable de **fase**, de color negro, marrón o gris, otro cable **neutro**, de color azul, y, finalmente, un cable de **tierra** de color verde-amarillo.

Para saber más

En una vivienda no es habitual que todos los equipos consumidores de electricidad estén encendidos al mismo tiempo.

Por ello, el **factor de simultaneidad** se define como la relación existente entre la potencia de todos los equipos cue pueden requerir energía al mismo tiempo y a potencia total de la instalación.

Esquemas eléctricos

Existe una gran variedad de circuitos eléctricos. No obstante, en las viviendas, los circuitos típicos son los correspondientes a puntos de luz y bases de enchufe.

- **Interruptor para un punto de luz**

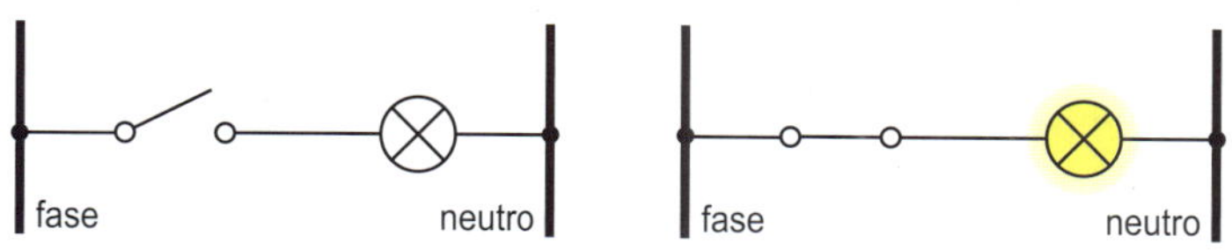

Un interruptor es un equipo que abre o cierra el circuito eléctrico. En la posición "abierto", los contactos no se tocan y la corriente no circula. En la posición "cerrado", los contactos se tocan y la corriente circula.

- **Base de enchufe**

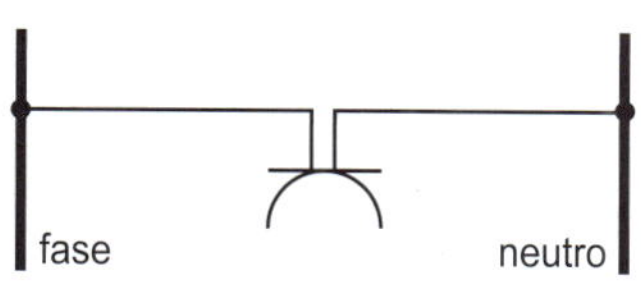

A un enchufe siempre llegan un cable de fase y uno neutro. Suele ser el equipo que se conecta al enchufe el que dispone de un interruptor.

- **Interruptor para varios puntos de luz**

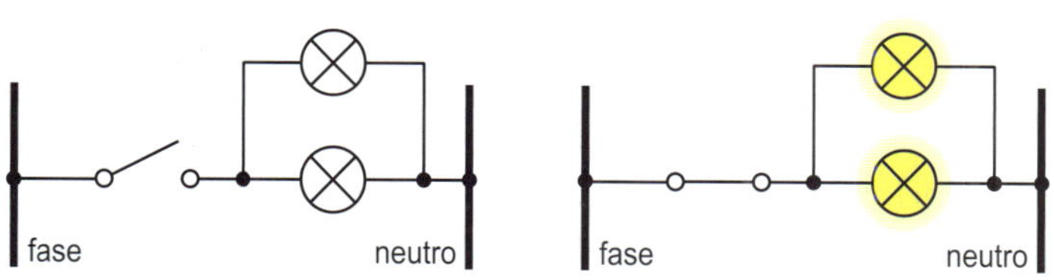

En un espacio grande suele ser necesario disponer de más de un punto de luz con un solo interruptor que encienda todas las bombillas. En este caso, decimos que las bombillas están en paralelo.

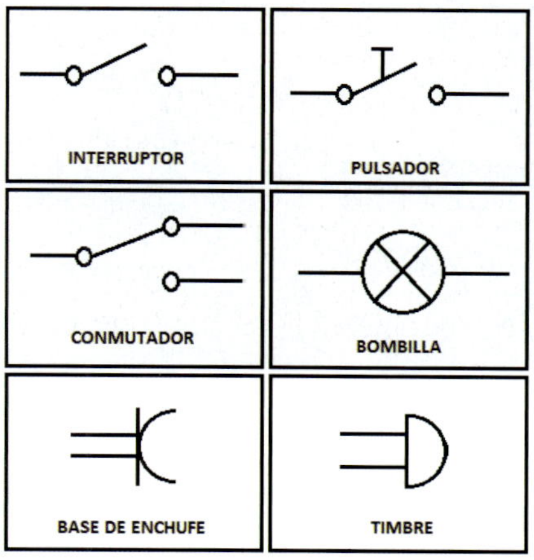

Símbolos más frecuentes en los circuitos eléctricos.

EJERCICIOS

4. ✦ ¿Qué elementos componen las instalaciones de enlace? Realiza un esquema en tu cuaderno con los principales.

5. ✦✦ ¿Qué elementos componen el cuadro que se ubica en la entrada de las viviendas? Describe los equipos y sus funciones.

6. ✦✦ Explica la diferencia entre el grado de electrificación de una vivienda y la potencia contratada para una vivienda.

Para saber más

Una **bombilla incandescente** emite luz debido al calentamiento que se produce en un filamento cuando lo atraviesa una intensidad.

Cuando decimos que una bombilla tiene una potencia de 100 W, significa que, en una instalación de 230 V, la intensidad que atraviesa el filamento es de 0,43 A ($P = V \cdot I$).

Las bombillas incandescentes son las más ineficientes que existen, ya que sólo el 10% de esos 100 W se convierte en luz; el resto se convierte en calor.

- **El timbre**

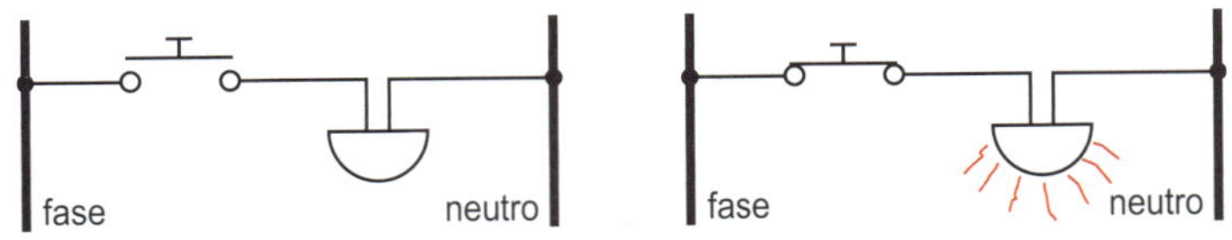

La única diferencia entre pulsador e interruptor es que el primero sólo se mantiene cerrado mientras lo pulsamos.

- **La conmutación de dos puntos**

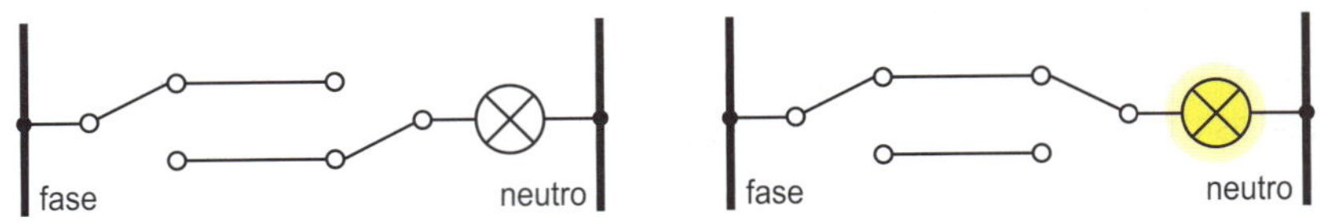

Esta configuración se emplea en espacios donde dos interruptores distintos deben encender o apagar una misma bombilla.

Al igual que los interruptores, los conmutadores tienen dos posiciones; sin embargo, tienen tres contactos en lugar de dos.

- **La conmutación de tres puntos**

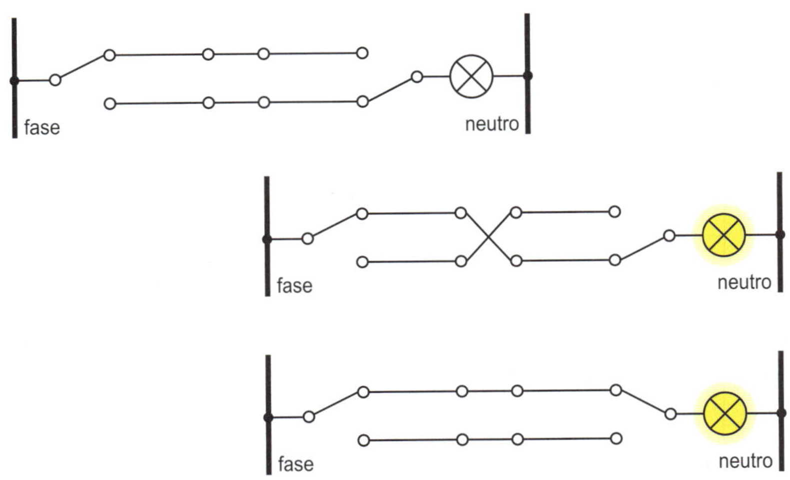

Esta configuración se emplea en espacios grandes o en escaleras donde tres interruptores distintos deben encender o apagar una misma bombilla. El más novedoso es el conmutador de cruce, con cuatro posiciones.

EJERCICIOS

7. ✦ ¿Qué ocurriría si hiciésemos un circuito con un interruptor y una base de enchufe? Dibuja en tu cuaderno el circuito.

8. ✦✦ Si colocásemos el interruptor entre la bombilla y el cable neutro, ¿se encendería la bombilla al actuar sobre el interruptor? ¿Qué riesgo tiene esta disposición?

9. ✦✦ Dibuja un circuito con dos bombillas en paralelo y conmutación de dos puntos.

10. ✦✦✦ Ayudándote de lo expuesto en el "Para saber más" de esta página, explica qué ocurriría si pusiéramos dos bombillas de 100 W en serie en lugar de en paralelo.

3. Instalaciones de gas

La instalación de gas de una vivienda consiste básicamente en un armario de regulación de presión, un contador del gas consumido y una llave de entrada a la vivienda.

El gas, en las viviendas, se puede presentar de dos formas:

- **Gases licuados del petróleo (GLP).** Los vemos en forma de bombonas metálicas.
- **Gas natural.** Llega directamente en forma de gas a través de una red de tuberías existente en la ciudad.

Las bombonas de butano han sido muy comunes, pero actualmente están desapareciendo.

El gas se utiliza principalmente en la **calefacción** y la **cocina**, aunque este último uso está en vías de desaparición por la proliferación de cocinas vitrocerámicas y de inducción.

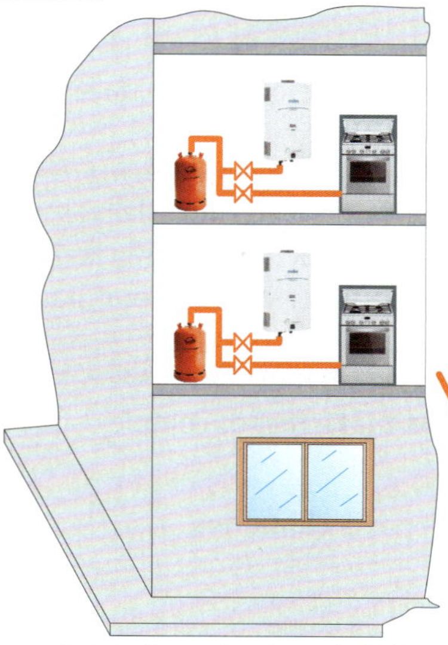

Instalación con bombona de GLP.

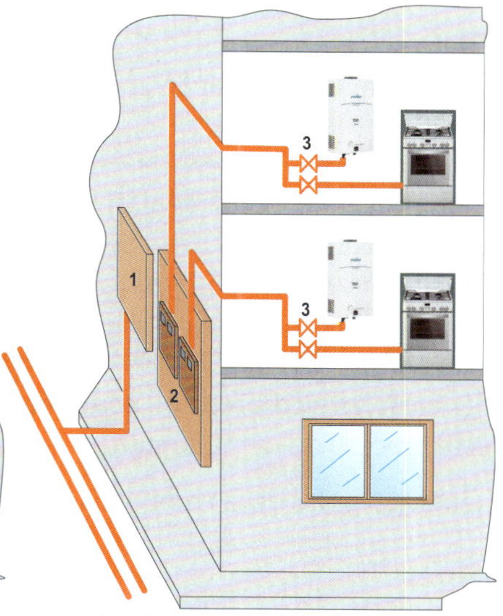

Instalación con red de distribución de gas.

1. Armario de regulación de presión
2. Armario de contadores
3. Llave de entrada a la vivienda

Es fácil ver bloques de viviendas con la red de gas en la fachada. Podemos observar el **armario regulador de presión** (1) y los armarios que albergan los **contadores** (2). Cada equipo dispone de su regulador de caudal.

Desgraciadamente, es habitual que todos los años haya alguna explosión de gas. Hay que tener un cuidado extremo con estas instalaciones, tanto en su uso como en su mantenimiento.

Estas son algunas **medidas de seguridad** necesarias:

- Una correcta instalación no debe tener fugas. Sin embargo, también debe estar bien **ventilada** para evitar acumulaciones de gas en caso de que se produzca una fuga.
- La **llama** de los quemadores debe ser **azul** y estable y no debe hacer ruido.
- Se deben realizar las revisiones de **mantenimiento** correspondientes, tanto de las conducciones como de los elementos de seguridad y equipos.

Para saber más

El **gas natural** es una de las fuentes de energía no renovable más importantes. Se encuentra en yacimientos de petróleo y está compuesto principalmente de metano (CH_4).

Por otro lado, los **GLP** suelen ser butano (C_4H_{10}) y propano (C_3H_8). Se encuentran junto al gas natural y se caracterizan por hallarse en estado gaseoso a presión y temperatura ambientales, pero son fácilmente condensables.

EJERCICIOS

11. ✦ Explica cuáles son las principales formas en que podemos encontrar el gas en las viviendas.

12. ✦✦ ¿Cuáles son las principales medidas de seguridad que debemos tener en cuenta en una instalación de gas en nuestra vivienda?

4. Instalaciones de calefacción

Caldera central. Se puede observar el quemador (en rojo) y la alimentación de gas (en amarillo).

El objetivo de cualquier sistema de calefacción es **proporcionar calor** a las viviendas hasta generar las **condiciones de confort**, que no deben superar los 21-22 °C.

Existen multitud de formas de generar dichas condiciones de confort. A continuación, vamos a estudiar las más habituales en las viviendas, haciendo una primera clasificación en instalaciones centralizadas e instalaciones individuales.

Instalaciones centralizadas de calefacción

Son aquellas que comparten los elementos principales asociados a la producción de agua caliente. Los equipos más importantes son:

- **Caldera**

Tiene la función de convertir en energía térmica la energía contenida en el combustible.

El **quemador** se alimenta de gas, y se produce la combustión del gas en el **hogar de la caldera**. A su vez, el hogar está rodeado de **cámaras** llenas de agua, de forma que los gases de la combustión, a grandes temperaturas, ceden calor al agua contenida en dichas cámaras.

Todas las calderas incorporan un **controlador**, más o menos complejo, que gestiona este proceso de forma segura.

Finalmente, los gases de la combustión salen por la **chimenea**.

1. Caldera
2. Bomba de circulación
3. Termostato
4. Contador de energía
5. Radiador
6. Válvula motorizada

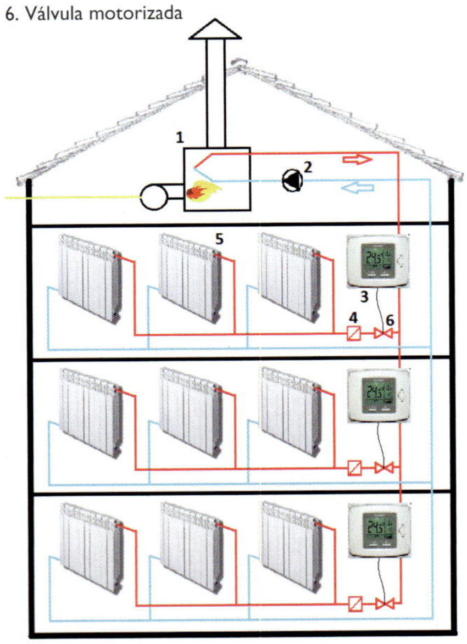

Instalación centralizada de calefacción.

- **Radiadores**

Los radiadores están constituidos por una serie de **elementos** cuyo número determina el tamaño del radiador.

En función del tamaño de la habitación donde se encuentran, del aislamiento de las paredes y de la severidad climática de la localidad donde se ubica la instalación, entre otros factores, el número de elementos que componen los radiadores será mayor o menor.

Su misión es ceder el calor que les llega de la caldera al habitáculo donde se encuentran.

- **Bombas de circulación**

Como se puede observar en la figura, una red de tuberías permite llevar el agua que se calienta en la caldera hasta cada uno de los radiadores de cada una de las viviendas.

El equipo que proporciona al agua la velocidad adecuada para realizar dicho circuito es la **bomba de circulación**.

EJERCICIOS

13. ✦ Enumera los principales elementos que componen una caldera.

14. ✦✦ Realiza en tu cuaderno una tabla que relacione, para cada habitación de tu casa, la superficie de la habitación con la del radiador que la calienta.

Conoce

- **Termostato**

  Su principal función es cortar el aporte de calor a la vivienda cuando se ha alcanzado la temperatura que el usuario ha indicado en él.

  En una instalación centralizada, esto se hace cerrando una válvula automática ubicada en la entrada de la vivienda, que cierra la entrada de agua caliente procedente de la caldera.

- **Contador de energía**

  En las instalaciones centralizadas, es necesaria la instalación de un contador de energía en cada vivienda de forma que se pueda repercutir a cada vecino el gasto que le corresponde.

  Así, pues, el contador sólo contabiliza la energía calorífica que entra en cada una de las viviendas. De ese modo, cuanto menor sea el consumo de energía, menos se tendrá que pagar por dicha energía.

Caldera individual.

Instalaciones individuales de calefacción

En estas instalaciones, los equipos de producción de agua caliente son propios de cada usuario y están dentro de cada vivienda.

Las **calderas** tienen los mismos componentes que en el caso anterior, incluso incorporan la **bomba de circulación**, aunque lógicamente es más pequeña y tiene una regulación menos precisa. Se suele ubicar en la cocina o en la terraza.

Los **radiadores** y el **termostato** son exactamente iguales que en las instalaciones centralizadas, pero el termostato actúa directamente sobre la caldera.

Finalmente, no es necesario contador de energía, ya que cada usuario tiene su propio contador de gas.

Otra forma de **clasificar** las instalaciones de calefacción es según el **tipo de combustible**.

Existen diversas tecnologías de calderas, que pueden quemar combustibles no renovables, como **gas natural**, **gas propano** o **gasóleo**, pero también otros renovables, como la **biomasa**.

Por otro lado, la **calefacción eléctrica** consiste, básicamente, en calentar agua o fluidos térmicos mediante resistencias eléctricas. Existen dos tipos: acumuladores eléctricos de calor con tarifa nocturna y emisores de termofluido.

Finalmente, está la llamada **calefacción seca**, que calienta mediante aire en lugar de agua, y que veremos en el apartado dedicado al aire acondicionado.

Para saber más

La calefacción individual es más costosa que la centralizada. Esto se debe a dos motivos: el primero es que el rendimiento de las calderas grandes es mejor que el de las calderas murales individuales; el segundo, que el gas es más barato si se suministra en grandes cantidades.

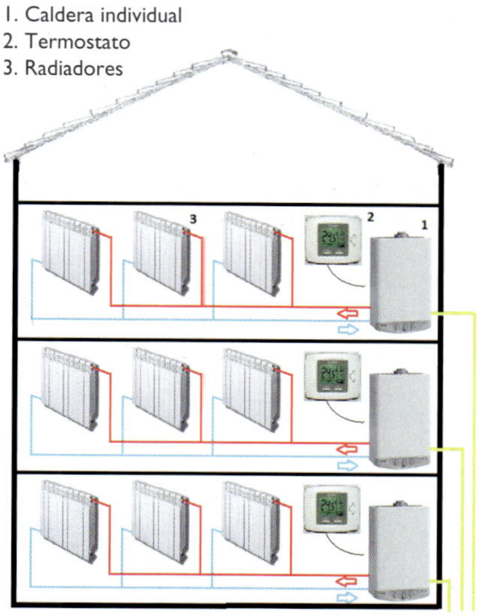

Instalación individual de calefacción.

EJERCICIOS

15. ✦ Enumera los principales equipos que componen un sistema de calefacción e indica las diferencias y similitudes para cada uno de ellos en instalaciones centralizadas e individuales.

16. ✦✦ Anota en tu cuaderno las ventajas e inconvenientes que se te ocurran acerca de las instalaciones centralizadas e individuales de calefacción.

5. Instalaciones de agua fría y caliente sanitaria

La función principal de los **embalses** es el almacenamiento de agua para el suministro de las ciudades.

Una vez dicha agua se trata en las **plantas de tratamiento** y es apta para el consumo humano, se conduce hasta las viviendas mediante la **red de distribución**.

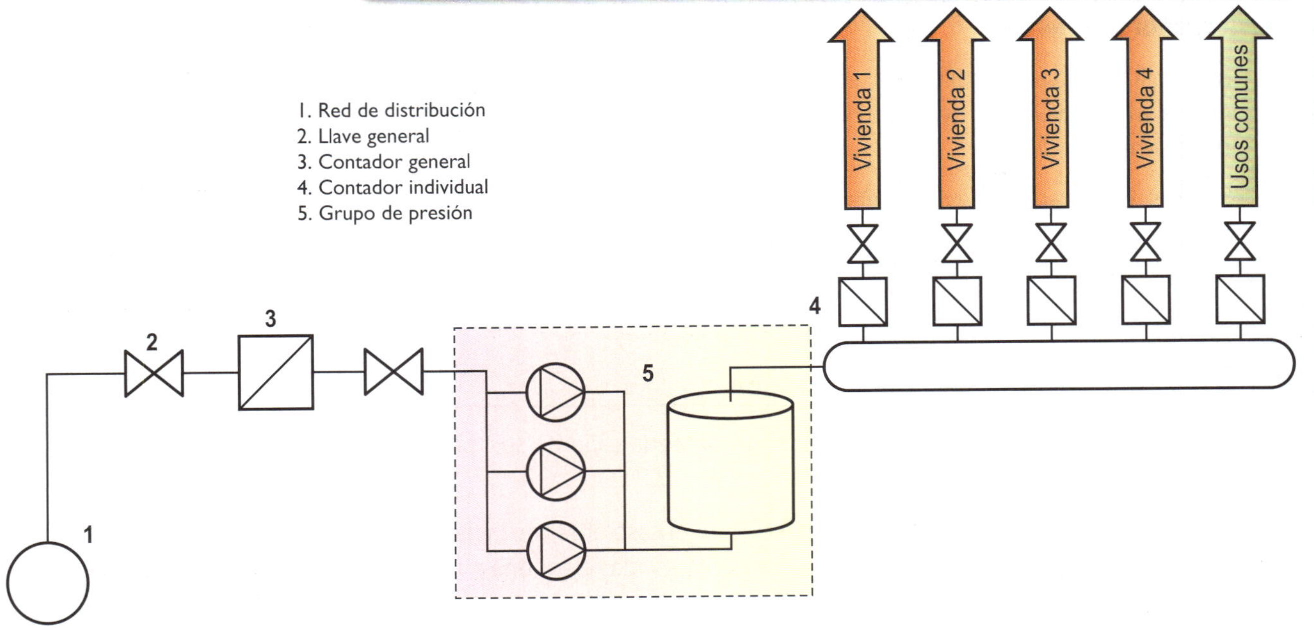

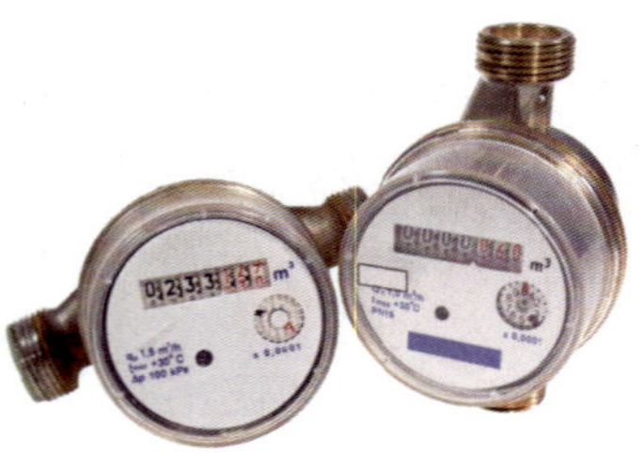
Contador del caudal de agua.

Como se observa en el esquema anterior, una vez dentro de la vivienda, los primeros elementos son la **llave general de paso** y el **contador general de agua**.

A partir de ese punto, si la presión de red no es suficiente, será necesario un **grupo de presión** que eleve la presión lo suficiente para que llegue a todos los puntos de consumo.

Finalmente, desde un colector sale un circuito para cada una de las viviendas, más uno para usos comunes, cada uno con su **contador de caudal** para la distribución del consumo.

Al igual que ocurre con los sistemas de calefacción, las instalaciones de agua caliente sanitaria (ACS) pueden ser centralizadas o individuales.

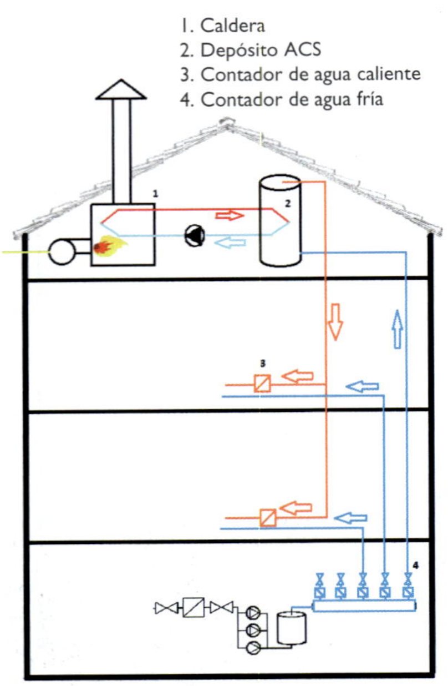

Instalación centralizada de agua caliente sanitaria.

Instalaciones centralizadas de agua caliente

Esta tipología de instalación cuenta con una **caldera** comunitaria central, que suele ser la misma que para la calefacción.

EJERCICIOS

17. ✦ Enumera en tu cuaderno los principales elementos que componen una instalación de suministro de agua para una vivienda.

18. ✦✦ ¿Para qué sirve un grupo de presión? Un edificio con 15 plantas de altura, ¿necesitará un grupo de presión más grande o más pequeño que otro con 5 plantas de altura?

Conoce

Mediante una **bomba de circulación**, se calienta el agua sanitaria contenida en un **depósito de acumulación** y, posteriormente, se reparte hasta la entrada de cada vivienda.

Dicho depósito de acumulación se alimenta de agua fría procedente del colector de agua fría, en el cual se deja previsto un contador de agua fría para usos comunes.

En este caso, al igual que en las instalaciones centralizadas de calefacción, se debe instalar en la entrada de la vivienda un **contador de caudal** para poder repartir los gastos asociados al uso de agua caliente sanitaria.

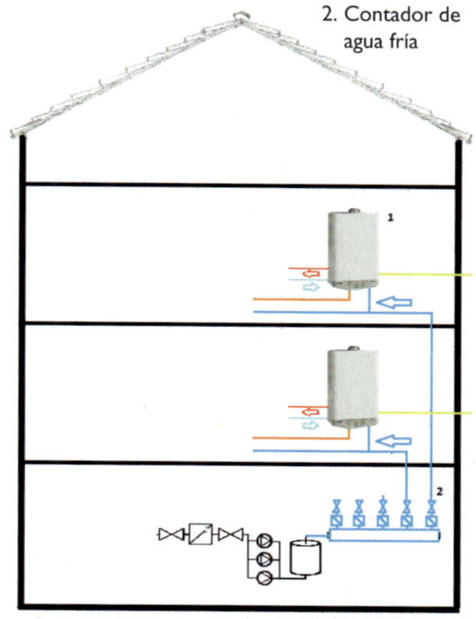

Instalación individual de agua caliente sanitaria.

Instalaciones individuales de agua caliente

También en estos casos suele ser la misma **caldera** que se utiliza para la calefacción la que acondiciona el agua caliente sanitaria.

Como podemos observar en la imagen lateral, la caldera tiene las siguientes **tuberías de conexión**:

- Una entrada de gas (llave amarilla).
- Una entrada de agua fría (llave roja).
- Una salida de agua caliente (tubería blanca junto a la llave roja).
- Dos tuberías blancas correspondientes a la entrada y salida de la calefacción.

En estos sistemas no suele existir un **depósito de acumulación**. La producción de agua caliente es instantánea, aunque, cada vez más, las calderas contienen un pequeño acumulador.

Tampoco es necesario un **contador de caudal** de agua caliente, pues toda el agua ha pasado ya por el contador de agua fría.

Los combustibles que alimentan las calderas son los mismos que hemos visto en el apartado dedicado a la calefacción.

Cuando dicho combustible es la electricidad, se colocan **termos eléctricos**, que son acumuladores con resistencias eléctricas que calientan el agua.

En todos los casos, en el interior de la vivienda se realiza la distribución del agua fría y del agua caliente hasta los puntos de consumo.

Las habitaciones con agua se suelen denominar **cuartos húmedos**.

Para saber más

Desde la entrada en vigor del Código Técnico de la Edificación, en las viviendas es obligatoria la instalación de energía solar térmica para la producción de agua caliente sanitaria.

No obstante, este sistema no sustituye a los descritos en este capítulo, sino que permite ahorrar energía, ya que precalienta el agua.

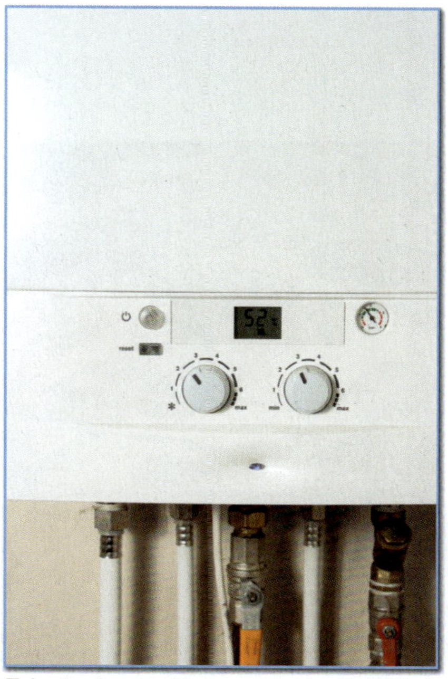
Tuberías de conexión en una caldera individual.

EJERCICIOS

19. ✦ Enumera los principales equipos que componen un sistema de agua caliente sanitaria e indica las diferencias y similitudes para cada uno de ellos en instalaciones centralizadas e individuales.

20. ✦✦ Anota en tu cuaderno las ventajas e inconvenientes que se te ocurran acerca de las instalaciones centralizadas e individuales para producción de agua caliente sanitaria.

6. Instalaciones de aguas residuales

1. Bajante pluvial
2. Bajante de aguas negras
3. Bote sifónico
4. Sifón

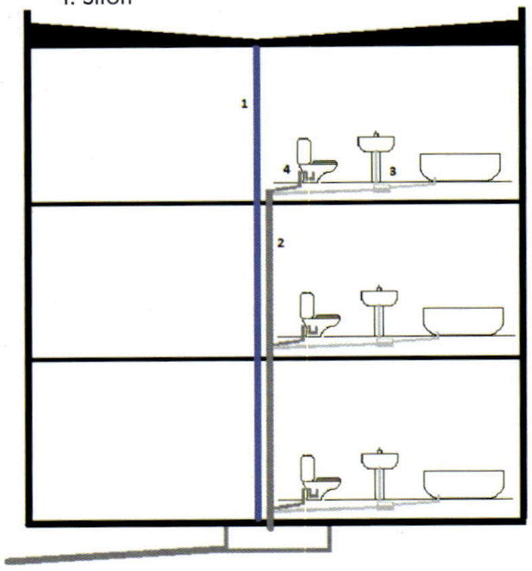

Red de saneamiento de una vivienda.

Tipos de aguas residuales

Podemos clasificar las aguas residuales en:

- **Aguas pluviales.** Son aguas limpias procedentes de la lluvia que recogen los desagües de las azoteas, las cubiertas, las terrazas y los jardines.
- **Aguas grises.** Son aquellas que provienen de los desagües de los elementos sanitarios de aseo personal, tales como bañeras, duchas, lavabos o bidés.
- **Aguas negras.** Son aguas contaminadas con sustancias fecales y otros desechos orgánicos.

Redes de saneamiento de aguas residuales

Las redes de desagüe de las viviendas están formadas por una serie de tuberías que conducen las aguas residuales hasta la red de alcantarillado de la ciudad.

En nuestras ciudades, lo habitual es que haya un único **sistema de alcantarillado** para todo tipo de aguas residuales. En otros lugares, se separan las aguas pluviales del resto mediante un **sistema separativo** para, posteriormente, utilizarlas para riego o usos similares.

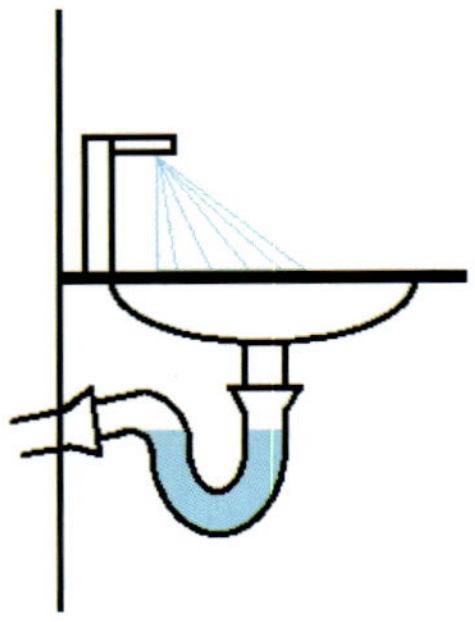

Sifón.

En aquellos lugares donde no existe red de saneamiento, se emplean las **fosas sépticas**, que consisten en pozos donde se realiza el tratamiento de las aguas negras.

El desagüe de los diferentes sanitarios se realiza a través de una pieza denominada **sifón**, formada por un tubo en forma de S y cuya función es evitar el paso de olores procedentes de la red de saneamiento.

Por otro lado, el **bote sifónico** es un elemento que se emplea para recoger los desagües procedentes de diversos sanitarios.

Finalmente, los elementos que recogen las aguas pluviales en terrazas, cubiertas, etc., se denominan *sumideros*.

Lo más importante de este tipo de redes es que funcionan por gravedad; por lo general, no existe ningún bombeo y todas las tuberías tienen una ligera pendiente hacia la bajante.

Planta de tratamiento de aguas residuales.

Tratamiento de aguas residuales

Las redes de saneamiento, o alcantarillado, desembocan en las **depuradoras**, donde se realiza un tratamiento de las aguas antes de devolverlas (habitualmente) a un río.

Los **tratamientos** son **físicos** (filtración, decantación), **químicos** (eliminación de componentes tóxicos) y **biológicos** (eliminación de microorganismos).

EJERCICIOS

21. ✦ ¿Qué tipos de aguas residuales existen?

22. ✦ Enumera las principales partes que componen la red de saneamiento de una vivienda.

7. Instalaciones de aire acondicionado

El término **aire acondicionado** suele hacer referencia a la refrigeración del ambiente, aunque esto no es del todo correcto.

Se trata de **acondicionar el aire**, y, por lo tanto, comprende tanto la refrigeración como la calefacción, el tratamiento de la humedad en el ambiente y su limpieza mediante la renovación y el filtrado del aire de una estancia.

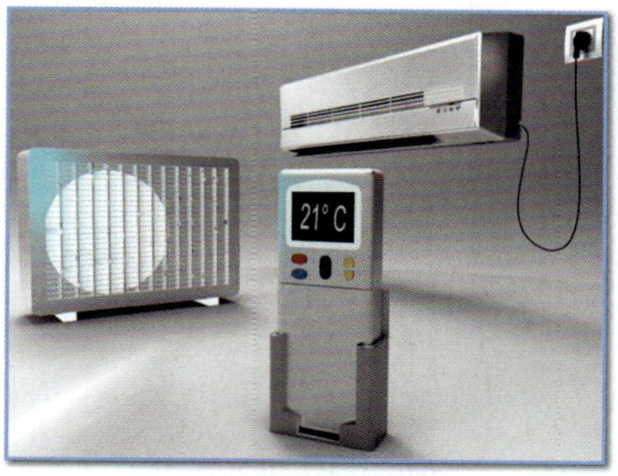

Equipo split de aire acondicionado.

De entre los muchos sistemas que existen para acondicionar el aire, nos centraremos en los más habituales en viviendas, que son los denominados **splits**, caracterizados por realizar la **compresión** del fluido refrigerante de forma **mecánica**.

Estos equipos, también llamados **bombas de calor**, son máquinas **reversibles**, con dos modos de funcionamiento:

- **Modo verano.** Transfiere calor de un medio frío (el interior del edificio) a un medio caliente (el exterior). Como se puede observar en la figura, enfría el aire interior y calienta el aire exterior.
- **Modo invierno.** Transfiere calor de un medio frío (el exterior) a un medio caliente (el interior).

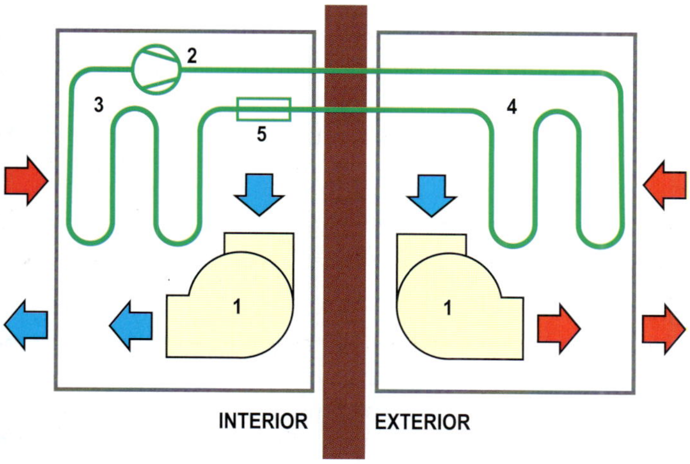

1. Ventilador
2. Compresor
3. Evaporador
4. Condensador
5. Válvula de expansión

Los equipos split están formados por una unidad exterior y una o varias unidades interiores. Podemos explicar el ciclo frigorífico de la siguiente forma:

- El gas refrigerante se comprime en el **compresor** (2), de modo que aumentan su presión y su temperatura.
- En el **condensador** (4), el gas refrigerante cede calor al exterior y se transforma en líquido.
- El líquido refrigerante absorbe calor en el **evaporador** (3), y de este modo enfría el interior.

En modo invierno, el condensador y el evaporador invierten sus funciones, con lo cual se cede calor al interior de la vivienda.

Para saber más

La segunda ley de la termodinámica establece que, ante dos cuerpos a distinta temperatura, el calor fluye de forma natural del cuerpo más caliente al más frío, y tienden a igualarse las temperaturas.

Con un equipo de aire acondicionado estamos haciendo lo contrario, es decir, llevar calor del cuerpo más frío al más caliente, para lo cual es necesario un compresor, que consume energía eléctrica.

EJERCICIOS

23. ✦ ¿Qué componentes forman una bomba de calor? ¿Cuál es la función principal de cada uno de ellos?

24. ✦✦ Explica el funcionamiento en modo invierno de una bomba de calor.

8. Domótica. Instalaciones de voz y datos. Televisión

Finalmente, veremos otras instalaciones existentes en las viviendas.

Domótica

La **domótica** es el conjunto de sistemas que permite la **automatización** de la vivienda. Su objetivo es aumentar el **confort** y la **seguridad** de las personas y, para conseguirlo, emplea diversos automatismos y sistemas de control habitualmente integrados y accesibles de forma remota.

Los servicios que ofrece la domótica se pueden clasificar en:

- **Gestión de equipos y sistemas.** Regulación de la calefacción y refrigeración según horarios, puesta en marcha de la lavadora o el lavavajillas, gestión de los niveles de iluminación, etc.
- **Seguridad.** Detección de fuego y fugas de gas o agua, detección de intrusos, localización de activos, gestión de alarmas, etc.
- **Comunicaciones.** Aviso telefónico de alarma, gestión del acceso al sistema domótico, gestión del acceso por voz y datos, etc.

Cada vez es más habitual conectar estos elementos domóticos a Internet, de forma que podamos acceder al control sobre el confort y la seguridad de nuestra vivienda desde cualquier terminal conectado a la red.

Instalaciones de voz y datos

Existen diversas tecnologías:

- **Instalación analógica**

  Se trata de un sistema, ya obsoleto, que utiliza un cable de par trenzado, por el cual se transmiten tanto voz como datos, pero no de forma simultánea.

  La línea de la compañía llega hasta cada vivienda y se conecta al **punto de terminación de la red** (PTR), a partir del cual la instalación es interior.

  El teléfono y el router se conectan a dicha red interior. El **router** es el encargado de la comunicación de la red con el ordenador.

- **Instalación RDSI (red digital de servicios integrados)**

  Las instalaciones analógicas evolucionaron a la RDSI, ahora ya también fuera de uso.

  Se trata de una transmisión digital. Tanto para recibir voz como datos, es necesario un módem RDSI, que proporciona dos canales que se pueden usar indistintamente para voz y para datos.

EJERCICIOS

25. ✦ Explica en tu cuaderno en qué consiste la domótica y enumera todas las acciones que se te ocurran que se puedan realizar con un sistema domótico.

Conoce

- **Instalación ADSL (línea de abonado digital asimétrica)**

La transmisión es digital de alta velocidad (de 1 a 24 Mbps) y proporciona tres canales, uno para voz y dos para datos (emisión y recepción). Es necesaria la instalación de un módem ADSL y un filtro para separar voz de datos.

Cables de fibra óptica.

- **Fibra óptica**

La fibra óptica es la tecnología de transmisión de voz y datos más empleada en la actualidad.

Se trata de un hilo muy fino, habitualmente de vidrio o de materiales plásticos, por el cual se envían impulsos de luz que representan los datos que se transmiten.

El haz de luz queda completamente confinado y se propaga por el interior del hilo, lo que permite transmitir una enorme cantidad de datos a gran velocidad.

Televisión

La televisión analógica o convencional se dejó de utilizar en España en el año 2010 y se sustituyó principalmente por la televisión digital terrestre (TDT). Las principales **ventajas** que ofrece son:

- Mayor calidad de imagen y sonido
- Mayor número de canales
- Mayor capacidad de interacción

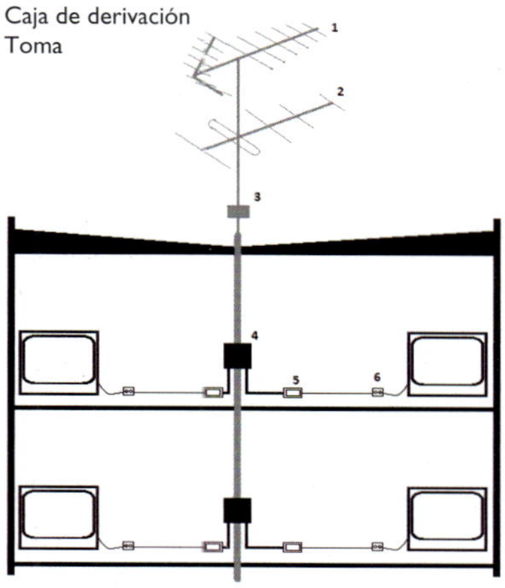

Instalación de una antena de televisión.

Las emisiones de **TDT (televisión digital terrestre)** tienen lugar en la banda de UHF. Se pueden emplear los equipos existentes en la analógica, pero son necesarias las siguientes **modificaciones sobre la instalación convencional**:

- Los **amplificadores** actuales son analógicos y, habitualmente, monocanal, por lo que es necesario sustituirlos por un nuevo dispositivo.
- En el caso de que la televisión sea analógica, es necesario disponer de un **descodificador** o comprar un televisor adecuado.

Otras posibilidades son la transmisión de televisión por cable y por satélite.

En el primer caso, es necesaria una red de cable, habitualmente de fibra de vidrio, que suele compartir voz y datos.

El segundo caso requiere, como principal característica, de antenas parabólicas que reciben la señal repetida por los satélites.

Fíjate

En la televisión analógica, los parámetros de la imagen y del sonido se representaban mediante las magnitudes analógicas de una señal eléctrica. El transporte de esta señal analógica requería muchos recursos.

En el mundo digital, esos parámetros se representan mediante números, usando los dígitos 1 y 0.

EJERCICIOS

26. ✦ ¿Cuáles son las principales ventajas de la TDT frente a la antigua televisión convencional?

27. ✦✦ Enumera los distintos tipos de tecnologías que hemos visto para transmisión de voz y datos. ¿Cuáles son las similitudes y las diferencias principales entre ellas?

Resumen de la unidad

- La **arquitectura bioclimática** consiste en el diseño y la construcción de edificaciones teniendo en cuenta las **condiciones climáticas** existentes y aprovechando los **recursos naturales** disponibles.
- La **acometida** es la parte de la red de distribución encargada de unir ésta con la caja general de protección.
- Las **instalaciones de enlace** son las que unen la caja general de protección con las instalaciones interiores. Las partes que componen las instalaciones de enlace son: la caja general de protección (CGP), la línea general de alimentación (LGA), el cuarto de contadores (CC), la derivación individual (DI), el interruptor de control de potencia (ICP) y el dispositivo general de mando y protección (DGMP).
- El **grado de electrificación** de una vivienda depende de sus necesidades eléctricas. Se definen dos grados de electrificación: **básica** y **elevada**.
- El gas se utiliza principalmente para **calefacción** y **cocinas**. Se puede presentar de dos formas: **gases licuados del petróleo (GLP)** y **gas natural**.
- El objetivo de cualquier sistema de calefacción es **proporcionar calor** a las viviendas hasta generar las **condiciones de confort**, y dichas instalaciones pueden ser **centralizadas** o **individuales**.
- Los principales **elementos de una instalación de calefacción** son: la caldera, la bomba de circulación, los radiadores, el termostato y el contador de energía.
- Las instalaciones de producción de **agua caliente sanitaria** también suelen ser centralizadas o individuales, clasificación que también viene determinada por la caldera.
- El **consumo de agua**, tanto fría como caliente, se debe contabilizar, y su coste debe repercutir en cada usuario.
- Las **aguas residuales** se pueden clasificar en pluviales, grises y negras. Lo habitual es que haya un único **sistema de alcantarillado** para los tres tipos.
- Los **splits** son sistemas de **compresión mecánica reversibles**, es decir, pueden proporcionar calefacción o refrigeración. Estos equipos están formados por una unidad exterior y una o varias unidades interiores.
- La **domótica** es el conjunto de sistemas que permite la **automatización** de la vivienda. Su objetivo es aumentar el **confort** y la **seguridad** de las personas.

GLOSARIO

aislamiento térmico
analógico
bioclimático
condensador
controlador
digital
dispositivo
evaporador
fosa séptica
inercia térmica
interruptor eléctrico
neumática
termo

El rincón del tecnólogo. Apps de instalaciones en viviendas

Hay disponibles numerosas apps que permiten realizar diferentes acciones relacionadas con las instalac ones en las viviendas. De forma genérica, podríamos clasificar dichas aplicaciones en:

- Las que nos ayudan a diseñar las instalaciones
- Las que nos permiten controlar diferentes elementos de la vivienda desde equipos móviles
- Las que nos dan consejos sobre seguridad o ahorro de energía en la vivienda

Diseño de instalaciones

La aplicación **Circuitos eléctricos** permite realizar sencillos cálculos eléctricos en instalaciones interiores de viviendas, desde circuitos simples de un punto de luz hasta instalaciones con interruptores, conmutadores y diferentes tipos de lámparas en serie o en paralelo.

Por su parte, **Cálculos REBT MTD** realiza cálculos que el Reglamento Electrotécnico para Baja Tensión exige que consten en la memoria técnica de diseño. Permite calcular la previsión de potencia, las líneas generales, las derivaciones individuales y la instalación interior.

Control de diferentes elementos

Existen innumerables apps, unas universales y otras de marcas específicas, que permiten controlar por infrarrojos o vía Wi-Fi diferentes televisiones.

Otras aplicaciones permiten controlar los equipos de aire acondicionado, lo que permite graduar remotamente la temperatura de confort de la estancia.

Incluso existen aplicaciones, como **Genio de telemando**, que pueden controlar cualquier electrodoméstico que pueda dirigirse mediante un telemando: aire acondicionado, televisor, DVD, altavoz, ventilador, interruptor, etc.

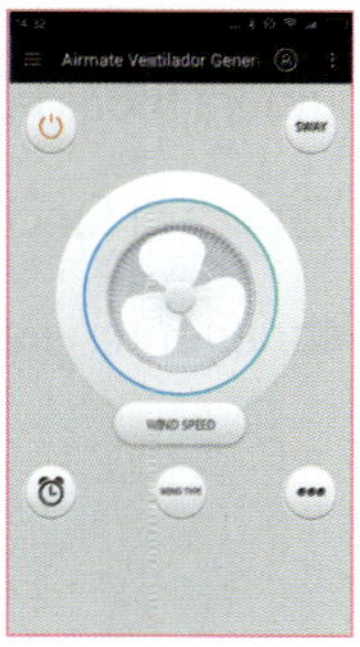

Otras, como **TinyCam Monitor Free**, permiten la vigilancia remota mediante el control y la grabación de vídeo digital para cámaras de red.

Consejos para el ahorro de energía

La aplicación **Ahorro de energía en el hogar** ofrece consejos sobre cómo ahorrar energía en una vivienda. Otras, como **Consumo eléctrico Free**, proporcionan estimaciones sobre el consumo de diferentes electrodomésticos.

Desafíos

Desafío 1. Elige una app de cada uno de los tres tipos descritos anteriormente y aplícala en el uso correspondiente. Haz capturas de pantalla y elabora una pequeña presentación en PowerPoint con comentarios sobre cada una.

ACTIVIDADES DE REFUERZO

Después de estudiar el tema, realiza en tu cuaderno los siguientes ejercicios:

1. ✦ **Explica en qué consiste la arquitectura bioclimática utilizando, al menos, los siguientes conceptos:**
   - Ahorro energético
   - Recursos naturales
   - Ubicación geográfica

2. ✦ **Elabora el esquema de una instalación eléctrica de enlace típica, incluyendo todos los elementos que la componen.**

3. ✦✦ **De los circuitos enumerados a continuación, indica cuáles corresponden a un grado de electrificación básica:**
   a. Alimentación de aire acondicionado
   b. Alimentación de cocina y horno sí
   c. Alimentación de placas solares
   d. Alimentación de un sistema domótico
   e. Alimentación de un termo eléctrico sí

4. ✦✦ **Dibuja en tu cuaderno el esquema de una instalación de gas natural que suministre gas a una caldera central. A continuación señala qué similitudes existen con el esquema correspondiente a una calefacción individual.**

5. ✦✦ **Enumera todas las formas que conozcas (vistas o no en esta unidad) de calentar una vivienda.**

6. ✦✦✦ **Explica el funcionamiento en modo inverno (calefacción) de un equipo de aire acondicionado o bomba de calor.**

7. ✦✦ **¿Sabrías enumerar los elementos existentes en una instalación de TDT?**

ACTIVIDADES DE AMPLIACIÓN

8. ✦✦ Siguiendo los principios del urbanismo bioclimático y utilizando dos técnicas típicas de arquitectura bioclimática, dibuja esquemáticamente en tu cuaderno una urbanización de viviendas donde se observen dichos principios y técnicas. Ten en cuenta la climatología típica de tu ciudad.

9. ✦✦ Relaciona los siguientes elementos con su funcionalidad:

ICP	Protege los diferentes circuitos frente a sobretensiones y cortocircuitos
IDG	Protege la instalación frente a sobretensiones y cortocircuitos
PIA	Protege frente a contactos indirectos
IGA	Limita la potencia contratada

10. ✦✦ Si tu bloque de viviendas tiene una instalación centralizada de calefacción y agua caliente sanitaria con gas como combustible, ¿tiene sentido una acometida de gas natural hasta el interior de tu vivienda? Razona tu respuesta.

11. ✦✦✦ ¿Qué diferencias muestra la instalación de agua fría cuando el agua caliente sanitaria es centralizada y cuando es individual?

12. ✦✦ Investiga en tu casa y especifica cómo son las siguientes instalaciones:
    a. Calefacción
    b. Agua caliente sanitaria
    c. Dispositivo general de mando y protección
    d. Gas
    e. Voz y datos

13. ✦✦✦ Enumera todos los servicios que se te ocurra que pueda ofrecer un sistema domótico en una vivienda y describe las utilidades que ofrecen.

Diseña y construye

En estas páginas te sugerimos una serie de recursos (ayudas) para diseñar y construir un proyecto de tecnología.

La inercia térmica

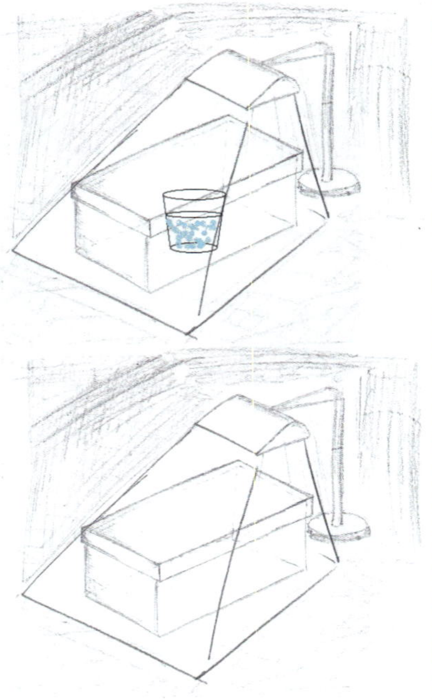

1. Coge dos cajas de zapatos y, en una de ellas, introduce un vaso con agua.
2. Haz un agujero en ambas cajas de forma que puedas pasar por él una sonda de temperatura o un termómetro.
3. Expón las dos cajas a una fuente de temperatura, como un foco de gran potencia, o déjalas a sol.
4. Cada 30 minutos, mide la temperatura en las dos cajas.
5. Después de aproximadamente un par de horas (en función de la potencia térmica del foco), apaga la fuente térmica.
6. Durante la siguiente hora, ve tomando datos de temperatura cada 15 minutos.
7. Finalmente, dibuja una gráfica donde se observe la variación de temperatura en ambas cajas en función del tiempo.

¿Qué observas? ¿Cuál se calienta antes y cuál después? ¿Cómo se enfrían?

Con esta práctica podrás observar cómo la caja en la que está el vaso de agua tiene mayor inercia térmica y tarda más en calentarse y también en enfriarse.

La protección solar

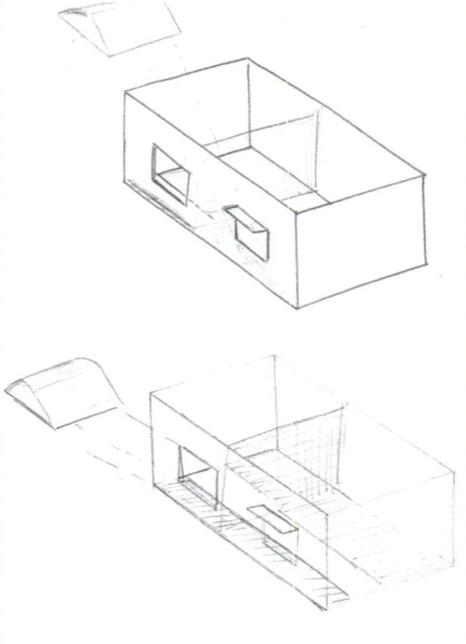

1. En el lateral de una caja de zapatos, practica dos aberturas, una de ellas con un alero y otra sin él.
2. Para poder observar la sombra generada, elimina uno de los laterales o levanta la tapa de la caja.
3. Con una lámpara que simule la luz del sol, analiza la sombra que se produce en el interior de la caja.
4. Mueve la lámpara entre un ángulo de 23° (altura solar en invierno) y un ángulo de 70° (altura solar en verano).
5. Para cada una de las dos ventanas, dibuja una línea que marque la sombra en cada ángulo.

¿Podrías describir qué es lo que ha pasado? ¿Cuál de los dos casos es mejor?

Con esta práctica podrás observar que, cuando no tiene alero, la ventana permite la entrada del sol siempre, tanto en invierno (lo cual es deseable, ya que calienta) como en verano (lo cual no es tan deseable); y que, en cambio, cuando la ventana tiene alero, el sol únicamente entra durante el invierno.

Diseño y construcción de la instalación de alumbrado de una habitación

1. Habitualmente, como se observa en el dibujo adjunto, las habitaciones de matrimonio disponen de tres interruptores.
2. Con cartón, panel de madera o cualquier otro material, construye una maqueta en 3D de una habitación de matrimonio típica.
3. Sobre la maqueta en 3D, construye un circuito de conmutación de tres puntos, tal y como muestra el esquema.
4. El material eléctrico que necesitarás es el siguiente:
   - Dos conmutadores unipolares
   - Un conmutador de cruce
   - Un conjunto de bombilla y portalámparas
   - Una caja de derivación
   - Un conductor flexible con los colores adecuados para cable neutro y de toma a tierra de 1,5 mm^2
   - Regletas de conexión para alimentación a 230 V AC

Analiza el funcionamiento del circuito y qué condiciones debe cumplir para que la bombilla se encienda.

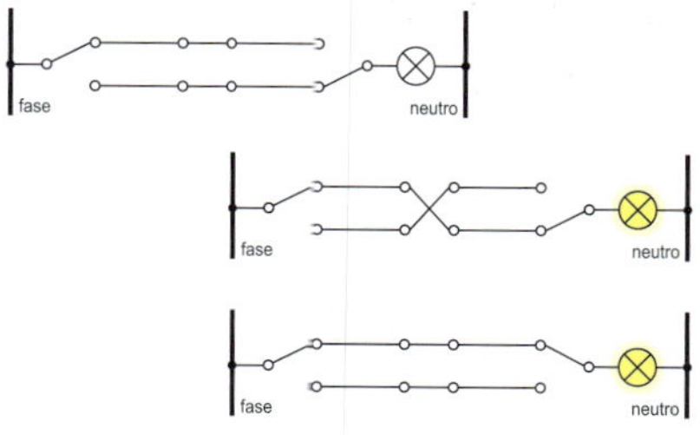

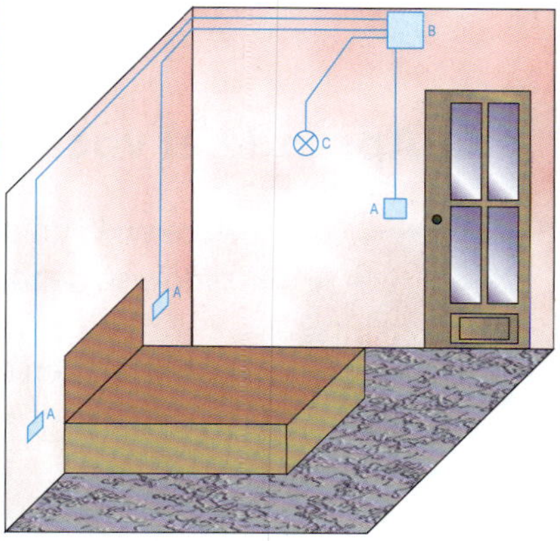

Circuito eléctrico

1. Necesitarás un panel, un interruptor diferencial, dos magnetotérmicos, dos conmutadores, una bombilla, dos bases de enchufe, cable de fase y neutro, y varias cajas de derivación.
2. Observa el cuadro adjunto. Se trata de un cuadro simplificado donde sólo hay un interruptor diferencial que protege de contactos indirectos y dos magnetotérmicos que protegen de cortocircuitos y sobretensiones a los dos circuitos previstos.
3. Uno de los circuitos es de potencia; el otro, de iluminación, y se trata de un circuito de doble conmutación.
4. Construye un panel similar al de la fotografía pero con el circuito descrito aquí.

Analiza el funcionamiento del conjunto. Incluso puedes hacer saltar el interruptor diferencial con el botón de prueba.

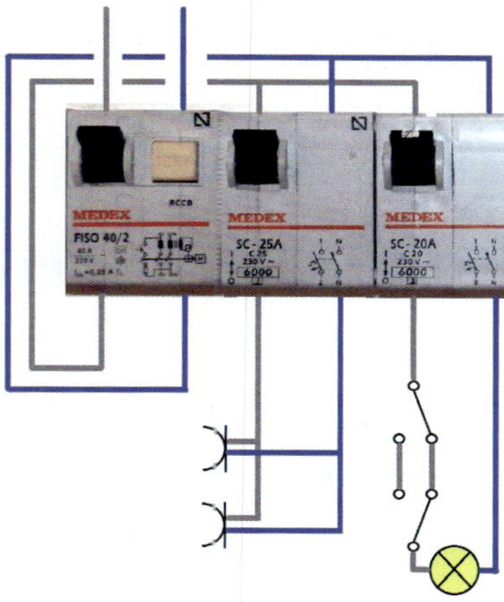

ACTIVIDADES MULTIMEDIA

1. Test de instalaciones en viviendas

Abre en la unidad 6 del CD virtual el ejercicio **UD06 01 Test de la unidad** y comprueba tus conocimientos. Sólo una respuesta es válida en cada pregunta. Repite el test hasta que obtengas por lo menos un 80% de aciertos.

2. Aprende el vocabulario de la unidad

Abre en la unidad 6 del CD virtual el ejercicio **UD06 02 Glosario**. En él aparecen las palabras del glosario y su definición.

Conéctalas en el orden adecuado. Repite el ejercicio hasta que todas las conexiones sean correctas.

3. Esquema de una instalación eléctrica

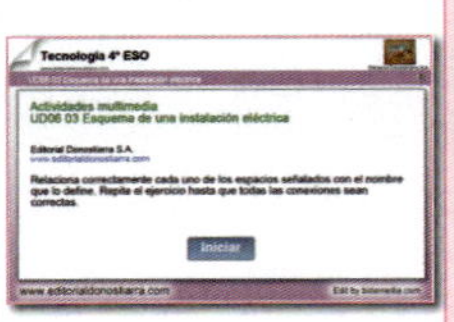

Abre en la unidad 6 del CD virtual el ejercicio **UD06 03 Esquema de una instalación eléctrica**.

Relaciona correctamente cada uno de los espacios señalados con el nombre que lo define. Repite el ejercicio hasta que todas las conexiones sean correctas.

4. Circuitos de electrificación elevada

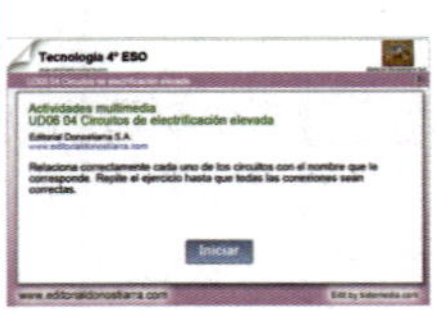

Abre en la unidad 6 del CD virtual el ejercicio **UD06 04 Circuitos de electrificación elevada**.

Relaciona correctamente cada uno de los circuitos con el nombre que le corresponde. Repite el ejercicio hasta que todas las conexiones sean correctas.

5. Instalación de calefacción

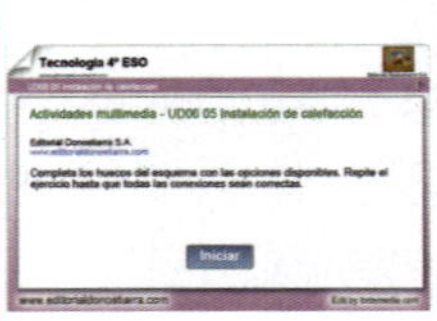

Abre en la unidad 6 del CD virtual el ejercicio **UD06 05 Instalación de calefacción**. En él se muestra el esquema de funcionamiento de una instalación de calefacción centralizada.

Completa los huecos del esquema con las opciones disponibles. Repite el ejercicio hasta que todas las conexiones sean correctas.

ACTIVIDADES EN INTERNET

1. Diseño de una instalación eléctrica con SketchUp

Vamos a diseñar la instalación eléctrica de un dormitorio utilizando el programa SketchUp y componentes diseñados y compartidos en la comunidad de usuarios. Si no posees SketchUp, puedes descargar una versión gratuita llamada SketchUp Make en *www.sketchup.com/es/download*.

1. Entra en *3dwarehouse.sketchup.com*, el sitio web de SketchUp donde los usuarios comparten sus diseños.
2. Explora los distintos diseños y descarga los que te puedan servir para dibujar tu instalación (por ejemplo, interruptores de la luz). También puedes descargar otros que te ayuden a completar un dormitorio: una cama, una mesa de estudio, etc.
3. Dibuja las paredes de un dormitorio a escala y, sobre ellas, completa la instalación eléctrica de la habitación con el mayor detalle posible.
4. Guarda el archivo como **UD06_Internet1_nombreapellido.skp**.

SketchUp

2. Ecociudad de Valdespartera

1. Entra en *www.valdespartera.es/pagEstatica.aspx?id=102* (o bien ve a *www.valdespartera.es* y, a continuación, **Proyecto** y **Ecociudad**).
2. Abre un procesador de texto y crea un documento nuevo en blanco.
3. Busca información y responde a las siguientes preguntas:
    a. ¿Por qué podemos decir que este barrio responde a criterios de desarrollo sostenible?
    b. ¿Cuáles han sido las principales medidas aplicadas en ordenación urbanística?
    c. ¿Y las principales medidas en diseño arquitectónico?
    d. ¿Cuáles han sido las técnicas constructivas empleadas?
4. Guarda el archivo como **UD06_Internet2_nombreapellido**.

3. Accidentes domésticos

1. Abre un procesador de texto y crea un documento nuevo en blanco.
2. Busca al menos cuatro casos concretos de accidentes domésticos causados por gas y por electricidad, así como las causas del accidente. ¿Cuáles son las principales precauciones que hay que tener en cuenta para evitar ambos?
3. Guarda el archivo como **UD06_Internet3_nombreapellido**.

Direcciones de interés

- *www.cyii.es* Web del Canal de Isabel II, donde podrás encontrar información detallada sobre el ciclo del agua y el uso eficiente de ésta.
- *www.lacasaqueahorra.org* Información sobre eficiencia energética en la construcción e instalaciones en viviendas.
- *www.viessmann.es* En la web de este fabricante de calderas podrás ver imágenes de diversos tipos de equipos y observar cómo son por dentro.
- *recursostic.educacion.es/secundaria/edad/4esotecnologia* Para reforzar los conocimientos adquiridos.

7 Neumática e hidráulica

Es la primera vez, en la enseñanza secundaria, que abordas los circuitos neumáticos e hidráulicos. Dentro del ámbito de la tecnología, probablemente la neumática y la hidráulica sean dos de las ramas que menos aplicación hayas percibido en tu vida cotidiana. Sin embargo, debes saber que están muy extendidas en nuestro entorno; los sistemas neumáticos e hidráulicos son muy habituales y en cuanto comiences a observar verás que es muy fácil encontrarlos. ¿Cómo se abren las puertas de los trenes y autobuses? ¿De qué elementos consta un sistema de riego automático? ¿Existen los robots neumáticos? ¿Cómo funciona el camión que recoge los residuos urbanos? ¿Cómo funciona la recogida neumática y automatizada de basura sin camiones? Todas estas preguntas las podrás resolver cuando hayas profundizado en el contenido de esta unidad.

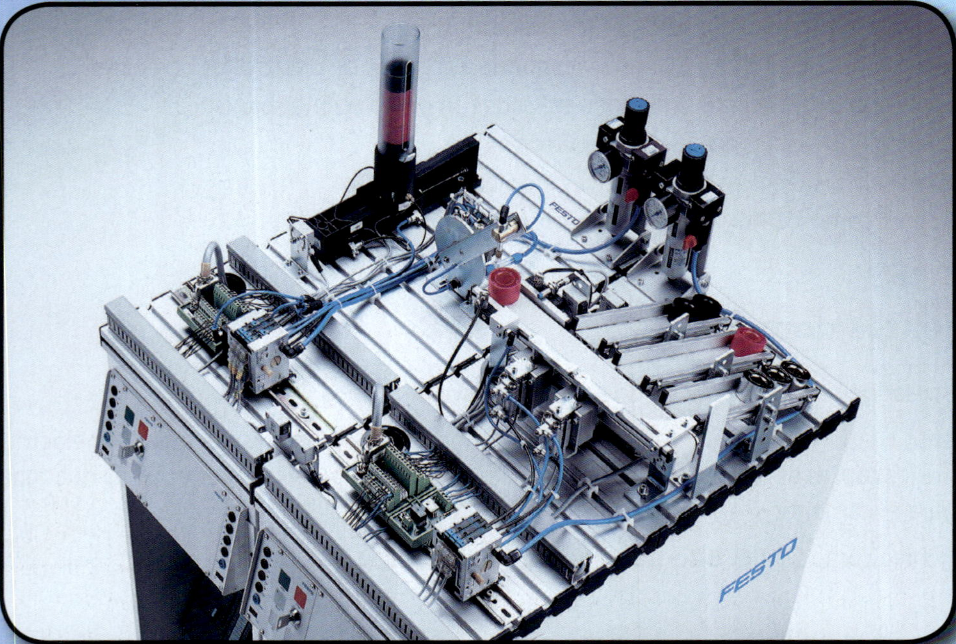

1. **Neumática e hidráulica. Aplicación en sistemas industriales**
2. **Fluidos. Principios físicos de funcionamiento**
3. **Circuitos neumáticos. Elementos componentes**
4. **Producción y tratamiento del aire comprimido**
5. **Distribución del aire comprimido**
6. **Actuadores neumáticos: los cilindros**
7. **Las válvulas**
8. **Resumen de simbología neumática**
9. **Circuitos neumáticos característicos**
10. **Sistemas hidráulicos**

OBSERVA Y EXPERIMENTA

Descubre tus conocimientos previos contestando en tu cuaderno a las siguientes actividades:

EN EL AULA

1. ✦ ¿En qué crees que se diferencia la neumática de la hidráulica?
2. ✦ Sabiendo que los circuitos neumáticos utilizan aire para funcionar, ¿por qué crees que la neumática está tan extendida?
3. ✦✦ Explica el concepto de presión y señala las unidades de presión que conoces.
4. ✦✦ ¿Qué es un compresor?
5. ✦✦ Piensa en el grifo de un lavabo. ¿Cuántos orificios o vías contiene? ¿En cuántas posiciones puede permanecer sin que actuemos sobre él?
6. ✦ ¿Crees que existirá una analogía entre los circuitos eléctricos y los neumáticos e hidráulicos? ¿Crees que será útil que exista una simbología neumática, al igual que existe una simbología eléctrica? ¿Para qué servirá dicha simbología?
7. ✦✦ Observa la siguiente imagen. Se trata de un equipo que seguramente habrás visto en las clínicas odontológicas. Reconoce las distintas partes del equipo e indica cuáles pueden estar relacionadas con la neumática.

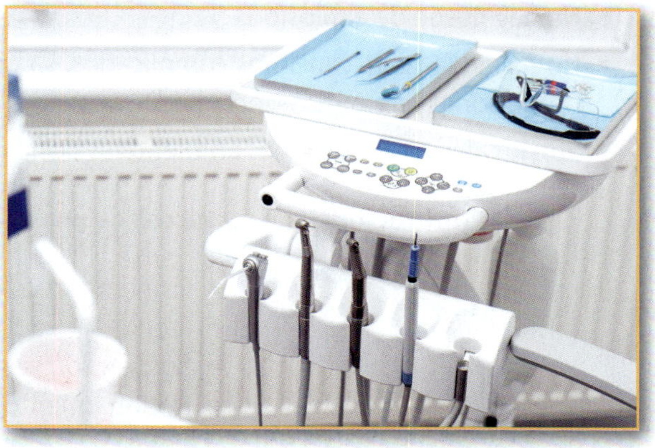

EN EL TALLER

8. ✦✦ Diseña y dibuja un boceto del siguiente problema técnico relacionado con la neumática:

   ¿Cómo podrías levantar y bajar la barrera de un garaje, disponiendo de jeringuillas y tubos de plástico flexibles? ¿Qué otros elementos serían necesarios?

EN EL ORDENADOR

9. ✦✦✦ Busca en Internet información sobre los equipos neumáticos utilizados actualmente en medicina. Como hemos visto en esta misma página, los equipos neumáticos están muy extendidos en odontología, pero también son frecuentes en otras ramas médicas. Puedes ayudarte de páginas como la siguiente: *www.dremed.com/catalog/documents/equipo_medico_catalogo.pdf*.
10. ✦✦ Busca información sobre las atracciones de feria que usan sistemas neumáticos.

1. Neumática e hidráulica. Aplicación en sistemas industriales

¿Sabías que...?

La palabra *neumática* es de origen griego: procede de *pneuma*, que significa "respiración" y "viento".

Los primeros útiles neumáticos se remontan a cuatro mil años atrás; tenemos constancia de que por entonces se usaban ya fuelles para avivar el fuego y mejorar la combustión.

La **neumática** es el estudio y tratamiento del aire comprimido, realizado con circuitos e instalaciones neumáticas. La **hidráulica** es la rama de la física que estudia el comportamiento de los fluidos, en función de sus propiedades y de las fuerzas a las que están sometidos.

Los **circuitos neumáticos** se emplean para transmitir fuerzas y realizar trabajo por medio de aire comprimido.

Los **circuitos hidráulicos** utilizan aceite y fluidos sintéticos para este mismo fin, por lo que también son denominados *circuitos oleohidráulicos*.

En la actualidad, cualquier sistema de control puede emplear tanto circuitos eléctricos y electrónicos como neumáticos o hidráulicos, o también una combinación de todos ellos. Además, podemos encontrar sistemas neumáticos e hidráulicos en diversos ámbitos, ya que la energía proporcionada por el aire y los fluidos a presión puede aplicarse para acciones distintas, como perforar, levantar, excavar, impulsar, etc.

En particular, las **ventajas de los sistemas neumáticos** son:

- La materia prima (el aire) es barata y abundante.
- El aire es también fácil de transportar y de almacenar.
- Las fugas no son peligrosas, tóxicas ni contaminantes.
- No hay riesgo de explosión.
- No hacen falta mecanismos complicados, ya que no es necesario realizar transformaciones energéticas intermedias.
- Son ideales en condiciones ambientales desfavorables.

Aplicaciones de los circuitos neumáticos e hidráulicos	
Transporte	• Camiones recolectores de basura • Frenos • Suspensión y amortiguación • Accionamiento de puertas
Industria (precisión)	• Equipos de montaje • Accionamientos de los robots • Manipulación automática
Maquinaria (gran potencia)	• Máquinas herramienta • Tractores • Grúas • Excavadoras • Perforadoras
Aeronáutica	• Frenos • Trenes de aterrizaje
Medicina (higiene)	• Camas de hospitales • Instrumental odontológico
Otros	• Riego automático • Limpieza

Conoce

2. Fluidos. Principios físicos de funcionamiento

El término **fluido** engloba los líquidos y los gases. Los fluidos tienden a adoptar la forma del recipiente que los contiene. El aire y el agua, elementos con los que trabajan los circuitos neumáticos e hidráulicos, son fluidos.

Existen dos magnitudes físicas de los fluidos que están presentes en todos los sistemas neumáticos e hidráulicos y que definen su comportamiento: la **presión** y el **caudal**.

Unidades de presión	
pascal	1 Pa = 1 N/m²
atmósfera	1 atm = 10.000 Pa
bar	1 bar = 1 atm = 10.000 Pa
milímetro de mercurio	1 atm = 760 mm de Hg

Tabla 1. Relación entre las distintas unidades de presión.

Presión

La **presión** (*P*) es la relación que existe entre una **fuerza** (*F*) y la **superficie** en la que se aplica (*S*).

$$P = \frac{F}{S}$$

La unidad de medida de la presión en el Sistema Internacional es el **pascal** (Pa).

$$1\ \text{Pa} = \frac{1\ \text{N}}{1\ \text{m}^2}$$

Sin embargo, existen muchas otras unidades de presión (atmósfera, bar, milímetro de mercurio...), derivadas de distintos usos en diversas ramas de la física. La equivalencia entre algunas de ellas la tienes en la tabla 1.

¿Sabías que...?

Una **atmósfera** es la medida de la presión que ejerce la atmósfera a nivel del mar.

Caudal

El **caudal** (*Q*) de un fluido es el **volumen** (*V*) de dicho fluido que atraviesa la sección del conducto por el que circula, por unidad de **tiempo** (*t*). Se relaciona con la **velocidad** de desplazamiento del fluido (*v*), siendo *L* y *S* la **longitud** recorrida en el conducto y su **sección**, respectivamente, según la expresión siguiente:

$$Q = \frac{V}{t} = \frac{S \cdot L}{t} = S \cdot v$$

donde hemos aplicado que la velocidad del fluido (*v*) será la longitud recorrida entre el tiempo empleado (*L* / *t*).

El caudal se mide en **m³/s** (metros cúbicos por segundo) en el Sistema Internacional. También es habitual expresarlo en **litros por unidad de tiempo**.

Recuerda

La relación entre las unidades de capacidad y las de volumen es que un litro es igual a un decímetro cúbico:

$$1\ \text{l} = 1\ \text{dm}^3$$

EJERCICIOS RESUELTOS

1. Calcula la presión que ejerce una fuerza equivalente al peso de una persona de 70 kg, si la superficie sobre la que se realiza es de 1 m². Expresa el resultado en pascales y en atmósferas.

Solución: $P = \frac{F}{S} = \frac{m \cdot g}{S} = \frac{70\ \text{kg} \cdot 9{,}8\ \text{m/s}^2}{1\ \text{m}^2} = 686\ \text{N/m}^2 = 686\ \text{Pa} = 686 \cdot 10^{-5}\ \text{atm}$

2. Calcula el caudal de aire que supone la circulación de 5 litros de aire por una tubería de sección circular de 0,5 cm de radio en 1 segundo. ¿A qué velocidad circulará?

Solución: Calculamos el caudal de aire: $Q = \frac{V}{t} = \frac{5\ \text{l}}{1\ \text{s}} = 5\ \text{l/s}$

El aire circulará a una velocidad que podemos obtener dividiendo el caudal por la sección:

$$V = \frac{Q}{S} = \frac{5\ \text{dm}^3/\text{s}}{\pi \cdot (0{,}05\ \text{dm})^2} = 636\ \text{dm/s} = 63{,}6\ \text{m/s}$$

3. Circuitos neumáticos. Elementos componentes

Los circuitos neumáticos están compuestos por una serie de elementos que cumplen una determinada función. El siguiente diagrama representa las transformaciones que sufre el aire atmosférico desde que es absorbido de la atmósfera hasta que se produce una acción sobre la máquina.

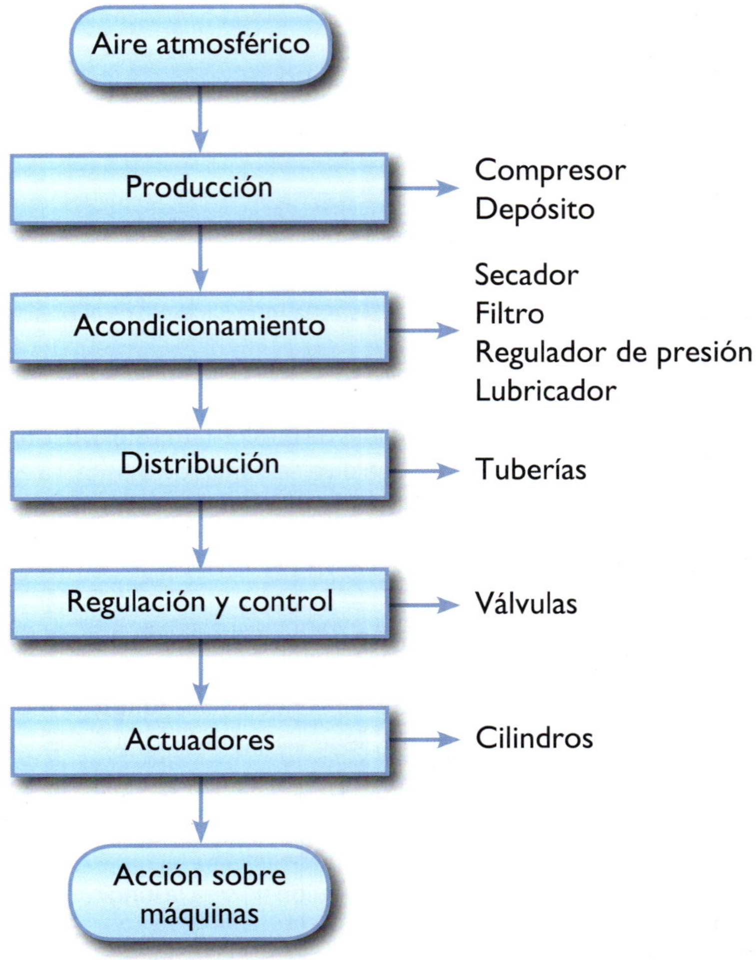

A grandes rasgos, podemos señalar los siguientes pasos:

1. El **aire atmosférico** es sometido a un aumento de presión en un **compresor**, normalmente accionado por un motor eléctrico. Una vez comprimido, se almacena en un **depósito**.
2. El aire almacenado sufre un **tratamiento** o **acondicionamiento** para que llegue al circuito limpio, seco, lubricado y con la presión adecuada.
3. Desde ahí, es conducido a través de **tuberías** hacia los **cilindros**, que son los componentes capaces de realizar un trabajo. Las **válvulas** se encargan de controlar el flujo de aire comprimido que entra y sale de los cilindros.

EJERCICIOS

1. ✦✦ Identifica los componentes que tienes en las imágenes del margen con los que se han mencionado en este apartado.

2. ✦✦ ¿Por qué crees que el aire comprimido debe ser tratado antes de entrar en un circuito neumático?

4. Producción y tratamiento del aire comprimido

Hemos visto que el aire es tomado de la atmósfera, sometido a un aumento de presión (es decir, comprimido) y confinado en un espacio reducido como es un depósito. Ese aumento de presión produce la condensación del agua presente en la atmósfera, que podría estropear los elementos metálicos del circuito. Asimismo, el aire debe ser filtrado para eliminar las impurezas y, por último, lubricado y regulado para que tenga la presión exacta y necesaria en el circuito.

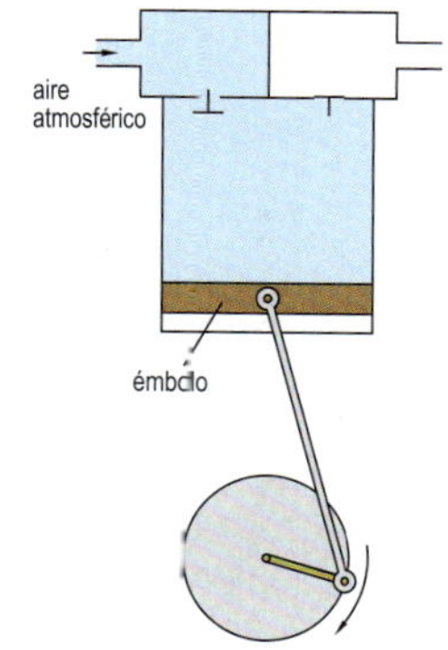

Todo este proceso constituye la **producción y tratamiento del aire comprimido**. Los elementos necesarios para llevarlo a cabo son los siguientes (al lado te mostramos su simbología):

- **Compresor**

  Es el elemento encargado de elevar la presión del aire (presión atmosférica) a la presión de trabajo necesaria. En la figura se representa un compresor de pistón.

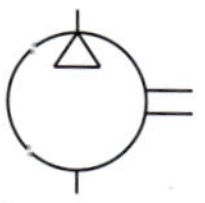

Compresor.

- **Depósito o acumulador**

  Su objetivo es almacenar aire comprimido para suministrarlo en el momento en que se necesite.

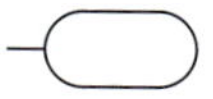

Depósito.

- **Secador**

  Sirve para reducir el contenido de vapor de agua existente en el aire. Contiene un material poroso (por ejemplo, dióxido de silicio) que absorbe la humedad del aire que pasa a través de él.

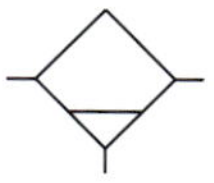

Secador.

- **Filtro**

  Es el encargado de detener las impurezas que arrastra el aire.

Filtro.

- **Regulador de presión**

  Tiene por objeto mantener el aire a una presión constante, que se determine como necesaria, evitando las variaciones que pueda ocasionar el consumo de aire de la instalación. Los reguladores de presión suelen incorporar un **manómetro**.

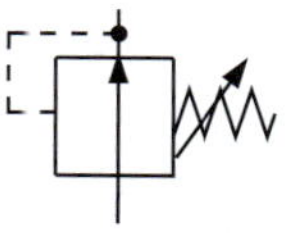

Regulador de presión.

Manómetro.

- **Lubricador**

  En su interior se desarrolla el último tratamiento del aire antes de que entre en el circuito: se mezcla el aire con aceite, para intentar aumentar la vida y el rendimiento de los circuitos neumáticos. Evita la corrosión y detiene el desgaste de piezas.

Lubricador.

- **Unidad de mantenimiento**

  Está formada por los tres últimos elementos mencionados (filtro, regulador de presión y lubricador), por lo que se suele representar en un circuito con la simbología simplificada de la figura, en lugar de unir los tres símbolos correspondientes.

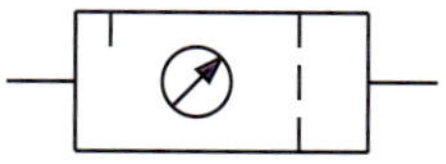

Unidad de mantenimiento.

Todo el aire producido y tratado se suele representar de forma simplificada en los circuitos con el símbolo de **fuente de presión**. Es decir, el siguiente símbolo representa la unión de todos los anteriores:

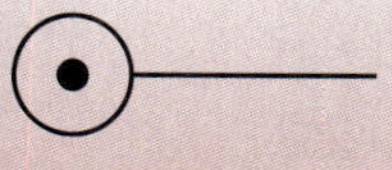

Fuente de presión.

5. Distribución del aire comprimido

La **distribución** del aire comprimido se realiza mediante **tuberías**, que normalmente son de acero, cobre o polietileno. Suele haber una tubería principal, de las que derivan las tuberías secundarias. Se colocan con una leve inclinación (1 a 3%) para que, si se condensa el agua, caiga por gravedad hacia un punto donde pueda extraerse (**purgarse**). La velocidad de circulación del aire suele estar entre los 8 y los 15 m/s.

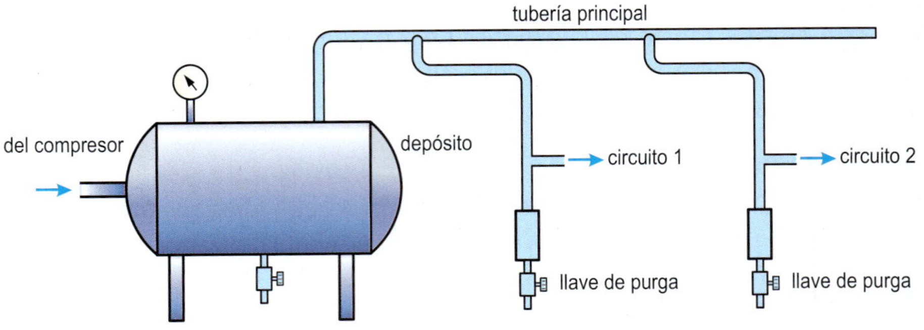

6. Actuadores neumáticos: los cilindros

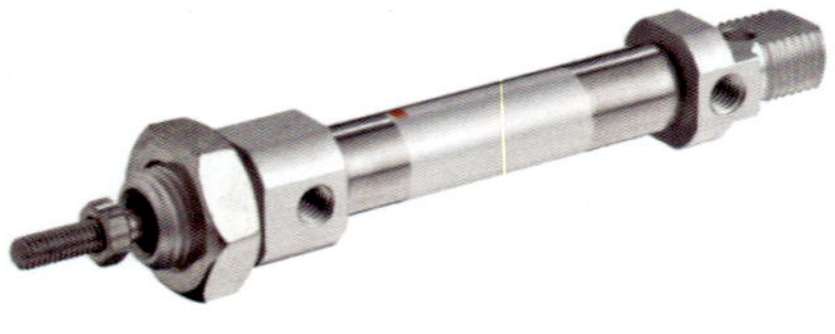

Los **actuadores neumáticos** son los componentes de un circuito encargados de transformar la energía del aire comprimido en movimiento, que se aprovecha para realizar un trabajo.

Existen dos tipos de actuadores neumáticos: los que producen movimiento rotativo (**motores** neumáticos) y los que producen movimiento lineal alternativo (**cilindros**), más extendidos y que analizaremos a continuación.

Los cilindros tienen forma de tubo y en su interior existe un **émbolo** unido a un **vástago** que se desplaza con movimiento rectilíneo alternativo y produce un trabajo.

Los cilindros neumáticos pueden ser de dos tipos:

- **Cilindro de simple efecto.** Tiene una conexión con el aire comprimido y un muelle o resorte incorporado en su interior. Cuando entra el aire comprimido en él, mueve el émbolo y el vástago realiza una **carrera**. En ese recorrido se aprovecha la fuerza del vástago. A continuación, el émbolo vuelve a su posición inicial (**retorno**) sin necesidad de otra fuerza, por efecto del muelle.
- **Cilindro de doble efecto.** Es similar al cilindro de simple efecto, pero sin el muelle que produce el retorno. Tiene dos conexiones con el aire comprimido, una a cada lado del émbolo. En este caso se aprovecha la fuerza del vástago en las dos carreras (**avance** y **retroceso**), pero se necesita la fuerza del aire comprimido en ambas.

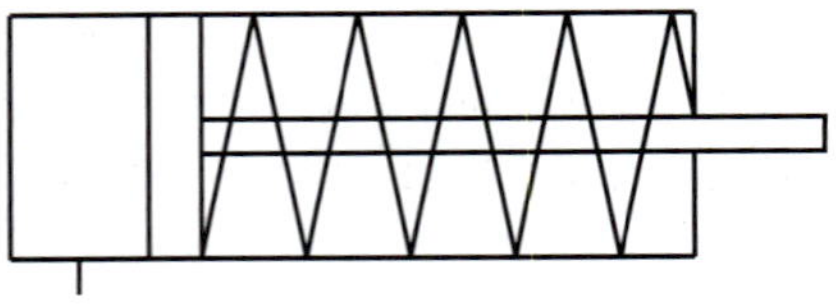

Símbolo del cilindro de simple efecto.

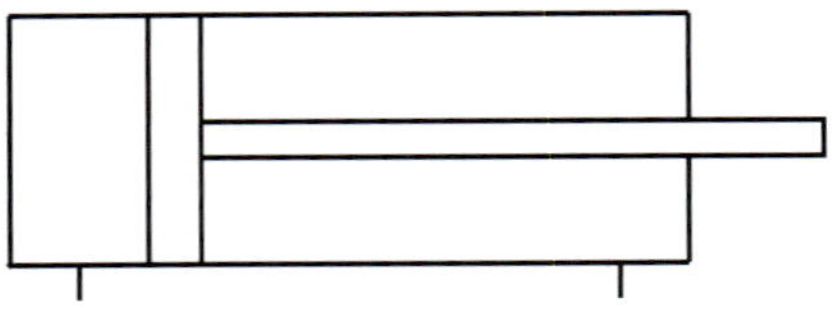

Símbolo del cilindro de doble efecto.

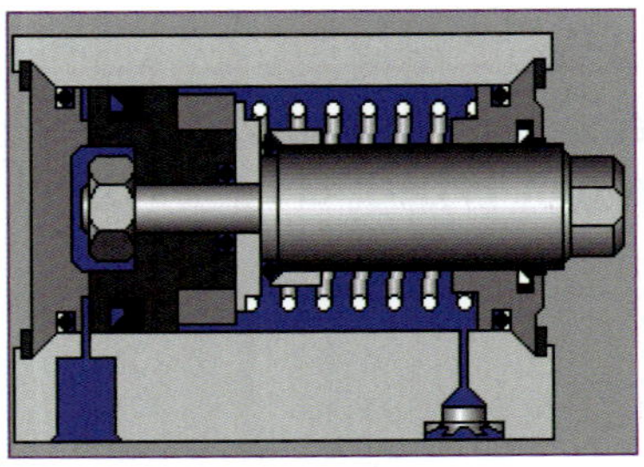

Cilindro de simple efecto.

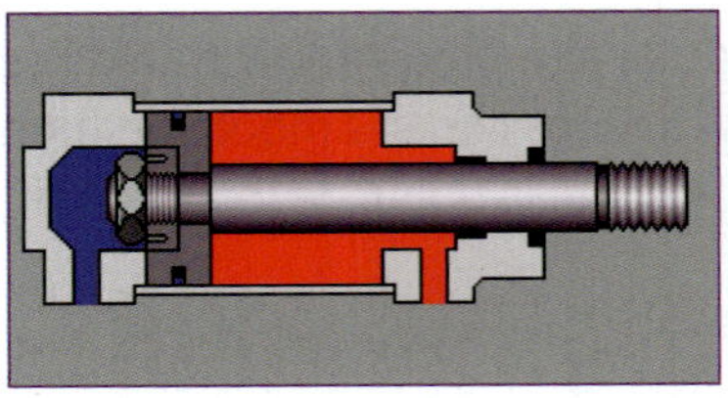

Cilindro de doble efecto.

7. Las válvulas

Las **válvulas** son los elementos de un circuito neumático encargadas de la regulación y el control del circuito.

Existen válvulas de muchos tipos, en función de sus principales **funciones**:

- Determinar el camino que ha de tomar el aire comprimido para llegar a los cilindros (válvulas **distribuidoras**).
- Bloquear el paso del aire en un sentido (válvula **antirretorno**).
- Evacuar el aire comprimido rápidamente (válvula **de escape rápido**).
- Abrir o cerrar el paso del caudal de aire (válvula **de cierre**).
- Permitir la circulación del aire desde dos entradas opuestas a una salida común (válvula **selectora**).
- Permitir la circulación del aire a una salida común sólo si simultáneamente se activan dos entradas opuestas (válvula **de simultaneidad**).
- Regular el flujo en un sentido y dejarlo pasar libremente en el otro (válvula **reguladora unidireccional**).

En la siguiente tabla se resumen las **válvulas no distribuidoras**:

Nombre de la válvula	Símbolo	Función
Válvula antirretorno		Bloquear el paso del aire en un sentido.
Válvula de escape rápido	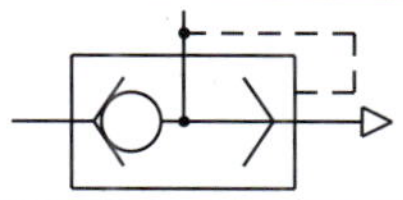	Evacuar el aire comprimido rápidamente.
Válvula de cierre		Abrir o cerrar el paso del caudal de aire.
Válvula selectora	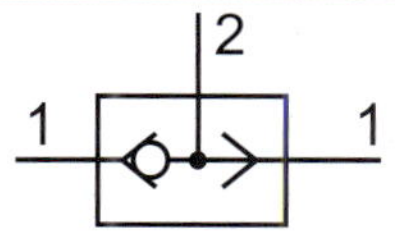	Permitir la circulación del aire desde dos entradas opuestas a una salida común.
Válvula de simultaneidad	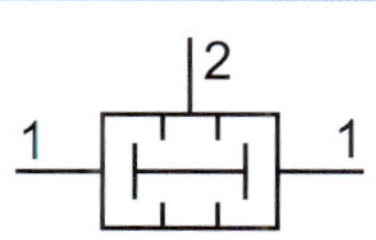	Permitir la circulación del aire a una salida común sólo si simultáneamente se activan dos entradas opuestas.
Válvula reguladora unidireccional	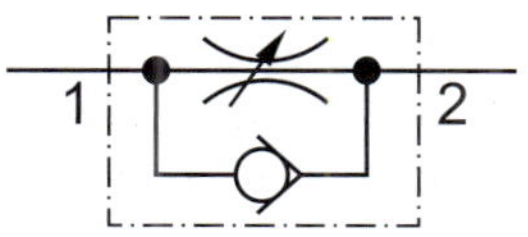	Regular el flujo en un sentido y dejarlo pasar libremente en el otro. (En la figura, dejaría pasar el aire libremente de 2 a 1 y lo ralentizaría de 1 a 2.)

Válvulas distribuidoras

Por su especial importancia analizaremos a continuación las **válvulas distribuidoras**. Estas válvulas tienen una simbología propia que indica:

1. El número de orificios o **vías** que tienen, que determinarán los distintos recorridos que son posibles en su interior
2. El número de **posiciones** que pueden tomar
3. El tipo de **accionamiento y retorno** que necesitan para pasar de una posición a otra

Conoce

Accionamiento y retorno de válvulas

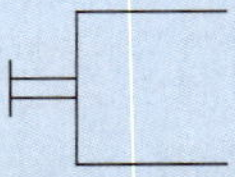

Mando manual (en general).

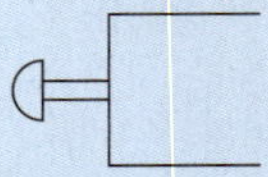

Por pulsador.

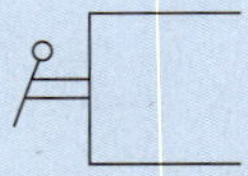

Por palanca o pedal.

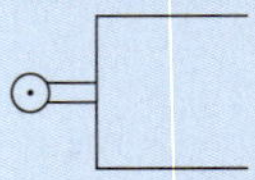

Por rodillo.

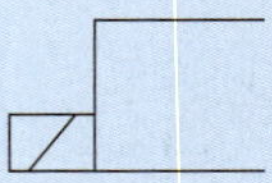

Eléctrico.

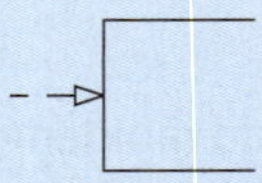

Neumático.

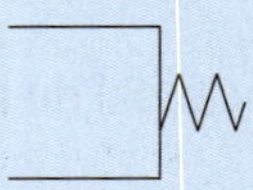

Retorno por resorte.

En las válvulas distribuidoras, el número de **posiciones** se señala por medio de cuadrados. Lo más habitual es que la válvula tenga dos posiciones (**reposo** y **trabajo**), que se indican con dos cuadrados:

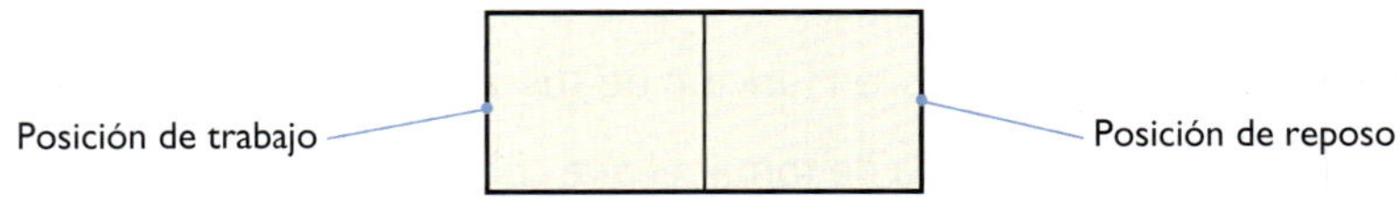

Las **vías** se representan cerradas o bien con flechas que representan el sentido de circulación de una vía a otra. Se representan en cada una de las posiciones de la válvula, de forma que el número de vías será el mismo, cambiando la circulación del aire en su interior:

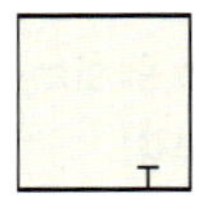

Vía cerrada.

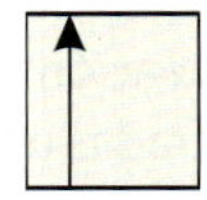

Dos vías abiertas, aire circulando de una a otra.

La identificación de una válvula se realiza con un número de dos cifras, la primera de las cuales indica el número de **vías** y la segunda el número de **posiciones**:

Válvula 2/2	Válvula de dos vías y dos posiciones	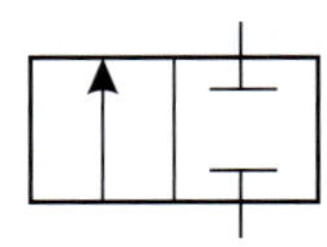
Válvula 3/2	Válvula de tres vías y dos posiciones	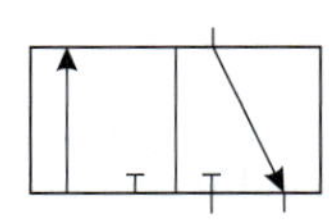
Válvula 4/2	Válvula de cuatro vías y dos posiciones	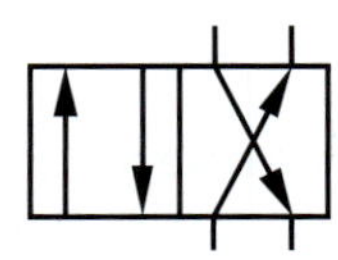

Ejemplos de válvulas con la simbología completa

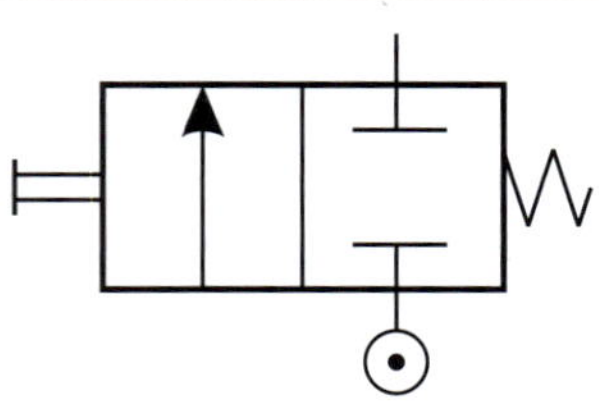

Válvula 2/2 de mando manual y retorno por resorte. En la posición de reposo (derecha) no hay paso de aire. Cuando se acciona el pulsador (posición izquierda), el aire comprimido entra en la válvula y llega al orificio superior, siguiendo la dirección de la flecha.

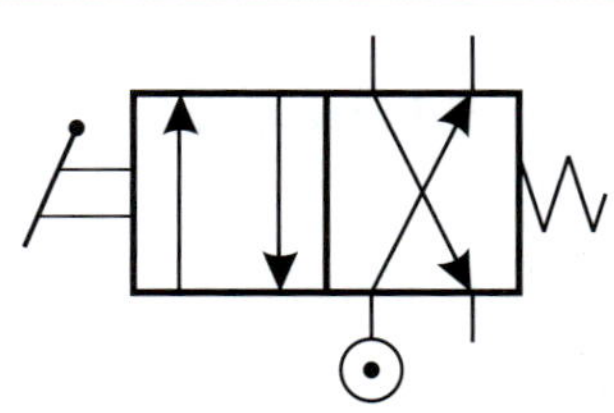

Válvula 4/2 de accionamiento por pedal y retorno por resorte. En la posición de reposo (derecha), el aire comprimido puede circular en las dos direcciones indicadas. Cuando se acciona el pedal (posición izquierda), la válvula cambia en su interior y permite la entrada y salida de aire según las flechas.

8. Resumen de simbología neumática

Producción y tratamiento del aire comprimido			
Compresor	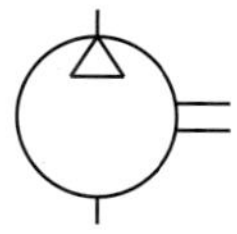	Regulador de presión	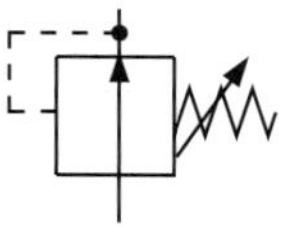
Depósito	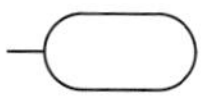	Lubricador	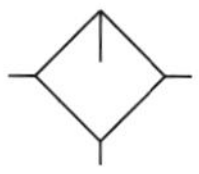
Secador	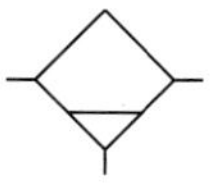	Unidad de mantenimiento	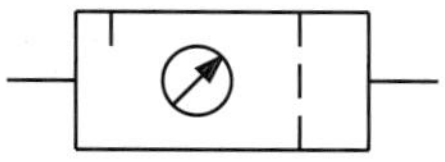
Filtro	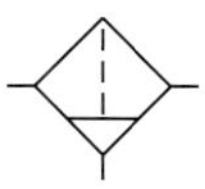	Fuente de presión	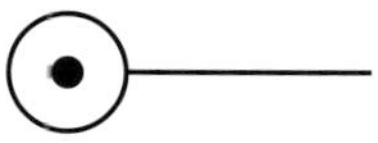
Actuadores			
Cilindro de simple efecto	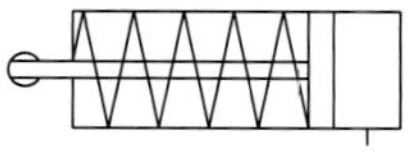	Cilindro de doble efecto	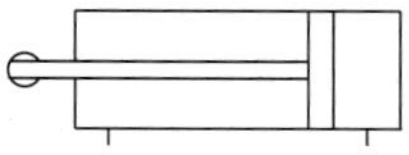
Válvulas			
Válvula antirretorno		Válvula de escape rápido	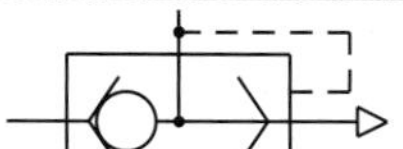
Válvula de cierre		Válvula selectora	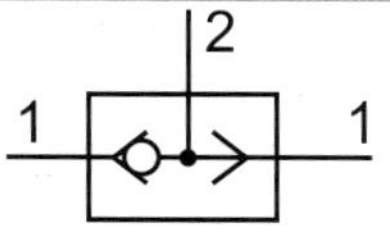
Válvula de simultaneidad	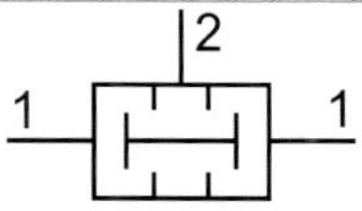	Válvula reguladora unidireccional	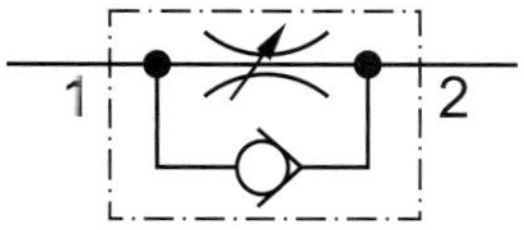
Válvulas distribuidoras (ejemplos)			
Válvula 2/2 de mando manual y retorno por resorte	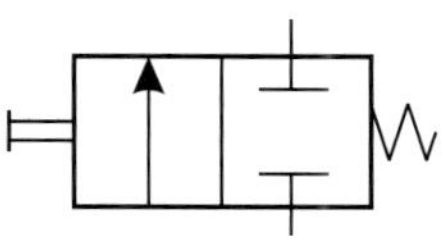	Válvula 4/2 de mando por pedal y retorno por resorte	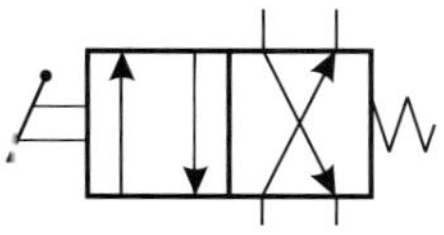
Accionamientos y retornos			
Mando manual (en general)	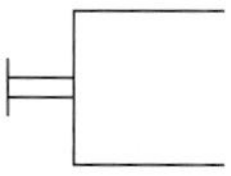	Por palanca o pedal	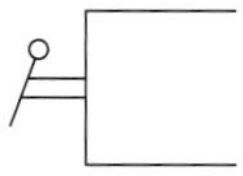
Por pulsador	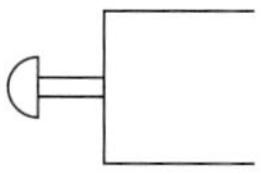	Eléctrico	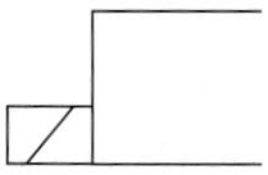
Por rodillo	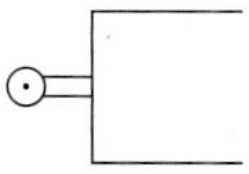	Retorno por resorte	
Neumático	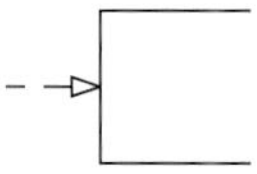		

9. Circuitos neumáticos característicos

Control de un cilindro de simple efecto con una válvula 3/2 de accionamiento por pedal y retorno por resorte

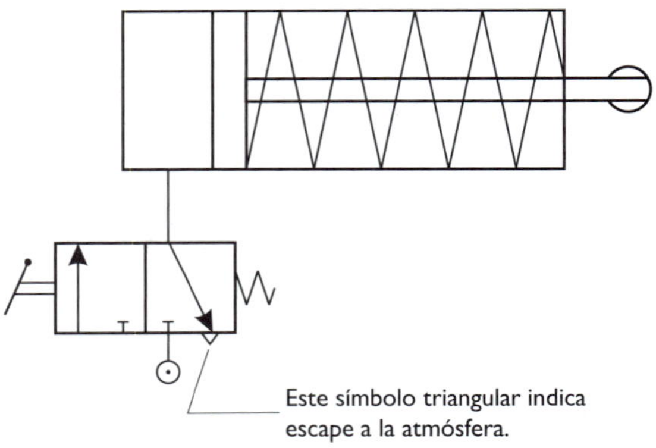

1. En la posición de reposo, no entra aire en el cilindro.
2. Cuando se acciona el pedal, el aire comprimido es conducido hacia el cilindro por la válvula, lo cual produce el avance del vástago, que se aprovechará para realizar un trabajo.
3. Cuando se deja de pisar el pedal, la válvula vuelve a su posición de reposo por efecto del resorte, deja de entrar aire comprimido, el vástago retrocede (también por efecto de su propio resorte) y el aire escapa libremente a la atmósfera a través de la válvula.

El trabajo realizado por el cilindro se puede utilizar para remachar, estampar, prensar, compactar...

Control de un cilindro de doble efecto con válvula 4/2 de accionamiento por pulsador y retorno por resorte

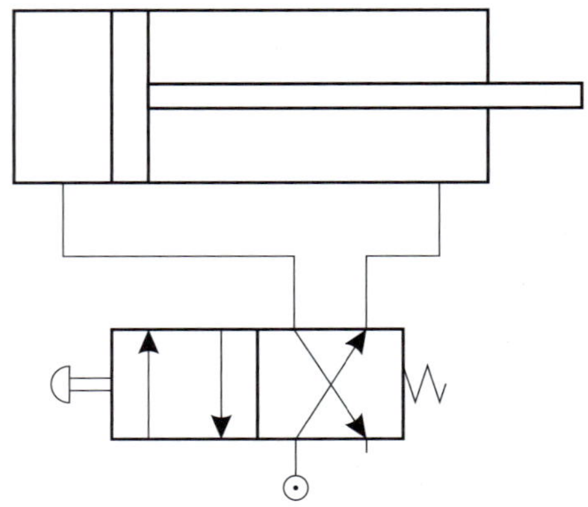

1. En la posición de reposo, el aire circula hacia el cilindro y produce el retroceso del vástago.
2. Cuando se acciona el pulsador, el aire comprimido produce el avance del vástago, que se aprovechará para realizar un trabajo.
3. Cuando se deja de pulsar, la válvula vuelve a su posición de reposo por efecto del resorte y el vástago retrocede de nuevo, con lo cual produce la segunda carrera, que también se aprovechará para realizar un trabajo.

El trabajo realizado por el cilindro se puede utilizar para abrir y cerrar puertas, empujar piezas en dos sentido en una cadena de montaje, clasificar o seleccionar objetos...

En los servicios de televisión a la carta podemos visualizar muchos programas sobre procesos industriales en los que se muestran las aplicaciones de los circuitos neumáticos. Por ejemplo: *www.rtve.es/alacarta/videos/fabricando-made-in-spain*.

EJERCICIOS

3. ✦ Explica qué son las válvulas distribuidoras y cómo se representan.

4. ✦ Explica para qué sirven y cómo se representan las siguientes válvulas: antirretorno, de simultaneidad, reguladora unidireccional, selectora, de escape rápido.

5. ✦✦ Basándote en el circuito de control de un cilindro de simple efecto con una válvula 3/2, dibuja uno similar que incorpore los siguientes cambios:

- Añade una válvula reguladora de caudal.
- Cambia el tipo de accionamiento.

6. ✦ Convierte el circuito de control de un cilindro de simple efecto con una válvula 3/2 en otro cuyo cilindro se pueda activar desde dos puntos utilizando una válvula de simultaneidad.

10. Sistemas hidráulicos

Los **sistemas hidráulicos** (u **oleohidráulicos**) utilizan aceite o fluidos sintéticos, cuya principal diferencia con el aire radica en su comportamiento al comprimirlos. Cuando se aplica presión a un fluido contenido en un recipiente, la presión se transmite instantáneamente y por igual en todas las direcciones del fluido, lo que constituye el **principio de Pascal**. Si lo aplicamos a un sistema como el de la figura, de dos pistones comunicados, aplicando la igualdad de presiones en todo el fluido ($\boldsymbol{P_1 = P_2}$), se obtiene la siguiente relación:

$$\frac{F_1}{S_1} = \frac{F_2}{S_2}$$

De esta forma, si la superficie S_2 es el doble que la superficie S_1 y colocamos en ella un objeto, la fuerza (F_1) que tendremos que ejercer para levantar el objeto se reducirá a la mitad con respecto a la que tendríamos que hacer si no dispusiéramos del sistema (F_2). Es decir, $F_1 = F_2 / 2$.

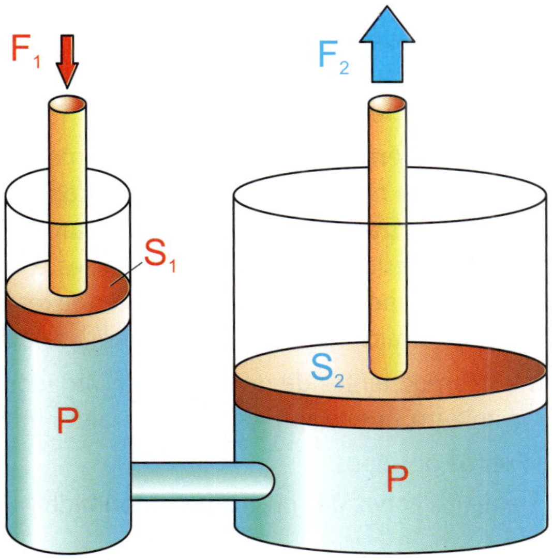

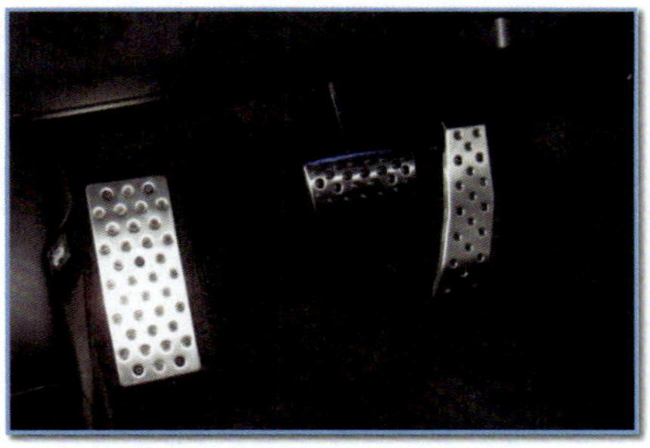

El sistema de frenado de un coche es un circuito hidráulico que permite la transmisión de la fuerza ejercida sobre el pedal de freno hasta los cilindros de freno en las ruedas.

¿Sabías que...?

Mientras que en los circuitos neumáticos la generación del aire comprimido se realiza con compresores, en los circuitos hidráulicos la generación de energía la llevan a cabo las bombas hidráulicas.

Esto permite, en los sistemas hidráulicos, amplificar la fuerza realizada. Los circuitos hidráulicos se utilizan en frenos, sistemas para levantar cargas pesadas, máquinas herramienta, etc.

Los circuitos hidráulicos son similares a los hidráulicos. Veamos a continuación cuáles son sus principales diferencias:

Circuitos neumáticos	Circuitos hidráulicos
• Son limpios y económicos. • Son más rápidos. • Permiten la acumulación de energía. • Tienen menos precisión en el control de los cilindros. • Producen mucho ruido. • Producen vibraciones. • Son menos contaminantes.	• Tienen gran precisión a la hora de detener un cilindro en un punto. • Se puede regular fácilmente su velocidad. • Son más silenciosos. • No producen vibraciones. • Es posible lubricar los elementos móviles. • Evitan la corrosión. • Son más contaminantes. • Pueden transmitir mayor presión y, por tanto, transmitir más fuerza.

Resumen de la unidad

- La **neumática** es el estudio y tratamiento del aire comprimido, realizado con circuitos e instalaciones neumáticas.
- Los **circuitos neumáticos** se emplean para transmitir fuerzas y realizar trabajo por medio de aire comprimido.
- La **presión** (*P*) es la relación que existe entre una **fuerza** (*F*) y la **superficie** en la que se aplica (*S*).

$$P = \frac{F}{S}$$

- La unidad de medida de la **presión** en el Sistema Internacional es el **pascal** (Pa).
- El **caudal** (*Q*) de un fluido es el **volumen** (*V*) de dicho fluido que atraviesa la sección del conducto por el que circula, por unidad de **tiempo** (*t*). Se relaciona con la **velocidad** de desplazamiento del fluido (*v*), siendo *L* y *S* la **longitud** recorrida en el conducto y su **sección**, respectivamente, según la expresión siguiente:

$$Q = \frac{V}{t} = \frac{S \cdot L}{t} = S \cdot v$$

- El **caudal** se mide en **m^3/s** (metros cúbicos por segundo) en el Sistema Internacional. También es habitual expresarlo en **litros por unidad de tiempo**.
- En los sistemas neumáticos, el **aire atmosférico** es sometido a un aumento de presión en un **compresor**, normalmente accionado por un motor eléctrico. Una vez comprimido se almacena en un **depósito**. El aire almacenado sufre un **tratamiento** o **acondicionamiento** para que llegue al circuito limpio, seco, lubricado y con la presión adecuada. Desde ahí, es conducido a través de **tuberías** hacia los **cilindros**, que son los componentes que son capaces de realizar un trabajo. Las **válvulas** se encargan de controlar el flujo de aire comprimido que entra y sale de los cilindros.
- Los **actuadores neumáticos** son los componentes de un circuito encargados de transformar la energía del aire comprimido en movimiento, que se aprovecha para realizar un trabajo.
- Los **cilindros neumáticos** pueden ser de dos tipos:
  - **Cilindro de simple efecto.** Tiene una conexión con el aire comprimido y un muelle o resorte incorporado en su interior.
  - **Cilindro de doble efecto.** Es similar al cilindro de simple efecto, pero sin el muelle que produce el retorno. Tiene dos conexiones al aire comprimido, una a cada lado del émbolo.
- Las **válvulas distribuidoras** tienen una **simbología** propia que indica:
  - El número de orificios o **vías** que tienen, que determinarán los distintos recorridos que son posibles en su interior
  - El número de **posiciones** que pueden tomar
  - El tipo de **accionamiento y retorno** que necesitan para pasar de una posición a otra
- La **hidráulica** es la rama de la física que estudia el comportamiento de los fluidos, en función de sus propiedades y de las fuerzas a las que están sometidos.
- Los **circuitos hidráulicos** utilizan aceite y fluidos sintéticos, por lo que también son denominados *circuitos oleohidráulicos*.

GLOSARIO

accionamiento
caudal
cilindro de doble efecto
cilindro de simple efecto
compresor
depósito
presión
retorno
válvula
vía

El rincón del tecnólogo. Apps de neumática e hidráulica

Vamos a presentar algunas aplicaciones que pueden resultarte interesantes para ampliar tus conocimientos de neumática o ponerlos en práctica. Son apps gratuitas, aunque algunas disponen de más funcionalidades en la versión de pago y suelen incluir algún tipo de publicidad.

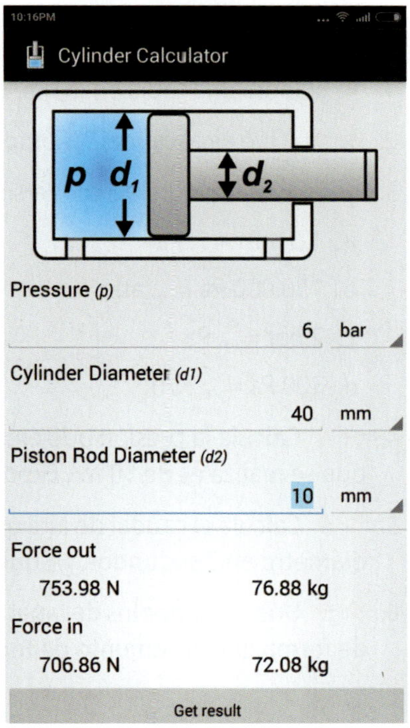

Cylinder Calculator.

Cylinder Calculator

Con esta sencilla app puedes calcular la fuerza que ejerce el vástago de un cilindro de doble efecto en cada una de sus carreras. Simplemente hay que introducir los datos necesarios: presión de entrada, diámetro del cilindro y diámetro del vástago. Permite cambiar las unidades de longitud y presión.

Hydraulic Cylinder Calculator

Es una app bastante más completa que la anterior. Calcula más parámetros, como por ejemplo la velocidad del vástago. Además, muestra en cada parámetro un dibujo explicativo muy interesante y tiene un menú en el que puedes acceder a un resumen de fórmulas.

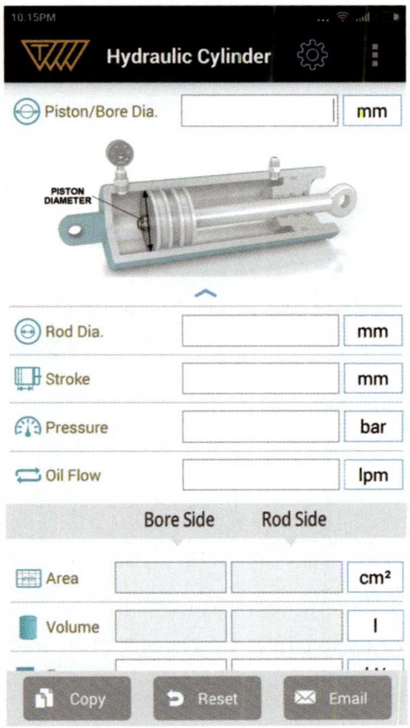

Hydraulic Cylinder Calculator.

Hydraulics 2

Esta app permite utilizar distintos idiomas. Contiene toda la simbología hidráulica y permite realizar cálculos para cada uno de los componentes.

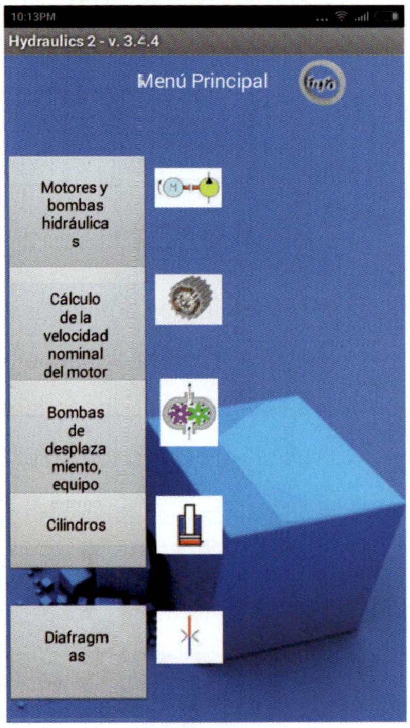

Hydraulics 2.

Desafíos

Desafío 1. Con la app Cylinder Calculator, comprueba cómo la fuerza ejercida en las dos carreras del vástago es distinta. ¿En qué carrera crees que tiene más potencia? ¿Por qué?

Desafío 2. Con la app Hydraulic Cylinder Calculator, comprueba si eres capaz de reconocer cada uno de los parámetros de un cilindro que puedes introducir como datos.

ACTIVIDADES DE REFUERZO

Después de estudiar el tema, realiza en tu cuaderno los siguientes ejercicios:

1. ✦ Elabora una tabla en la que expliques las semejanzas y diferencias de los circuitos neumáticos y los hidráulicos.
2. ✦✦ ¿Qué es el caudal? ¿Cómo puede relacionarse con la velocidad del fluido que recorre una tubería?
3. ✦ Realiza la siguiente conversión de unidades de presión:
   a. 1,5 atm = ... Pa
   b. 150.000 Pa = ... atm
   c. 2 bar = ... Pa
   d. 300 Pa = ... N/m^2
4. ✦✦ Calcula la presión que ejerce una fuerza equivalente al peso de un camión de una tonelada, si la superficie sobre la que se realiza es de 10 m^2. Expresa el resultado en pascales y en atmósferas.
5. ✦✦ Calcula el caudal de aire que supone la circulación de 10 litros de aire por una tubería de sección circular de 1 cm de diámetro en 2 segundos. ¿A qué velocidad circulará?
6. ✦✦ Une los símbolos del apartado 4 de la unidad ("Producción y tratamiento del aire comprimido"), uno detrás de otro, de forma que el conjunto de todos sea equivalente al siguiente símbolo:

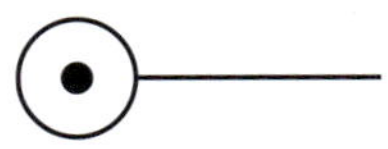

7. ✦✦ Nombra y explica las siguientes válvulas:

a.

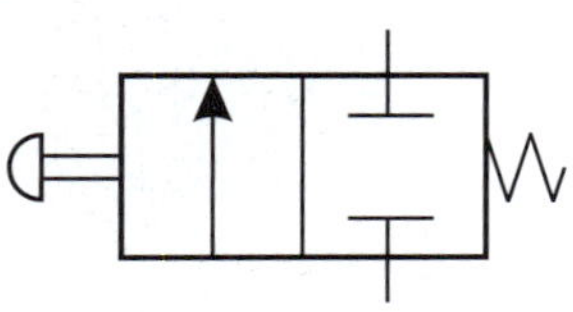

b.

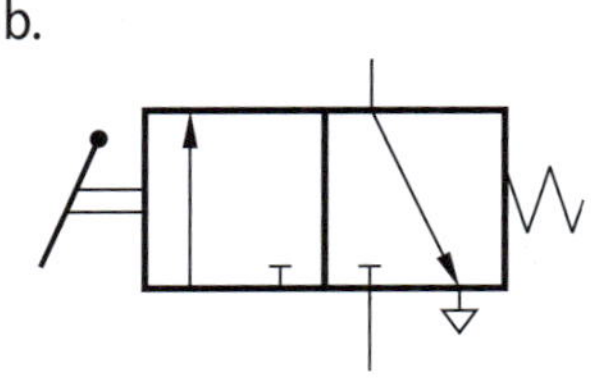

c.

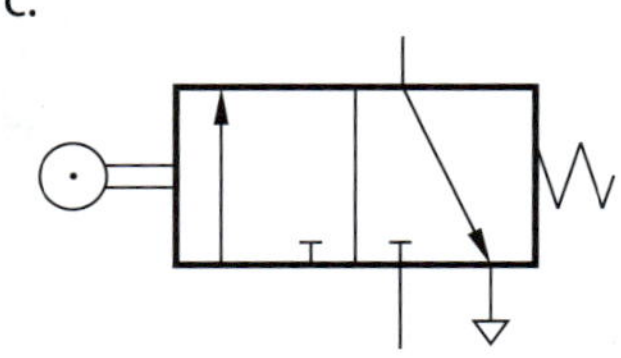

8. ✦✦✦ Imagina las siguientes válvulas y dibújalas:
   a. Válvula 2/2 de accionamiento neumático y retorno por pedal
   b. Válvula 3/2 de accionamiento por pulsador y retorno por resorte
   c. Válvula 4/2 de accionamiento eléctrico y retorno eléctrico
9. ✦✦ Identifica los siguientes componentes de un circuito neumático y dibuja su símbolo:

a.

b.

c.

ACTIVIDADES DE AMPLIACIÓN

10. ✦✦✦ La siguiente figura explica el funcionamiento de un elemento de un circuito neumático en sus dos posiciones posibles, así como la circulación del aire por él. Averigua de qué elemento se trata y explica su funcionamiento. A continuación, indica su representación simbólica.

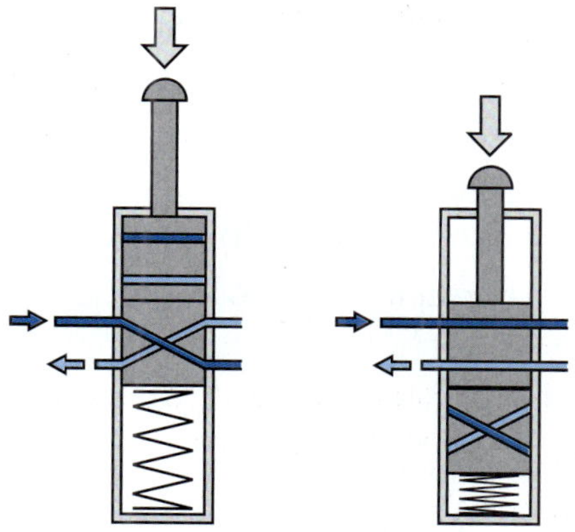

11. ✦✦✦ A continuación se representan dos elementos relacionados con la neumática.

    a. ¿Qué crees que es el primero? ¿De qué elemento de un circuito neumático puede formar parte? ¿Cuál es su símbolo?

    b. Si sabemos que el segundo elemento es una válvula e imaginamos un flujo de aire comprimido a través de ella en ambas direcciones, ¿de qué válvula se tratará? Indica su símbolo y explica su funcionamiento.

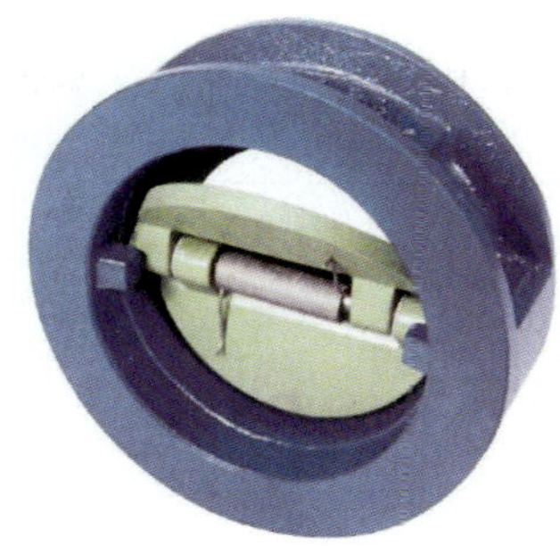

12. ✦✦✦ Señala qué componentes identificas en los siguientes circuitos neumáticos y explica su funcionamiento.

a.

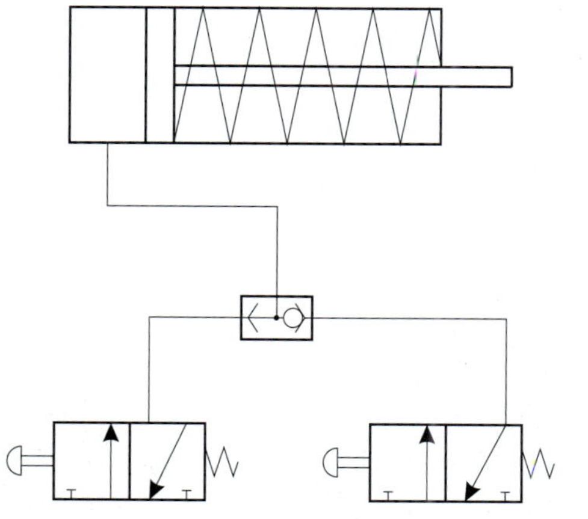

b.

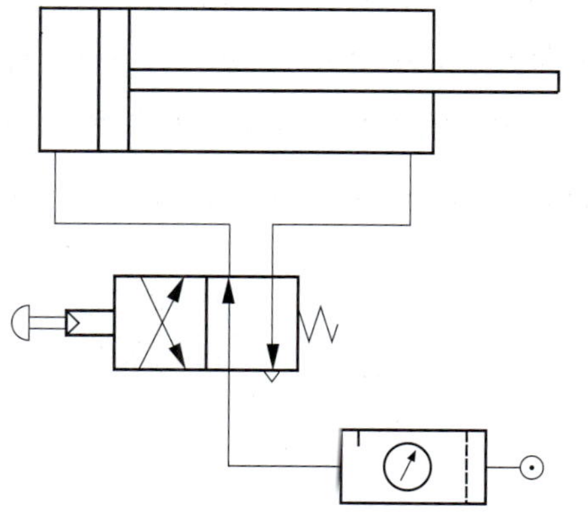

13. ✦✦✦ Dibuja los circuitos del ejercicio anterior añadiéndoles una válvula reguladora unidireccional a cada uno de ellos y explica cómo cambiaría su funcionamiento.

En estas páginas te sugerimos una serie de recursos (ayudas) para diseñar y construir un proyecto de hidráulica.

Brazo excavador hidráulico

4. - Material suministrado:

Aplicación	Material	Cantidad	Medidas	Dibujo
Base	listón de pino	1	13 x 280 x 280 mm	1
Primer brazo	contrachapado	3	5 x 100 x 250 mm	2
Segundo brazo	contrachapado	1	5 x 70 x 250 mm	3
Pala cargadora	contrachapado	1	5 x 110 x 110 mm	4
Soportes de jeringas	contrachapado	1	10 x 40 x 200 mm	5
Porta soportes	listón de pino	1	15 x 60 x 225 mm	6
Soportes de jeringas	listón de pino	1	15 x 60 x 75 mm	7
Pala cargadora	listón de pino	1	10 x 60 x 150 mm	8
Separador	listón de pino	1	10 x 50 x 150 mm	9
Separador	listón de pino	1	10 x 30 x 100 mm	10
Mecanismo	varilla de haya	1	ø 4 x 250 mm	11
	varilla de pino	4	ø 15 x 10 mm	12
	tuercas	30	M4	13
	tornillo cab. cilíndrica	1	M4 x 30 mm	14
	tornillo cab. cilíndrica	1	M4 x 40 mm	15
	tornillo cab. cilíndrica	3	M4 x 50 mm	16
	tornillo cab. cilíndrica	4	M4 x 60 mm	17
	tornillo cab. cilíndrica	3	M4 x 70 mm	18
	tornillo para madera	3	3 x 10 mm	19
	tornillo cab. semi red.	1	4 x 16 mm	20
	abrazadera metálica	2	14-17 mm	21
	abrazadera metálica	1	17-22 mm	22
	abrazadera metálica	1	17-22 mm	23
	alambre	1	ø 1/2000 mm	24
	jeringas	2	10 ml	25
	jeringas	6	20 ml	26
	tubo de PVC	1	ø 6/4000mm	27

Fig. 1

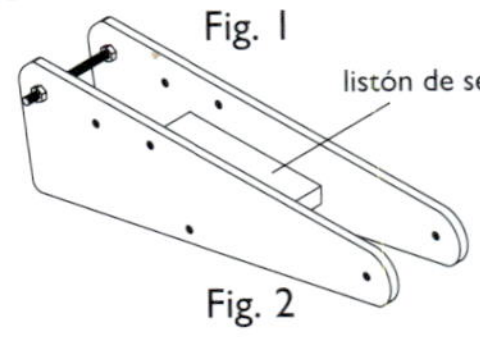

Fig. 2

Vamos a construir un brazo robot a base de jeringuillas.

El brazo tiene cuatro grados de libertad, que vienen determinados por las cuatros jeringuillas.

1. Puedes consultar todos los planos de este proyecto en el archivo **UD07_brazo_excavador.pdf** del CD virtual o descargártelos de la página *es.opitec.com* (sección **Kits de construcción**).
2. En primer lugar, recopila todo el material que necesitas para el proyecto (figura 1).
3. Vamos a centrarnos en los detalles más complejos del proyecto.
4. Primero comienza construyendo la base.
5. Después construye y monta el soporte vertical, y a continuación, los dos brazos y la pala cargadora (figura 4).
6. Para fijar la separación del soporte vertical introduce entre ambas caras un listón de 50 mm, y para el primer y segundo brazo, un listón de 40 mm y uno de 30 mm, respectivamente (figura 2).
7. Es importante establecer la separación de 50 mm, 40 mm y 30 mm entre ambas caras. Asegura la alineación de las perforaciones y el paralelismo de las dos piezas. Fija ambas piezas con un tornillo y tres tuercas, tal como se muestra en la figura 3.

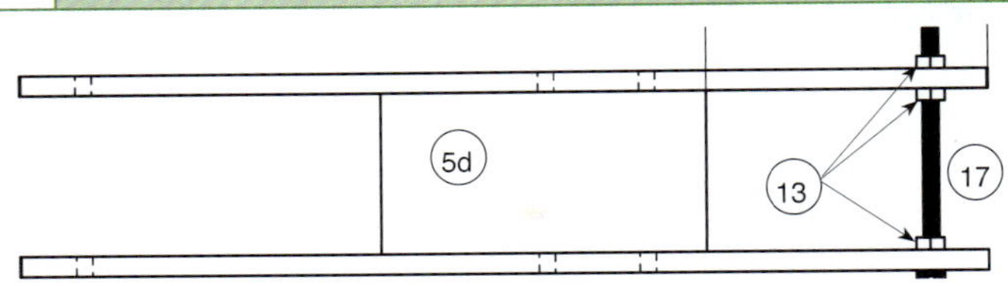

Fig. 3

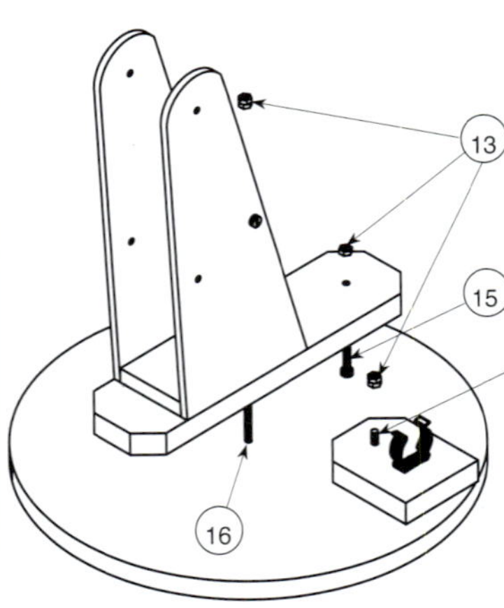

Fig. 4

8. Fija el soporte vertical a la base con las perforaciones alineadas. Pasa por debajo un tornillo como eje de rotación y asegúralo por arriba con dos tuercas (figura 4).
9. Coloca el soporte de la jeringuilla con la abrazadera en la base de madera para que pueda accionar el giro del soporte vertical y a su vez pueda girar sobre sí mismo (figura 4).
10. Inserta los dos brazos e introduce un tornillo a modo de eje de rotación. Asegúralos con dos tuercas para que tenga buena movilidad (figura 5).

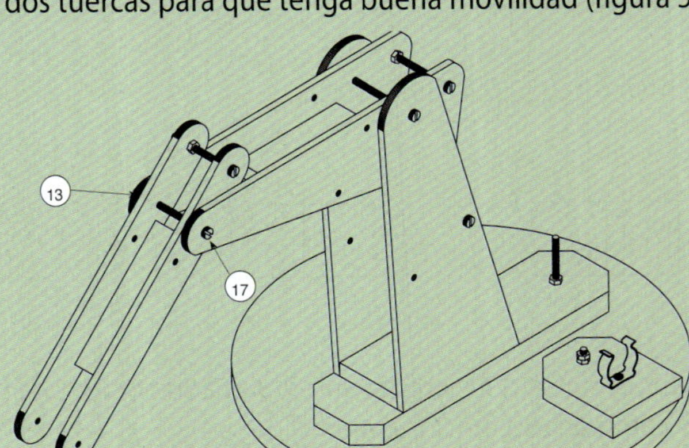

Fig. 5

Diseña y construye

11. Para sujetar las jeringuillas utilizarás abrazaderas metálicas. Monta las abrazaderas sobre los soportes en los lugares adecuados para que, al accionar una jeringuilla, se muevan las partes articuladas correspondientes (figura 6).
12. Fija el portacilindro de cada una de las jeringuillas mediante un tornillo que la atraviese (figura 7).
13. Conecta mediante un tubo las dos jeringuillas y asegúralo con un alambre para que no se salga (figura 8).

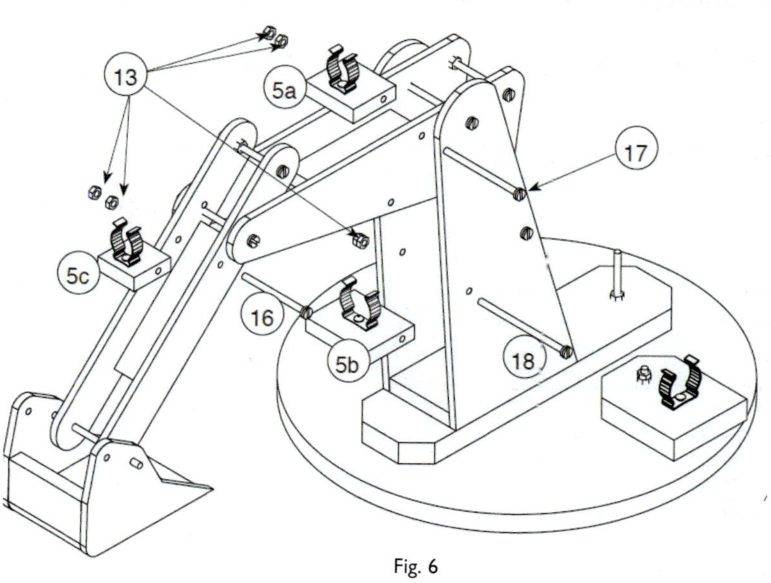

Fig. 6

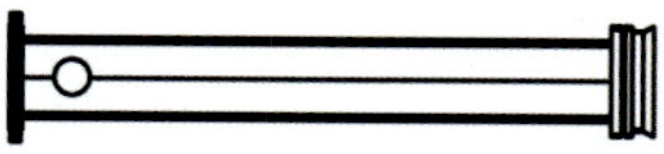
Fig. 7

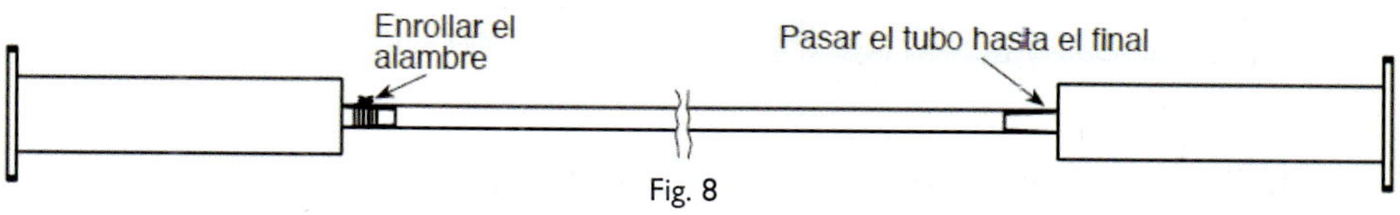

Fig. 8

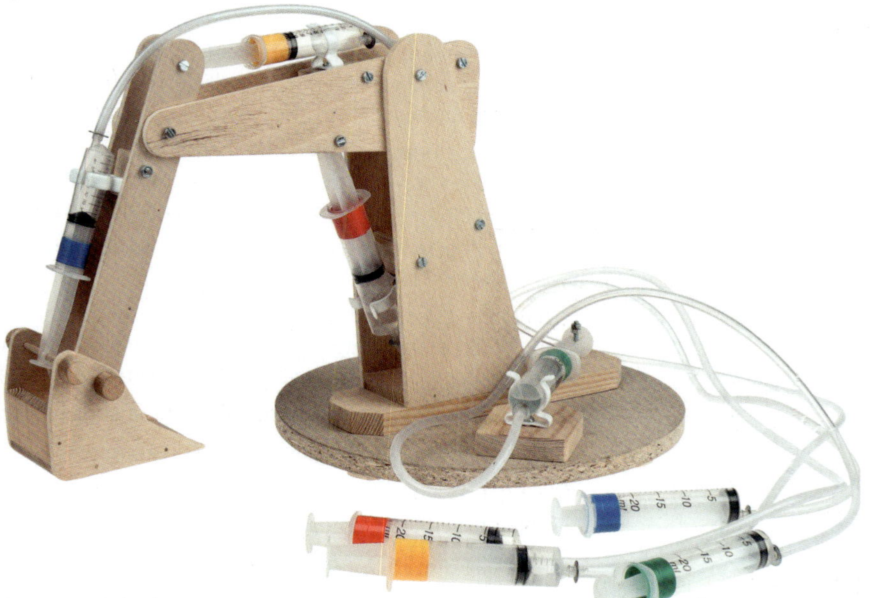
Fig. 9. Resultado final del brazo excavador hidráulico.

Puedes encontrar más proyectos en la página *es.opitec.com* (sección **Kits de construcción**).

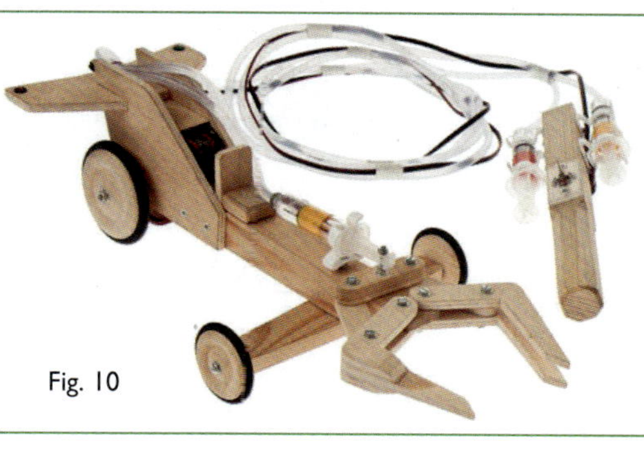
Fig. 10

PRACTICA PASO A PASO: SIMULADORES NEUMÁTICOS

Práctica 1. Simulación neumática con Pneumatic-Sim 1.0

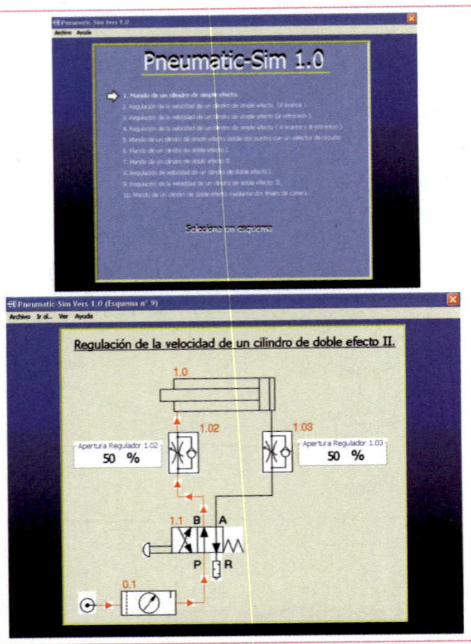

Pneumatic-Sim 1.0 es un programa que se puede ejecutar **sin instalación**. Se trata de un simulador del año 2004, muy limitado, que únicamente nos permite simular circuitos creados previamente. Por tanto, no podremos realizar ningún diseño distinto al creado, pero nos permitirá tener un primer contacto con los circuitos neumáticos y entender mejor su funcionamiento.

1. Ve a la carpeta de la unidad 7 del CD virtual y abre el programa **Pneumatic-Sim**. Necesitarás tener instalado el compresor **WinRAR** (si no lo tienes, descárgalo de una página de confianza e instálalo).
2. Selecciona el primer ejemplo y haz clic en el mando del pulsador. Analiza qué sucede y comprueba cuál es el recorrido del aire desde el compresor.
3. Anota en tu cuaderno el nombre del circuito y dibuja el esquema con todos sus componentes.
4. Para pasar a los restantes circuitos, entra en el menú **Ir a** y selecciona **Menú principal**. En aquellos en que hay un regulador como el de la figura, puedes ajustar el estrangulamiento y comprobar qué sucede.
5. Anota en tu cuaderno el título de los diez circuitos y dibuja debajo cada esquema con sus componentes.

Práctica 2. Simulación neumática con FluidSIM Pneumatics

Ejercicio 1. Mando de un cilindro de simple efecto

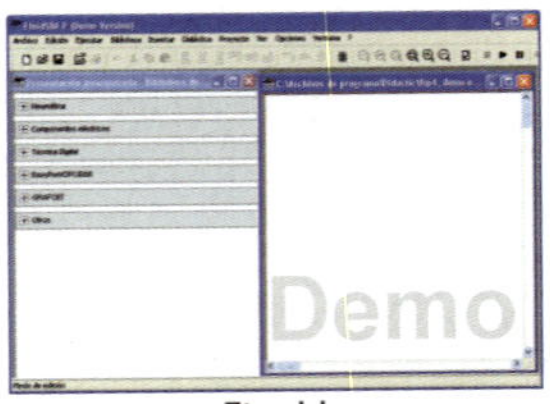

Fig. 11

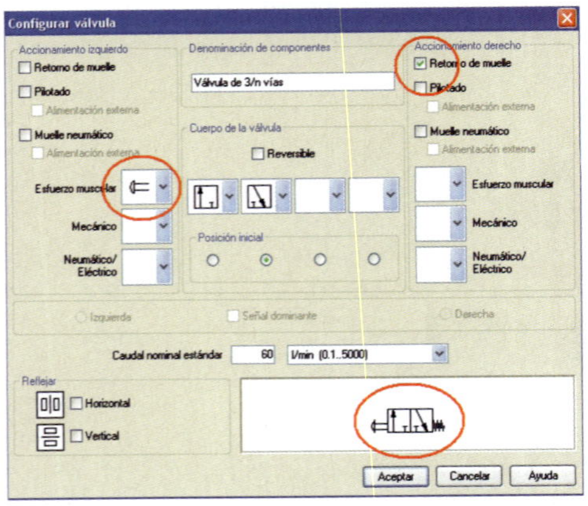

Fig. 12

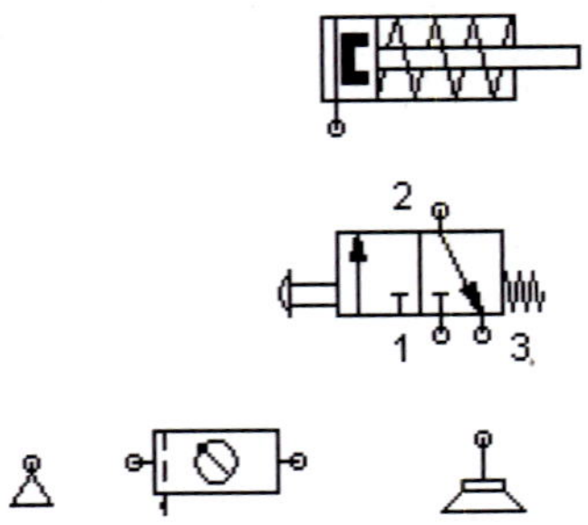

FluidSIM es el software de Festo (fabricante de componentes neumáticos e hidráulicos de origen alemán) para la creación, el aprendizaje y el estudio de la electroneumática. **Pneumatics** es la versión para simulación de circuitos neumáticos, e **Hydraulics** es la de circuitos hidráulicos.

Todas las funciones del programa son interactivas. Se basa en un intuitivo editor gráfico de circuitos con descripciones de los componentes, animaciones, fotos y vídeos. La versión demo tiene algunas limitaciones a partir de la versión 3.

FluidSIM se puede descargar en castellano desde varias ubicaciones; por ejemplo: *www.artsystems.de*.

Tras instalar el programa en el ordenador, nos aparecerá una ventana como la de la figura 11. En el menú de la izquierda aparecerá un listado de los componentes ordenados por categorías y en la ventana de la derecha tendremos nuestra hoja de trabajo.

Vamos a dibujar el **mando de un cilindro de simple efecto**.

El funcionamiento es el siguiente: cuando accionemos el pulsador, el aire entrará en el pistón y lo desplazará hacia la derecha; al soltarlo, el muelle hará retroceder el pistón.

1. En primer lugar, abre una hoja nueva.
2. Ve a **Neumática / Actuadores**, selecciona **Cilindro de simple efecto** y arrastra el cilindro a la ventana de trabajo.
3. Ve a **Válvulas / Válvulas de vías configurables**, selecciona **Válvula de 3/n vías** y arrastra la válvula.
4. Haz doble clic sobre la válvula para que se muestre la ventana de configuración (figura 12). En el apartado **Accionamiento izquierdo**, ve a la celda **Esfuerzo muscular** y selecciona **Pulsador**. En **Accionamiento derecho** (arriba a la derecha) selecciona **Retorno de muelle**. En la vista previa deberías tener una válvula como la de la figura. El resto de las válvulas se configuran de la misma forma, haciendo doble clic sobre ellas.
5. En **Elementos de alimentación** selecciona y arrastra **Unidad de mantenimiento** y **Fuente de aire comprimido**.
6. Ordena los componentes hasta obtener un montaje como el de la figura.

7. Para realizar las uniones, sitúate sobre un terminal y, cuando el puntero se convierta en un punto de mira con un círculo verde (figura 13), haz clic y arrastra el ratón hasta el destino. Haz todas las uniones.
8. Para poner en funcionamiento la simulación, pulsa el botón **Iniciar** (en la parte superior) o bien **F9**.
9. Si dispones de la versión completa de FluidSIM, guarda la práctica como **P2_E1_nombreapellido.ct**. Si estás trabajando sobre la versión demo, pulsa la tecla **Imprimir pantalla**, abre un procesador de texto, pega la captura de pantalla y guarda el documento como **P2_E1_nombreapellido**. También puedes recortar la imagen con Paint o GIMP antes de pegarla en el procesador de texto.

Fig. 13

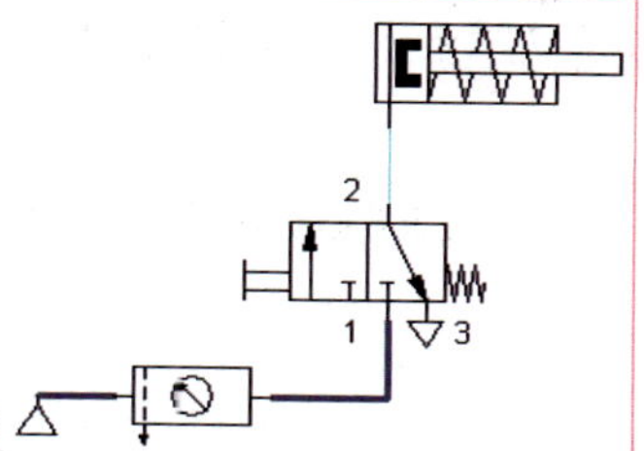

Ejercicio 2. Mando de un cilindro de doble efecto mediante válvulas de selección y simultaneidad

En el siguiente circuito empleamos una válvula de selección (función O). El circuito se activará por medio de la válvula de pulsador 1.2 o 1.3.

Para hacer retroceder el pistón, usamos una válvula de simultaneidad (función Y). El circuito se activará cuando estén activados el pulsador 1.3 y el final de carrera 1.5.

1. Abre una hoja nueva e inserta los componentes que te indicamos.
2. En **Actuadores** escoge **Cilindro de doble efecto**.
3. En **Válvulas / Válvulas de cierre y control de caudal** selecciona **Válvula antirretorno estranguladora**. Pulsa el botón derecho sobre ella y selecciona **Girar 270º**.
4. En **Válvulas de vías configurables** elige **Válvula de 5/n vías**. Haz doble clic sobre la válvula y luego, en la ventana de configuración, ve a la celda de accionamiento y selecciona en el apartado **Neumático / Eléctrico** de ambos lados la flecha de entrada de aire (figura 14).
5. En **Válvulas de cierre y control de caudal** escoge **Válvula selectora** y **Válvula de simultaneidad**.
6. En **Válvulas de vías configurables** selecciona **Válvula de 3/n vías**. Como accionamiento izquierdo selecciona **Mecánico / Rodillo** y como accionamiento derecho haz clic en la casilla **Retorno de muelle**.
7. Por último, en **Válvulas de vías configurables** escoge **tres válvulas de 3/n vías**. Como accionador izquierdo escoge un **pulsador**, y en el derecho, un **retorno por muelle**.
8. Añade las fuentes de aire comprimido y los tubos de aspiración como en el ejercicio anterior, y une después las tomas de aire como en la figura.
9. Para ajustar el final de carrera de forma que cuando llegue a 1.5 se active la válvula de rodillo, haz doble clic sobre el rodillo y en la celda **Marca** escribe "**1.5**".
10. De igual forma, haz doble clic en el cilindro de doble efecto, ve a la pestaña **Etiquetas de accionamiento** y escribe las cantidades de la figura.
11. Comprueba el correcto funcionamiento del circuito y, si dispones de la versión completa de FluidSIM, guárdalo como **P2_E2_nombreapellido.ct**. Si estás trabajando sobre la versión demo, pulsa la tecla **Imprimir pantalla**, abre un procesador de texto, pega la captura de pantalla y guarda el documento como **P2_E2_nombreapellido**.

Válvula de selección O — Válvula de simultaneidad Y

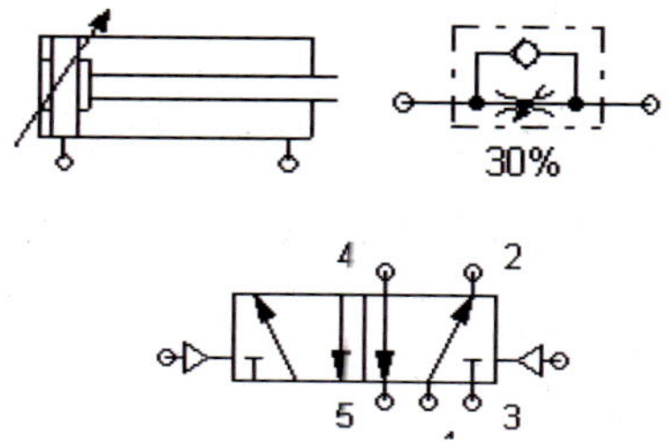

Fig. 14

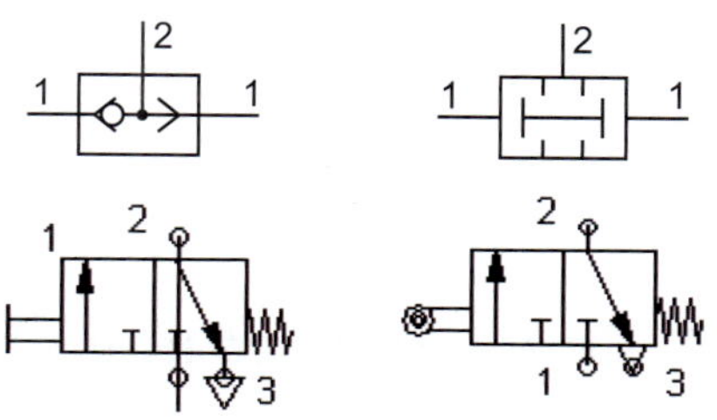

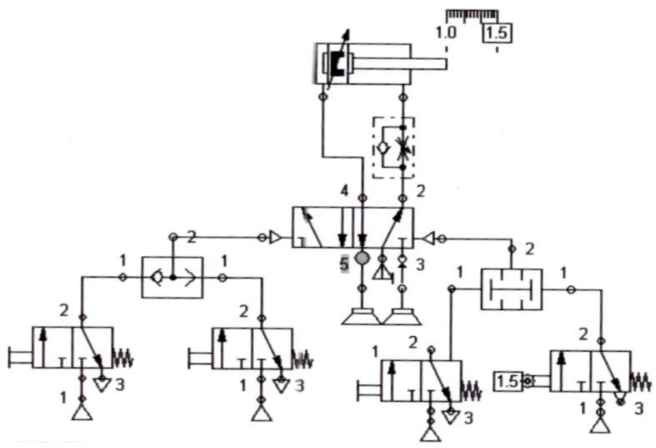

ACTIVIDADES MULTIMEDIA

1. Test de neumática e hidráulica

Abre en la unidad 7 del CD virtual el ejercicio **UD07 01 Test de la unidad** y comprueba tus conocimientos. Sólo una respuesta es válida en cada pregunta. Repite el test hasta que obtengas por lo menos un 80% de aciertos.

2. Aprende el vocabulario de la unidad

Abre en la unidad 7 del CD virtual el ejercicio **UD07 02 Glosario**. En él aparecen las palabras del glosario y su definición.

Conéctalas en el orden adecuado. Repite el ejercicio hasta que todas las conexiones sean correctas.

3. Simbología

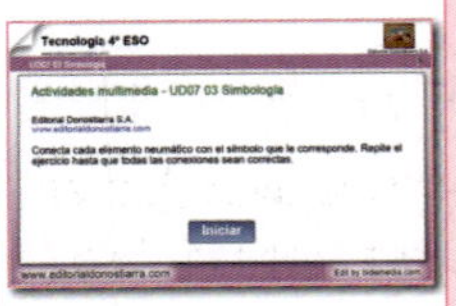

Abre en la unidad 7 del CD virtual el ejercicio **UD07 03 Simbología**.

Conecta cada elemento neumático con el símbolo que le corresponde. Repite el ejercicio hasta que todas las conexiones sean correctas.

4. Componentes neumáticos

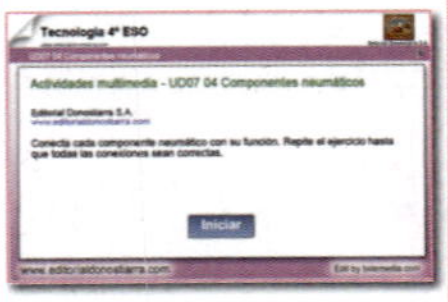

Abre en la unidad 7 del CD virtual el ejercicio **UD07 04 Componentes neumáticos**.

Conecta cada componente neumático con su función. Repite el ejercicio hasta que todas las conexiones sean correctas.

5. ¿Verdadero o falso?

Abre en la unidad 7 del CD virtual el ejercicio **UD07 05 ¿Verdadero o falso?**

Di si son verdaderas o falsas las afirmaciones que se presentan. Repite el test hasta que obtengas por lo menos un 80% de aciertos.

ACTIVIDADES EN INTERNET

1. Recogida neumática de residuos

1. Abre un navegador y entra en el siguiente enlace: *www.construible.es/images/construible/media/content/rosroca_recogidaneumaticaresiduos.pdf*
2. En un documento de texto, contesta estas preguntas:
   a. ¿En qué consiste la recogida neumática de residuos?
   b. ¿En qué tipos de edificios se puede aplicar?
   c. ¿Es posible dar servicio a todo un municipio?
   d. ¿Qué mejoras supone con respecto a la recogida tradicional con contenedores y camiones?
3. Busca información en otras webs y averigua si en algún municipio de tu comunidad autónoma se lleva a cabo este tipo de recogida de basura. Añade esta información a tu documento.
4. Guarda el archivo como **UD07_Internet1_nombreapellido.doc**.

2. Visualización del funcionamiento de cilindros y válvulas

1. Entra en YouTube y realiza la búsqueda "Festo neumática" para encontrar vídeos de cursos de Festo que expliquen el funcionamiento de los cilindros y las válvulas.
2. En un documento de texto, pega las URL de los vídeos encontrados y explica brevemente qué has aprendido en cada uno.
3. Guarda el archivo como **UD07_Internet2_nombreapellido**.

3. Entrar en sitios de venta y realizar un presupuesto

1. Abre un navegador y entra en estas webs de venta de material neumático: *adajusa.es* y *www.poolaria.com*.
2. En un documento de texto, inserta una tabla de tres columnas y diez filas. En la primera columna, escribe diez elementos de un circuito neumático. En la segunda, inserta imágenes de dichos elementos (búscalas en esas webs). Y en la tercera, escribe la función de cada uno.
3. A continuación, diseña un circuito neumático basándote en uno de los vistos en la unidad y, después de buscar el precio de los componentes en las webs, calcula el coste total del circuito. Recoge los resultados en el mismo documento.
4. Simula tu circuito entrando en una de las páginas web indicadas en el apartado "Direcciones de interés" (en esta misma página) o bien con uno de los simuladores utilizados en el apartado de prácticas de esta unidad. Haz una captura de pantalla y pégala en el documento.
5. Guarda el archivo como **UD04_Internet3_nombreapellido**.

Direcciones de interés

- *www.catedu.es/aratecno/images/pilar/neu.swf* Unidad didáctica de Pilar Latorre (alojada en el portal del Centro Aragonés de Tecnologías para la Educación, CATEDU) en la que puedes repasar tus conocimientos sobre neumática.
- *guindo.pntic.mec.es/crangil/neumatica.htm* y *ares.cnice.mec.es/electrotecnia/a/generales/simulador_neumatica/simulador_neumatica.htm* Circuitos, simulaciones y simulador on-line alojados en la web educativa del antiguo PNTIC (ahora INTEF).
- *olmo.pntic.mec.es/jmarti50/neumatica/neumatica.html* Circuitos y simulaciones en la *Revista de Electricidad, Electrónica y Automática*.
- *www.logiclab.hu/index.php* Estupendo sitio web de simulación neumática on-line (en inglés).
- *www.portaleso.com/portaleso/trabajos/tecnologia/neuma.ehidra/simulador/simulador.html* Simulador de neumática on-line realizado por Antonio Bueno.